微晶玻璃技术
Glass-Ceramic Technology

（原著第二版）

（列支）沃尔夫拉姆·霍兰（Wolfram Höland）
（美）乔治·H．比尔（George H. Beall） 著

王双华 译

化学工业出版社
·北京·

《微晶玻璃技术》先介绍了微晶玻璃的组成及性质特点，然后详细讲述了各种微晶玻璃系统和微晶玻璃的微观结构控制，最后是微晶玻璃在具体领域的应用。书中有许多微晶玻璃技术实例，全面反映了欧美国家最新的微晶玻璃生产技术和进展，具有很强的实用性和参考价值。

《微晶玻璃技术》可供从事无机非金属材料研究的科研人员、生产技术人员参考，也可作为高等院校相关专业的教学参考书。

图书在版编目（CIP）数据

微晶玻璃技术/（列支）沃尔夫拉姆·霍兰
（Wolfram Holand)，（美）乔治·H. 比尔
（George H. Beall）著；王双华译.—北京：化学工业出版社，2019.4（2023.5重印）
书名原文：Glass Ceramic Technology
ISBN 978-7-122-33881-5

Ⅰ.①微…　Ⅱ.①沃…②乔…③王…　Ⅲ.①微晶玻璃　Ⅳ.①TQ171.73

中国版本图书馆 CIP 数据核字（2019）第 025619 号

Glass Ceramic Technology, Second Edition/by Wolfram Höland and George H. Beall
ISBN 978-0-470-48787-7 Copyright © 2012 by The American Ceramic Society. All rights reserved.
Authorized translation from the English language edition published by John Wiley & Sons，Inc.
本书中文简体字版由 John Wiley & Sons，Inc. 授权化学工业出版社独家出版发行。

北京市版权局著作权合同登记号：01-2015-0137

责任编辑：宋林青　　　　　　　　　　　　文字编辑：刘志茹
责任校对：宋　玮　　　　　　　　　　　　装帧设计：关　飞

出版发行：化学工业出版社（北京市东城区青年湖南街 13 号　邮政编码 100011）
印　　装：涿州市般润文化传播有限公司
787mm×1092mm　1/16　印张 19¾　字数 481 千字　2023 年 5 月北京第 1 版第 2 次印刷

购书咨询：010-64518888　　售后服务：010-64518899
网　　址：http://www.cip.com.cn
凡购买本书，如有缺损质量问题，本社销售中心负责调换。

定　　价：128.00 元　　　　　　　　　　　　版权所有　违者必究

译者的话

    微晶玻璃问世已经六十多年了，这一组分和性能都能进行设计的新型材料在这几十年间取得了很大的进展，在国防、航空航天、光学器件及电子工业、生物医学、建筑装饰等方面有着举足轻重的地位。但是，目前系统论述微晶玻璃技术的书籍在国内仍然寥寥无几。我在英国谢菲尔德大学访问期间，多名教授向我推荐了由列支敦士登 Wolfram Höland 博士和美国康宁公司大名鼎鼎的 George H. Beall 博士合著的《Glass Ceramic Technology》，这本著作介绍了欧美国家和日本最新的微晶玻璃生产技术和进展。为了使国内广大科研工作者、生产技术人员和高等院校的师生们能充分了解最新的微晶玻璃技术，包括化学组成、制备工艺、微观结构、性能及其应用等，在大家的鼓励下，我努力把本书翻译成中文，希望能借此打开微晶玻璃的大门，让更多有志于此研究的同仁们能更方便地了解国外的微晶玻璃技术，争取在微晶玻璃技术上为我们国家赢得应有的地位和尊重。

    本书对微晶玻璃的制备技术和微观结构进行了详细的介绍，并对其应用进行了分类介绍。本书提供了很多可供参考的微晶玻璃技术实例，全面反映了国外微晶玻璃技术领域的最新研究成果，具有很强的实用性。

    感谢 Wiley 出版社和化学工业出版社对我的信任，让我有机会把对微晶玻璃的情感付诸实践！

    深深感谢我的家人和孩子们！特别感谢我的父亲王起贤、母亲彭娥英在任何时候都无条件支持我！此外，我还要感谢英国谢菲尔德大学的教授们：Ian M. Reaney、Anthony R. West、Derek S. C.，和曾经给予我帮助的陆智伦、李林浩、谭盛恒博士，雷文、陈勇以及李利民、崔树祯、刘新红、贾全利、张小珍、沈宗洋、肖卓豪、石冬梅、赵营刚等人。

    本人虽然有多年从事无机非金属材料特别是微晶玻璃研究的经验，但是由于时间和水平有限，书中难免有疏漏之处，敬请读者及各界同仁批评指正。

王双华

2019.11.16

前言

从 2002 年本书第一版出版以来，微晶玻璃材料的研究和开发进行得如火如荼，取得了很大的进展，本书第二版的目的就是把这些新内容加进来。2002 年以来，微晶玻璃发展迅速，且表现出了特殊的光学性能或突出的力学特征（比如高强度和高韧性）。在这一版中，强调在特定的材料系统中通过控制析晶和晶化来讨论这些发展趋势。基于这一点，本书中的晶相形成反应机理可以让读者对无机固体化学有更深入的理解。为了清晰地展现它们的工作原理，作者同时用多种分析方法，对这些晶相的形成过程进行了很多研究，得到了很多晶相形成与初级玻璃相密切相关的重要记录。通过他们的研究介绍了这些材料特殊的性能和应用。因为其特殊的光学特性和生物活性，书中特别关注微晶玻璃材料在牙科上的应用。同时，也报道了新的含有微晶玻璃和高强度聚晶陶瓷的复合材料，它可以作为新的生物活性材料用于取代人体骨骼。

就像第一版一样，本书的第二版是两位作者亲密合作的结晶。在各自写作时，他们也相互从不同角度热烈讨论相的形成、特性和应用的发展。

W. Höland 特别感谢下列人员对本书的学术讨论：R. Nesper、F. Krumeich、M. Wörle（他们都来自瑞士科技联合院，苏黎世，瑞士）；E. Apel、C. Ritzberger、V. M. Rheinberger（Ivoclar Vivadent AG 公司，列支敦士登）；R. Brow（密苏里大学，美国）；M. Höland（NTB 布赫斯应用科技学院，瑞士）；A. Sakamoto（日本电子玻璃有限公司，日本）；J. Deubener（克劳斯塔尔科技大学，德国）和 R. Müller（材料研究和测试联合院，柏林，德国）。感谢 S. Fuchs（南非）的翻译工作。特别感谢 C. Ritzberger 在本书第二版编辑过程中的经验指导。

G. H. Beall 感谢 L. R. Pinckney 无微不至的帮助，同时感谢 D. L. Morse、M. K. Badrinarayan 和 I. A. Cornejo 对康宁公司微晶玻璃研究工作的支持。

我们两位对 A. Höland（乌得勒支大学，荷兰）表示谢意，感谢他为第二版准备的图片。

W. Höland

G. H. Beall

沙恩，列支敦士登

康宁，纽约，美国

2012 年 4 月

第一版前言

现代科学和技术不断要求具有特殊性能的新材料来实现令人激动的创新。这些发展集中在科技制造和工艺中，意味着操作起来更快，更经济，质量更好。与此同时，新材料（尤其是在人类医学和牙科医学上）也能提高我们的总体生活质量或者美化我们的日常生活，比方说在家务管理方面提供帮助。

在所有这些新材料中，有一类材料担当着特殊的角色，那就是微晶玻璃材料。

它们提供了多种可能性，结合了传统陶瓷的特殊性能和玻璃的与众不同的性质。同时也很有可能发展成一种现代微晶玻璃材料，它们的性能未知，远远超过现有的陶瓷或玻璃或其他材料（比如金属或有机聚合物）。而且，微晶玻璃的发展证明了可以将各种各样非凡的性能结合在同一种材料之中。

可以举几个例子来说明这一点。就像在本书中将要讲述的一样，微晶玻璃材料由至少一种玻璃相和至少一种晶相组成。微晶玻璃的生产是通过控制基础玻璃的晶化来实现的。这种基础玻璃生产具有从最新的、最先进的玻璃生产工艺中受益的可能性，比如铸造、冲压、滚压、拉丝等，都能用于微晶玻璃或溶胶-凝胶法制造的基础玻璃。

在从基础玻璃中得到晶相时，可获得新的令人期待的特性。例如，源自云母晶体的可以机械加工的微晶玻璃，有最小热膨胀性的瓷器，厨房加热用的盘子，科学望远镜，它们都是 β-石英和 β-锂辉石结晶的结果。

另一个新的微晶玻璃材料应用领域是牙科修复或人类医学的生物材料。新的高强度、非金属微晶玻璃将取代牙科修复材料。这些例子说明了微晶玻璃在材料领域的多种可能性。并且，有效的材料研发需要控制固相反应过程，而且研发这种材料是一件非常复杂的事情。

我们期望能为那些希望了解更多新的微晶玻璃材料以及它们的科学技术背景或者想用这种材料并从中受益的人做些有益的贡献。因此，本书也适合学生、科学家、工程师、技术人员使用；同时，也适合作为自然或医学科学技术的参考书，因为它特别介绍了微晶玻璃这一新的材料及其新的特性。

基于这种想法，本书的前三章，1. 微晶玻璃设计的基本原理；2. 微晶玻璃化合物系统；3. 微观结构控制，满足了作为科技书的要求。第1～3章依次深入介绍了各种不同的微晶玻璃材料，明确指出了材料研究的科学方法，由此写出第4章关于应用的内容。因此，本书的第四章关注微晶玻璃材料应用的各种可能性，如在科技、消费、光学、医疗、牙科、电学、电子和建筑应用、涂层和防护等方面的应用。这一章节的安排就像一本参考书。

从内容来看，本书介于技术专著、教材和参考书三者之间，它包含所有这三种类别的内容，可能吸引世界范围内更多读者的关注。由于本书根据不同的重点安排内容，读者可以用不同的方式来阅读。例如，材料科学与工程的工程师和学生可以从本书中给出的结构开始，从第一章开始阅读。相比之下，牙科医生或者牙科技术人员可能想要先读第四章，在那里他们可以找到牙科微晶玻璃的具体应用。而且，如果他们想要更多地了解这种材料的细节（比如微观结构、化学组成和晶体等），可以看 4.1 节、4.2 节或者 4.3 节内容。

我们分别在美国和欧洲进行了研究，由于我们同时与日本科学家们保持密切联系，所以"微晶玻璃技术"在微晶玻璃领域的分析和讨论可以说是在全世界范围内进行的。

我们已经在微晶玻璃材料研究和应用领域工作了多年或几十年，趁此机会向大家介绍我们的研究成果。在与其他科学家或工程师的合作中，我们也受益颇多。

我们对下列为帮助本书出版而提供微晶玻璃研究和开发技术文献的科学家们表示感谢，他们是：日本的 T. Kokubo、J. Abe、M. Wada 和 T. Kasuga；德国的 J. Petzoldt 和 W. Pannhorst；英国的 I. Donald 和巴西的 E. Zanotto。特别感谢 V. Rheinberger（列支敦士登）对本书的贡献和无数的学术讨论，M. Schweiger（列支敦士登）和他的团队在技术和编辑方面的建议，R. Nesper（瑞士）提供的晶体结构，S. Fuchs（南非）将其翻译成英语，L. Pinckney（美国）对书稿进行编辑。

W. Höland

G. H. Beall

沙恩，列支敦士登

康宁，纽约，美国

2000 年 11 月

目 录

第2章　微晶玻璃的组成系统 /58

第3章　微观结构控制 /156

第4章　微晶玻璃的应用 /189

发展史

微晶玻璃是玻璃控制成核和晶化的陶瓷材料。玻璃被熔化、成型、热处理成预设晶相的陶瓷。控制内部晶化的基础在于有效的成核，这样有助于生成细小、随机取向的晶粒，且通常没有孔洞、微裂纹或者气孔。因此，微晶玻璃的工艺本质上来说是一个热处理过程，如图 H1 所示。

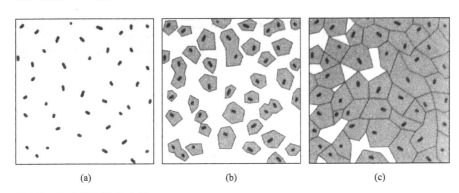

(a)　　　　　　　　(b)　　　　　　　　(c)

图 H1　从玻璃到微晶玻璃

（a）形成晶核；（b）晶体在晶核上生长；（c）微晶玻璃的微观结构

Reamur（1739）和许多人都非常希望通过控制玻璃的晶化来获得致密的陶瓷。然而，直到 35 年前，这一直未能实现的梦想才终于成为现实。著名的玻璃化学家和发明者，S. D. Stookey 博士，在 20 世纪 50 年代中期发明了微晶玻璃。了解一下发现这些材料的事件顺序是非常有用的（见表 H1）。

表 H1　微晶玻璃的发明（S. D. Stookey, 1950s）

1.感光银在 $Li_2O\text{-}SiO_2$ 玻璃中析出;电炉中过热处理;$Li_2Si_2O_5$ 在 Ag 核上晶化;首次获得微晶玻璃
2.样品意外掉落;发现材料非比寻常的强度
3.在 $Li_2O\text{-}Al_2O_3\text{-}SiO_2$ 系统中发现了近零热膨胀的晶相(Hummel,Roy)
4.在温度计用乳白玻璃中发现了 TiO_2 的析出并尝试用 TiO_2 作为成核剂
5.铝硅酸盐微晶玻璃(例如 Corning Ware®)的产生

当时，Stookey博士对陶瓷并不感兴趣。他本计划在玻璃中析出银颗粒来获得一个永久的、逼真的图像。他发现能在碱硅酸盐玻璃中通过化学方法析出银，而含有锂的玻璃化学稳定性最好，所以他想研究将二者复合到一起的锂硅酸盐玻璃。为了获得银颗粒，通常情况下他会预先加热玻璃到玻璃的转变温度450℃附近，然后，再暴露在紫外线下。有一天晚上，电炉意外烧到了850℃，看到热记录仪上的温度，他以为电炉里会是一块熔化的玻璃。令人惊奇的是，他在电炉里发现了一块形状并没有发生改变的白色材料。他马上认为这种材料是陶瓷，显然是由最初的玻璃颗粒生成的，而且没有发生变形。紧接着发生了第二件偶然事件，这块材料无意中掉落下去，发出了比玻璃更像金属的声音。然后，他意识到他制备出的这种材料具有不同寻常的强度。

凝视着这个计划外的实验结果，Stookey回想起有报道说锂铝硅酸盐晶体具有非常低的热膨胀性；而且，Hummel（1951）已经报道了β-锂辉石相具有近零的热膨胀性。他察觉到了这种低热膨胀性晶体对脆性陶瓷材料热震性的重要性。他认为，如果能够用跟锂硅酸盐同样的方式成核其他低热胀系数的晶相的话，这些发现将变得非常有意义。不幸的是，他很快发现，银或者其他胶态金属不能在这些铝硅酸盐晶体上有效成核。他曾一度用温度计用的乳白玻璃来研究，就是在普通温度计上使用的那种厚的、不透明的白色玻璃。以前，这一效果可以通过析出高折射率的晶体（例如硫化锌或者二氧化钛）来实现。因此，他尝试在铝硅酸盐玻璃中添加二氧化钛作为成核剂，结果发现其具有神奇的效果。在这项工作的一年或者两年之后，就出现了强度和抗热震性都不错的微晶玻璃产品的商业应用，例如火箭的鼻锥和Corning Ware®的炊具（Stookey，1959）。

总之，偶然事件和一些很好的探索性研究（尽管与最终的产品没有任何关联）使材料性能取得了很大的进展。丰富的文献知识，良好的观察技能和演绎推理能力，显然都是把偶然事件转变成丰硕果实的助手。

如果没有内部成核过程作为晶化的前驱体，晶体会在表面能较低的位置析出。正如Reamur令人烦恼的发现一样，最后生成的是一个像立方冰块的结构（见图H2），其中表面晶化的晶体在结合比较弱的平面相遇。因为要响应晶化过程中体积密度的改变，导致非晶核玻璃的流动，迫使最初的形状发生畸形扭曲。另一方面，因为晶化能够均匀发生，高黏度、内部成核的玻璃转变成为陶瓷的过程中很少或者几乎不会发生原有形状的变形。

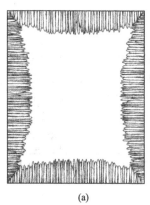 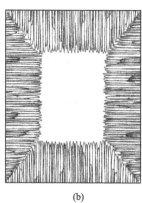 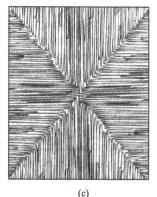

(a) (b) (c)

图 H2 没有内部成核的玻璃晶化

微晶玻璃在性能上对母相玻璃的优越性源自晶体那与众不同的特性，即它是从有序结构开始的。当晶体相遇时，会产生结构上的不连续性或者晶界。与玻璃不同的是，晶体同样也会有导致偏转、分支或者微裂纹这些离散结构的可能性。因此，解理面的出现和晶界的存在起到了阻止断裂扩散的作用。这也是晶化好的玻璃力学性能也好的原因。而且，晶体特性的范围远远大于玻璃。因此，某些晶体具有非常低甚至负的热膨胀行为。另外，像蓝宝石，可能比任何玻璃都要硬，而云母晶体则非常软。特定的晶体家族同样可能有不同的荧光、介电或者磁学性能。最新研究证明，一些半导体在液氮温度下还可能是超导体。此外，如果晶体能够定向的话，就可以获得极化性能比如压电或者光偏转。

　　近些年来，另一种制备微晶玻璃的方法也已经证明是技术和商业上可行的。这一方法要用到玻璃粉末的烧结和控制晶化，它比整体析晶法制备微晶玻璃具有一定的优点。首先，可以使用传统的微晶玻璃制备工艺，比如注浆成型法、压制和挤出成型等。其次，因为在晶化前具有很高的流速，在金属或者其他陶瓷材料上的微晶玻璃涂层也可以采用这个工艺。最后也是最重要的是，可以用玻璃熔块淬火时的表面缺陷作为成核点。这一工艺特有的步骤是将淬火后的玻璃球磨成直径约为 $3\sim15\mu m$ 的颗粒。这种颗粒再用传统的陶瓷成型技术成型，黏性烧结至晶化完成后的完全致密状态。图 H3 展示了从玻璃粉末压实状态［见图 H3（a）］到具有一些表面成核点的致密烧结状态［见图 H3（b）］和最终的高度晶化的微晶玻璃状态［见图 H3（c）］。注意它与图 H1（c）中内部成核微晶玻璃的结构相似性。熔块晶化微晶玻璃的第一个商业应用是电视管封装的析晶焊料玻璃。近来，这项技术已经用于电子封装的多层共烧基体。

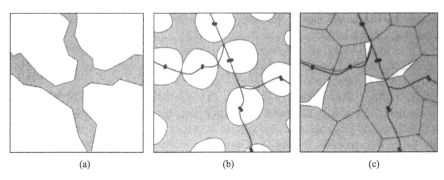

(a)　　　　　　　　　(b)　　　　　　　　　(c)

图 H3　从玻璃粉末到微晶玻璃

（a）玻璃粉末压实；（b）致密化和初期晶化；（c）完全晶化的微晶玻璃

第**1**章

微晶玻璃设计的基本原理

1.1 微晶玻璃的优点

微晶玻璃具有突出的热学、化学、生物学和介电性能，通常情况下优于这些领域里的金属和有机聚合物材料的性能。微晶玻璃同时也展现了比无机材料如玻璃和陶瓷等更重要的优点。本书的后几章会专门介绍其组成的多样性和形成特殊微观结构的可能性。不言而喻，这些优点确保了微晶玻璃的终端产品具有各种让人欣喜的特性。

从其名字可以看出，微晶玻璃介于无机玻璃和陶瓷之间。微晶玻璃可能高度晶化，也可能含有大量残留玻璃。它由一种或多种玻璃相和晶相组成。微晶玻璃是由基础玻璃通过控制晶化得到的。这种方式得到的新的晶体直接从玻璃相中析出，同时残留玻璃相的组成也逐渐改变。

基础玻璃的合成是研究微晶玻璃材料的重要一步。与传统的熔融和成型方法不同，一些其他方法比如溶胶-凝胶法、化学气相沉积法和其他方式都可以用来制备基础玻璃。尽管微晶玻璃的制备既复杂又费时，但采用不同的化学合成方法有助于获得各种不同的特性。

微晶玻璃最突出的优点是它特殊多变的微观结构。微晶玻璃中的多种微观结构并不能在其他材料中形成。玻璃相本身有多种不同的结构，而且，它们在微观结构中以不同的形态学方式存在。晶相也表现出很多的变化方式，特殊的结构可形成特殊的形态，由于它们生长模式不同，形成的形态也会有一定差异，所有这些微观结构的形成方式以及母相玻璃（基础玻璃）的组成都因为晶化过程的不同而不同。

微晶玻璃之所以具有特别突出的特性取决于两个重要因素，即：化学组成和微观结构的多变性。这些特性见表 1.1 和表 1.2。

表 1.1 微晶玻璃的特性

工艺特性

    可压延,铸造,压制,旋压,吹压,拉伸

    有限和可控的收缩

    整体析晶的微晶玻璃没有气孔

热学特性

    热膨胀按需可控制至 0 甚至负膨胀,取决于温度

    高温稳定性

光学特性

    半透明或不透明

    光感应

    着色(染色)

    乳白光和荧光

化学特性

    再吸收(消溶)或高的化学稳定性

生物学特性

    生物相容性

    生物活性

力学特性

    可加工性

    高强、高韧

电学和磁学特性

    绝缘性(低的介电常数和损耗,高电阻和高击穿电压)

    离子导体和超导体

    铁磁性

表 1.2 微晶玻璃特性的特殊组合 (节选)

力学性能(可加工)＋热学性能(耐高温)

热学性能(零膨胀＋耐温)＋化学稳定性

力学性能(强度)＋光学性能(半透明)＋工艺特性

强度＋半透明＋生物特性＋工艺特性

1.1.1　工艺特性

研究发现,基础玻璃合适的话,玻璃成型的各种技术同样能应用于微晶玻璃。因此,大部分微晶玻璃可以采用压延、压制、铸造、旋压铸造成型,或者吹压玻璃熔体、从玻璃熔体中拉伸出玻璃棒或者玻璃环。例如,薄层形成方法也同样适用于玻璃薄片。而且,玻璃粉末或颗粒也能转化成为微晶玻璃。

1.1.2　热学特性

微晶玻璃制造的一个特别之处是可以制作出几乎零收缩的产品,这使得它们可以大规

模应用于工业、科研和家用产品（例如厨具）中。

1.1.3　光学特性

因为微晶玻璃没有气孔，且通常含有玻璃相，因此具有很高的半透明性，有些甚至达到了很高的透明度。而且，还可制出不透明的微晶玻璃，这取决于材料中晶体的类别和微观结构。微晶玻璃还能制成各种颜色的产品。另外，光感应工艺也可以用于微晶玻璃的制造，得到成型精度高和带有图案的终端产品。

荧光、可见光和红外线、乳光特性同样也是微晶玻璃重要的光学特性。

1.1.4　化学特性

化学特性，从再吸收性（消溶）到化学稳定性，可以根据晶体的本征特性、玻璃相或晶体和玻璃的中间相的本性来控制。总之，能制造出消溶或者化学稳定的微晶玻璃。特殊的微观结构甚至可使其一相消溶，而另一相却化学稳定性很好。

1.1.5　生物学特性

生物相容性和化学稳定性微晶玻璃已经成功应用于人类医学和某些牙科手术中。而且，生物活性材料也可用于医学植入。

1.1.6　力学特性

尽管微晶玻璃没有达到金属材料那么高的弯曲强度，但其弯曲强度也可达到 500MPa。微晶玻璃的韧性近年来得到了显著的改善，断裂韧性 K_{IC} 的值已经超过了 $3MPa \cdot m^{0.5}$。其他任何一种材料都不能像用整体析晶法制备的微晶玻璃一样表现出这些特性，同时它还兼具半透明性，能用于压制或铸造，没有收缩或气孔。

微晶玻璃材料具有机械加工性是它的又一个优点。换句话说，从第一步玻璃熔融获得材料最基础的形状开始，微晶玻璃可以通过钻、铣、磨或锯等方式来获得一个相对比较简单的最终形状。而且，微晶玻璃的表面特征如韧性、抛光度、光泽或磨损行为也都同样可以控制。

1.1.7　电学和磁学特性

微晶玻璃同样具有特殊的电学或磁学特性。对用于电子或微电子工业的绝缘体来说，电学特性非常重要。需要指出的是，微晶玻璃与其他材料比如金属结合，可以形成有用的复合材料。而且，已经研发出具有很高的离子导电性甚至是超导的微晶玻璃。此外，已经制备出与陶瓷的磁学特性相似的微晶玻璃。这些材料可以通过最初的基础玻璃成型、随后的晶化热处理来完成。

1.2 设计因素

在微晶玻璃的设计中，化学组成和微观结构是两个最重要的因素（见表1.3）。总的化学组成控制着形成玻璃的能力并决定其可行性。它还决定析晶方式是内部析晶还是表面析晶。如果想内部析晶，应把合适的析晶剂当作总化学组成的一部分熔入玻璃中。总组成同时也直接决定了可能的晶体组成，这又反过来决定了常规的物理和化学特性，例如，硬度、密度、热膨胀系数和耐酸性等。

微观结构和化学组成同样重要，这是大多数力学和光学特性的关键，还能提升或抵消微晶玻璃中关键相的特性。很显然，微观结构不是一个独立的变体，它取决于总的化学组成和晶相组成，同时也能根据热处理方式而发生显著的改变。

表 1.3 微晶玻璃设计

组成
　　总的化学组成
　　　　玻璃形成体和可行性
　　　　内部或表面析晶
　　相组成
　　　　常规的物理和化学特性
微观结构
　　力学和光学特性的关键
　　能提升或消除关键相的特性

1.3 晶体结构和矿物学特性

因为硅酸盐化合物是最重要的玻璃形成系统，所以微晶玻璃主要的晶体组成就是硅酸盐晶体。然而，特定的矿物氧化物是最终产品中控制析晶、形成副相的重要因素。

1.3.1 硅酸盐晶体

微晶玻璃中的硅酸盐晶体可以根据基础四面体单元的聚合程度分为下面六种（见表1.4和表1.5）：

① 岛状硅酸盐 [独立的 $(SiO_4)^{4-}$ 四面体]；

② 双（倩）硅酸盐 [基于 $(Si_2O_7)^{6-}$ 二聚体]；

③ 环状硅酸盐 [由 6 元 $(Si_6O_{18})^{12-}$ 或 $(AlSi_5O_{18})^{13-}$ 环组成]；

④ 链状硅酸盐 [基于单链 $(SiO_3)^{2-}$、双链 $(Si_4O_{11})^{6-}$ 或多重组合形成链]；

⑤ 层状硅酸盐 [基于 $(Si_4O_{10})^{4-}$、$(AlSi_3O_{10})^{5-}$ 或 $(Al_2Si_2O_{10})^{6-}$ 六边形层的片状

结构〕；

⑥ 网状硅酸盐〔基于 SiO_2、$(AlSi_3O_8)^-$ 或 $(Al_2Si_2O_8)^{2-}$ 共角四面体形成的网状结构〕。

表 1.4 微晶玻璃中硅酸盐结构分类 （一）

岛状硅酸盐 　独立四面体，Si：O＝1：4，如镁橄榄石 $Mg_2(SiO_4)$	0%共享	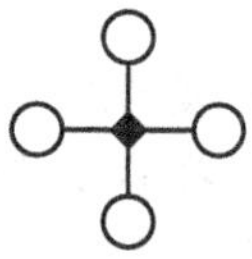
双硅酸盐 　四面体对，Si：O＝2：7，如钪钇石 $Sc_2(Si_2O_7)$	25%共享	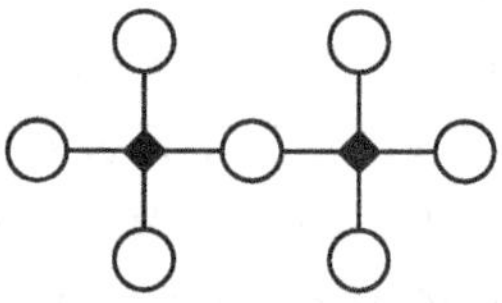
环状硅酸盐 　硅酸盐环，Si：O＝1：3，如绿宝石 $Be_3Al_2(Si_6O_{18})$	50%共享	

表 1.5 微晶玻璃中硅酸盐结构分类 （二）

链状硅酸盐 　单链硅酸盐（辉石），Si：O＝1：3，如顽辉石 $MgSiO_3$	50%共享	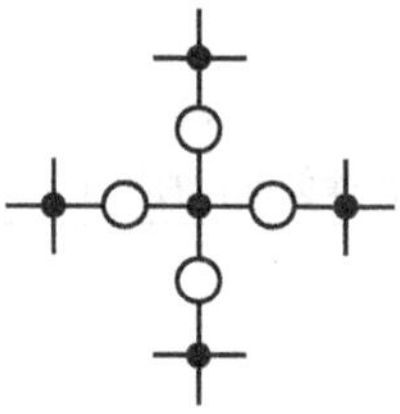
双链硅酸盐（角闪石），Si：O＝4：11，如透闪石 $Ca_2Mg_5(Si_4O_{11})(OH)_2$	62.5%共享	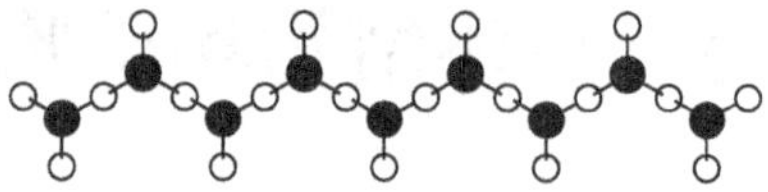
层状硅酸盐 　层状硅酸盐（云母和黏土），Si：O＝2：5，如高岭土（中国黏土）$Al_2(Si_2O_5)(OH)_4$；云母石（云母）$KAl_2(AlSi_3O_{10})(OH)_2$	75%共享	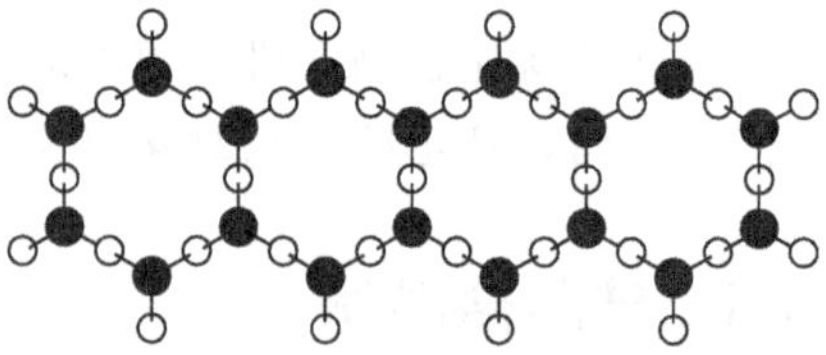
网状硅酸盐 　网状硅酸盐（硅土和长石），Si：O＝1：2，如石英 SiO_2；正长石 $K(AlSi_3O_8)$；钙长石 $Ca(Al_2Si_2O_8)$	100%共享	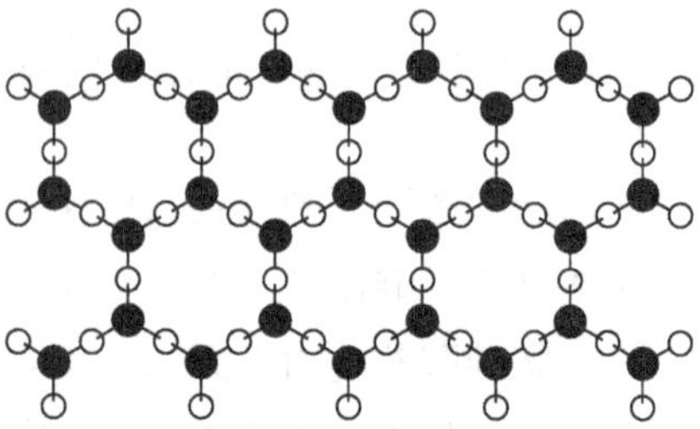

注：Al^{3+} 有时会取代四面体中的 Si^{4+}，但不会超过 50%。硅酸盐倾向于劈开硅酸盐群组间的连接，留下强的 Si—O 键连接。角闪石解理成纤维，云母解理成片。

1.3.1.1 岛状硅酸盐

这是微晶玻璃中最不重要的硅酸盐矿物组成，因为硅酸盐的低聚合度不允许这种化学计量比（$Si：O=1：4$）的玻璃组成。然而，这些相，比如镁橄榄石 $Mg_2(SiO_4)$ 和硅锌矿 $Zn_2(SiO_4)$ 能当作次要相。尤其是硅锌矿，即使掺杂很小比例的 Mn^{2+}，也能产生很强的绿色荧光。硅镁矿，比如粒硅镁石（$Mg_2SiO_4 \cdot 2MgF_2$）和块硅镁石（$Mg_2SiO_4 \cdot MgF_2$），是某些氟云母微晶玻璃的中间相。

1.3.1.2 双硅酸盐

相比岛状硅酸盐而言，双硅酸盐因为很低的 $Si：O$ 比（接近 $2：7$），不是玻璃形成体矿物。同样地，它们有时也会作为次要相在炉渣微晶玻璃中出现，像黄长石晶体中的镁黄长石 $Ca_2MgSi_2O_7$ 和它的终端固溶体钙铝黄长石 $Ca_2Al_2SiO_7$。后者的结构中，一个四面体络合的 Al^{3+} 取代了 Si^{4+}。

1.3.1.3 环状硅酸盐

环状硅酸盐也叫环硅酸盐，其特征是 SiO_4 和 AlO_4 四面体单元形成了六元环，交联性很强。环硅酸盐在微晶玻璃中最有代表性的重要的一种晶相是堇青石：$Mg_2Al_4Si_5O_{18}$，虽然有时不稳定而且很脆，但是它能形成玻璃。因为这些环状硅酸盐与网状硅酸盐在形态上很相似，在物理性质上表现出重要的相似性，在1.3.1.6"网状硅酸盐"中将会再次介绍。

1.3.1.4 链状硅酸盐

链状硅酸盐，就像通常被提及的一样，因为单链中 $Si：O=1：3$，而双链中 $Si：O=4：11$，是形成的玻璃临界组分，是一些高强高韧微晶玻璃中的主晶相。这是因为硅氧四面体单向骨架链接（见表1.5）通常表现为针状或棒状晶体，在微晶玻璃中起到增强增韧作用。同时，强解理或双晶的形成能够为裂纹扩展提供能量。

微晶玻璃中以单链硅酸盐形成的重要矿物有顽辉石（$MgSiO_3$）、透辉石（$CaMgSi_2O_6$）和钙硅石（$CaSiO_3$）。具体结构见附录图A7～图A9。这三种相在微晶玻璃中通常是单斜晶系（$2/m$），尽管顽辉石能在淬火的斜方晶系中（原顽火辉石）出现，而钙硅石也可能是三斜晶系。在（100）面上的板层双晶和结合解理是顽辉石韧性的关键，而当钙硅石是主晶相时，细长晶体提高了微晶玻璃的强度（见第2章）。

角闪石是双链硅酸盐中常见的造岩矿物之一。氟角闪石，尤其是化学计量比的氟钾钠透闪石（$KNaCaMg_5Si_8O_{22}F_2$），能够从稍微过量的 Al_2O_3 和 SiO_2 改性玻璃组成中直接析晶得到。这样得到的微晶玻璃，以长径比远超过10的带有针状微观结构的棒状氟钾钠透闪石为主。这种晶体的单斜（$2/m$）结构见附录图A10。双链 $(Si_4O_{11})^{6-}$ 的骨架平行于 c 轴。

某些多链硅酸盐是很好的玻璃形成体，因为 $Si：O=2：5$，它们有更高的聚合度。例如，氟硅碱钙石（$K_2Na_4Ca_5Si_{12}O_{30}F_4$）和氟硅钙钠石（$NaCa_2Si_4O_{10}F$），都是从 CaF_2 这一固有组成中直接成核。特别是硅碱钙石，能制造出具有特殊力学阻力的微晶玻璃，这主要是因为充分解理导致的碎裂。硅碱钙石有四重的盒式或管式的骨架连接，一般认为属于单斜晶系（m），而氟硅钙钠石是三斜晶系。

1.3.1.5 层状硅酸盐

片状硅酸盐或层状硅酸盐，是若干硅氧和铝四面体 $(Si_2O_5)^{2-}$、$(AlSi_3O_{10})^{5-}$ 和 $(Al_2Si_2O_{10})^{6-}$ 组成的六边形二维层状结构。这一类中简单的微晶玻璃有二硅酸锂 $(Li_2Si_2O_5)$ 和二硅酸钡 $(BaSi_2O_5)$，它们都能形成玻璃（Si：O＝2：5）并容易转变成微晶玻璃。斜方晶系的 $Li_2Si_2O_5$ 含有（010）面上的波纹层 $(Si_2O_5)^{2-}$（见附录图 A12）。硅酸锂微晶玻璃容易熔融和析晶，因为层状结构扁平或条状的互锁形式，使其具有很好的力学性能。

化学组成更复杂但结构简单的扁平层结构是氟云母，它是微晶玻璃能够进行机械加工的关键晶体。最常见的相是氟金云母 $(KMg_3AlSi_3O_{10}F_2)$，像大多数云母一样，它在（001）面上具有良好的解理。尽管有假六方晶体出现，这种晶体仍然是单斜晶系（$2/m$）。它的特点是由基础解理组成的薄层具有韧性、弹性和强度。由于 MgO 和 F 含量高，这种云母自己不能形成玻璃，但添加 B_2O_3、Al_2O_3 和 SiO_2 后能形成稳定的玻璃。其他氟云母化学计量的微晶玻璃还有 $KMg_{2.5}Si_4O_{10}F_2$、$NaMg_3AlSi_3O_{10}F_2$、$Ba_{0.5}Mg_3AlSi_3O_{10}F_2$ 和易碎（更脆）的 $BaMg_3Al_2Si_2O_{10}F_2$ 云母。

氟金云母的结构见附录图 A13。每个独立的层由三部分组成：两层为以六边形排列的 $(AlSi_3O_{10})^{5-}$ 四面体，一层为与 $(AlSi_3O_{10})^{5-}$ 四面体向内的顶点共边的 $(MgO_4F_2)^{8-}$ 八面体。这种 T-O-T 的复杂层可从带有 12 配位钾离子的相似层中分离出来。这种弱的 K—O 键为 [001] 面提供了良好的解理性。

1.3.1.6 网状硅酸盐

网状硅酸盐也叫网络（框架）硅酸盐，其特征是离子和氧的比例为 1：2 的四面体。这种典型的四面体离子有硅和铝，但在某些情况下，锗、钛、硼、镓、铍、镁和锌都可能取代这些四面体点。所有的四面体离子都是氧和其他四面体离子连接。硅通常占到四面体离子的 $50\%\sim100\%$。

网状硅酸盐是微晶玻璃的主要组成单元。因为这些晶体中 SiO_2 和 Al_2O_3 含量很高，而它们都是形成玻璃的氧化物，大部分情况下都是很好的玻璃形成体，正好满足了微晶玻璃生成的首要条件。而且，这些晶体还有重要的特性，如低的热胀系数、好的化学稳定性和难熔等。最后，某些氧化物成核剂如 TiO_2 和 ZrO_2 只能熔于这些高度聚合的黏性硅酸盐熔体中，它们的熔解需要很高的温度。这些因素都使这些氧化物实现了网状硅酸盐中异常的核化效率。

（1）石英变体

低压下的石英变体有石英、鳞石英和方石英。室温下的稳定相是 α-石英或低温石英。它们大约在 573℃（在 1bar 下）转变成 β-石英或高温石英。β-石英在 867℃可转变成鳞石英，而鳞石英在 1470℃可转变成 β-方石英，β-方石英在 1727℃熔融成液态氧化硅。这三种稳定的硅氧聚合形态表现出的位移转变包括降温过程中的结构收缩，它们在微晶玻璃组成中都能稳定或相对稳定地降到室温。

① 石英　地质学上关于 α-石英和 β-石英的硅氧框架的定义众所周知，见图 1.1。很容易预见，α-石英是高温下 β 改性的变形。高石英硅氧四面体以成对的螺旋链螺旋、以同样

的密度环绕在六角螺旋轴上，平行于 c 轴 [见图 1.1 (a)]。缠绕的链产生了平行于 c 轴的开放通道，表现为结构上的六角形。β-石英的框架组成为六元和八元的不正常的环形，根据手征（空间的螺旋特性）或偏手性螺旋形成空间群 $P6_422$ 或 $P6_222$。当 β-石英冷却到 573℃以下时，膨胀的框架倒塌成更致密的 α-石英结构 [见图 1.1 (a)，(b)]。α-石英和 β-石英的结构参数见表 1.6。α-石英从 0℃到 300℃ 的热胀系数大约为 $15.0\times10^{-6}/K$。在它的热稳定性范围内，β-石英的热胀系数大约为 $-0.5\times10^{-6}/K$。不幸的是，β-石英不能急冷。因此，微晶玻璃中的纯石英在低于转变温度下冷却时经历了快速收缩。石英是常压下最密集的硅氧同质多形体，$\rho=2.65g/cm^3$，它给微晶玻璃带来了高硬度。

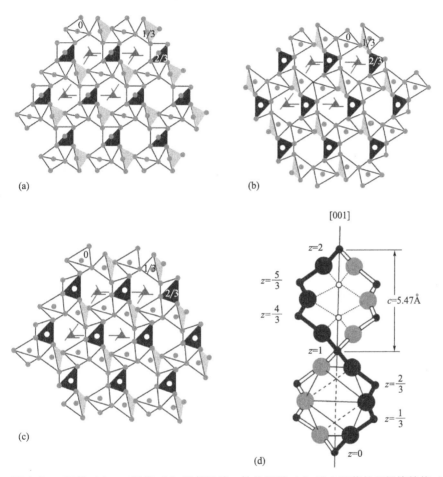

图 1.1 β-石英（a）、α-石英（b）及其沿着 c 轴的投影（c）及 β-石英的双螺旋结构（d），其中（c）为反面投影

表 1.6　石英结构参数

项目	β-石英	α-石英
结构单元		
a/Å	4.9977	4.9123
c/Å	5.4601	5.4038
V/Å³	118.11	112.933
ρ/(g/cm³)	2.5334	2.6495

项目	β-石英		α-石英	
空间群	$P6_422$	$P6_222$	$P3_121$	$P3_221$
原子位置				
$x(Si)$	1/2	1/2	0.4701	0.5299
$y(Si)$	0	0	0	0
$z(Si)$	0	0	1/3	2/3
$x(O)$	0.2072	0.2072	0.4139	0.5861
$y(O)$	0.4144	0.4144	0.2674	0.7326
$z(O)$	1/2	1/2	0.2144	0.7856

注：1. β-石英 590℃时的数据来源于 Wright 和 Lehmann（1981），α-石英 25℃时的数据来源于 Will 等（1988）。

2. $1Å=10^{-10}m$，全书余同。

② 鳞石英　在硅氧同质多形体相平衡关系的研究中，Fenner（1913）注意到，只有在添加了矿化剂或者熔剂如 Na_2WO_4 时才能合成鳞石英。如果纯石英加热到约 1050℃的话，它会绕过鳞石英直接转变成方石英。对天然和合成鳞石英的大量变体进行粉末 X 衍射分析和差热分析，证明鳞石英可能不是纯的二氧化硅多形体。然而，Hill 和 Roy（1958）成功地用水作溶剂由晶体管级硅和高纯度二氧化硅凝胶合成了鳞石英，由此确定了鳞石英作为二氧化硅多形体的合理性。

鳞石英在它的稳定态范围 867～1470℃之间是六边形的，空间群为 $P6_3/mmc$。理想的高温鳞石英结构数据是基于一个基本的堆积模型——层状硅氧四面体位于六角形的环上（见表 1.7 和图 1.2）。当标准鳞石英冷却到 380℃以下时，发生的几种相转变也伴随着对称性的改变。这些变化会产生巨大的收缩，导致高的热胀系数，在 0～200℃之间，将近 $40.0×10^{-6}/K$。

表 1.7　高温鳞石英的结构数据

空间群	$P6_3/mmc$	原子	x	y	z
结构单元		Si(1)	1/3	2/3	0.0620(4)
$a/Å$	5.052(9)	O(1)	1/3	2/3	1/4
$c/Å$	8.27(2)	O(2)	1/2	0	0
$V/Å^3$	182.8(3)				
$\rho/(g/cm^3)$	2.183				

注：460℃时的数据来源于 Kihara（1978）。

③ 方石英　在高于 1470℃时，二氧化硅的稳定态是方石英。在很多微晶玻璃材料中方石英相容易形成亚稳态，冷却到室温时跟鳞石英和石英以同样的方式发生变化。结构上，方石英也是从基本的堆积模型——层状硅氧四面体位于六角形的环上形成的，但是配对的四面体的取向在横穿位，与鳞石英的顺式定位正好相反（见图 1.2）。这就形成了立方体而非六边形的结构。事实上，理想的 β-方石英是钻石型的立方晶系，硅占据了和碳同样的位置，氧位于两个硅原子的中间。这种结构的空间群是 $Fd3m$，β-方石英和低温四面体 α 型的结构数据见表 1.8。

方石英低温和高温变体的相变温度并不恒定，特征温度在 215℃左右。这一转变同时

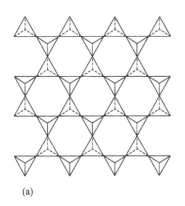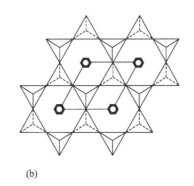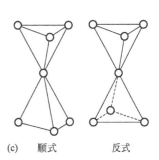

(a)   (b)   (c)   顺式   反式

图 1.2 磷石英和方石英的四面体层图、结构投影图及配对四面体的顺反式位置

(a) 鳞石英和方石英中作为基本堆积模型的四面体层图。在鳞石英中，层与层之间按照 AB 双层的顺序堆积，平行于 c 轴；而在方石英中，层与层之间沿着 [111] 方向按照 ABC 三层的顺序堆积；（b）理想的高温鳞石英沿着 c 轴的结构投影。邻近的四面体层通过镜面对称彼此关联，六角环准确地叠加；（c）配对四面体的顺式和反式取向。高温鳞石英四面体采取稳定性差的顺式取向，顺式取向中氧离子间的斥力最大。在 β-方石英中，四面体采取反式取向（Heaney，1994）

伴随着热膨胀的巨大改变。α-方石英沿 a 轴和 c 轴方向分别以 9.3×10^{-6} nm/K 和 3.5×10^{-5} nm/K 的速率迅速增加，而 β-方石英沿 a 轴的热胀速率仅为 2.1×10^{-6} nm/K。这种差异在转变过程中产生了巨大的自发应力，沿着 a 轴为 -1%，而沿着 c 轴则为 -2.2%。

表 1.8 方石英结构参数

结构参数	β-方石英	α-方石英	结构参数	β-方石英	α-方石英
原子位置					
空间群	$Fd3m$	$P4_12_12$	x(Si)	0	0.3006
结构单元			y(Si)	0	0.3006
$a/\text{Å}$	7.12637	4.96937	z(Si)	0	0
$c/\text{Å}$	—	6.92563	x(O)	1/8	0.2392
$V/\text{Å}^3$	361.914	171.026	y(O)	1/8	0.1049
$\rho/(\text{g/cm}^3)$	2.205	2.333	z(O)	1/8	0.1789

注：300℃时理想的 β-方石英数据和 30℃时 α-方石英的数据来源于 Schmahl 等（1992）。

（2）全充满的硅的衍生物

Buerger（1954）首次认识到由（SiO_4）和（AlO_4）四面体的三维网络组成的某些铝硅酸盐晶体在结构上与一种或另一种二氧化硅晶体相似。这些铝硅酸盐称为填充衍生物，因为它们具有二氧化硅的结构，只不过 Al^{3+} 取代了 Si^{4+}，并且用较大的阳离子填充了空位来保持电中性。可以预期的是，在这些衍生物和纯净的二氧化硅之间，会生成一定量的固溶体，这种稳定的二氧化硅多晶方石英、鳞石英和石英都有相关的衍生物，就像亚稳态的正方硅石（热液石英）。多形体的例子还有三斜霞石和霞石（$NaAlSiO_4$），它们分别是方石英和鳞石英的衍生物。β-锂辉石（$LiAlSi_2O_6$）是正方硅石的全充满衍生物，β-锂霞石（$LiAlSiO_4$）则是 β-石英的全充满衍生物。

命名锂和镁铝硅酸盐全充满硅衍生物时遇到了很多问题和困难。Roy（1959 年）第一次定义了完整的 β-锂霞石（$LiAlSiO_4$）和 β-石英硅的固溶体系列。这个系列的硅酸盐除了几乎纯的二氧化硅之外，大多数氧化物比例高于 $Li_2O : Al_2O_3 : 3SiO_2$ 的硅酸盐都是亚稳态。Roy 创造了硅氧这个名词来描述这种 β-石英固溶体。这个名词的范围非常大，因为这些相都不是纯的硅氧化合物，而且事实上，在 β-锂霞石中可能只有低至 50%（摩尔分数）的二氧化硅。纯的硅氧单元就是 β-石英本身。

硅锂石指锂自然填充到 β-石英固溶体中得到的一类物质（French 等，1978），它的化学计量比介于锂辉石 $LiAlSi_2O_6$ 和 SiO_2 之间。硅锂石的进一步定义为 $LiAlSi_2O_6$ 含量多于 50%（摩尔分数）的化合物。这一定义的问题是它没有充足的理由就任意地为这些固溶体中一个特别的组分规定了一个范围。并且，硅锂石这个定义是在陶瓷文献中已经广泛认为这些材料是 β-石英固溶体之后才提出的。

硅氧 K 这一术语是 Roy 在 1959 年首次提出的，用于描述另一系列带有 SiO_2-$LiAlO_2$ 结构的固溶体，它们在很宽的温度范围内都可以保持稳定。这些化合物的组成中，Li_2O：Al_2O_3：SiO_2 的比率从 1：1：4 到 1：1：10（见图 1.3）（Levin 等，1964）。尽管最初认为这种四面体结构和亚稳态的 SiO_2（即正方硅石）有相似之处，正方硅石最先由 Keat（1954）在通用电子公司合成，相平衡研究表明在纯正方硅石和这一系列的大多数硅氧单元之间有一个很大的混合区间（见图 1.3）。由于 β-锂辉石 $LiAlSi_2O_6$（1：1：4）这一称谓已经大量使用，似乎用 β-锂辉石固溶体作为其他更多的这一类固溶体系列的名称更合理些。这些固溶体也可叫作填充的正方硅石，但是由于没有连续的硅氧化合物系列，β-锂辉石这一用来表示具有通用组成范围的矿物的定义对它更合适一些。这样就和霞石或三斜霞石（$NaAlSiO_4$）的定义统一了。对于填充的鳞石英或方石英来说，这一定义也是合适的，因为在这些结构中，同样没有完全的 SiO_2 固溶体。

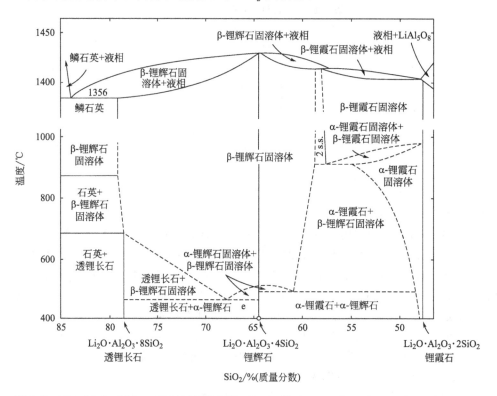

图 1.3 SiO_2-Li_2O·Al_2O_3·$3SiO_2$ 系统的相图（Levin 等，1964；Strnad，1968）

由于这些原因，于是把含有 SiO_2-$LiAlO_2$ 结构的固溶体称为六角形固溶体系列 β-石英

和四面体系列 β-锂辉石。有人提议用高石英固溶体（*high-quartz solid solution*）（Ray 和 Muchow，1968）取代 β-石英固溶体，但是带有希腊字母的称谓更通用一些，不是因为简短，而是因为可能存在多于两种的结构变体，就像鳞石英一样。

Li（1968）引入了另外一种命名法来区别 $LiAlSi_2O_6$ 或锂辉石的三种多晶体。常温条件下的稳定相是矿物 α-锂辉石，或者 $LiAlSi_2O_6$-Ⅰ，一种单斜辉石。由锂辉石组成的玻璃退火中形成的第一种相是填充的 β-石英相，也称为 $LiAlSi_2O_6$-Ⅲ 或者 β-石英固溶体。Li（1968）倾向于在化学式 $LiAlSi_2O_6$ 后面加个后缀来表示其结构类别（Ⅰ＝单斜辉石；Ⅱ＝正方硅石；Ⅲ＝β-石英）。这一命名法，尽管避免了相转变比如从 α-石英到 β-石英时产生了类似相的冲突，但是用化学式比较烦琐，而且它对于结构相同但组成范围可变的化合物来说是不合适的。

（3）源于 β-石英的结构（β-石英固溶体）

① 组成和稳定性　很多填充 β-石英能从简单的铝硅酸盐玻璃中通过填充改性离子到 β-石英的结构空位中而结晶出来。这些离子包括 Li^+、Mg^{2+}、Zn^{2+} 和少量的 Fe^{2+}、Mn^{2+} 和 Co^{2+}，离子尺寸为 0.06～0.08nm。这些固溶体的通用化学式为 $Li_{2-2(x+y)}Mg_xZn_y \cdot Al_2O_3 \cdot zSiO_2$（Strnad，1986），其中 $x+y \leqslant 1$ 且 $z \geqslant 2$。已经证实存在的从假四元系 SiO_2-$LiAlO_2$-$MgAl_2O_4$-$ZnAl_2O_4$ 玻璃中析晶的石英固溶体范围见图 1.4（Petzoldt，1967）。

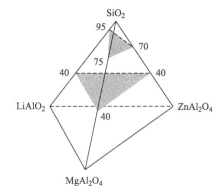

图 1.4　已经证实存在亚稳态 β-石英固溶体的假四元系统 SiO_2-$LiAlO_2$-$MgAl_2O_4$-$ZnAl_2O_4$（质量分数％）（Petzoldt，1967）

一起结晶出来的固溶体，比如 $LiBeO_2$ 和 $Al(AlO_2)_3$，也已经被确认（Beall 等，1967）。换句话说，在锂作为主要、优先填充离子的情况下，铍能替代四面体位置中的某些硅，而一些铝则能填充或进入 β-石英的空隙中。

除了 β-锂霞石固溶体之外，所有这些 β-石英固溶体组成都是亚稳态的，它的稳定范围见图 1.3 和图 1.5。图 1.5 为伪三元 SiO_2-$LiAlO_2$-$MgAl_2O_4$ 体系在 1230℃下的等温线，大约比这个体系的最低共晶（见图 1.6）熔点低 60℃。尽管这半个系统中的硅酸化合物最初都能从玻璃相析晶到 β-石英固溶体，仅靠近 $LiAlSiO_4$（锂霞石）左下角的那部分固溶体具有一定的热力学稳定性。另一方面，这个伪三元体系中还存在一些非常稳定的亚稳态 β-石英固溶体。它们甚至能在 1200℃下保持 100h。最稳定的化合物是 $LiMgAl_3Si_9O_{24}$。这一化学计量比可能在结构上有一些重要意义，但必须研究其单晶才能知道 Li^+ 和 Mg^{2+}、SiO_4 和 AlO_4 四面体之间是否存在合理的分布。

② 结构和特性　Li（1968 年）通过从玻璃相中析出单晶研究得出亚稳态石英固溶体的结构为 $LiAlSi_2O_6$ 或 $Li_2O : Al_2O_3 : SiO_2$，比率为 1：1：4。这一结构是一个全充满的 β-

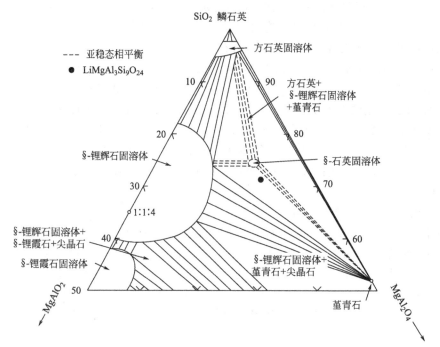

图 1.5 半个 SiO₂-LiAlO₂-MgAl₂O₄ 系统中的硅酸化合物在 1230℃下的等温线（质量分数%）（Beall 等，1967）

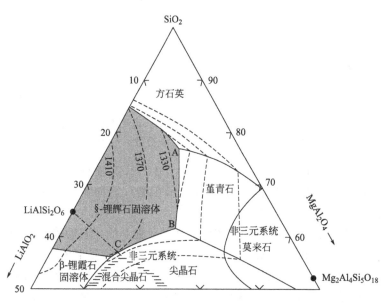

图 1.6 半个 SiO₂-LiAlO₂-MgAl₂O₄ 系统中的硅酸液相线关系（质量分数%）

石英衍生物，其中 Si 和 Al 完全随机分布在四面体中。锂离子是四配位的且充满填隙原子的位置，每个结构单元中有一个锂原子。其他三个随机分布在等价的位置，锂四面体是不规则的，和两个 Si、Al 四面体共用两边。Si、Al-Li 距离（2.609Å）非常短，因此会产生很强的阳离子排斥。相信这对这些固溶体特殊的低热膨胀行为有着重要作用（Li，1968）。在这一结构中，a 轴和 b 轴仅是 Si、Al-Li 原子间距的函数，在加热过程中，这些轴有膨胀的倾向。另一方面，c 轴是 Li—O 原子间距的函数，估计会收缩，这是因为 Si、Al-Li 原子间距的加大会减小共有边，因此，Li—O 原子间距缩小。

图 1.7 为组成处于氧化硅和锂霞石（LiAlSiO$_4$）之间的 β-石英固溶体的晶胞参数 a_0 和 c_0（Nakagawa 和 Izumitani，1972）。图 1.8 为这些固溶体相应的热胀系数（Petzoldt，1967）。注意这个系数在靠近 β-锂霞石时很负；在 SiO$_2$ 的质量分数为 50%～80% 时，是一个比较小的负数平台；而质量分数大于 80% 时，热胀系数接近于零然后变为很大的正数。很明显，当组成中硅酸盐含量达到 82%（质量分数）时，β-石英固溶体不能坚持到室温。从图 1.9 可看出，当 LiAlO$_2$ 为 15%、10%、5%（摩尔分数）时，随着 α-相到 β-相的转变，转化温度升高（Petzoldt，1967）。显然，当 SiO$_2$ 摩尔分数超过 85% 时，就没有足够的锂来支持这个结构。SiO$_2$ 的质量分数在 52%～75% 时具有超低的热胀系数，在实际熔融时需特别注意这一点。

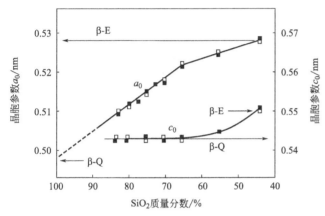

图 1.7 氧化硅和锂霞石（LiAlSiO$_4$）之间 β-石英固溶体（β-Q，□）、LiAl$_{1.17}$SiO$_{4.25}$ 和氧化硅之间高铝 β-石英固溶体（β-E，■）的晶胞参数 a_0 和 c_0（Nakagawa 和 Izumitani，1972）

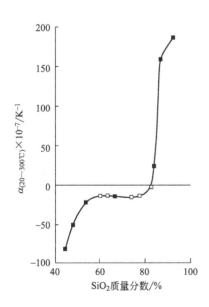

图 1.8 SiO$_2$-LiAlO$_2$ 系统玻璃晶化的 β-石英固溶体相应的热胀系数（Petzoldt，1967）

更复杂的伪四元体系 SiO$_2$-LiAlO$_2$-MgAl$_2$O$_4$-ZnAl$_2$O$_4$ 中的 β-石英固溶体的热胀系数通常表现为随着 Li$^+$ 和 Zn^{2+} 的增加而降低。另一方面，Mg^{2+} 增加了热膨胀行为（Str-

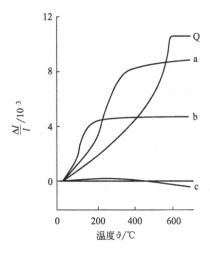

图 1.9 Li$_2$O 的摩尔分数分别为：(a) 5%、(b) 10%、(c) 15%、(Q) 0 (纯石英) 时，SiO$_2$-LiAlO$_2$ 系统玻璃晶化的石英固溶体的热膨胀曲线 (Petzoldt，1967)

nad，1986)。例如，在董青石 (Mg$_2$Al$_4$Si$_5$O$_{18}$) 中填充的 β-石英的平均热胀系数在 25～870℃时为 4.72×10^{-6}/K。实际上在很大硅含量范围内，Li$^+$、Mg^{2+} 和 Zn^{2+} 这三种离子可以调节热胀系数到接近于零，或者可从 −5×10^{-6}/K 到 +5×10^{-6}/K 范围内进行调节。

同样地，β-石英固溶体的折射率和双折射也可以在相当大范围内调整。图 1.10 为石英固溶体沿着 SiO$_2$-MgAl$_2$O$_4$ 连接的折射率 (Schreyer 和 Schairer，1961)。当石英质量分数为 72%时，正光性的石英变为各向同性，而在较低的氧化硅含量时则为负光性。这种光学各向同性石英的存在说明透明多晶 β-石英陶瓷有存在的可能性。

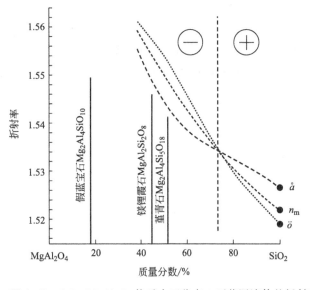

图 1.10 SiO$_2$-MgAl$_2$O$_4$ 体系中亚稳态 β-石英固溶体的折射率 (Schreyer 和 Schairer，1961)

③ β-锂霞石的结构　对填充度很高的 β-石英固溶体衍生物也就是 β-锂霞石 (LiAlSiO$_4$) 的结构已有了相当多的认识。Winkler 首次发现 β-锂霞石的结构是基于 β-石英的 (1948)。当四面体上的 Al 和 Si 完全有序排列时，在 c 轴方向的晶格常数翻倍，这样就会导致 hkl (l=奇数) 晶面上出现弱的 "超晶格" 反射。因为每一个 Si 都被四个 Al 四面体围绕，满足了洛温斯坦的铝回避原则，反之亦然。Winkler 同时也认为 Li 位于和 Al 相同

的位置，而且它们都是共氧的四面体。LiO$_4$ 四面体和邻近的 AlO$_4$ 共边（见图 1.11）。低温时，Li$^+$ 位于三个特定的位置，即 Li$_{1\sim3}$（标注于图 1.11）。高于临界温度 755K 时，锂位于扭曲的两个位置，Li$_1$ 和 Li$_2$。

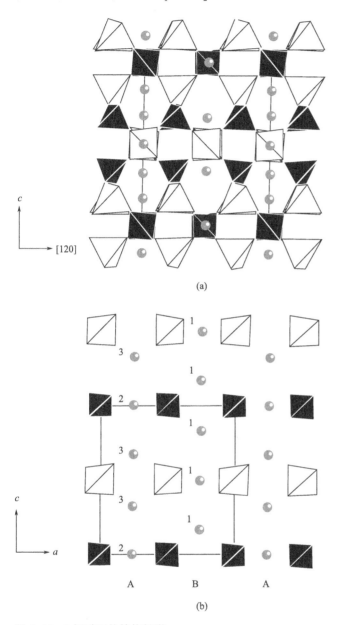

(a)

(b)

图 1.11　β-锂霞石的结构投影

含 Si 的四面体为黑色，所有的四面体位置都是白色的。观察方向为 [001]（a）和 [100]（b）。低温时，锂位于三个特定的位置，Li$_{1\sim3}$（见标注）。高于临界温度 T_c 755K 时，锂位于扭曲的两个位置，Li$_1$ 和 Li$_2$（Guth 和 Heger，1979）

众所周知，晶胞参数与温度密切相关。随着温度的升高，[001] 面膨胀，但是相应地沿着 c 轴收缩，以致晶胞单元的总体积减小。这一特殊行为可以用 Li 和 Al、Si-四面体共边解释。在室温下，Li-(Al，Si) 原子间距很小（2.64Å）。在这一阶段，四个共边联系的原子（Li，Al，Si 和两个氧原子）都是共面的。Li 和 Al、Si 之间在 xy 面上的排斥力由于热膨胀而减小，为了保持 Li-O 和 Al、Si-O 连接的距离，共有的 O—O 边长必须减小。由此导致了 c 轴上边长的减小（见图 1.12）。

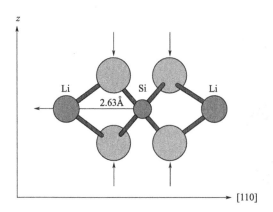

图 1.12　β-锂霞石的热膨胀与结构的关系
Li 和 Al、Si 原子在 [001] 面上共面，LiO_4 四面体和邻近的 $(Al，Si)O_4$ 四面体共边。[001] 面的热膨胀降低了 Li 和 Al、Si 之间的排斥力。然而，维持金属-氧连接的距离需要沿着 [001] 方向收缩，因此，a 轴、b 轴随着温度升高而增加，而 c 轴则降低（Palmer，1994）

除了前面提到的介于 β-锂霞石和石英之间的固溶体以外，还有相当多的 $AlPO_4$ 固溶体。Perrotta 和 Savage 发现，$AlPO_4$ 含量大于 48%（摩尔分数）时，$AlPO_4$ 可以进入 β-锂霞石的结构中。富含 $AlPO_4$ 时，衍射峰分叉，表明相变过程中晶体的对称性降低。β-锂霞石的离子导电性很高，而且随着磷酸盐含量的增加而加大。Tindwa 等（1982）提出，这种导电性的升高与 Li 和周围的 O 通道的连接强度降低有关。

（4）正方硅石衍生的结构（β-锂辉石固溶体）

正方硅石，有时称为硅氧 K，是 SiO_2 的一种高压形态，既不会在自然界中存在，如果没有添加剂碱金属或水的话，也不会显示任何的热力学稳定性。这个相可由二氧化硅溶胶在 0.1GPa、800K 下合成。

① 组成和稳定性　尽管正方硅石是 SiO_2 的一种亚稳态，但是它沿着 SiO_2-$LiAlO_2$ 连接方向的全充满衍生物在很大的温度范围内、至少在相对比较低的压力下是稳定的。β-锂辉石固溶体的组成范围和实际的玻璃形成范围一致。图 1.3 表明稳定的固溶体范围中二氧化硅的含量从低于 60% 到差不多 80%（质量分数）。对于合适的 $LiAlSi_2O_6$ 熔融化合物，从 500℃ 到固相线温度之间，最高温度接近 1425℃ 时可以在这个范围内保持稳定。让人奇怪的是，在这个固溶体中大量的 MgO 能取代 Li_2O，如图 1.5 所示，但是热稳定性降低归因于较低的固相线温度（见图 1.6）。不像亚稳态的填充 β-石英固溶体，正方硅石（β-锂辉石）允许少量的 ZnO 进入结构；但是 ZnO 超过 1%（质量分数）的话会导致锌尖晶石（$ZnAl_2O_4$）出现。

② 结构和特性　已经确认 β-锂辉石框架为正方硅石的同质类构体（Li 和 Peacor，1968）。Li 配位四个 O，硅和铝在四面体中随机分布。这种结构由互锁的 Si 和 Al 四面体五元环组成。这些环与 [010] 或者 [100] 面平行，以帮助生成可以填充锂的通道。随着温度的升高，c 轴膨胀而 a 和 b 轴则看起来收缩了。Li 和 Peacor（1968）对五元环中应力释放导致四面体位置变化的结构进行了说明。图 1.13 和图 1.14（Ostertag 等，1968）中

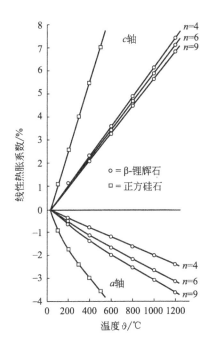

图 1.13　β-锂辉石固溶体晶体（全充满的正方硅石，$Li_2O \cdot Al_2O_3 \cdot nSiO_2$）沿着正方轴的热膨胀行为（Ostertag 等，1968）

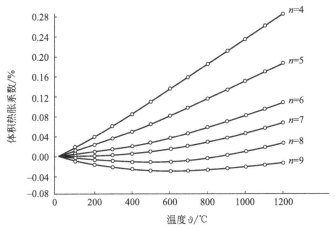

图 1.14　$Li_2O \cdot Al_2O_3 \cdot nSiO_2$ β-锂辉石固溶体晶体的体膨胀行为（Ostertag 等，1968）

给出了正方轴的热膨胀行为和晶格单元的平均体积膨胀。值得注意的是，很多硅酸盐化合物都有这种最小的平均膨胀。当这些化合物具有非常小的热膨胀、再结合长期高温应用下的热稳定性和耐热冲击性能时，它们在陶瓷应用中非常受欢迎。

　　Skinner 和 Evans（1960）首先研究了 $LiAlSi_2O_6$ β-锂辉石的稳定性。几个作者通过一个完整的晶体结构精修得出其空间群为 $P4_32_12$。β-锂辉石中有一个明显的通道，离子导电性反映出了这个结构特点。其离子导电性可通过 $0.81eV$ 的活化能而热激活，与 β-锂霞石的类似。β-锂辉石的空间填充模型见图 1.15。

　　（5）鳞石英的衍生结构

　　最重要的全充满的鳞石英衍生物位于二元系统 $NaAlSiO_4$-$KAlSiO_4$ 中。含钠的终端成分是霞石（$NaAlSiO_4$），而含钾的终端成分是钾霞石。天然的霞石出现在 $Na_3KAl_4Si_4O_{16}$ 中，即从钠霞石到钾霞石转变过程中的 25% 位置处。固溶体出现在天然霞石 $Na_3K(AlSiO_4)_4$

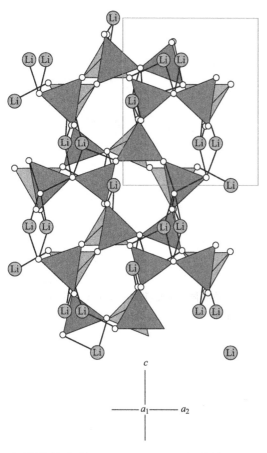

图 1.15　沿着 [001] 方向的 β-锂辉石结构
以 Al、Si 原子为中心的四面体。Li 原子在五角环的边上
成对出现（每个都是 50％充满）。Li—O 形成变形的四面
体。可见沿着四面体螺旋轴分布的四面体 [001] 方向的
投影见附录 A6（Li 和 Peacor，1968）

和钠终端成分 $Na_4(AlSiO_4)_4$ 也就是 $NaAlSiO_4$ 之间。霞石的实验固溶体区域见图 1.16，
图中同时也给出了硅酸盐长石和白榴石固溶体的区域。在恒压 0.2GPa 下，温度对霞石和
钾霞石固溶体的影响见图 1.17。

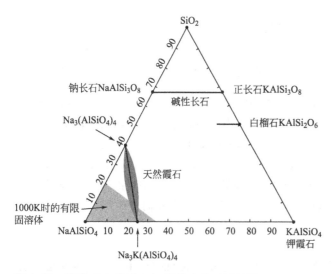

图 1.16　霞石-正方硅石-SiO_2 系统中的三元相图

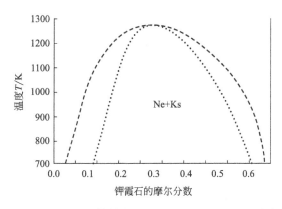

图 1.17 霞石和钾霞石固溶体在 0.2GPa 下的固溶体分解线（虚线）和亚稳态分解线（点线）（Ferry 和 Blencoe，1978）

霞石的晶体结构由 Buerger（1954）首次提出，后来由 Hahn 和 Buerger（1955）进一步修正。结构精修证实了早期的推测：霞石确实是一种全充满的鳞石英衍生物。碱金属离子固定在两个不同的位置；钾离子位于开放的六边形环中，九配位于氧；而钠离子的位置则扭曲变形，八个氧形成一个椭圆形的环与钠原子配位。椭圆形环和六边形环的比例是 3∶1（见图 1.18）。

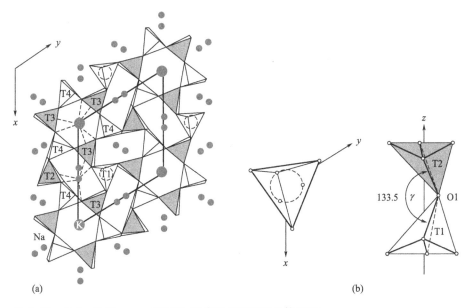

图 1.18　Hahn 和 Buerger（1955）配位的标准霞石晶体结构

（a）沿着 ［001］ 方向的投影，大黑球代表 K，小黑球代表 Na，相邻、最近的 O 原子用虚线连接；（SiO$_4$）四面体用黑色表示，指向下面；（AlO$_4$）四面体是白色的，指向上面。一个三元的轴垂直穿过 T1 和 T2 位置，氧偏离这个轴（用虚线环来表示）的中心并在三个位置上杂乱分布；（b）顶点上的氧（O1）偏离中心的细节展示。T1(Al)-O-T2(Si) 的键角从 180° 减少到 133.5°（Palmer，1994）

合成钠霞石每个结构单元中的钠离子超过六个，多出来的钠离子必须处于大的碱金属位置上。因为钠离子的尺寸小于钾离子，所以与周围的氧没有完全接触，钠取代必然涉及六边形通道的坍塌或钠对通道壁的中心偏移。研究发现，高钠的霞石在任何情况下都有特殊的微波吸收。钠霞石的热胀系数大约为 9.0×10^{-6}/K，而天然的钾材料的热胀系数则要高些，大约为 12.0×10^{-6}/K。

钾霞石 KAlSiO₄ 是一个充满的、相邻的层旋转了 180°的鳞石英衍生物。钾霞石中 Al 和 Si 在相邻的位置有序排列使对称性降低,从理想的鳞石英 $P6_3/mmc$ 结构变为 $P6_3mc$ 结构。钾被九个最近的氧包围,三个顶端上的氧连接上面和下面的四面体面,再加两组三个基础氧连接从上面到下面的复三角环(见图 1.19)。钾霞石的比容比钠霞石大 8.3% 左右。热胀系数同样也高,达 $15.0×10^{-6}/K$。在含 Na_2O 和 K_2O 的铝硅酸盐微晶玻璃中,霞石和钾霞石都是常见的相。

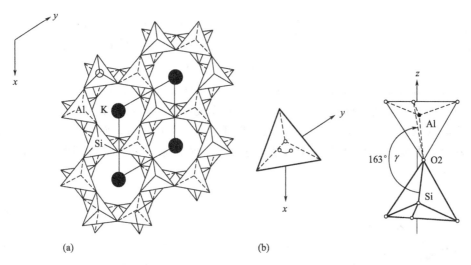

图 1.19 钾霞石的晶体结构

(a) 根据 Perrota 和 Smith(1965)坐标,$P6_3$ 结构沿着 [001] 方向的投影;(b) 从三元轴向取代顶点氧(O2)的效果。偏离中心的氧原子可占据三种可能位置(图中以打开的环表示)中的一个,氧距离三元轴的距离为 0.25Å,这种偏离使 Al—O2—Si 的键角从 180°变为能量上更有利的 163°(Palmer,1994)

(6) 环状硅酸盐的结构性质关系

硅酸盐或者网状硅酸盐的结构子集是环硅酸盐或者环状硅酸盐。微晶玻璃中这些矿物的重要的例子是堇青石,尤其是它的六边形形式,有时可以参照有相似空间群的印度石($P6/mcc$)和双环硅酸盐大隅石。

① 堇青石 堇青石投影在基面 [001] 上的结构见图 1.20。六边形环由六个四面体组成,其中五个是硅四面体,一个是铝四面体。在这个结构单元中两个 Mg^{2+} 形式上和 O 形成八面体单元并把这些环连在一起。另外,其他三个四面体铝群和镁八面体分开,独立于主要的硅环。这些硅环分布在平行于基面的反射面上,高度为 0、$c/2$ 和 c。铝硅酸盐层的并列产生了沿着六元环闭合通道分布的大量空位。大量分子或离子,如 H_2O、Cs^+、K^+ 和 Ba^{2+} 等,都可以占据这些空位。堇青石是一种斜方晶系的假六方晶系,空间群为 $Cccm$。加热到接近熔点温度时,堇青石转化成为六方晶系,有时称为印度石。这种转变涉及 Si_5Al(环内)和 $AlMg_2$(环间),是连续且有序-无序进行的。

包括低压堇青石在内的、最简单的固溶体由二价离子取代八面体结构中的镁组成。典型的例子是 Fe^{2+} 取代 Mg^{2+} 和 Mn^{2+} 取代 Mg^{2+}。这些取代对于降低晶体材料的耐火度或始熔温度都有反作用。

更有趣的取代是用一个 Be^{2+} 和一个 Si^{4+} 取代两四面体中的 Al^{3+},它使正常的堇青石 $Mg_2Al_4Si_5O_{18}$ 的化学计量终端成分变成了 $Mg_2BeAl_2Si_6O_{18}$,并产生了晶格常数及热膨胀

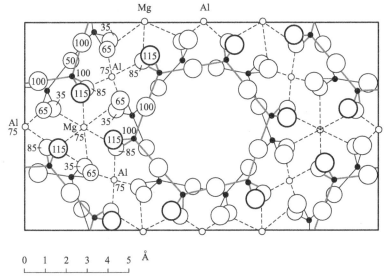

图 1.20 从六角环的面上观察,绿宝石 $Be_3Al_2Si_6O_{15}$ 和堇青石 $Al_3Mg_2Si_5AlO_{18}$ 的结构比较;在堇青石中,b 轴垂直而 a 轴水平 (Bragg 等,1965)

行为的变化(见表 1.9)。从室温到 800℃,平均线性热胀系数从堇青石的 $1.17×10^{-6}$/K 增加到铍取代堇青石的 $1.92×10^{-6}$/K。铍进一步取代生成的六边形矿物绿宝石 $Be_3Al_2Si_6O_{18}$,就是堇青石的同构体。然而,绿宝石并不是从微晶玻璃内部成核和晶化的。猫眼石 $BeAl_2O_4$,有着橄榄石的结构,是在热处理"绿宝石"玻璃的核上形成的相。

表 1.9　堇青石的组成、晶胞参数和热膨胀性能

项目	晶胞参数(25℃)			CTE (22~800℃)	热膨胀各向异性 (22~800℃)
组成	a/Å	c/Å	V/Å³	10^{-6}/K	$\dfrac{\Delta a}{a} - \dfrac{\Delta c}{c}$
$Mg_2Al_4Si_5O_{18}$ (1000℃,2h)	9.784	9.349	775.05	1.17	2600
$Mg_2BeAl_2Si_6O_{18}$ (1000℃,2h)	9.609	9.276	741.67	1.92	2560
$KMg_2Al_5Si_4O_{18}$ (950℃,2h)	9.811	9.470	789.42	2.06	4600
$CsMg_2Al_4Si_4O_{18}$ (950℃,2h)	9.804	9.457	787.21	2.20	900

注:所有玻璃在 1650℃熔化 16h,按给定的流程研磨、晶化。

堇青石内固溶体种类的多少取决于碱金属或碱土金属离子对大六边形环空位的填充程度。这种填充必须伴随着铝四面体取代硅在六边形环上的位置以保持电荷平衡。因此,化学计量的堇青石 $Mg_2Al_5Si_4O_{18}$ 的六边形空位被钾和铯等大碱金属离子填充可形成 $KMg_2Al_5Si_4O_{18}$ 或 $CsMg_2Al_4Si_4O_{18}$。类似的用 Ba^{2+} 这种碱土金属离子的填充最终得到的是 $BaMg_4Al_{10}Si_8O_{36}$ 成分。这些大离子填充堇青石类化合物的重要作用是增加了玻璃的稳定性,使得玻璃熔融优先于结晶完成。表 1.9 列出了从玻璃中析出的不同堇青石成分

晶体的晶胞参数和热胀系数的变化。可以看出从 $0℃$ 到 $800℃$，线胀系数从 $1.2×10^{-6}/K$ 增加到 $2.2×10^{-6}/K$。铯填充的堇青石与硅最匹配，这在电子封装上意义重大。

熔块（玻璃微粒）表面晶化形成的微晶玻璃材料中另一个需要关注的问题是应力，不同晶胞方向的各向异性热膨胀导致晶粒间产生很高的内应力。很明显，这个应力与各向异性热膨胀系数一样，是晶粒尺寸的函数。然而，对一个给定的晶粒尺寸而言，较低的各向异性将产生最小晶粒间应力，例如，在铯填充的堇青石中就是这样（见表1.9）。由于这种铯填充的堇青石中的各向异性仅仅只有标准堇青石的三分之一，虽然晶粒尺寸可能比较大，而应力则不超过标准堇青石晶粒间的应力。

② 大隅石　大隅石是铍钙大隅石中的一员，其特征是化合物 $(Si,Al)_{12}O_{30}$ 形成双六边形。两个六边形环通过它们四面体的顶点连在一起形成双环。通常每个四面体的三个角和其他四面体共用，一个角是自由的，根据化学式 $(Si,Al)_{12}O_{30}$，(Si,Al) 和 O 的比例为 $2:5$。大隅石系微晶玻璃中析出的晶体最重要的成分对应的化学式为 $MgAl_2Si_4O_{12}$ $[Mg_5Al_6(Al_4Si_{20})O_{60}]$，每个双单元化学式的一个通道点上有一个 Mg^{2+}，仅填充四分之一的有效通道点。这个亚稳态的相很容易从简单的三元玻璃中结晶出来，它的 X 射线图谱与天然的大隅石的 X 射线图谱相符：$(K,Na,Ca)Mg_2Al_3(Si,Al)_{12}O_{30}$（Schreyer 和 Schairer，1962），其中一半的通道位置被填充。在微晶玻璃中发现的其他大隅石类型的相包括硅碱铁镁石（镁碱大隅石）$K_2Mg_5Si_{12}O_{30}$ 和它类似的钠晶体，其中的碱金属完全填充在通道点上。

大隅石的热胀系数相当低，大约为 $2.0×10^{-6}/K$，而且由于它在组成上比堇青石有更多的硅酸盐，容易形成稳定的玻璃。这种玻璃可以作为析晶原料粉末化和表面析晶，或者能在块体中通过特定的成核添加剂如二氧化硅来成核和晶化。在堇青石中，各种大隅石的填充变化能用钙、钡或碱金属离子的固溶方式如 $Ba^{2+}+2Al^{3+}\longleftrightarrow 2Si^{4+}$ 来表示。实际上，这些填充的大隅石之一，钡大隅石 $[BaMg_2Al_3(Al_3Si_9)O_{30}]$，已经可以作为一种硅碳氧化物增强微晶玻璃的基体来使用（Nicalon®，日本碳化公司，日本）。它难熔，可以从玻璃粉末烧结，热胀系数和 SiC 及含氧组分化合物很匹配（Beall 等，1984）。

（7）其他网状硅酸盐

除了填充的二氧化硅结构的衍生物和环状硅酸盐之外，在微晶玻璃中还可以晶化得到大量其他结构的矿物，如长石，尤其是钡长石和钙长石；复杂的长石类矿物，如白榴石和铯榴石。除了在微晶玻璃中大量自然形成和良好的玻璃形成能力外，长石相在微晶玻璃中并没有其他特殊的用途。碱金属长石，例如钠长石 $NaAlSi_3O_8$、透长石或正长石 $KAlSi_3O_8$，可以形成非常稳定的玻璃，以致在使用阶段都不会结晶。钙长石 $CaAl_2Si_2O_8$，也即三斜晶系的长石，可以形成良好的玻璃，容易结晶，但是它并不容易内部成核。它能形成很好的粉末加工（熔块）微晶玻璃，且此微晶玻璃有中等程度接近 $5×10^{-6}/K$ 的热胀系数。钙被钡取代的长石，即钡长石 $BaAl_2Si_2O_8$，为单斜晶系，空间群为 $I2/c$，有着接近 $4×10^{-6}/K$ 比较低的热胀系数，易与二氧化钛内部成核。这些晶体熔点非常高（$1685℃$），与 $1550℃$ 的钙长石相比，钡长石在单相微晶玻璃中存在是不现实的。然而，它们在多相微晶玻璃中却有应用。

在特定的微晶玻璃中，有四种长石类矿物是关键成分。霞石固溶体和钾霞石已经在 1.3.1.6（全充满的二氧化硅衍生物）中讨论过。白榴石家族有更复杂的结构，包括白榴石本身（$KAlSi_2O_6$）和铯榴石（$CsAlSi_2O_6$）。在它们的最简式中，这些矿物是立方结构，有由 96 个氧原子组成的大结构单元。硅氧四面体在这个系统中以四元环或六元环的形式连接起来，并以四元环来连接六元环的每一边形成三维结构（见图 1.21）。这三个对称轴通过六元环且没有交叉，所以在立方晶系的 $a/2$ 边上只有一个这样的轴。

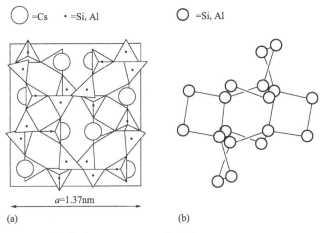

图 1.21 铯榴石（$CsAlSi_2O_6$）的结构

（a）结构单元上半部分在［001］上的投影；（b）六元环中一边上的四个环之间的连接

在铯榴石和白榴石中，沿着这些轴的通道容纳了 Cs^+ 和 K^+ 这些最大的离子。与铯榴石不同的是，白榴石在高温下只有立方晶系，在冷却到室温的过程中会变成四面体式。这种逆转是由于沿着三元轴通道的相对较小的钾离子占据了相应的铯离子的位置而引起了结构坍塌。高于相变温度 T_i 时，矿物变成立方晶系，但是仍然保留一些旋转或松弛的四面体结构，直至温度达到了一个不连续温度 T_d，在这一温度点上，获得最大的热膨胀，当高于这个温度时，热膨胀就非常低。如图 1.22 所示，从凝胶合成白榴石和铯榴石的相变温度分别为 620℃ 和 320℃，而白榴石、铷白榴石和铯榴石各自的相变温度则低于室温。

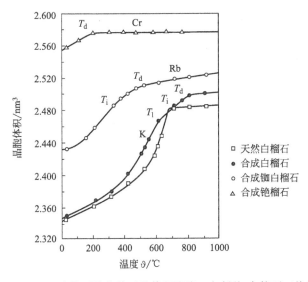

图 1.22 白榴石结构单元的体积膨胀，包括铯-白榴石（铯榴石）（Taylor 和 Henderson，1968）

因为有大的 Cs^+ 支撑，铯榴石的热胀系数较小，从 0℃ 到 1000℃ 平均热胀系数低于 1.5×10^{-6}/K，并且在高于不连续温度点（I_d）200℃ 时几乎为零（Taylor 和 Henderson，

1968）。这与某些自然烧结的铯榴石测量出的比较高的热胀系数（2.4×10^{-6}/K）有些矛盾，而且 Cs^+ 取代锂和钠铝硅酸盐的铯榴石的热胀系数为 3.0×10^{-6}/K（Richerson 和 Hummel，1972）。因此，铯榴石是否有低的热膨胀行为取决于它的合成方式。

白榴石在 325℃ 以上是立方晶系，空间群为 $Ia3b$，结构单元边长为 1.34nm。在室温下，它的四面体空间群为 $I4_1/a$，且 $a = 12.95$Å，$c = 13.65$Å。因为白榴石不同寻常的高热膨胀特性，它常用来增加微晶玻璃的热胀系数，例如牙科材料（见 2.2.9 节和 4.4.2 节）和其他带釉瓷器。白榴石和铯榴石都是难熔矿物，前者熔点为 1685℃，后者的熔点高于 1900℃。

1.3.2　磷酸盐

1.3.2.1　磷灰石

LeGeros 和 LeGeros（1993）在他们的著作中概述了不同的磷灰石：从天然的矿物到生物学的（人的牙质、牙釉质和骨头）和合成的（化学合成）磷灰石。著作中明确表明磷灰石是一类晶体化合物。这些化合物中最重要的是羟基钙磷灰石，所有相关的晶体结构，例如氟磷灰石、氯磷灰石和碳酸盐磷灰石，都是它的衍生物。

Beevers 和 McIntyre（1956）、Kay（1992）、Elliot（1994）、Young 和 Elliot（1966）等都对羟基磷灰石 $Ca_{10}(PO_4)_6(OH)_2$ 的结构进行了研究。羟基磷灰石有六方晶系 $P6_3/m$ 空间群，它泛指六元的 c 轴垂直于三个以 120° 角彼此分开的等值的 a 轴（a_1、a_2 和 a_3）那些点群。十个 Ca^{2+} 在晶体结构单元中有两种不同的位置。这些离子在本节中用 Ca1 和 Ca2 来代指。结构单元中的四个 Ca1 相对于坐标系是六边形的，它们位于 c 轴上的 0 和 0.5 处（$c = 0$，$c = 0.5$）。它们在 a-b 轴方向上距 Ca2 离子有相当距离处配位。结构单元中六个 Ca2 离子位于 c 轴 0.25 和 0.75 处（$c = 0.25$ 和 $c = 0.75$）。它们在 c 轴上相同高度处形成三角形。OH^- 占据结构单元的角。（PO_4）四面体维持了从 $c = 0.25$ 到 $c = 0.75$ 的稳定螺旋网络结构。根据 LeGeros 和 LeGeros（1993）的报道，矿物羟基磷灰石（发现于 Holly Springs，MS）的晶胞参数为 $a = 9.4220$Å，$c = 6.8800$Å + 0.0030Å。

氟磷灰石（F-apatite）、氯磷灰石（Cl-apatite）和碳酸盐磷灰石（CO_3-apatite），都是羟基磷灰石的衍生物。在氟磷灰石和氯磷灰石中，F^- 和 Cl^- 位于 OH^- 位置上。当 F^- 和 Cl^- 插入到 Ca 三角形中时，它们相对于羟基磷灰石中的 OH^- 位置发生改变（见图 1.23）。结果，晶胞参数与羟基磷灰石相比也发生了变化（Young 和 Elliot，1966）。当 F^- 插入到 OH^- 位置上时，a 轴减小，c 轴不变（氟磷灰石：$a = 9.3820$Å，$c = 6.8800$Å）。Cl^- 的插入使结构单元增大（氯磷灰石：$a = 9.5150$Å，$c = 6.8580$Å）。氟磷灰石的晶体结构见附录 A19。

当（CO_3）$^{2-}$ 插入到磷灰石中，会产生两种不同类型的结构。在类型 A 中，大的平面（CO_3）$^{2-}$ 取代小的 OH^-，导致 a 轴膨胀而 c 轴收缩。在类型 B 中，小的（CO_3）$^{2-}$ 取代大的（PO_4）$^{3-}$ 四面体，导致 a 轴收缩而 c 轴膨胀。这两种晶体类型都是 LeGeros 和 LeGeros（1993）定义的。磷灰石中，除了碳酸盐取代之外，还发现有部分 Ca^{2+} 被 Na^+ 取代。这种取代平衡了 CO_3^{2-} 插入时引起的电荷变化。

下面是常见的、适合插入磷灰石结构的离子：

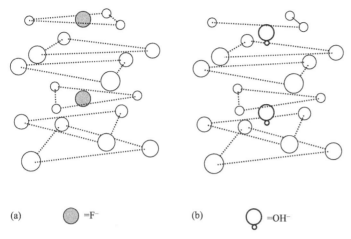

(a)   ⬤ =F⁻   (b)   ◯ =OH⁻

图 1.23   磷灰石中 F⁻ 和 OH⁻ 在 Ca2 三角形中的位置（c 轴通道）（Elliott，1994）
（a）氟磷灰石；（b）羟基磷灰石

- 对于 Ca^{2+}：Mg^{2+}，Ba^{2+}，Pb^{2+}（其他中的）；
- 对于 $(PO_4)^{3-}$：$(BO_3)^{3-}$，钒酸盐，锰酸盐，$(CO_3)^{2-}$，$(SiO_4)^{4-}$；
- 对于 OH^-：F^-，Cl^-，$(CO_3)^{2-}$。

羟基磷灰石中的离子取代首先影响晶体形态，导致生成不同类型的磷灰石变体并产生不同的特性。例如，LeGeros 和 LeGeros（1993）发现，当插入的 $(CO_3)^{2-}$ 数量增加时，碳酸盐磷灰石表现出从针状晶体到棒状晶体再到等轴晶体的变化。另一个显著的性质变化是化学溶解度根据下面的顺序降低：

- 碳酸盐磷灰石；
- Sr-磷灰石或 Mg-磷灰石；
- 羟基磷灰石；
- 氟磷灰石。

科学地说，生物磷灰石，例如人的牙本质、牙釉质和骨头等磷灰石晶体，应该归为羟基碳酸盐磷灰石。这些化学成分同时也因为它们不同的结晶度而表现出不同的溶解度。因此，牙釉质碳酸盐磷灰石因为其更高的结晶度而比牙本质碳酸盐磷灰石有更高的化学稳定性。然而，所有这些磷灰石都表现出了比羟基磷灰石和氟磷灰石更高的化学溶解度。

生物磷灰石中包含的次要元素和化学成分有：Na^+、K^+、Mg^{2+}、$(HPO_4)^{2-}$、Cl^- 和 F^-。微量元素有：Sr、Pb^{2+} 和 Ba^{2+}。

在合成羟基磷灰石中，Ca/P 的摩尔比为 1.667（或者质量比为 2.151），不同的商业羟基磷灰石陶瓷产品的 Ca/P 的摩尔比在 1.57～1.70 之间。在合成羟基磷灰石时也发现有下面这些磷酸盐晶体：β-磷酸三钙，$Ca_3(PO_4)_2$；磷酸四钙，$Ca_4P_2O_9$；无水磷酸二钙，$CaHPO_4$；焦磷酸钙，$Ca_2P_2O_7$。

1.3.2.2   正磷酸盐和磷酸氢盐

（1）氧化硅类型的正磷酸盐和磷酸氢盐

这些晶体一般是正磷酸铝盐，它们有三种主要的多孔变体（Kleiber，1969）。其中之一是磷酸铝，它跟石英的结构相同，即三方晶系不规则四边形的二氧化硅型。另一种

$AlPO_4$ 是立方结构的方石英，变为假立方二氧化硅。第三种主晶相 $AlPO_4$ 是六边形变为假六边形的鳞石英类型。除了这些主要的 $AlPO_4$ 相外，还有二氧化硅类型（例如 β-石英和 β-方石英）的高温变体。

有趣的是，鳞石英类型的 $AlPO_4$ 晶体通常表现有晶胞结构缺陷。然而，在晶化的过程中，进入到完美的鳞石英的两层结构中时，$AlPO_4$ 要比 SiO_2 容易，原因是磷酸盐四面体比 $(SiO_4)^{4-}$ 四面体具有更高的极化性能。

柏林石/块磷铝矿是 $AlPO_4$ 的 α-石英变体。它的四方结构数据为 $a=4.9429\text{Å}$，$c=10.9476\text{Å}$，$V=231.6\text{Å}^3$，空间群为 $P3_121$（Schwarzenbach，1966）。

尽管磷酸盐和 SiO_2 结构相似度很高，但晶体化学关系并不相似，Si^{4+} 和 P^{5+} 在 $AlPO_4$ 晶体的晶胞中并不能相互取代。在磷灰石中 P^{5+} 可以部分被 Si^{4+} 取代。然而，在 $AlPO_4$ 中不存在这个反应。

既然 $AlPO_4$ 中磷酸铝变体和石英存在这种同构关系，问题出来了：能发现像石英的衍生物一样的全充满的 $AlPO_4$ 基的晶体衍生物吗？然而，在这个问题上，必须指出的是，在晶体学上还没有发现这一类型的晶体。

（2）其他正磷酸盐

除了 $AlPO_4$ 晶体，还发现了其他和硅酸盐有着相似结构的磷酸盐。例如，$Mg_2(P_2O_7)$ 是钪钇石 $Sc_2(Si_2O_7)$ 的同构体。类似的同构体关系同样存在于 $Na_6(P_6O_{18})$ 和 β-硅灰石 $Ca_6(Si_6O_{18})$ 间。

除了磷灰石和 $AlPO_4$ 变体之外，在无硅的磷酸盐微晶玻璃中钠超导体的磷酸盐结构也同样重要。Winand 等（1990）发现，$NaTi(PO_4)_3$ 属于 $Na_{1+x}Zr_2P_{3-x}Si_xO_{12}$ 钠超导体结构。空间群是 $R3c$。二价的离子可插入这些结构中而不用改变钠超导体的结构。根据 Schulz 等（1994）的文献报道，复杂的结构式如下：

$$M_x^+ M_{1-x}^{2+} M_{1+x}^{4+} M_{1-x}^{3+} (PO_4)_3$$

如果 Na^+、Ca^{2+}、Zr^{4+} 和 Al^{3+} 插入到这个结构中，将生成具有如下结构式的晶体：

$$Na_x Ca_{1-x} [(Zr, Ti)_{1+x} Al_{1-x}] \cdot (PO_4)_3$$

即便正磷酸盐在微晶玻璃中不作为主晶相而是作为第二晶相的话，它同样也有着复杂的结构。例如，$Na_5 Ca_2 Al(PO_4)_4$ 为单斜晶系（Alkemper 等，1994），它的晶胞参数为 $a=11.071(3)\text{Å}$，$b=13.951(4)\text{Å}$，$c=10.511(3)\text{Å}$，$\beta=119.34(1)°$，$V=1415.2\text{Å}^3$。

在微晶玻璃中，正磷酸锂有可能作为一种晶相出现（见 2.6.6 节）。Li_3PO_4 晶体的低温形态和高温形态是相似的。Keffer 等（1967）发现，Li^+ 和 P^{5+} 在四面体配位中通过四面体共角的方式很微弱地连接在一起。每一个氧都和三个锂原子及一个磷原子四面体配位。高温形态的 Li_3PO_4 为斜方晶体，晶胞参数为 $a=6.115\text{Å}$，$b=10.475\text{Å}$，$c=4.923\text{Å}$，空间群为 $Pmn2_1$。具体的高温形态见图 1.24。Keffer 等（1967）发现，高温形态是从高于过渡区间的熔体中晶化后析出的，而从水溶液或接近室温中析出的则形成低温形态。低温形态加热后，在 502℃不可逆地转变成为高温形态。

（3）二磷酸盐（焦磷酸盐）

$Na_{27} Ca_3 Al_5 (P_2O_7)_{12}$ 型的焦磷酸盐表现出了同样复杂的结构，它属于三方晶系（$a=25.438\text{Å}$，$c=9.271\text{Å}$，$V=5195.6\text{Å}^3$），空间群为 $R3$（No.148）（Alkemper 等，1995）。

1.3.2.3 偏磷酸盐

从应用来说，偏磷酸盐微晶玻璃中最重要的是偏磷酸钙盐。Rothammel 等对偏磷酸

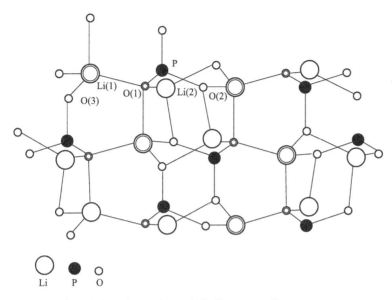

图 1.24　高温形态的磷酸锂在 0kl 的投影（Keffer 等，1967）

钙盐的结构进行了很详细的研究（1989），见图 1.25。它是单斜晶系，空间群为 $P2_1/a$，晶胞参数为：$a=16.9600Å$，$b=7.7144Å$，$c=6.9963Å$，$\beta=90.394°$，$V=915.40Å^3$。此晶体结构由（PO_4）链沿着 [001] 轴弯曲组合而成。这些（PO_4）链通过 Ca^{2+} 连接起来。P 和 O 之间的距离在作为桥接原子时为 1.584Å，而作为终端原子时则为 1.487Å。Ca^{2+} 位于两个不同的点上。当 Ca—O 键长为 $2.381\sim2.696Å$ 时，Ca1 离子配位数为 8，此时这个多面体类似于四面体的反棱镜结构。当 Ca—O 键长为 $2.339\sim2.638Å$ 时，Ca2 离子配位数为 7，此时这个多面体类似于三面体的棱镜结构。

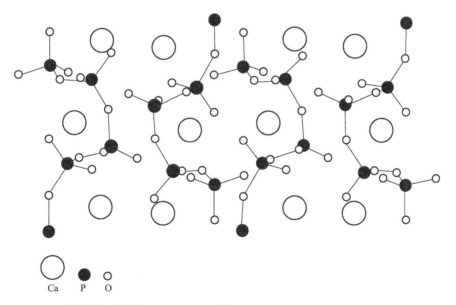

图 1.25　偏磷酸钙的结构（Rothammel 等，1989）

1.3.3 氧化物

本节介绍氧化物和混合氧化物，并且假定微晶玻璃生产中遵循下列重要原则：不均匀成核剂、第二相的晶化和制造复合材料时的微晶玻璃基体。TiO_2 和 ZrO_2 是最主要的成核剂。Stookey（1959）首次在微晶玻璃研究中使用 TiO_2 作为成核剂。Tashiro 和 Wada（1963）首次使用 ZrO_2 作为成核剂。TiO_2 和 ZrO_2 作为组合成核剂在具有极低热胀系数微晶玻璃的生成中，取得了极大的成功（Stewart，1971；Beall，1971a）。详细内容见 2.2.2 节。

ZrO_2 除了作为有效的成核剂之外，因为极大的强度和韧性，它在多晶微晶玻璃科技方面的应用和人类医学及牙科微晶玻璃上也有很好的发展。微晶玻璃中加入 ZrO_2 陶瓷，或者把这两种材料组合加入到复合材料中同样也意义重大。在这个领域，陶瓷基复合材料（CMCs）非常重要，本节也将讨论这些材料。

此外，作为微晶玻璃中一种重要的晶相即尖晶石（$MgAl_2O_4$）也要在此讨论。它除了在微晶玻璃中的应用之外，尖晶石同样也是 CMCs 中的关键晶相。

1.3.3.1 TiO₂

金红石改性的 TiO_2 是 AX_2 型一种重要的基础晶胞（Kleber，1969）。Ti^{4+} 形成体心八面体结构单元，和六个 O^{2-} 在六个方向上配位。含有一个中心 Ti^{4+} 的氧八面体图示见附录图 A18。

根据 ICSD 01-071-650（Baur 和 Khan，1971）卡片分析其晶体结构发现，金红石是四面体晶体，属于 $P4_2/mnm$ 空间群，晶胞参数为 $a = 4.5940Å$，$c = 2.9580Å$。

然而有趣的是，在微晶玻璃中成核的最初的钛酸盐相并不是金红石，而是更复杂和更常见的亚稳态，例如堇青石微晶玻璃中的 $MgTi_2O_5$-Al_2TiO_5 固溶体（Lee 等，2007；Beall，2008）；钡长石微晶玻璃中的 Al_4TiO_8（Beall，2008）；锂铝硅酸盐微晶玻璃中的 $Al_2Ti_2O_7$（Doherty 等，1967），霞石微晶玻璃中甚至是亚稳态的 TiO_2 和锐钛矿（Duke 等，1967）。

1.3.3.2 ZrO₂

ZrO_2 可出现在单斜（斜锆石）、四面体或者立方体改性的 ZrO_2 晶体结构中。Smith 和 Newkirk（1965）、Howard 等（1988、1990）、Argyriou 和 Howard 等（1995）、Foschini 等（2004）和 Wang 等（1999）运用高分辨率显微镜分析了这些 ZrO_2 晶体的结构。

单斜改性 ZrO_2，也叫斜锆石，没有外部离子，可以通过特殊的结构元素进行表征。由于其对称性降低，产生七配位而不是八配位，形成 ZrO_7 的多面体（Smith 和 Newkirk，1965；Howard 等，1988）。它属于 $P2_1/c$ 空间群，晶胞参数为 $a = 5.1505Å$，$b = 5.2116Å$，$c = 5.3173Å$，$\beta = 99.23°$（Howard 等，1988）。附录中的图 A21a 为单斜改性 ZrO_2 的晶体结构。

在某些必须涂覆微晶玻璃的情形中，尤其是如在技术陶瓷、医学和牙科应用中，ZrO_2 的四方改性特别重要。Ruhle 和 Evens（1989）、Deville 等（2004）报道了马氏体增韧四方 ZrO_2 的基本机制。在 ZrO_2 晶胞中通过合并外部离子（例如：Mg^{2+}、Ca^{2+}、Y^{3+}、

Ce^{4+} 或其他碱土金属离子）可实现四方改性（Swain 和 Rose，1986）。接下来将介绍在 ZrO_2 晶胞中引入 Y^{3+} 和 Ce^{4+} 形成的四方 ZrO_2。

ZrO_2 陶瓷最重要的应用是四方改性 3%（摩尔分数）Y_2O_3-ZrO_2。根据 Howard 等（1988）的报道，这种 3Y-TZP 属于 $P4_2/nmc$ 空间群，晶胞参数为 $a=3.6055\text{Å}$、$c=5.1797\text{Å}$。Howard 等（1988）发现，Y^{3+} 随机取代 Zr^{4+}，伴随着因电荷补偿而带来的 O^{2-} 位置上的空位。四方改性的 Zr^{4+} 被八个氧离子围绕着。这些（ZrO_8）配位多面体可以看为扭曲的立方体，或两个叠加的不同大小的四面体（Teufer，1962）。ZrO_2 四面体的结构见附录中的图 A21b（没有指明外部离子或氧空位）。

如果进入 ZrO_2 晶胞的 Y^{3+} 增加到大约 8%（摩尔分数）Y_2O_3，则发生立方改性，其特征是有一个几乎完美的 ZrO_8 配位图形（接近 CaF_2 的晶体结构）。具体结构见附录中的图 A21c。

与 Y^{3+} 进入 ZrO_2 晶胞相反，由于 Ce^{4+} 比 Zr^{4+} 大，当 Ce^{4+} 加入时，并没有出现氧空位，因为它并不需要平衡电荷。Ce^{4+} 占据 Zr^{4+} 的位置时，配位多面体膨胀。因此，与立方体相比发生了额外的变形。就像 Y_2O_3-ZrO_2 四面体，四面体改性 CeO_2-ZrO_2 具有 ZrO_8 多面体特征，见附录中图 A21b。根据 Yashima 等（1995）的说法，四面体 12 CeO_2-ZrO_2 属于 $P4_2/nmc$ 空间群，晶胞参数为：$a=3.62973\text{Å}$，$c=5.22176\text{Å}$。

4.4.2 讲述了怎样用 Y_2O_3-ZrO_2 和 CeO_2-ZrO_2 微晶玻璃熔融来制造牙科修复用牙齿基底材料的过程。此外更关注矿物学晶相和 CMCs。基于 ZrO_2 的 CMC 材料因为其特殊的力学性能而变得特别有趣。含有 ZrO_2 的 CMCs 材料是在 Y_2O_3-ZrO_2 陶瓷中引入 Al_2O_3 后生成的（Kosmac 等，1985）。材料强度的增加是因为 ZrO_2 四面体的马氏体转变成单斜变体和微裂纹增强。

含有 CeO_2-ZrO_2 和 Al_2O_3 的 CMCs 能生成特别强韧的材料（Nawa 等，1998）。这些材料的屈服强度高达 950MPa，断裂韧性（基于维氏压痕法）$K_{IC}=18.3\text{MPa·m}^{0.5}$ 或 9.8MPa·$m^{0.5}$（基于单边梁切口法，SEVNB 法）或 8.5MPa·$m^{0.5}$（基于双扭法）（Benzaid 等，2008）。微观结构为 70%（体积分数）12（或 10）CeO_2-ZrO_2 和 30%（体积分数）的第二相。第二相由亚微米级的 Al_2O_3 和纳米尺度的 Al_2O_3（晶粒尺寸小于 100nm）组成。而且，它们可以含有 TiO_2。因此，在陶瓷里面产生内应力，增加了材料的力学性能。

1.3.3.3 $MgAl_2O_4$（尖晶石）

尖晶石是重要的 AB_2O_4 晶体结构的代表。A 离子，例如 $MgAl_2O_4$ 晶体中的 Mg^{2+}，形成面心立方结构，占据正八面体的中心。正八面体如不是 A 离子占据就是四个 B 离子（Al^{3+}）占据。氧离子形成四面体，且四面体的中心就是 A 和 B 离子（见附录图 A17）。根据 ICSD01-070-05187 卡片（Ito 等，2000）进行的结构分析，面心尖晶石（$MgAl_2O_4$）的晶胞参数为 $a=8.08600\text{Å}$，属于 $Fd-3m$ 空间群。

尖晶石是微晶玻璃中一种很重要的相（见 2.2.8），在 CMC 材料中起着重要作用。例如，Morita 等（2005）用尖晶石制造出了一种屈服强度高达 2200MPa 的陶瓷。这种陶瓷基体的主要成分 3Y_2O_3-ZrO_2 经过几天的密集球磨，尺寸减小到纳米尺度。原料粉末经过放电等离子烧结（SPS），最后得到的产品晶粒尺寸为 96nm。

CMC 产品的一个重要进展就是以 CeO_2-ZrO_2 为基体相而以尖晶石作为第二相，可以得到韧性高达 16MPa·$m^{0.5}$ 且强度超过 900MPa 的材料（Apel 等，2012）。

1.4 成核

就像前面提到的，控制晶化是微晶玻璃生产中重要的前提。没有控制析晶，就不能得到具有多种特性的微晶玻璃。成核是控制析晶的决定条件，因为基础玻璃中晶体的生长通常分为两个步骤：形成亚微观的核，然后长大成为微观的晶体。这两个步骤称为成核和晶粒生长。Tammann（1933）探究了玻璃成核和晶粒生长的温度。Stookey（1959）运用这个理论研究出了微晶玻璃，然后又扩充了成核和晶粒生长的理论。成核速率（I）和晶粒生长速率（V）与温度降低（T/T_1）之间的函数关系见图 1.26（也可见 2.6.1 节）。

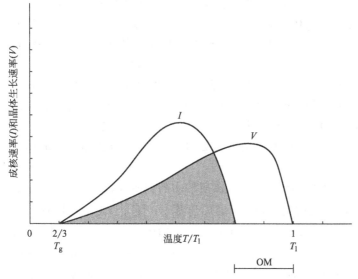

图 1.26　成核速率（I）和晶体生长速率（V）随 T/T_1 降低的变化函数
T_1 代表液态温度；OM 是亚稳的过冷态 Ostwald-Miers 范围（见 1.5 节）

在大多数情况下，控制晶粒生长会产生多种不同类型的晶体，而不是仅有一种晶相，由此给了微晶玻璃产品特殊的性能。晶体必须在微观玻璃基体中产生一种特殊的排列。而且，微晶玻璃中除了几种特定的晶相之外，还含有玻璃相。

微晶玻璃的工艺问题非常复杂。一个可以描述所有不同工艺的、容易理解的数学理论并不存在。因此，目前关于微晶玻璃的理论知识中，认为成核受两个常见因素的影响。

① 合理选择基础玻璃的化学成分，通常使用成核添加剂；

② 控制基础玻璃的热处理，时间和温度是其工艺变量。额外的合成步骤，例如盐熔处理，要在热处理之前进行。

微晶玻璃的成功研发取决于合成过程的控制程度和运用高分辨率分析方法（例如电镜、XRD、热学和化学方法）进行相生长工艺的全面分析。

成核理论中的发现有助于实验研究出最优化的因素。因此，能够产生性能更好的微晶玻璃，尤其是对限定了组成的特定固溶体微晶玻璃，例如 β-锂辉石和填充的 β-石英或具有化学计量组成的堇青石和二硅酸锂。成核理论在无特定化学计量组成多元组分微晶玻璃中的首次成功应用实例是云母和黑钛石。

这里要讨论一下成核的重要基础理论在实际中的应用。Kingery 等（1975）、Uhlmann（1977）、Zanotto（1994）、Gutzow 和 Schmelzer（1995）、Weinberg 等（1997）、Meyer（1968）、Kelton 和 Greer（2010）的文献中也都有过报道，这里不再详细介绍他们各自的理论。

根据 Volmer（1939）的经典定义，晶核已经属于新相，但是对于过饱和的母相来说，晶核处于不稳定平衡状态。对成核的进一步讨论需要同时考虑热力学和动力学因素。下面将对这几种基本原理进行简单讨论。

玻璃-晶体转变的热力学驱动力是熔体和晶体之间吉布斯自由能的变化。尤其是考虑成核动力学时必须测定成核的反应速率。这些测试结论在材料研发中非常有用。

此外，必需考虑在玻璃-晶体转变过程中的均匀成核和非均匀成核的差别。在均匀成核过程中，由于局部的密度和动能波动，新相在没有任何异相边界下产生。在非均匀成核过程中，异相边界（例如基体和晶粒的边界）也被称为催化成核。非均匀成核是微晶玻璃研发中的典型机制，因为不能排除不产生边界，并且在大多数微晶玻璃中边界确实有效。

接下来将讨论少数几个均匀成核和非均匀成核基础理论。同时引用几个其他的理论。通过讨论动力学过程，得出在微晶玻璃研究中有实际应用的标准。并且将以几个特殊微晶玻璃的实例来阐明这些理论。

1.4.1 均匀成核

按 Volmer（1939）的研究，首先必须通过测定吉布斯自由能改变来确定玻璃-晶体之间的相变。下面的公式对于相变过程中 ΔG［每摩尔的吉布斯自由能的变化，之前叫自由熔（Brdicka，1970）］的计算是有用的（Meyer，1968）：

$$\Delta G = -(4/3)\pi r^3 \Delta g_v + 4\pi r^2 \gamma + \Delta G_E \qquad (1.1)$$

为了简化，假定球形粒子的半径为 r。界面能，相当于成核所需要的能量，用 γ 表示。Δg_v 是成核时产生的每单位体积的自由能；ΔG_E 表示结构改变过程中的弹性变形部分。从数学的角度来看，熔体到晶体和蒸气到晶体的相变时 ΔG_E 的贡献可以忽略。但是在玻璃晶化，尤其是控制表面结晶的过程中要把 ΔG_E 考虑进去（Meyer，1968）。

除了玻璃-晶体转变相平衡的经典理论之外，也提出了包括不可逆过程热力学的非经典理论（Cahn 1969 和 Charles 1973）。这些理论考虑了非球形成核、高过冷度和小界面能。也尝试了三维成核理论。

通常，经典理论中关于 ΔG 的描述是有效的。当 ΔG 是负数时，满足了颗粒长大的重要先决条件。因此，对于式(1.1)，表面项（$4\pi r^2 \gamma$）和弹性应变项（ΔG_E）都比体积项［$-(4/3)\pi r^3 \Delta g_v$］小。它确实是在尺寸 r^*（临界晶核尺寸）特别小时才成立。Kingery 等（1975）推出了在不考虑 ΔG_E 时临界晶核（r^*）成核的理论公式，即：

$$r^* = -2\gamma/\Delta g_v \qquad (1.2)$$

临界晶核 r^* 形成时伴随着临界吉布斯自由能 ΔG^* 的变化（见图 1.27）。临界吉布斯自由能 ΔG^* 可根据式(1.3)计算。

$$\Delta G^* = -16\pi\gamma^3/3 \ (\Delta g_v)^2 \qquad (1.3)$$

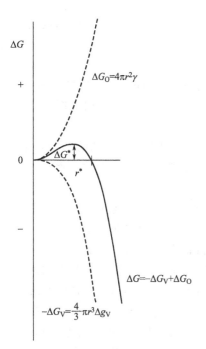

图 1.27　吉布斯自由能（ΔG）随成核半径（r）变化的函数

因此，测得的新形成颗粒的 r^* 称为临界核。这个尺寸和大小的颗粒（超临界核）是能够长大的。比 r^* 更小的颗粒称为胚芽或次临界颗粒，是不能长大甚至会分解的。动力学过程在研究核的形成和溶解平衡时是有用的。如果要求反应速率，那么稳定和非稳定态过程也要区别开来。在稳定态过程中，反应速率对时间而言是不变的。而在非稳定态过程中，在稳定态反应速率到达之前，存在时间滞差。

从物理学角度来看，许多成核过程都应该有一个非稳定态过程，因为所有半径为 r^* 的、n^* 个临界复合物是形成和溶解反应共同作用的结果。通常假定 n^* 为 500 个分子或更多（Gutzow，1980）。

因此，在临界核形成之前，分子簇需要一个稳定扩散过程，而这需要一定的时间（即非稳态时间滞差），这个时间滞差通常与分子扩散和形成分子簇的时间有关。

成核速率（I）与成核数量（N）分别与时间 t 的函数关系将在 1.4.3 讨论。

1.4.2　非均匀成核

非均匀成核与相界、特殊的催化剂及和母相不同的外来基质等有关。当新相形成的驱动力比从母相中转变成晶体更强时，会发生非均匀成核。图 1.28 为非均匀成核的模型。

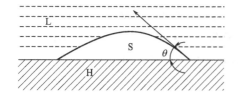

图 1.28　非均匀成核模型
H 代表非均匀基质或催化剂；S 代表晶核或固相；L 代表母相；θ 表示接触角

非均匀成核的临界吉布斯自由能（ΔG_H^*）与杨氏方程中的接触角（θ）有关，见下式：

$$\Delta G_H^* = \Delta G^* f(\theta) \tag{1.4}$$

其中，

$$f(\theta) = [(2+\cos\theta)(1-\cos\theta)^2]/4$$

图 1.28 中，有下述三种特殊情况。

第一，如果非均匀基质（H）不是润湿的，接触角 θ 等于 180°，$f(\theta)=1$。这时就转化为均匀成核过程。第二，如果基质（H）表面是完全润湿的，接触角 θ 接近于 0°，$f(\theta) \geqslant 0$，ΔG_H^* 非常小。因此，$\theta < 180°$ 时，出现非均匀成核而不是均匀成核。再者，具有临界尺寸 r^* 的晶核优先形成。

形成的晶体（S）、非均匀基质（H）和液体或熔体（L）这三相之间界面能的大小不同，对成核助剂的效率也有不同影响。

非均匀基质和熔体之间的界面能 γ_{HL} 为：

$$\gamma_{HL} = \gamma_{SH} + \gamma_{SL}\cos\theta \tag{1.5}$$

三个令人满意的有效的非均匀成核条件如下：

- 小的 γ_{SH}：说明非均匀成核催化剂和新形成晶体之间界面能低；
- 大的 γ_{HL}：说明跟 SH 相比，热胀系数不匹配；
- 非均匀成核晶体和新形成晶体之间相似的晶胞参数：说明基于外延生长的固相反应是允许的。

不同晶体的晶胞如果几何学数据相似的话，会发生外延生长的现象。根据第一近似原理，如果晶胞参数的差异小于 15%，则外延生长很明显。

除了关于晶胞参数定向的简化原则之外，下面的参数也同样是外延生长发生的原因：

- 晶胞结构的相似性（共生晶胞面的结构调节）；
- 主、客晶体的结合状态；
- 真实结构（缺陷影响）；
- 晶体表面被外来核覆盖的程度。

不同的实例说明当晶格距离有较大差异时，会发生明显的外延生长。例如，位错发生在界面之外时也有可能引起外延。因此，主、客晶体真实的晶格距离的差距会大于 15%（Meyer，1968）。

1.4.3　均匀成核和非均匀成核的动力学

Weinberg（1992a）、Weiberg 等（1997）和 Zanotto（1997）详细报道了成核和晶体生长相变动力学。相变动力学的标准理论是由 Johnson、Mehl、Avrami、Kolmogorov 等研究出来的（Weinberg 等，1997）。因此，这个理论称为 JMAK 理论。JMAK 方程［式（1.6）］是通用的，也适用于微晶玻璃。

$$X(t) = 1 - \exp[-X_e(t)] \tag{1.6}$$

式中，$X_e(t)$ 是相变时的扩展体积分数；t 是时间；$X_e(t)$ 可以用式(1.7) 来表示。

$$X_e(t) = kt^n \tag{1.7}$$

式中，k 是常数；n 是 Avrami 指数。对于连续、均匀成核和三维球形生长，$k = \pi/3$，$n = 4$。

对于快速的非均匀成核，Avrami 指数是 3。Avrami 指数的数值由式(1.8) 的曲线斜率决定。

$$\ln[\ln(1-X(t))^{-1}] = k\ln t \tag{1.8}$$

JMAK 理论已经应用于不同的微晶玻璃系统，例如 $BaO \cdot 2SiO_2$ 玻璃（Zanotto 和 James，1988）、$Na_2O \cdot 2CaO \cdot 3SiO_2$ 玻璃（Zanotto 和 Galhardi，1988）、二硅酸锂玻璃（Zanotto，1997）。二硅酸锂玻璃有一个接近化学计量摩尔比 $Li_2O \cdot 2SiO_2$ 的化学组成。JMAK 方程中的 Avrami 指数为 4 时，可用均匀成核解释晶相形成（Zanotto，1997）。然而，在 $Na_2O \cdot 2SiO_2$ 玻璃和 $PbO \cdot SiO_2$ 玻璃中，没有观察到均匀成核（Zanotto 和 Weinberg，1988）。

Weinberg 等（1997）证明 JMAK 理论不适用于非球形颗粒，例如，针状晶相。因此，Weinberg 和 Bernie（2000）提出了各向异性颗粒结晶动力学的理论模型。这些模型考虑了各向异性晶体析出时的阻断颗粒和形状干扰源。

结论是成核动力学在恒温下首先是时间的函数〔例如成核速率 $I = f(t)$ 和晶核的数量 $N = f(t)$〕。此时，能对稳定态和非稳定态的过程进行比较的理论显得特别重要。

下面的 Zeldovich 公式适用于临界分子簇 I 的形成。

$$I = I_0 \exp(-\tau/t) \tag{1.9}$$

式中，I_0 代表稳定态的核化速率；τ 代表非稳定态的时间滞差。

决定 I_0 和 τ 的参数通过下面的近似给出，I_0 定义为：

$$I_0 = A \exp\left(\frac{\Delta G^* + \Delta G_D}{kT}\right) \tag{1.10}$$

式中，ΔG^* 是临界晶核的吉布斯自由能改变，代表热力学阻力；ΔG_D 是成核的动力学阻力；k 是玻耳兹曼常数；A 是指前因子。式（1.10）和基于 Zeldovich 公式的进一步修正，是由 James 提出的（1982）。

通过数学求导，根据式（1.11）可得出 I_0（Gutzow，1980）。

$$I_0 = \text{const} Z\left(\frac{1}{\eta}\right) \exp\left(-\frac{\text{const}\gamma\phi}{T^3 \Delta T^2}\right) \tag{1.11}$$

参数 η 和 ϕ 通过 τ 的公式给出。因此，低温时的核化速率受高黏度限制；高温时的核化速率受过冷态消失（$\Delta T \rightarrow 0$）限制。

非稳定态的时间滞差 τ 为：

$$\tau = (\text{const}\gamma\xi\eta)/(\Delta\mu^2 Z) \tag{1.12}$$

此时，γ 代表界面能；ξ 是外来基质活性 ϕ 的函数，不同的基质有着不同的 ϕ 值。Z 是母相分子连接晶核的可能性（黏附系数）。因此，Z 与外延生长有关。对于玻璃中的晶化，Z 大约是 10^{-3}。母相黏度用 η 表示。熔体和晶体的化学电位差用 μ 表示，即式（1.13）：

$$\Delta\mu = \frac{\Delta S_1 \cdot T \cdot \Delta T}{T_1} \tag{1.13}$$

式（1.13）中，T_1 代表液相温度（熔化温度）；ΔS_1 是熔体的摩尔熵；ΔT 是过冷度。在图中，当 I 和 τ 一定时，I 可以表示为 t 的函数。

成核数量（N）可以通过对式（1.14）I 积分得到。

$$N = \int_0^t I(t)\mathrm{d}t \tag{1.14}$$

Gutzow（1980）给出了下列四种情况下核化速率和成核数量与时间的函数关系图：

① 均匀稳定态；

② 均匀非稳定态；

③ 不均匀稳定态；

④ 不均匀非稳定态。

这些函数关系见图 1.29。

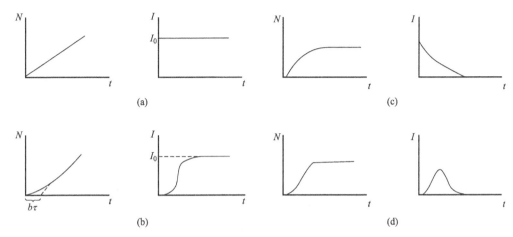

图 1.29 成核数量（N）和核化速率（I）与时间（t）的函数关系（Gutzow，1980）

(a) 均匀稳定态；(b) 均匀非稳定态；(c) 不均匀稳定态；(d) 不均匀非稳定态

微晶玻璃研发时的合成和实验中，为确定具体的机理，N-t 函数的测定和与图 1.29 中函数模型的比较非常重要。非稳定态时间滞差测定也意义重大。当出现超临界核时，非稳定态的时间滞差会接近于零。这些核是无热的（即无热相变）。此时，随后的晶化由无热晶体的晶体生长速率决定。

如果需要相当长的陈化（熟化）时间来形成最初的颗粒，那么 τ 的范围可以从几分钟到几个小时。

为了确定影响成核速率（I_0）的各个变量，已有许多作者检测了许多模型系统，这些系统中的大多数都有一定的化学计量组成［式(1.10)］。Fokin 等（2005）发现，化学计量组成为二硅酸锂（$Li_2O \cdot 2SiO_2$）的玻璃，吉布斯自由能（ΔG^*）和形成 $Li_2O \cdot 2SiO_2$ 晶核的热力障碍，［式(1.10)］随着温度的升高（用 T/T_m 表示）而增加。这一现象可以认为是与成核和晶化过程中的弹性应力增加有关。作者用二硅酸锂晶体的密度和玻璃（有着晶体的化学计量组成）的密度不同来解释这一事实，随后在成核和晶化过程中产生了弹性应力，并导致了热力学障碍的增加。

1.4.4 成核理论在微晶玻璃研发中的应用实例

这些不同的成核理论可用有化学计量组成的玻璃简化模型来验证，同时也把这些理论用于了几个多组分玻璃。这部分将讨论对微晶玻璃研究比较重要的简单玻璃系统。

在微晶玻璃制备中，通常有两种机制：整体成核和表面成核。本书将对整体成核的原理进行详细阐述，非稳定态过程、相分离反应和非均匀成核助剂都很重要。表面成核则通过控制核化过程来实现。

1.4.4.1 整体成核

在微晶玻璃的发展中，整体成核占主导作用。Stookey（1959）制备第一个微晶玻璃时就讲述了如何在玻璃基体中通过控制整体成核析出尺寸统一的晶体。

（1）非稳定态过程

非稳定态过程使得对微晶玻璃中的相形成过程进行控制成为可能。例如，如果有一个明显的长达几个小时的时间滞差出现，那么必须要测定这段时间内发生的过程是什么类型，同时要测定速率控制步骤是受什么因素影响。

James（1982）的实验证明，在近化学计量的二硅酸锂玻璃中，成核出现在440℃，随后的晶化时间滞差为8h。类似地，Deubener等（1993）在研究二硅酸锂玻璃中也同样发现了长达5~12h的时间滞差。使用高分辨率方法对非稳态时间滞差过程中的相生成研究表明，在Li_2SiO_3中，有一个未知的相变先于二硅酸锂晶体生成。然而，有了这一结论，对早期发现的二硅酸锂晶体形成时涉及一个均匀成核过程的正确性提出了质疑。很明显，此过程涉及了非均匀成核过程。

在黑钛石类（Al_2O_3，MgO）·（TiO_2）微晶玻璃的研究中，Gutzow等（1977）分析了非化学计量SiO_2-Al_2O_3-CaO-MgO-TiO_2系统玻璃中的非稳定态过程。855℃时，时间滞差为2~4h。

在1.5.1节中，将通过云母微晶玻璃来说明非稳定态过程的晶化，还将讨论非稳态时间滞差和相分离之间的关系，成核和微不混溶性的关系将在下面讨论。

（2）非均匀成核和微不混溶性

在光敏玻璃的研究中，Stookey（1959）成功地使用金属诸如金、银和铜作为非均匀成核助剂进行了基础玻璃的整体晶化。金属以离子形式作为基础玻璃的一部分，例如，Au^+和Ag^+。金属核，Au^0和Ag^0，在Ce^{3+}存在并有紫外辐射时形成。在这一过程中，Ce^{3+}被氧化成Ce^{4+}。例如，偏硅酸锂晶核，在SiO_2-Al_2O_3-Li_2O-K_2O基础玻璃的金属核上非均匀长大。

McMillan（1979）基于相似晶胞参数的外延效应对金属成核行为进行了理论解释。而且，基础玻璃界面的机械应力会产生很高的界面能，这是因为金属和新核的热胀系数差别太大。因此，成核催化也变为可能。

然而，从1959年至今，金属非均匀成核的原理仅在少数几种微晶玻璃中得到了成功应用。例如，为了制造出偏硅酸锂微晶玻璃，McCracken等（1982）和Barrett等（1980）在基础玻璃中添加了金属非均匀添加剂。Barrett等（1980）发现最好的金属是铂。它以$PtCl_6$形式按0.003%~0.01%（质量分数）的比例加入到原料中，主晶相在Pt^0核上形成。这种类型的微晶玻璃可用在牙科上。

对于大多数有商业应用的微晶玻璃来说，已经通过开发和利用微不混溶性来实现基础玻璃的非均匀成核，结果，玻璃的结构明显受到了影响。根据Beall和Duke（1983）的报道，在SiO_2-Al_2O_3-Li_2O和SiO_2-Al_2O_3-MgO玻璃系统中，通过特殊的微相分离工艺，可形成初级晶体的非均匀成核助剂有TiO_2、ZrO_2、P_2O_5、Ta_2O_5、WO_3、Fe_2O_3和F。这些成核助剂或者在相分离基础玻璃中集聚成特别的微相，或者促进相分离。热处理促进了初级晶体相成核。这个初级晶体相是微晶玻璃主晶相非均匀长大的基础，本书中将举几个重要的例子。需要特别注意的是，TiO_2、ZrO_2可作为单一成核助剂或混合后作为双重成核助剂使用。

在对第一个微晶玻璃的研究中，Stookey（1959）发现TiO_2在SiO_2-Al_2O_3-Li_2O系统基础玻璃中有特别优越的成核效果。在此基础上，人们进一步研究了基础玻璃系统（Beall，1971a；McMillan，1979）。结果，TiO_2以2%~20%（质量分数）加入到SiO_2-

Al_2O_3-Li_2O 玻璃中可以得到最小热膨胀的微晶玻璃；而加入到 SiO_2-Al_2O_3-MgO 玻璃中可以得到高强度的微晶玻璃（见 2.2.2 节和 2.2.5 节）。

在 SiO_2-Al_2O_3-Li_2O 系统中，在成核助剂 TiO_2［大约 4%（摩尔分数）］的帮助下，在基础玻璃加热到 825℃时就通过微相分离形成最初的钛酸盐相（$Al_2Ti_2O_7$）。在随后的晶化过程中，β-石英固溶体晶体和紧接着出现的 β-锂辉石固溶体晶体都在这个初级晶体的基础上非均匀长大（Beall 和 Duke，1983）。

在初级钛酸盐晶体上，在主晶相非均匀形成过程中，外延过程起到了重要的作用，可以用 TiO_2、TiO_2 和/或 ZrO_2 的混合氧化物来测试非均匀基质的晶胞参数。因此，Petzoldt 和 Pannhorst（1991）阐明了成核相（$ZrTiO_4$）和 β-石英固溶体相的外延关系。在这些研究中，他们发现新晶体在成核相上长大，在 β-石英晶体长大的过程中同时形成新的成核剂。后一现象在相界反应中发生。

成核助剂 TiO_2 在 SiO_2-Al_2O_3-MgO 系统中的作用与在含锂系统中的相似。因此，钛酸盐的相分离和初级晶化成核起到了重要作用。高强度微晶玻璃的研究成功归因于基础玻璃中无定形相的分离和成核相 $MgTi_2O_5$ 的析出。主晶相堇青石的析出是复杂固相反应的结果（Beall，1992、2009）。当 TiO_2 加入到 SiO_2-Al_2O_3-MgO 玻璃中时，成核还受特定的还原和氧化比例影响。在高强度微晶玻璃研究中，用这种方式（即 Ti^{3+} 构筑块（构造子）作为成核剂）可降低还原条件（Höland 等，1991a）。

Headley 和 Loehman（1984）发现在一种特殊的微晶玻璃中，偏硅酸锂盐和二硅酸锂盐在晶体 $Li_3PO_4^3$ 上外延生长。与预期的应用一致，他们把微晶玻璃在晶化封装之前加热到 1000℃并保温 20min，但这并不是微晶玻璃工艺的常规方法。在 650℃和 820℃的额外热处理使得偏硅酸锂和二硅酸锂在晶体 Li_3PO_4 上外延生长，见图 1.30 和图 1.31。在 650℃时，偏硅酸锂在 Li_3PO_4 表面形成（见图 1.30）；在 820℃时，二硅酸锂外延析出（见图 1.31）。外延生长由电子衍射观察到。这些类型晶体原子面的失配范围（见附录图 A12，二硅酸锂的结构及 1.3.2 节的 Li_3PO_4）为 -5.3%～$+3.8\%$。因此，对外延生长，这种可以接受的失配范围为 $\pm15\%$。

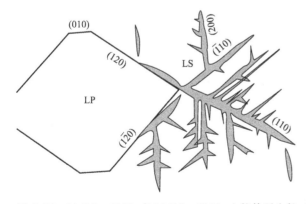

图 1.30 Li_2SiO_3（LS）在 Li_3PO_4（LP）上的外延生长（Headly 和 Loehman，1984）

在亚铝质 SiO_2-Al_2O_3-MgO 基础玻璃系统中加入 ZrO_2 可得到高韧微晶玻璃。氧化锆作为成核助剂在这个系统中起到了与它在 SiO_2-Al_2O_3-Li_2O 系统中同样重要的作用。在不同组成的同一基础玻璃中，相分离最初在 800～900℃时出现。随着氧化锆四面体晶体的快速晶化，随后发生了成核（Beall，1992），顽辉石作为主晶相析出。Partridge 等（1989）

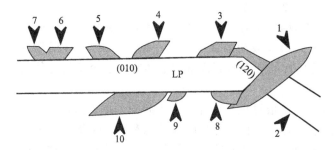

$(1\sim10)LS_2$

图 1.31 $Li_2Si_2O_5$（LS_2）在 Li_3PO_4（LP）上的外延生长（Headly 和 Loehman，1984）

也使用 ZrO_2 获得了顽辉石基的微晶玻璃。

P_2O_5 是另一种成核剂。它在化学计量低铝玻璃和非化学计量、多组分结合其他添加剂例如含碱金属离子（成核剂）的玻璃中起到重要作用。下面讲述如何通过 P_2O_5 控制相分离过程。

首先讨论在化学计量组成玻璃中添加大约 1%（摩尔分数）P_2O_5 成核剂的情况。例如，在二硅酸锂玻璃中用 P_2O_5 作成核剂。对二硅酸锂玻璃中 P_2O_5 的成核效果有几种不同的解释。但都假定 P_2O_5 就像 TiO_2 一样减小了式(1.1)~式(1.3)中晶核和玻璃基体之间的界面能（γ）（James，1982），同时形成了一个过渡相。James 和 McMillan（1971）认为在二硅酸锂晶化前，形成了一个含锂的相，可能是 Li_3PO_4。因此，看起来是 P_2O_5 启动了微相分离，反过来，它也诱导了过渡相的形成。二硅酸锂的晶化是由过渡相启动的。

在 SiO_2-Li_2O-ZrO_2-P_2O_5 多组分微晶玻璃系统中，磷酸锂初级相的形成同样起到了重要的作用。而且，高达 15%~30%（质量分数）的 ZrO_2 含量也对成核产生主要影响。因为锂离子的高扩散率，相分离首先在玻璃中发生，并且磷酸锂和氧化锆晶体快速生长。而且，不排除这个过程中存在外延作用（Höland 等，1995a）。

氟离子在控制相分离的核化过程中有着重要作用，尤其是在云母微晶玻璃的形成中，氟离子特别重要。相分离的启动代表着云母微晶玻璃的开始形成，在 SiO_2-(B_2O_3)-Al_2O_3-MgO-Na_2O-K_2O 系统基础玻璃中加入氟的研究已经说明了一点。在粒硅镁石后形成的块硅镁石就是在基础玻璃相分离界面处长大而形成的。

最终的产品是一个可机械加工的微晶玻璃，有着典型的卡片状微观结构（Beall，1971a；Vogel 和 Höland，1982；Höland 等，1991a）。随后的晶化动力学过程见 1.5.1。通过析出卷曲的云母晶体也能得到一种新的云母型微晶玻璃。形成这种微晶玻璃的关键之一是使基础玻璃中的相分离最小化来减小其核化过程（Höland 等，1981）。

在云母微晶玻璃 SiO_2-Al_2O_3-MgO-Na_2O-K_2O-F 系统中加入 CaO 和 P_2O_5 时，磷灰石的成核与云母相的形成相伴而生，均匀的磷灰石相作为第二种玻璃相出现在云母玻璃主相中。通过控制多相分离过程，两种物质几乎同时成核的现象是可能实现的（Höland 等，1983b）。

参考 Uhlmann（Uhlmann 和 Kolbeck，1976；Uhlmann，1980）的观点，核化和微观不混溶性的要点总结如下。

① 利用基础玻璃中的相分离，改变基体相的组成，整体晶化能在早期实现或延迟。

因此，能抑制或避免表面晶化或不受控制的整体晶化。

② 相分离可以形成快速移动相引起的均匀晶化，而基体则是非均匀晶化，它平行或者迟于这个过程。

③ 相分离过程可以导致界面区域的形成，从而实现优先晶化。

基于核化理论的重要发现，已经很明确地阐述了为什么能控制核化中的相分离和相分离形成的初级晶体为什么能进一步控制核化过程。

构建晶核的分子筑块材料通过相分离传递到核化点（玻璃相中的微滴）。式(1.10) 中的 ΔG_D 似乎已经减小到允许初级晶体在微滴相中直接成核并迅速生长。这个相分离反应的控制过程已经成为核化的一个重要部分。

微滴玻璃相中的核化能导致一个特殊晶相的均匀成核。这种晶相，反过来对周围的基础玻璃相起到非均匀成核作用。例如，SiO_2-Al_2O_3-Li_2O 系统中的钛酸盐或 TiO_2 和 ZrO_2 的混合相，是整体玻璃中最初的活化中心。它们增加了核化速率，减少了它们和新相之间的界面能（γ）。因此，根据式(1.11)，核化速率增加了。

生长前沿可以是一个催化反应而不是整体核化的活化点。Barry（1970）研究了 SiO_2-Al_2O_3-Li_2O 系统中的玻璃核化。他们总结出核化可能是在 β-石英晶体的生长前沿和生长过程中连续触发的，TiO_2 在移动界面处富集，而不是同时在每一个二氧化钛富集处成核。因为在界面处有收缩产生，所以这种类型的核化通常产生裂纹。

1.4.4.2 表面核化

控制基础玻璃中的整体核化开创了生成新材料的多种可能性。大多数微晶玻璃是根据这一方法生产的。同时也有无法控制整体核化的基础玻璃。在这些玻璃中，只能通过表面核化来实现控制晶化。然而，表面核化过程更难控制。而且，仍需要研究核化驱动力。

很确定的是，通过玻璃表面的化学活化，可以加速和控制核化和晶化（Meyer，1968）。在微晶玻璃发展史部分对这一现象已经进行了讲述。精磨可实现玻璃粉末的表面活化。在玻璃粉热处理过程中，这些活化的表面是成核的基础。同时，随着核化的加速可诱导尖锐的高能"点"。本节稍后将阐明其他化学和物理反应对初始核化的影响。

大家都知道在玻璃颗粒表面形成了活化的 OH^-，但是它们对表面核化的影响却知之甚少。另一方面，玻璃表面的化学活化，也确实诱导了成核过程（Hsu 等，2002；Crobu 等，2010）。

在技术应用中，必须首先考虑表面核化中的一些常见问题。在使用表面晶化制造单片样品时，为了更好地控制这个过程，烧结和成核是分开进行的。因此，第一步，玻璃粉末进行黏性烧结热处理时成型，第二步，实现在消失界面上的核化和晶化。

在微晶玻璃制备的基础上，对不同材料系统中的核化反应动力学也特别进行了研究，尤其是对控制核化过程的可能性研究（Weinberg，1992b）。Zanotto（1994）、Yuritsyn 等（1994）和 Muller 等（1996）认为，"表面核化点"在晶化过程的早期是饱和的，因为发现了这些很快就被"用完"的活化表面核化点的存在。因此，在多数情况下，由于表面核化速率太快而不能进行直接测量，故式(1.14)中表面核的数量（N）为一常数。

因此，未知的成核点控制了表面成核，不同玻璃和不同外部条件下的动力学数据很难相互比较。因此，1989～2000 年，国际玻璃委员会（ICG 国际论坛）第 7 技术委员会（TC7 玻璃晶化）一直在研究表面成核过程（Pannhorst，2000）。表面成核过程主要通过以化学计量或者接近化学计量的堇青石微晶玻璃的基础玻璃作为模型来研究（Müller 等，1995；Müller，1997）。同时，他们也研究了非化学计量的白榴石玻璃。

作为 TC7 研究的主要结论，尖锐的凸角、边和表面尖端都可以用来解释机械损坏的成核效果（Müller 等，2000）。Schmelzer 对这一发现给出了一个明确的解释（1995），他认为式(1.1) 中的弹性应变项（ΔG_E）能显著降低块体中晶体的成核速率，而这一效应在靠近玻璃表面处，尤其是在尖锐的凸角表面尖端处并不明显。忽略应力弛豫，Schmelzer 等（1995）在 CNT 中引入了的弹性变形能：

$$\Delta G = -n_a \Delta\mu + \sigma A + \Phi^{(\varepsilon)} \tag{1.1a}$$

$$\Delta G = -n_a [\Delta\mu - \Delta\mu^{(\varepsilon)}] + \sigma A \tag{1.1b}$$

式中，$\Phi^{(\varepsilon)} = \varepsilon V_a$，是远离玻璃表面的弹性变形能，$\varepsilon = E/9(1-\gamma)\delta^2$，$V_a$ 代表所形成晶体的体积；n_a 是颗粒数量；γ 是泊松比，E 是杨氏模量，δ 是摩尔体积项，为 $(V_\mathrm{glass} - V_\mathrm{crystal})/V_\mathrm{crystal}$；$\sigma$ 是比表面能，其中 $\Delta\mu$ 是化学势差且 $\Delta\mu^{(\varepsilon)} = \varepsilon/c_a$，$c_a$ 是颗粒浓度。基于弹性理论，Schmelzer 等（1995）进一步发现，$\Phi^{(\varepsilon)}$ 在玻璃表面、边、尖端降低，在不规则成形的玻璃颗粒的小边处也降低。因此，表面晶化在这些点处加速。这一效应体现在式(1.1b) $-\Delta\mu^{(\varepsilon)}$ 项中。弹性应变假设可以很好地解释一些实验现象。

因此，Zanotto（1994）、Schmelzer 等（1995）、Reinsch 等（1994）、Donald（1995）和 Zanotto（1994）发现，堇青石玻璃表面有着同样组成的细粉末玻璃的晶种或者非均匀颗粒，例如 Al_2O_3，能够引起最初的成核。图 1.32 说明了粉末玻璃非均匀成核导致的堇青石晶体的长大。在另一个实验中，Müller 等（1992）和 Schmelzer 等（1995）研究了滚筒淬火堇青石玻璃带因应力释放产生大量裂纹，并研究了热处理后的核化过程。可以观察到暴露表面裂纹边上晶核的优先长大，在裂纹尖端却出乎意料地开始复原（见图 1.33）。这一现象可通过这个区域的弹性应变比外部裂纹边的弹性应变小的事实来解释。Müller 等（2000）总结了表面核化反应，得出以下现象会影响表面核化的本质：①弹性应变；②固相外来颗粒；③环境空气影响；④表面机械损伤（包括球磨磨损）的程度。所有这些因素影响了表面活化点的存在和玻璃粉末表面成核的密度。

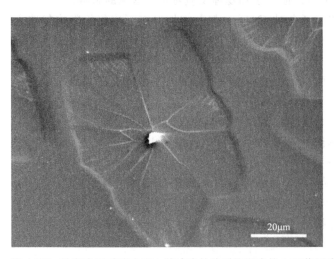

图 1.32 从堇青石玻璃表面上的玻璃晶种颗粒形成的 β-石英固溶体（μ-堇青石）

Sack（1965）通过非化学计量组成玻璃粉成核烧结来生产微晶玻璃。核化从烧结后玻

图 1.33　董青石玻璃的表面晶化图案

表面上的标记表示活泼的成核点（Schmelzer 等，1995；Müller 等，2000）

璃颗粒的"消失界面"开始。他研究了 SiO_2-Al_2O_3-MgO 系统烧结微晶玻璃并且成功地得到了董青石、钙长石、尖晶石和镁橄榄石主晶相。

除了董青石微晶玻璃之外，在生物材料中通过表面核化也研制出了特别的生物活性植入体微晶玻璃和牙科应用微晶玻璃（Kokubo 等，1982；Höland 等，1995a），同时还制备出了磷灰石-钙硅石微晶玻璃和含有白榴石或氧化锆的微晶玻璃。这三种类型的微晶玻璃的核化和相生长过程将在 2.2.10、2.4.2、2.4.7、2.6.6、4.4.1 和 4.4.2 介绍。

1.4.4.3　时间-温度-转变（TTT）相图

微晶玻璃最初源自玻璃，随后在亚固相热区中晶化，也就是说，在第一个稳定晶体聚集形成特定的化合物的相平衡的熔点温度下晶化。人们也许会认为，晶体的形成将和亚固相相平衡的组成及比例有关。然而在很多情况下，会在母相玻璃和初级主晶相之间形成亚稳态晶相，这大概是因为原子结构排列的相似性——连接、配位等。有时，在某些条件下这些相不能从常规的陶瓷粉末中形成。这一现象的最好实例是含有不同量的锂、镁和铝的硅酸锌玻璃在加热到接近 900℃后保温一段时间（例如几个小时）会析出 β-石英固溶体。这些 β-石英微晶玻璃不仅仅在这些温度时是亚稳态的，还会在这个温度或更高的温度下通过延长热处理时间而转变成稳定态，如：β-锂辉石固溶体、董青石或锌尖晶石。

某一给定微晶玻璃组成的亚稳态和稳定态相之间的关系可以用"TTT"图表示，此图中相变分界线作为温度和时间的函数。Beall 和 Duke（1969）研究了多组分锂铝硅酸盐微晶玻璃的相图，用氧化铁和氧化锆作为混合成核剂，主晶相是组成范围很宽的固溶体。因为这种能力，得到了一个相对简单相图，相对简单的部分原因是很难测量氧化物晶核分离的温度和时间［见图 1.34(a)］。

相比之下，图 1.34(b) 为有着大量成核剂［6%（摩尔分数）ZrO_2］的貌似组成较简单的 $MgO \cdot Al_2O_3 \cdot 3SiO_2$（Conrad，1972）系统的 TTT 图。意外的是，这么简单的化合物得到了比 Beall 和 Duke 研究的多组分玻璃还要多很多的相，因此，最后得到一个复杂得多的相图。在图中可观察到不少于八种亚稳态的相（玻璃、两种石英固溶体、镁透锂长石、尖晶石、莫来石、四方和单斜氧化锆）和稳定的三相区：董青石、氧化硅（在大多数热区内是方石英）和锆英石。

TTT 相图同时也对玻璃可能生成的液相（冷却过程中的过早结晶对玻璃形成有很大影响）提供有用信息（Uhlmann，1980）。TTT 曲线上突出部分的温度比值（即液相线温度和液相温度比 T_n/T_1，是此相的晶体生成潜能（生长势）指标。玻璃形成的临界冷却速度 $(dT/dt)_c$，与这个比值基本成反比。换句话说，液相温度越接近这个突出部分的温度，玻璃越不稳定。Höland 等（2000）研究了在多组分系统中形成针状磷灰石的 TTT 相图［见图 1.34(c)］。

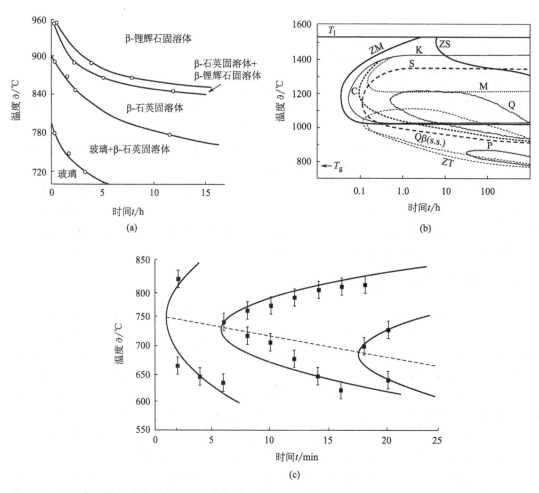

图 1.34 （a）复杂微晶玻璃组成（质量分数％，SiO₂ 65，Al₂O₃ 23，Li₂O 3.8，MgO 1.8，过量 TiO₂ 2，ZrO₂ 2 和 As₂O₅ 1）的时间-温度-转变（TTT）相图（Beall 和 Duke，1969）；（b）MgO-Al₂O₃-3SiO₂ 微晶玻璃的 TTT 相图，其中 Qβ(s.s)—β-石英固溶体；K—堇青石；P—镁透锂长石；S—尖晶石；C—方石英；M—莫来石；ZT—四方氧化锆；ZM—单斜氧化锆；ZS—硅酸锌；Q—α-石英（Conrad，1972）；（c）白榴石磷灰石微晶玻璃中析出氟磷灰石的 TTT 相图（Höland 等，2000c）

1.5 晶体长大

一旦晶核达到临界尺寸 r^* ［式(1.2)］，晶体就开始长大。在图 1.26（1.4 节）中，I（成核速率）和 V（晶体生长速率）曲线重叠，所以晶体随着 r^* 长大。然而，在亚稳态过冷范围（Ostwald-Miers 范围）内，成核现象消失了。因此，只有在这个范围的低温时形成的晶核可以长大成晶体。然而，如果玻璃从一个很高的温度 T_1（Ostwald-Miers 范围内的热处理温度）冷却下来，就会得到一个完全不同的结论。尽管晶体生长速率仍然较快，晶核和随后的晶体却不能长大。因此再次强调核化和晶化之间有直接关系。

玻璃的晶化速率由材料传输到晶核和周围的基础玻璃界面的程度来决定。考虑到晶体生长的动力学和形态学,界面是非常重要的。在晶化的理论模型中,界面熵变是首要的热力学性质,因为它能给出晶化过程中界面有序度的信息。Uhlmann（1982）在不同的模型基础下,例如二硅酸锂、二硅酸钠和钙长石玻璃中研究了晶化过程,并且得出结论:界面有序度使晶体的生长速率不同。

晶体生长速率可用3种基本模型来描述,即:正常生长、螺旋位错生长和表面晶化。

对微晶玻璃的研究证明,整体晶化在晶体正常生长中特别重要。从表面晶化这个名字可以看出其晶化机理。在薄的蒸气沉积涂层中观察到了以螺旋位错机制生长的整体微晶玻璃,但是这一机制还没有被确认。

卷曲云母是围绕晶核中心生长形成的,应该研究这一机制在其中的作用,可能会具有一定意义（见3.2.7）。

正常生长模型考虑到了微观的粗糙界面,认为晶体生长速率（V）为:

$$V = \nu a [1 - \exp(-\Delta G / kT)] \tag{1.15}$$

式中,ν 是材料传输到界面的频率因子;a 是与分子直径相比较的距离;ΔG 是吉布斯自由能变。

螺旋位错生长模型在式(1.15)的基础上增加一个额外的因子 f。这个因子考虑了在位错点优先长大的部分。

与正常生长模型相比,表面晶化模型基于一个相对平滑的表面,由式(1.16),V 为:

$$V = Cv \exp\left(-\frac{B}{T \cdot \Delta T}\right) \tag{1.16}$$

式中,C 和 B 是形成晶核需要的时间相对于穿过界面需要的时间的函数。Uhlmann（1982）导出了参数 C 和 B 的实验值。

在微晶玻璃形成中,晶体生长重要因素有:初次生长、各向异性生长、表面生长和二次长大,将在接下来的部分进行讨论。初次生长以初级生长过程中的"长大到碰撞"为特征。二次长大过程完成后降低了新晶体的表面积。在晶体的初次和二次长大中,没有表现出定向生长,而是遵循晶体的正常生长理论。

各向异性生长是晶体在特定方向进行的高速生长。因此,各向异性生长是晶体正常生长理论的一个特殊现象。表面晶化过程,包括玻璃粉末中"消失界面"的反应,可用于生成玻璃粉末压块。这些不同类型的晶化共同作用生成了这些具有特殊微观结构和许多未知性能的微晶玻璃。

1.5.1 初次生长

初次生长已经用于合成最重要的一种微晶玻璃——β-石英/β-锂辉石中了。因此,在1.4.4.1"非均匀成核和微不混溶性"中论述过的具有成核剂 TiO_2 的 SiO_2-Al_2O_3-Li_2O 系统的晶化机理,此处将从晶体长大机理的角度进一步研究。$Al_2Ti_2O_7$ 相非均匀基质的形成,最初是从相分离和成核剂开始的。亚稳态 β-石英固溶体相随后在 $Al_2Ti_2O_7$ 上通过异相作用长大。Beall 和 Duke（1983）得出结论,稳定的 β-锂辉石类混合晶体能在高于950℃时生成。

β-石英固溶体的初次生长中"长大到碰撞"的过程可以通过一个在晶核中心开始以类似于各向同性生长的过程来解释。因此,晶相形成,β-石英固溶体随之也二次长大。二次长大（见 1.5.5 节）的特征是有一种特殊类型的"成熟"晶体。Chyung（1969）直接以晶粒尺寸与热处理温度（T）和时间（t）的函数关系研究了 β-锂辉石晶体的二次晶粒长大。图 1.35 为这个函数关系图。

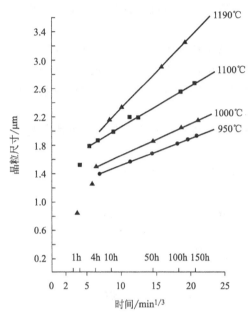

图 1.35　典型 β-锂辉石固溶体微晶玻璃的晶粒尺寸与温度（T）和时间（t）的函数关系

典型的 SiO_2-Al_2O_3-Li_2O-TiO_2 微晶玻璃的微观结构见图 1.36。例如，在热处理到 950℃时，达到最大晶粒尺寸，约为 $0.1\mu m$。这时的微晶玻璃有极小的热膨胀和很高的透明度。1000℃热处理时的微观结构见图 1.37。

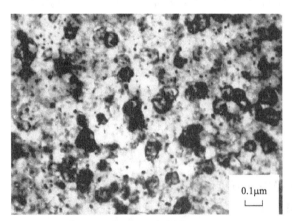

图 1.36　热处理到 950℃ 晶化的 SiO_2-Al_2O_3-Li_2O-TiO_2 玻璃的 TEM 照片显示析出了 β-石英固溶体

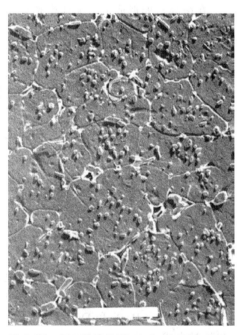

图 1.37　1000℃ 热处理 45min 时 SiO_2-Al_2O_3-Li_2O-TiO_2 玻璃的 TEM 照片显示在微晶玻璃中形成了 β-锂辉石固溶体（标尺为 $1\mu m$）

晶粒长大程度与热处理和微晶玻璃性能（例如线性热胀系数和光学特性）之间也存在函数关系。Beall 和 Duke（1983）使用光谱学基础理论对 β-锂辉石微晶玻璃研究发现，当晶粒尺寸的两倍小于或等于可见光的波长时，能获得透明度最好的微晶玻璃。

确认和分析晶粒长大和材料性能之间的关系为研究如何把正常的晶体生长过程用于获得微晶玻璃的特殊性能奠定了基础。

1.5.2 各向异性生长

微晶玻璃形成中的各向异性生长是云母型层状硅酸盐中典型的生长模式，在链状硅酸盐晶体和链状磷酸盐晶体结构中也是如此。因此，这种晶体形成方式可以用来生产有着特殊性质的微晶玻璃，例如，高机械强度或高断裂韧性或优良可加工性能的微晶玻璃。氟钠透闪石和氟硅碱钙石（Beall，1991）属于链状硅酸盐，而偏磷酸盐 $Ca_3(PO_3)_2$（Abe 等，1984）则属于链状结构的磷酸盐晶体。

此处，把析出各向异性云母晶体的动力学作为各向异性生长的例子进行研究。因为云母晶体的三层结构，说明它在沿着 [001] 面上有明显优先的生长。Beall 等利用这种金云母型云母晶体优先的各向异性生长，得到了具有卡片屋微观结构的可加工微晶玻璃（见3.2.6节）。

Höland 等（1982a）也研究了具有卡片屋微观结构的扁平云母晶体微晶玻璃的各向异性生长的动力学，其玻璃组成（摩尔分数％）为：SiO_2 50.6，Al_2O_3 16.6，MgO 18.0，Na_2O 3.2，K_2O 2.0 和 F 9.6。

如果把一个单片的玻璃样品在 980℃ 热处理 15min，在析出块硅镁石 $Mg_3SiO_4F_2$ 后，金云母型的薄片形云母晶体 $(Na/K)Mg_3(AlSi_3O_{10})F_2$ 二次生长。图1.38阐明了这种晶体优先沿着 [001] 轴各向异性生长的取向。在电镜照片图1.38（TEM 副本）中，各向异性生长的前端清晰可见。

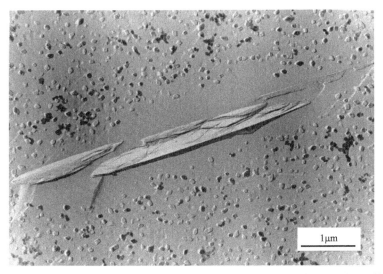

1μm

图1.38　SiO_2-Al_2O_3-MgO-Na_2O-K_2O-F 玻璃在 980℃ 热处理 15min 后的 TEM 照片副本，晶体优先沿着 [001] 面进行各向异性生长

那么问题来了，是什么驱动力对这个长大过程负责呢？动力学过程是怎么样的？因

此，下面将讨论这两个问题。

首先，块硅镁石初级晶相和金云母之间有什么联系？在成核过程中有非稳态反应吗？其次，动力学是怎么决定云母晶体长大的？

为了回答这些问题，制备了两种类型的试样：单片试样和厚度约为 0.3mm 的薄玻璃片。可通过光学和电子显微镜图片来解释前面提到的基础玻璃在经过 765℃ 和 910℃ 热处理之后形成的晶相。如图 1.39 所示，在较低温度（765℃ 和 910℃）下，在初级块硅镁石晶体出现之前有一个 4～5h 的非稳定态时间滞差。

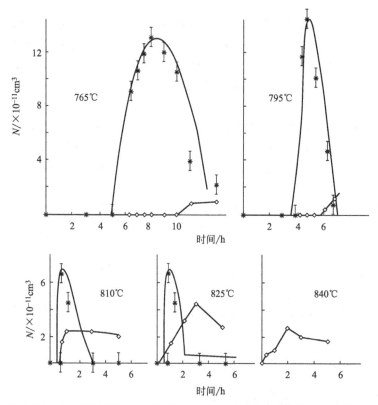

图 1.39 块硅镁石晶体（星号标注）和金云母晶体（菱形标注）的数量（N）与基础玻璃热处理的温度和时间的关系

在这些温度（765℃ 和 910℃）下对局部过程更进一步的检测表明，从晶体长大滞后的角度上来说，在这个期间没有真正的时间滞差。反之，液-液相开始分离和继续都非常及时。因此，形成块硅镁石的核化也正常进行。

另一个重要的晶体明显长大过程见图 1.39。在每一例子中，块硅镁石分解，伴随着云母晶体（用菱形方块来代表）形成。块硅镁石的离子和结构单元提供了云母晶体长大需要的物质。因此，由块硅镁石和玻璃相成分来合成云母的化学反应方程式如下：

$$Mg_3[SiO_4F_2]+[(Na/K)_2O+2SiO_2+Al_2O_3]\longrightarrow(Na/K)Mg_3(AlSi_3O_{10})F_2$$

令人惊奇的是残留玻璃基体是具有化学计量组成的白榴石。765℃ 和 910℃ 之间的动力学过程决定了云母晶体各向异性的线性生长。而晶体长度的平均值（d 的单位为 μm）则由所用的热处理方式来决定。因此，图 1.40 给出了一个特别的晶体生长曲线。不同温度下晶体的生长速率可通过计算图中这些曲线的斜率获得。这些晶体的生长速率数值，依次生成了图 1.41 中的曲线 1，块硅镁石的生成曲线（图 1.41 中的曲线 2）［Chen（1963）］和金云母分解的理论曲线（图 1.41 中的曲线 3）见图 1.41。

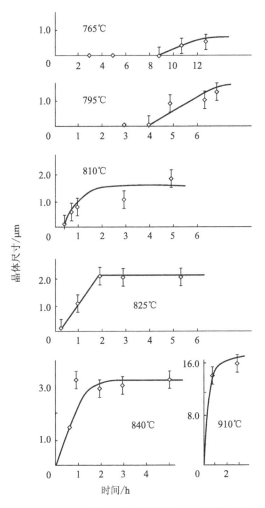

图 1.40　基础玻璃经过不同热处理后微晶玻璃中金云母（菱形标注）晶体的数量

765℃、795℃、810℃、825℃ 和 840℃ 热处理的是薄片；910℃ 热处理的是整体试样

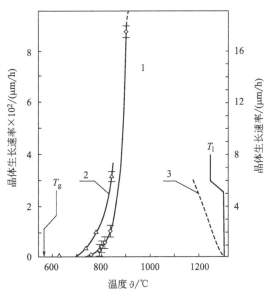

图 1.41　主晶相晶体的生长速率与温度 T 的关系

曲线 1—根据图 1.40 得到的金云母（菱形标注）的晶体生长速率；曲线 2—Chen（1963）得出的中间相（三角形标注）的晶体生长速率；曲线 3—靠近液相温度（T_1）的金云母分解的理论曲线

根据 Gutzow（1980）的研究，玻璃结晶动力学的测试详细阐明了晶体生长速率和黏度的关系。在这些研究中，黏性玻璃熔体中晶相生长速率（V）是温度的函数。

在生长速率（V）方程中，熔体的黏度（η）和过冷度（ΔT）都有体现：

$$V = C \frac{1}{\eta} \Delta T \tag{1.17}$$

因此，在式(1.17) 中，V 得以更精确地表达（Gutzow，1980）。式中，C 是常数，$\Delta T = T_1 - T$，T_1 代表生长相的亚稳态液相温度。

根据实验测得的 SiO_2-Al_2O_3-MgO-Na_2O-K_2O-F 玻璃的黏度数据用 Vogel-Fulcher-Tamann 方程进行回归分析，得到黏度曲线（见图 1.42），其中 $A = -2.105$，$B = 6780$，$T_0 = 177.9℃$。

$$\lg\eta = \frac{A+B}{T-T_0} \tag{1.18}$$

对于提及的化合物，T_1 等于 1593K（液相温度）。在较小温度变化范围（ΔT）内，用下面的函数能更精确地表示 η：

$$\eta = C\exp\left(\frac{U}{RT}\right) \tag{1.19}$$

式中，U 是黏性流体过程的活化能。与 $\eta(T)$ 相比，T 可以作为一个常数。根据图 1.43 中（$\lg\eta$）-（$1/T$）和（$-\lg V$）-（$1/T$）的函数曲线可以确定，$\lg\eta$ 和 $-\lg V$ 与 $1/T$ 成线性关系。因此，根据图 1.41 中的值能计算出来（$-\lg V$）-（$1/T$）函数，$\lg\eta$—$1/T$ 的函数关系可从玻璃的黏度曲线得出（见图 1.42）。

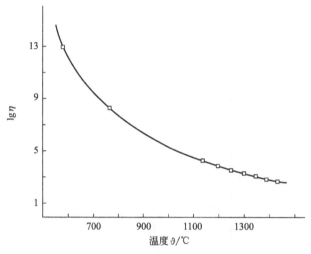

图 1.42 SiO_2-Al_2O_3-MgO-Na_2O-K_2O-F 玻璃的黏度与温度的函数关系
方块代表实验数据，曲线是用 Vogel-Fulcher-Tamann 方程计算出来的

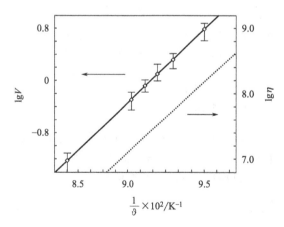

图 1.43 金云母晶体生长速率（$\lg V$）与黏度（$\lg\eta$）和温度倒数（$1/\vartheta$）的函数关系

从图 1.43 中可以得出金云母晶体长大和黏性流体的活化能。因为这两曲线几乎平行，所以两过程的活化能约为 314kJ/mol（Höland 等，1982a）。

由此，金云母晶体长大的活化能与黏性流体的活化能相同。因此，可以得出结论，黏性流体过程决定了晶体长大的速率。

换句话说，微晶玻璃中云母晶体的长大是扩散控制的。仔细观察图 1.38 中的电镜照片，显然也能得出其动力学过程。在"快速"长大的金云母晶体周围明显存在扩散行为。长大的云母晶体附近，块硅镁石晶体分解，并为云母晶体的生长提供物质。结果导致了晶体的各向异性长大。然而，晶体长大的优先取向，并不是由最先形成的主晶相决定的。

1.5.3 表面生长

晶体长大机理与表面核化有关。在本书的 1.4 节中已经提及，在堇青石（Semar 和 Pannhorst，1991）、磷灰石-硅灰石（Kokubo，1991）和白榴石（Höland 等，1995a）微晶玻璃形成中，成功应用了表面核化和晶化机理。

现以堇青石和白榴石微晶玻璃为例来说明这些机理。为了清楚阐述这一机理，实验采用了整体玻璃试样，而不是工业制造微晶玻璃需要的细的粉末玻璃。因此，下面这些内容仅为整体玻璃试样的机理提供参考。

随着最初的表面核化，堇青石（Zanotto，1994；Donald，1995；Schmelzer 等，1995）和白榴石微晶玻璃（Höland 等，1995a，b）的晶体长大机理表现出了至少三种特征。

① 主晶相的晶体长大从表面开始，然后推进到整体晶体中。有趣的是，与堇青石晶体相比，白榴石晶体长得更好。白榴石晶体的 c 轴垂直定向于基础玻璃的表面。

② 晶体生长是从一种二维晶体形成开始（堇青石或白榴石玻璃）的。换句话说，在基础玻璃的表面上首先开始长大的是非常扁平的晶体（见图 1.44）。在随后的反应中，这个晶相转化为主晶相。

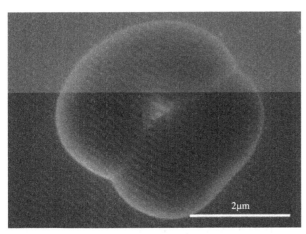

图 1.44　整体玻璃表面用玻璃颗粒做晶种的白榴石晶化的 SEM 照片
一个玻璃颗粒在 720℃热处理 12h 后能长成高度无序的初级晶体

③ 与基础玻璃有着相同化学组成的非常小的种子颗粒可以作为非均匀成核剂来生成主晶相。白榴石晶体在种子区域和非种子区域即平面区的生长速率几乎相同（见图 1.45）。然而，在堇青石和白榴石微晶玻璃中，晶种增加了相当量的晶核和晶粒。

这些根据表面晶化机理长大过程的机理分析，同样也适用于微晶玻璃的工业生产。就像前面已经提到的，细的玻璃粉末可用于堇青石（Semar 等，1989）和白榴石微晶玻璃的工业制造，它与整体试样晶化过程的区别可通过热分析判断（Donald，1995）。然而，最重要的是，球磨好的基础玻璃粉末，具有摩擦化学活性表面；而且，好的颗粒控制可以首先获得表面晶种生成的晶粒。

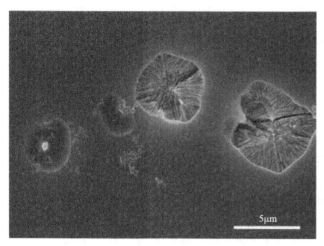

图 1.45 不用晶种形成的白榴石晶体（在图片的中间和右边位置）的长大和用晶种而同时析出的高度无序的初级晶体（在图片的左边）的 SEM 照片

根据前面提到的结论，精细粉末基础玻璃的晶化受两种方式的影响。首先，具有反应活性的粉末表面对晶化过程有催化作用。其次，最小尺寸的颗粒会促进较大颗粒的晶化，也就是有一种自动催化作用。这两个过程都影响主晶相的晶体生长速率。

平均颗粒尺寸为 25～30μm 的白榴石玻璃表现出了比整体晶化试样（5mm×5mm×1mm）更高的晶体生长速率。在第一种情况下，920℃ 时记录下的晶体生长速率为 2.2μm/h；第二种情况下 920℃ 时则为 4μm/h。

除了生产堇青石、磷灰石-硅灰石和白榴石微晶玻璃之外，利用晶体表面生长机理还可以生成锂-磷酸盐-氧化锆微晶玻璃（Höland 等，1996a）。这些特殊的微晶玻璃有各种组合的特殊性能。性能之一就是高达 300MPa 的机械强度，这归因于微晶玻璃中增韧的四方氧化锆转变。Echeverria 和 Beall（1991）、Sarno 和 Tomozawa（1995）也研究了微晶玻璃增韧。

1.5.4　树状和球状晶化

1.5.4.1　现象学

当玻璃形成体把晶体溶解成一个特定组成的相融入到玻璃中时，不管是完美的、差的晶体或者没有晶体，都取决于各自熔体的熵是大还是小（Uhlmann，1971）。另一方面，如果玻璃充分过冷或初次结晶成完全不同于玻璃整体组成的相，就常形成纤维状或骨状结晶。如果形态上像树一样或者有着明显树枝树叶样的话，则通常认为是树状结晶。如果它由近似平行的针状晶体从一个特定的中心发射出来形成一个基本的球体，则称之为球状（见图 1.46）。

在给定玻璃组成中同时出现树状和球状晶体时，在较低温度和较高黏度时，通常后者即球状晶体比前者更常出现（Carr 和 Subramanian，1982）。为了描述和解释这些晶化规律，Keith 和 Padden（1963）、Uhlmann（1982）、Caroli 等（1989）和 Duan 等（1998）投入了大量的工作。一些关键因素总结如下：

① 通常在某个晶胞方向生长特别快速的晶体，可能扩张成为树状或球形臂；

② 在玻璃中存在但是不能进入晶体的化学成分被阻挡在长大晶体的界面外，由此阻

止了它的扩展并激励它到远端的新玻璃中长大；

③ 在大平面上结晶释放的潜热非常有效地用于加热这些边，尤其是角的区域，因此面上的晶化比角落的晶化慢，促进了晶体的各向异性生长。例如对枝状晶体形成必需的分支现象（球状晶中没有角或者只有小角）是典型的结晶学函数。在 SiO_2-K_2O 二元玻璃中，方石英树晶长大的例子中（Scherer 和 Uhlmann，1977），晶粒在 [100] 方向生长形成 [010] 或 [111] 方向的树枝，分支角分别为 90° 和 54.7° [见图 1.46(a)、(b)]。

图 1.46 玻璃晶化形成的枝状晶体和球状晶体

(a) $0.15K_2O$-$0.85SiO_2$ 玻璃在 763℃ 晶化后得到的各向异性的方石英晶体沿着 [001] 生长；(b) 同样组成的玻璃在 [100] 和 [111] 方向的树状晶体的分支；(c) P_2O_5 为成核剂的铅硅酸盐玻璃在 550℃ 晶化后得到的枝状晶体或者球状晶体的叶形晶体；(d) 同样组成的玻璃在 450℃ 晶化后得到的球状晶体（Scherer 和 Uhlmann，1977；Carr 和 Subramanian，1982）

一些关于玻璃表面树枝层生长速率或者球状生长的动力学研究表明，它们的生长速率与时间呈线性相关，也就是说，生长速率取决于时间（Scherer 和 Uhlmann，1977；Uhlmann，1982；Vogel，1985；Caroli 等，1989；Duan 等，1998）。起初，晶体生长受界面控制而不是扩散控制。然而，与时间相关的线性生长，和晶须不断进入到恒定组成的新材料中或晶须在稳定态条件下以恒定的曲率半径在纤维尖端长大（Uhlmann，1971）的趋势是一致的。实际上，在晶须中能观察到很大的纵横比，并且生长速率与时间无关可能也反映出晶体长度比相应的扩散长度更大。降低晶化温度，有望得到好的晶须形态，事实上确实如此。

1.5.4.2 树状和球状晶体的应用

在很多微晶玻璃系统中都可以观察到树状和球状晶化，它们至少是两种商业材料的基础：化学机械光敏微晶玻璃（康宁公司的 Fotoform® 和 Fotoceram®，Schott/mgt mikroglas technik AG Foturan®），日本 Nippon 电子玻璃公司的建筑微晶玻璃 Neoparies®。实际上，在微晶玻璃 SiO_2-Li_2O、SiO_2-BaO、SiO_2-PbO-P_2O_5、SiO_2-CaO-Na_2O-K_2O-F（硅碱钙石、钠硬硅钙石）系统（Beall，1991、1992；Pinckney 和 Beall，1999）和玄武岩（Beall 和 Rittler，1976）等其他系统中，晶须形态都是常见的。

康宁公司型号为 8603 的化学可加工微晶玻璃的树状微观结构是它独特性能的基础。3.2.4 节中图 3.8 为其微观结构，它是在稀氢氟酸中迅速腐蚀可溶解的偏硅酸锂晶体而形成的一个连续的树枝状网络。可以观察到交叉树枝中的六边形结构。因为树枝状晶体是在暴露在紫外线下的银颗粒上成核的，故可以把复杂的刻蚀图案转移和导入到玻璃中。

互锁和松散的球状晶体可以让我们获得高强度和高断裂韧性的微晶玻璃。因此，在基于针状晶体的链状硅酸盐微晶玻璃中，互锁的树状或球状晶体有助增加微晶玻璃的断裂韧性（见图 1.47）。这一点已从硅碱钙石（$Na_4K_2Ca_5Si_{12}O_{30}F_4$）、钠硬硅钙石[$KCa_6(Si_2O_7)(Si_6O_{15})F$]和硅灰石（$CaSiO_3$）等几种硅酸盐玻璃中得到了证实。

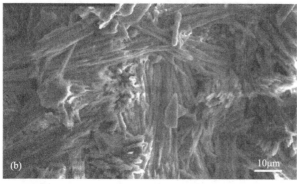

图 1.47 链状硅酸盐增强微晶玻璃中互锁的球状晶体和树状晶体

(a) 硅碱钙石松散的球状晶体；(b) 钠硬硅钙石的树状晶体（Beall，1991；Pinckney 和 Beall，1999）

基于后面这种晶相的商业微晶玻璃，因为其无数的足够大到肉眼可见的球状晶体抛光面表现出诱人的纹理，可用作建筑板材。

1.5.5　二次长大

在微晶玻璃技术中，二次晶粒长大用于描述最大晶体生成后晶体尺寸的再次增长。在大多数高度晶化的情况下，随着晶体碰撞，晶粒长大，但生长速率比初次晶粒生长速率要慢，因初次生长来自核化和碰撞。

为了比较，初次晶粒长大（d）在常温下与时间的函数关系为：

$$d = d_0 + kt^{1/2} \tag{1.20}$$

在扩散控制和界面控制的情况下，则为：

$$d = d_0 + kt \tag{1.21}$$

在晶相和母相玻璃的成分不相似的情况下扩散控制占优势，界面控制在晶相成分和母相玻璃成分相似的情况下则更为常见。

对微晶玻璃和烧结陶瓷中的二次晶粒长大，晶粒尺寸增加公式为：

$$d = d_0 + kt^{1/r} \tag{1.22}$$

式中，r 在 2～10 之间变化。Chyung（1996）在 β-锂辉石微晶玻璃中证实了 r 值为 3。可以肯定的是，二次晶粒长大将比初次晶粒长大缓慢得多，因为这毕竟是一个脱玻（失透）现象。初次晶粒长大由晶相和玻璃相的吉布斯自由能变化驱动，液相下的驱动力大，而二次晶粒长大是再结晶现象，是由表面积减少产生的能量差来驱动。从 $1\mu m$ 的晶粒到 1cm 的晶粒，有四个数量级的变化，但晶界能的降低仅为 0.1～0.5cal/mg。

能降低二次晶粒长大速率的因素包括沿着晶粒界面的夹杂物或次生相，围绕着晶粒的残留玻璃黏性薄膜。在这两种情况下，二次晶粒要从主晶相的扩散部分绕过或穿过，以允许吸收部分小晶体长成大晶体。

妨碍微晶玻璃中晶粒长大的次要相实例为：在内部成核的 β-锂辉石微晶玻璃中残留的硅酸玻璃（Chyung，1969）；和在表面成核、粉末成型的 β-锂辉石微晶玻璃如 Cercor® 的热交换中，沿着晶界长大的莫来石。

在微晶玻璃中，控制二次晶粒生长的重要性与提高热稳定性有关。如果允许晶粒长大到 $5\mu m$ 以上，不仅机械强度恶化（Grosman，1972），而且微晶玻璃中几种关键晶体（β-锂辉石、β-石英固溶体、云母和堇青石）的热胀系数的各向异性可能产生较高的晶粒间应力，这种应力通常会带来微裂纹，总是降低机械强度，甚至可能影响微晶玻璃的完整性，因此通常情况下不希望发生这种现象。

第**2**章

微晶玻璃的组成系统

2.1 碱金属和碱土金属硅酸盐

2.1.1 SiO$_2$-Li$_2$O（二硅酸锂）

如前所述，第一个微晶玻璃即二硅酸锂（Li$_2$Si$_2$O$_5$）微晶玻璃是 Stookey（1959）得到的。在 1.3.1.5 节讲过，二硅酸锂是一种层状硅酸盐（Liebau，1961、1985；de Jong 等，1998）。它的晶体结构见书后附录图 A12。Stookey 进行的基础研究为大规模开发不同化学系统中不同类型的微晶玻璃提供了基础。而且，在微晶玻璃首次研发出来之后，SiO$_2$-Li$_2$O 材料系统不断吸引着微晶玻璃研究者们的兴趣，针对它的研发工作主要从两个方面来进行。一方面，为了研究这种典型玻璃成核和晶化的机理，对 SiO$_2$-Li$_2$O 二元系统中化学计量组成的 2SiO$_2$-Li$_2$O（二硅酸锂）进行了研究。相关研究结论见 2.1.1.1。另一方面，是添加了一些化学计量组成范围之外的成分到二元系统中，以提高这些微晶玻璃的典型特性。这部分工作见 2.1.1.2。

2.1.1.1 化学计量组成

根据 Levin 等（1964）、West 和 Glasser（1971）、Hasdemir 等（1998）和 Soares 等（2003）的工作，SiO$_2$-Li$_2$O 二元系统相图（见图 2.1）中，二硅酸锂晶体是一种在 1033℃ 时不一致熔化的化合物。在约 936℃ 时，晶相之间发生同质异象转变。他们还分析了从 500～936℃ 时，朝着氧化硅方向形成亚稳态二硅酸锂固溶体。同时，在 500～800℃ 时，偏硅酸锂在二硅酸锂组成的玻璃中形成亚稳态。

McMillan（1979）和 James（1985）研究了基础玻璃为化学计量组成二硅酸锂 2SiO$_2$-

Li₂O，即：66.66%SiO₂ 和 33.33%Li₂O（摩尔分数）或 80.09% SiO₂ 和 19.91%Li₂O
（质量分数）或者组成非常相似的玻璃的成核过程。在 1.4.4.1 中已述，James（1985）、
DeuBener 等（1993）、Rüssel 和 Keding（2003）用一个时间滞差为几小时的非稳定态表征
了二硅酸锂整体析晶（内部成核）均匀成核的过程。在 20 世纪 80~90 年代，大家进行了
无数的研究，然而他们发现二硅酸锂相的形成优先于其晶化。这些发现是大家对二硅酸锂
晶体整体均匀成核假说的有效性进行辩论的原因。例如，Ota 等（1997）、Zanotto（1997）
和 Iqbal 等（1999），发现存在亚稳态初级晶相。而且，玻璃中少量的水（或者 OH⁻ 基
团）能提高一些二硅酸锂化学计量组成玻璃成核过程中的不均匀性，影响内部和表面成核
平衡（Heslin 和 Shelby，1993；Davis 等，1997）。大家用几种分析方法检测了成核过程。
例如，Schmidt 和 Frischat（1997）试图用扫描电镜结合原子力显微镜画出不同的初级结
构。所有这些结论表明，与均匀成核不同，非均匀成核也可能发生在化学计量组成的玻
璃中。

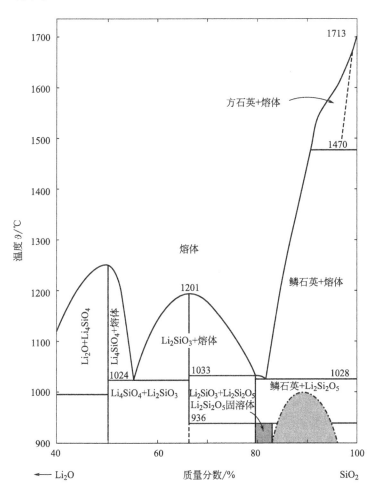

图 2.1 SiO₂-Li₂O 系统相图节选（Levin 等，1964；West 和 Glasser，1971；Hasdemir 等，
1998；Soares 等，2003）

在 DeuBener 的研究中，化学计量组成二硅酸锂玻璃的内部整体均匀成核有明显的证
据（2004，2005）。他研究了 18 种不同的化学计量组成（含二硅酸锂）玻璃，测定了可用
于解释化学计量组成玻璃中均匀成核的结构方面的因素。基础玻璃的短程和中程结构提供

了理论基础。玻璃中重要的短程结构见 Q^3-[SiO_4] 四面体（见 1.3.1.5 和 2.6.1）。他们搭建了硅氧层的三维网络。这个网络结构和组成层状硅酸盐 $Li_2Si_2O_5$ 类型的片状结构一致。显然，基础玻璃中的短程有序导致生成了有明确结构相似性的晶体。因此，最佳的先决条件是有利于有效的均匀成核。另外一个能促进均匀成核的因素是成核过程中玻璃的中程过渡结构的影响。例如，DeuBener 给出了一个促进整体均匀成核的结构顺序（2005）。

本章下面所有关于微晶玻璃产品的进一步研究都是在这些基础研究的前提下开展的。

2.1.1.2 非化学计量多成分组成

除了这些利用二硅酸锂微晶玻璃的特性来研发特殊产品的研究之外，另有一些基础研究也在进行中。这些研究都致力于分析外加成分、发展非化学计量组成。Vogel（1963）发现在 SiO_2 含量为 85%～95% 的非化学计量组成范围的二元系统中，相分离现象是玻璃-玻璃的相分离（玻璃的不混溶性）（见图 2.1 中的不混溶沟）。这些结论清楚地表明，在二硅酸锂微晶玻璃的成核中，相分离过程起到了部分作用。如果从超出化学计量组成的基础玻璃中生成微晶玻璃，就不存在相分离。

DeuBener（2000）比较了添加 Na_2O 的 Li_2O-$2SiO_2$ 玻璃的整体均匀成核和表面成核之间的博弈。对具有化学计量组成的系统，也研究过这一现象。结果表明，玻璃中 Na_2O 含量小于 11%（摩尔分数）时，是均匀成核，形成二硅酸锂。然而，玻璃中 Na_2O 含量超过 11%（摩尔分数）时，表面成核开始起作用。

这些研究的一个主要目的是想提高二硅酸锂微晶玻璃的化学稳定性。Freiman 和 Hench（1972）、Barrett 等（1980）和 Wu 等（1985）通过在化学计量基础玻璃中引入 Al_2O_3、K_2O 等添加剂，把这些微晶玻璃的性能提高到了一个相当高的水平。增加微晶玻璃的化学稳定性的目的是使这些材料成为适用于人类医学的生物材料，尤其是牙科修复剂（Barrett 等，1980；Wu 等，1985）。在 2.1 节中提到，Stookey（1959）开创性地研发了二硅酸锂微晶玻璃，铺就了进一步研究这种新材料及其进行技术应用的道路。为了这个目的，Stookey（1959）选择了一个非化学计量组成的、引入额外的化学成分来生成多组分系统。他也引入了金属离子，例如 Ag^+，其在控制基础玻璃非均匀成核的晶化中作为成核剂。选用了下面的组成（质量分数/%）：

$$80SiO_2, 4\ Al_2O_3, 10.5\ Li_2O, 5.5\ K_2O, 0.02CeO_2, 0.04\ AgCl$$

暴露在紫外线下，诱发了下面的反应：

$$Ce^{3+} + Ag^+ \longrightarrow Ce^{4+} + Ag^0$$

因此，在这个反应中得到了中性的金属银。随后对玻璃进行约 600℃ 的热处理，得到了胶体金属银（Beall，1992）。胶体银的形成，为后续偏硅酸锂初级晶相（Li_2SiO_3）的晶化提供了尺寸约 8nm 的非均匀核。偏硅酸锂具有链状硅酸盐结构。此化合物的晶体如树枝状。微晶玻璃中晶体的树状长大将在 3.2.4 讨论。

偏硅酸锂晶体的特征是在稀氢氟酸中，它们可以从微晶玻璃中溶出。因此，Stookey（1953、1954）首次开发了具有高精确度的产品，该产品的结构就是通过氢氟酸腐蚀而获得的。在材料上放一层膜，然后曝光于紫外线下，可以获得不同形状的高精确度结构部件。最后的产品，主要由玻璃基体组成，市场化的产品商标为 Fotoform®。如果将这些产品继续曝光于紫外线下进行热处理，就可以得到二硅酸锂主晶相。这种类型的微晶玻璃的商标名为 Fotoceram®。Fotoform® 和 Fotoceram® 都是美国纽约州康宁玻璃制品厂，即现在的康宁公司的产品。

在 Stookey（1959）和 McMillan（1979）对微晶玻璃成型有关的研究基础上，研发了具有特殊性能的二硅酸锂类型的微晶玻璃，这些材料的工业应用极有前景。这些性能包括高达 100～300MPa 的屈服强度（Hing and McMillan，1973；Borom 等，1975），优秀的高达 2～3MPa·m$^{0.5}$（Mecholsky，1982）的断裂韧性 K_{IC} 值和高达 $3 \times 10^9 \Omega$·cm 的电阻率。让人印象深刻的是，对于碱金属离子含量高的微晶玻璃来说，25℃下 1MHz 时，电学性能表现出 0.002 的低损耗因子。因此，这些性能正是它应用于电子工程工业的理想先决条件。此外，二硅酸锂微晶玻璃还具有一个相对比较高的线性热膨胀系数（CTE），约为 $(9.5～10.5) \times 10^{-6}$/K。这些性能在制备某些特殊复合材料（例如，电子工业中金属基体的封装）时很受欢迎（Beall，1993）。

二硅酸锂微晶玻璃在封装领域，尤其是在固体氧化物燃料电池应用上的发展，具有重要的科学和技术先进性（Headley 和 Loehman，1984；Reis 等，2006 和 Bengisu 等，2004）。特别是 Bengisu 等（2004）关于气密封装固体氧化物燃料电池（SOFCs）的研究工作，证明了薄薄的第二相界面层由微晶玻璃中非常少量的 ZnO 产生，其中微晶玻璃的组成［质量分数（%）］为：74.1SiO$_2$、13.4Li$_2$O、3.7 Al$_2$O$_3$、2.9 K$_2$O、1.1 B$_2$O$_3$、2.8 P$_2$O$_5$ 和 2.0 ZnO。Goto 和 Yamaguchi（1997）进一步完成了二硅酸锂微晶玻璃因高强度和完美的表面处理而作为磁盘基体使用的研究。这个微晶玻璃的组成范围［质量分数（%）］为：65～83 SiO$_2$、8～13 Li$_2$O、0～7 K$_2$O、0.5～5.5（MgO、ZnO 和 PbO 的总和）、0～5 ZnO、0～5 PbO、1～4 P$_2$O$_5$、0～7 Al$_2$O$_3$ 和 0～2（As$_2$O$_3$，Sb$_2$O$_3$）。

除了保留某些实例中最优化的化学计量组成的二硅酸锂微晶玻璃优越的力学、热学和电学性能之外，Beall（1993）和 Echeverría（1992）为了提高其化学稳定性，还研发了新的非化学计量组成的微晶玻璃。这种新材料的特征如下：首先，特定的非化学计量组成的 SiO$_2$ 和 Li$_2$O，负责形成主晶相；其次，有成核剂，尤其是 P$_2$O$_5$ 或金属；第三，玻璃基体的组成。选择了化学稳定性好的化学成分，典型的组成见表 2.1。根据这些组成，残留玻璃的成分可以分为下面的化合物组。

① 过量 SiO$_2$ 的硅铍钠石玻璃（见表 2.1 中的 A、B、C 类型）：硅铍钠石晶体的化学式为 Na$_2$O·ZnO·2SiO$_2$。然而，在这种情况下，没有形成晶相，主要是玻璃相。因此，化学式应该写成 R$_2$O·ZnO·xSiO$_2$，其中 R＝Na，K；x 的范围为 2～10。

② 钾长石玻璃（D 类型）：微晶玻璃的基础玻璃的成分接近于钾长石（K$_2$O·Al$_2$O$_3$·6SiO$_2$），含有 10%～20% 的玻璃相。

③ 过量 SiO$_2$ 的碱土金属长石玻璃（E 类和 F 类）：30%～50%（质量分数）的铝硅酸盐玻璃基体（RO·Al$_2$O$_3$·xSiO$_2$），其中 R＝Ca，Ba，Sr；当 x＝2 时，可以形成碱土金属长石。

所有这三种类型的玻璃基体含有过量约 10%（质量分数）的 SiO$_2$，而所有这三种类型的二硅酸锂微晶玻璃都含有 P$_2$O$_5$。基础玻璃的最优热处理温度取决于各自特殊的玻璃组成，几乎各不相同。对硅铍钠石玻璃基体来说，微晶玻璃中最初的成核温度约为 500℃。而对于长石玻璃基体的微晶玻璃来说，最初的成核温度高于 650℃。

含有碱土金属铝硅酸盐的微晶玻璃（E 类和 F 类）除了含有二硅酸锂晶体之外，还含有方石英（SiO$_2$）、硅灰石（CaSiO$_3$）和 β-锂辉石（Li$_2$O·Al$_2$O$_3$·xSiO$_2$）晶体。在这些微晶玻璃中有很高的晶相含量。

Beall（1993）和 Echeverría（1992）研究的所有微晶玻璃都有特殊的性能，例如透明度、高达 $150\sim250$MPa（$22\sim34$kpsi）的屈服强度和 K_{IC} 值为 3MPa·$m^{0.5}$ 的断裂韧性。这些优秀的力学性能来源于高达80％（质量分数）的晶相含量和典型的微观结构。在完成破坏性的力学性能测试之后，互锁的扁平晶体形成了步进式的裂纹，这暗示着这种互锁的晶体重新定位了裂纹的尖端。因此，裂纹扩展遇到了很大的阻力，阻止了其进一步扩展。在评价力学强度和化学组成的关系时，含有长石玻璃基体的微晶玻璃具有最高的强度。热胀系数也同样由玻璃基体和微观结构决定。在类长石玻璃基体中，热胀系数为 8.0×10^{-6}/K。热胀系数在硅铍钠石玻璃中能增加到 12.0×10^{-6}/K。为了成功制备出 A～F 型的微晶玻璃（见表2.1），Echevrría 研发了一个在 $650\sim850$℃ 之间晶化、有"自生釉"效果的微晶玻璃工艺。这种高质量的微晶玻璃表面使得这种材料能应用在很多方面。除了生产光滑、闪亮的表面之外，这个工艺还非常经济。

表 2.1　化学稳定性非常好的二硅酸锂微晶玻璃的组成（质量分数/％）

玻璃	A	B	C	D	E	F
SiO_2	69.4	76.4	75.5	74.4	71.8	70.3
ZrO_2	—	—	—	—	2.1	2.4
Al_2O_3	—	—	—	3.55	8.96	8.77
ZnO	5.29	2.92	1.9	—	—	—
CaO	—	—	—	—	1.06	3.75
Li_2O	15.4	13.4	17.5	15.4	11.7	10.5
K_2O	6.06	3.39	2.2	3.26	—	—
P_2O_5	3.84	3.85	2.9	3.38	4.37	4.28

在二硅酸锂微晶玻璃的制备过程中，通过原位工艺可以实现控制成核和晶化过程，也就是说，控制热处理的时间和温度。Mahmoud 等（2006）报道了可采用其他的工艺（如微波应用）来控制其晶化。

在对化学材料的进一步研究中，二硅酸锂微晶玻璃展现了新的复合功能。例如，Frank 等（1998）、Schweiger 等（1998）、Apel 等（2007）、Höland 等（2007a、b）都获得了这种高强度又兼有良好热学性能的材料。而且，他们的研究提高了材料的力学性能（如增加屈服强度）、增强光学特性，还研发了更经济的工艺方法。后三者的因素结合起来，就是力学、光学和工艺参数，在下面两种特殊的基础玻璃系统（G 和 H）的比较中将继续讨论这个主题：

G：SiO_2-Li_2O-Al_2O_3-K_2O-P_2O_5-ZnO-La_2O_3

H：SiO_2-Li_2O-Al_2O_3-K_2O-P_2O_5-ZrO_2

Frank 等（1998）和 Schweiger 等（1998）研究了首选组成范围为 G 的二硅酸锂微晶玻璃（质量分数％）：$57\sim80SiO_2$，$11\sim19Li_2O$，$0.1\sim5Al_2O_3$，$0.1\sim13K_2O$，$0.5\sim11P_2O_5$，$0.1\sim8ZnO$ 和 $0.1\sim6La_2O_3$。

他们用粉末压成整体试样，再通过烧结微晶玻璃粉末来生成这种材料。把这种整体微晶玻璃加热到黏性状态，然后压入各自的模具中。生成的微晶玻璃部分，也叫修复剂，可用于牙齿修复（见4.4.2）。这种材料能用模压法成型必须归功于它的玻璃相，使微晶玻璃成为黏性的材料。而且，在微晶玻璃粉末中加入色料和荧光剂，可以赋予最终产品像牙齿一样的光学特征。

微晶玻璃 H 首选的组成（质量分数/％）范围为：64～73SiO$_2$，13～17Li$_2$O，0.5～5Al$_2$O$_3$，2～5K$_2$O，2～5 的成核剂（首选 P$_2$O$_5$）。与 G 相比，添加了 4％的 ZrO$_2$，其中含有小于 0.1％的 ZnO 和 La$_2$O$_3$。然而，它并不显示 ZrO$_2$ 的特征。而且，这种基础玻璃中的外加化学成分决定最终产品的颜色和荧光。因此，从整体基础玻璃（和像 G 一样的玻璃熔块）通过控制成核和晶化来生产微晶玻璃是前提条件。这种微晶玻璃适合模压和加工（见 4.4.2）。它具有高达 450～740MPa 的强度。商业产品用的双轴强度达 530～617MPa（Schweiger 等，2010）。实验室制造的微晶玻璃测量出的双轴弯曲强度达 740MPa（60 个试样，用韦伯模量，$m=11.3$），K_{IC} 值为 3.13MPa·m$^{0.5}$（维氏测定法）（Höland 等，2005；Höland 等，2006b；Apel 等，2007）。通过调节玻璃基体和二硅酸锂晶相的折射率可获得特殊的透明度。二硅酸锂晶体的折射率经测试为 $n_x=1.543$、$n_y=1.545$、$n_z=1.547$，误差为 ±0001（Graeser，2005）。因此，可以成功合成具有高强度和高透明度的微晶玻璃。最终产品的重要性质包括透明度、颜色和荧光。通过掺杂少量的 d 族和 f 族氧化物（过渡金属氧化物）可获得颜色和荧光都可控的微晶玻璃。

在 G 和 H 这两种微晶玻璃系统中，添加 Al$_2$O$_3$ 可以提高微晶玻璃的化学稳定性。同时，引入 Al$_2$O$_3$ 也改变了初级晶相的形成（Höland 等，2003）。而且，在基础玻璃冷却过程中，当临界冷却速率 R_c 低于晶体形成的速率时，可以生成这两种微晶玻璃化合物（G 和 H）。Ray 等（2005）证实了临界速率 R_c 为 30～43K/min。此值可从差热分析（DTA）中得到的连续冷却温度（CCT）相图而得（见 3.4.3 中图 3.27）。

而且，在这两种材料系统（G 和 H）中成功地引入了非均匀成核剂 P$_2$O$_5$，以提高晶相含量并使其高于 60％（体积分数），生成了一种互锁的微观结构。在微晶玻璃研究中，大量关于化学材料系统（包括一些被认为很简单的系统）的基础研究，对于充分理解和建立这种非均匀成核剂的机理、充分利用微晶玻璃是必需的。在这个过程中，有必要关注 Headley 和 Loehman（1984）、Beall（1993）和 Echeverría（1992）的早期发现。为了研究成核剂 P$_2$O$_5$ 在微晶玻璃中的反应机理，有必要组合使用各种不同的测试方法，如：差热扫描（DSC）、高温 X 射线衍射（HT-XRD）、高分辨率扫描电镜（HR-SEM）和核磁共振（NMR）（Höland 等，2006b；Apel 等，2007；Höland 等，2007a，b）。基础玻璃的复杂结构可以用 ^{29}Si NMR 很清晰地表征出来（Höland，2004）。如图 2.2 所示，在短程有序的玻璃中除了 Q^3-［SiO$_4$］四面体外，发现了 Q^1、Q^2 和 Q^4 四面体，这对后续的晶化是很重要的。通过在玻璃结构中引入不同的外来成分实现了这些［SiO$_4$］的交叉连接，此系统与原来的二元玻璃系统区别明显。

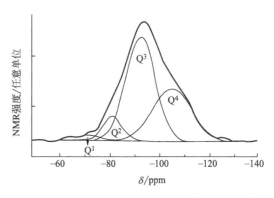

图 2.2 二硅酸锂微晶玻璃组成 G 的^{29}Si NMR 谱

组成范围为 H 的玻璃的 DSC 数据（见图 2.3）表明，两个晶化峰出现在 636℃和 847℃处。它们给出了两相结晶的原始信息。根据 HT-XRD 分析（见图 2.4 和图 2.5），这些峰是因为亚硅酸锂 Li_2SiO_3 和二硅酸锂 $Li_2Si_2O_5$ 的出现。而且，HT-XRD 测试表明这两个晶相同时在 500℃开始形成。然而，刚开始时，Li_2SiO_3 比 $Li_2Si_2O_5$ 少得多。基于 NMR 和 XRD 结果，发现 Li_2SiO_3 晶相的显著增加是因为基础玻璃中形成的 Q^2 硅酸盐团（见图 2.2），同时也是基础玻璃中 Q^3 硅酸盐单元不均匀导致的，反应式如下（Bischoff 等，2011）：

$$2Q^3（玻璃）\longrightarrow Q^2（晶体）＋Q^4（玻璃）$$

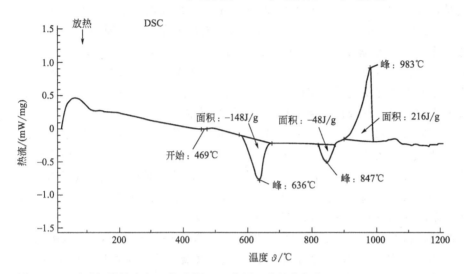

图 2.3 二硅酸锂微晶玻璃 H 组成的 DSC 分析（升温速率为 10K/min）

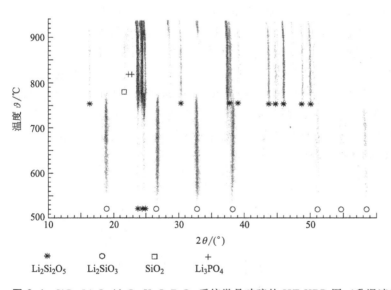

图 2.4 SiO_2-Li_2O-Al_2O_3-K_2O-P_2O_5 系统微晶玻璃的 HT-XRD 图（升温速率为 2K/min）

在温度高于 750℃时，Li_2SiO_3 溶解，$Li_2Si_2O_5$ 晶体的生长速率明显加快。显然，二次晶相 $Li_2Si_2O_5$ 在 DSC 的第二个晶化峰上对应出现。同时，检测到了 SiO_2 类型（方石英）的过渡相。根据组成不同，它的形成温度在 650～840℃之间变化。奇怪的是，

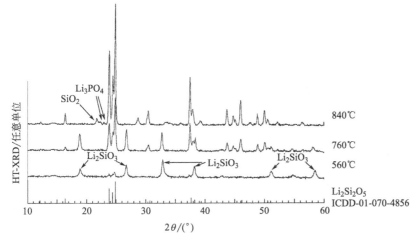

图 2.5 二硅酸锂玻璃 H 组成的 HT-XRD 图节选（升温速率为 2K/min）

Li_3PO_4 晶体仅在温度高于 780℃ 时存在。因此，Headley 和 Loehman（1984）认为，与 $Li_2Si_2O_5$ 微晶玻璃的形成相比，发生了不同的固相化学反应（见 1.4.4.1，非均匀成核和微不混溶性的图 1.30 和图 1.31）。因此，在玻璃 G 和 H 中，非均匀成核剂的本质仍然不是很清楚。于是采用了 HR-SEM 和 NMR 分析来寻找答案。这些测试结果表明，无定形的 Li_3PO_4 相，通过玻璃-玻璃相分离引发并开始聚集，先于 Li_2SiO_3 和 $Li_2Si_2O_5$ 的晶化。这些无定形 Li_3PO_4 相发展成为无序的纳米尺度的 Li_3PO_4 前驱体相。二硅酸锂的控制成核现象可能是无定形磷酸盐微滴和锂离子富集基础玻璃相之间在高能表面成核点上的反应。在 NMR 中，从纳米尺度的无定形 Li_3PO_4 到晶相的结构变化见图 2.6。Li_3PO_4 相和硅酸锂之间相近的空间关系见图 2.7。前文提到的明显的二次晶体生长形成了 $Li_2Si_2O_5$ 晶体的互锁微观结构，如图 2.7 所示。

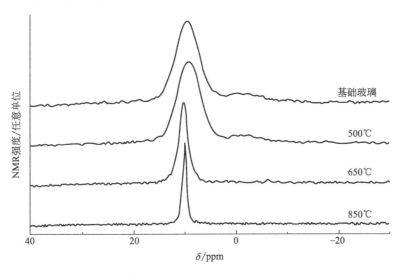

图 2.6 二硅酸锂基础玻璃组成 G 和热处理样品的 [31] P MAS-NMR 图谱（Höland 等，2007b）

需着重强调的是，如果晶化过程控制良好的话，微晶玻璃中的 Li_2SiO_3 可以全部溶解，最后的产品中只有 $Li_2Si_2O_5$ 晶相和少量的 Li_3PO_4 相。$Li_2Si_2O_5$ 的二次晶体长大可以用下面的反应式来表示：

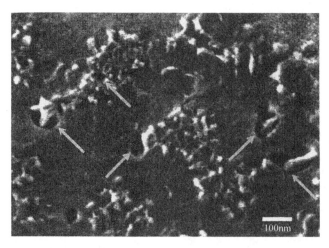

图 2.7 经过 40％氢氟酸蒸汽腐蚀 10s 的样品的 HR-SEM 照片

560℃热处理 2h 后析出的、与非晶磷酸盐相紧密接触的、初级纳米级的二硅酸锂相（见图中晶体团聚），
表现为腐蚀后的孔洞（箭头所指）（H. Jaksch 和 Carl Zeiss，D. 分析）

$$Li_2SiO_3（晶体）+SiO_2（玻璃）\longrightarrow Li_2Si_2O_5（晶体）$$

相形成示意图见图 2.8，Li_2SiO_3 和 Li_2SiO_5 固态晶体平行形成。随后的反应（二次长大）中，Li_2SiO_3 晶体溶解后，$Li_2Si_2O_5$ 晶体长大的趋势增加。相形成过程的简单示意见图 2.9。

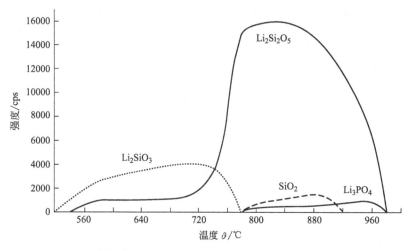

图 2.8 用 XRD 分析玻璃和 H 型二硅酸锂微晶玻璃的晶相形成与温度的函数关系

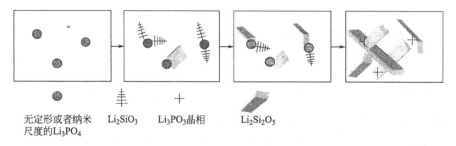

图 2.9 二硅酸锂微晶玻璃用 P_2O_5 作为成核剂的相形成示意图

在 G 和 H 材料系统中，控制成核和晶化过程使得微晶玻璃具有了高韧性（K_{IC} 值为 $2.3 \sim 2.9 MPa \cdot m^{0.5}$）和高双轴弯曲强度（$400 \sim 600 MPa$）。这些材料表现出的热胀系数为 $10.75 \times 10^{-6}/K$，并具有透明度。可在黏性状态下采用模压法成型或者在过渡态偏硅酸锂微晶玻璃加工时成型，以形成不同的产品。牙科修复用生物材料的详细工艺步骤见 4.4.2。

压入模具后的二硅酸锂微晶玻璃的微观结构见图 2.10，它要经过腐蚀才能显示微观结构。微观结构显示，二硅酸锂晶体作为层状硅酸盐暴露于样品断面中。被腐蚀掉的磷酸锂晶体，留下小于 100nm 的空洞。这种类型的二硅酸锂微晶玻璃具有图 2.10 中所示的微观结构，比其他微晶玻璃例如白榴石或磷灰石基的材料有着更高的断裂韧性（Apel 等，2008）（又见 3.2.11）。对三种类型微晶玻璃（二硅酸锂、白榴石和磷灰石）的裂纹扩展和裂纹展开剖面图也进行了研究。典型的二硅酸锂微晶玻璃裂纹扩展过程是裂纹在晶粒间扩展前进（见图 2.11）。就是说，裂纹扩展仅仅在玻璃基体中发生，且在晶体的尖端处停止。裂纹尖端穿过玻璃相时发生偏离，产生新的表面区域。这个过程需要消耗大量能量，这同时也解释了这种材料的高韧性。

图 2.10 高强高韧半透明的二硅酸锂微晶玻璃微观结构的 SEM 图片（样品用 40％HF 蒸汽腐蚀 30s）

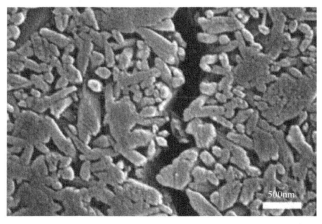

图 2.11 二硅酸锂微晶玻璃维氏硬度测试后裂纹扩展的 SEM 图片（样品用 3％HF 溶液腐蚀 10s）

总之，二硅酸锂微晶玻璃的微观结构和成核过程决定了其特殊性能。与其他成核物质相比，P_2O_5 起着重要作用。奇怪的是，在这种微晶玻璃中，ZrO_2 并没有起到成核剂的作用。而且，在微晶玻璃中加入大量的 ZrO_2，也没有增加成核反应（Ritzberger 等，2011）。

2.1.2 SiO_2-BaO（硅钡石）

2.1.2.1 化学计量二硅酸钡

具有二硅酸钡初级晶相的微晶玻璃的形成有两种不同的方式。第一种是从几乎和二硅酸钡化学计量组成相同的基础玻璃中得到。第二种是从多组分玻璃中通过控制晶化生成。

硅钡石微晶玻璃是在没有添加成核剂的基础玻璃 SiO_2-BaO 系统中生成的。MacDowell（1965）和 James（1982）研究了这种类型基础玻璃的均匀成核。在基础玻璃热处理中析出初级的二硅酸钡 $BaO \cdot 2SiO_2$ 晶相和 $BaSi_2O_5$（硅钡石），形成合适晶粒的微晶玻璃微观结构。在微晶玻璃形成的初期阶段，二硅酸钡晶体与二硅酸锂晶体相比，表现出完全不同的微观结构。二硅酸钡晶体以球形晶长大，而二硅酸锂晶体则以棒状晶长大。

Burnett 和 Douglas（1971）报道了二硅酸钡高温时改性形成的球状晶初级相。Lewis 和 Smith（1976）认为初级晶相是很多非常小的晶体聚集的结果。

SiO_2-BaO 玻璃的化学组成和热处理影响微晶玻璃材料中晶相的形成过程。基础玻璃的微观结构是控制晶化的基础。在玻璃微观结构研究的基础上，Seward 等（1968）根据相分离过程阐述了硅酸钡玻璃微观结构形成的主要过程。亚稳态的不混溶性范围从约 100%（摩尔分数）的 SiO_2 延续到 30%（摩尔分数）的 BaO。

James（1982）研究了相分离对基础玻璃成核和晶化动力学的影响。他发现，与其他二硅酸钡晶体相比，化学计量组成的二硅酸钡 [33%（摩尔分数）的 BaO 和 67%（摩尔分数）的 SiO_2] 表现出了很高的成核速率。然而，在化学组成接近二硅酸钡化学计量组成的玻璃中，基础玻璃的微观结构形态对成核和晶化的动力学有着明显影响，并且比晶相对它们的影响更大。James（1982）研究了组成为 26%（摩尔分数）BaO 和 74%（摩尔分数）SiO_2 的玻璃来解释这种现象。他在 700℃晶化之前预先对玻璃进行了不同的热处理。在此过程中，他发现 700℃时的晶化速率取决于玻璃的预处理。很明显，在基础玻璃预处理结果中表现出了很高程度相分离，同样表现出很高的晶体含量（700℃下特定时间内测量单位体积内的晶体数量）。这个研究结果表明，玻璃中化学计量组成与二硅酸钡组成接近的微滴相，控制着 BaO-SiO_2 玻璃中相分离的形成。与没有相分离的玻璃 [根据 Seward 等（1968）的工作，指低于 33%（摩尔分数）BaO 的玻璃] 相比，这些微滴相减少了 MacDowell（1965）提到的那种均匀成核。

如前所述，高温二硅酸钡改性体的形成是初级晶相形成的结果。它的晶体像球晶一样长大。然而，球晶的形态学是不规则的。而且，还有"像星星"样的晶体析出（Zanotto 和 James，1988）。因此，初级晶相形成时也含有约 34%（体积分数）的玻璃相。这个稳定的低温变体在高温变体的球晶上成核，长大成为针状形式。这两种二硅酸钡晶体的生长速率大不相同。在早期阶段，球晶长得非常慢。然而，经过一定时间后，晶化程度迅速增加。

2.1.2.2 多组分微晶玻璃

在 SiO_2-Al_2O_3-Na_2O-BaO-TiO_2 系统中可形成硅酸钡微晶玻璃（见表 2.2）。这些微晶玻璃有着很高的技术指标。它们可用于研发康宁标号为 9609[®] 的微晶玻璃。康宁 9609[®] 微晶玻璃是按非均匀成核机理生成的，而不是由接近二硅酸钡化学计量组成的基础玻璃的晶化和控制相分离得到的。在基础玻璃中加入非均匀成核剂 TiO_2，控制晶化可以得到的初级晶相有：钡长石 $BaAl_2Si_2O_8$、霞石 $NaAlSiO_4$ 和锐钛矿 TiO_2。这种类型的微晶玻璃材料首先用于 Centura[®] 餐具，但是因为吸收微波导致过热，最终退出了市场。

表 2.2 康宁 9609[®] 微晶玻璃的化学组成

组成	质量分数/%	摩尔分数/%
SiO_2	43.3	53.0
Al_2O_3	29.8	21.4
Na_2O	14.0	16.0
BaO	5.5	2.6
TiO_2	6.5	6.0
As_2O_3	0.9	0.4

Stookey（1959）论述了在多组分化合物的微晶玻璃中形成的 $BaSi_2O_5$ 晶体。成核最初由铜触发。显然，就是说在铜和生长的初级晶核之间发生固相反应触发了二硅酸钡的形成。Stookey（1959）认为，根据非均匀成核剂的不同，在不同的材料系统中能生成不同的晶相。例如，Stookey 报道说金能作为非均匀成核剂用于析出二硅酸锂。

2.2 铝硅酸盐

2.2.1 SiO_2-Al_2O_3（莫来石）

在 SiO_2-Al_2O_3 二元相图中，有两种重要的晶体：硅线石 $SiO_2·Al_2O_3$（原文中是 sillimanite，硅线石，但是图中的 corundum 是刚玉，译者注）和莫来石 $2SiO_2·3Al_2O_3$（见图 2.12）。因为这些晶体是耐火材料中的主要成分，所以在陶瓷工业中非常重要。而且，在瓷器中也发现有这些晶体。莫来石因为有很高的熔点和很好的化学稳定性，是一种特别稳定的耐火材料。

在绘制 SiO_2-Al_2O_3 相图时，关于莫来石晶体的性质出现了不同的意见（Hinz，1970）。根据图 2.12，莫来石是一个不完全熔融的化合物，也就是说，它熔解时会分解。另外，莫来石可以在晶胞中吸收额外的 Al_2O_3 形成混合晶体。随后，莫来石应该为一个完全熔融的化合物。它的晶体结构图见书后附录图 A16。

在莫来石晶胞中引入外来离子用于耐火材料已有深度研究。这些研究确定了可以进入到莫来石晶胞而不毁坏它的特定尺寸的离子含量。例如，半径为 0.05～0.07nm 的离子进

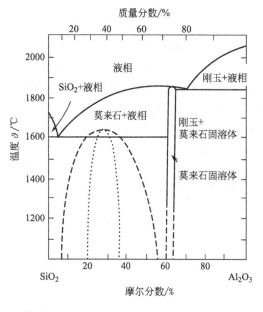

图 2.12 SiO_2-Al_2O_3 相图 (Levin 等，1975；Mac-Dowell 和 Beall，1969)

入莫来石 $2SiO_2 \cdot 3Al_2O_3$ 晶胞中的含量可以高达 9％。因此，有可能引入 8％Fe_2O_3、9％ Cr_2O_3 或 1.5％TiO_2。这些外来离子会使莫来石的晶胞扩大。半径大于 0.07nm 的离子，如 Na^+、K^+、Ca^{2+}、Sr^{2+} 和 Ba^{2+} 则不能进入莫来石晶胞 (Hinz，1970)。Grew 等 (2008) 将 5.7％（质量分数）的 B_2O_3 加入到天然"硼莫来石"中，他们用铝硅酸盐溶胶和硼酸［甚至更高的达到 8.9％（质量分数）的硼含量］在 1050℃、大气压下合成莫来石。这些富硼的莫来石晶胞比常规的莫来石 $2SiO_2 \cdot 3Al_2O_3$ 晶胞小 2％～3％。而且，ZnO 和 MgO 也能从含有这些氧化物的玻璃中进入亚稳态莫来石晶体中 (Beall 等，1987)。这种吸收大量其他离子进入晶胞的能力可以用来获得具有特殊性能的微晶玻璃。

莫来石同时还表现出与其他晶体不一样的形态学。双交叉链状硅酸盐在针状晶体中具有很好的晶化度。但是，如果在陶瓷形成过程中，晶化失去控制，在微晶玻璃中就会出现二次反应，生成不希望看到的大莫来石针状晶体。表面晶化可以触发这种失控的晶化，会使材料的性能，尤其是强度，受到负面影响。

在具有特殊光学特性材料的发展过程中，为了避免出现非控制晶化，MacDowell 和 Beall (1969)、Beall (1992、1993) 在 SiO_2-Al_2O_3-B_2O_3-ZnO-K_2O-Cr_2O_3 系统中合成了一种莫来石微晶玻璃。这一理想的光学材料的组成见表 2.3。

表 2.3　用于太阳能电池的莫来石微晶玻璃的组成（质量分数/％）(Beall 和 Pinckney，1999)

组成	含量
SiO_2	48.0
B_2O_3	11.0
Al_2O_3	29.0
ZnO	10.0
K_2O	2.0

注：外加 0.1％的 Cr_2O_3 和 0.4％的 As_2O_3。

基础玻璃的化学组成如表 2.3 所示，最初由控制玻璃-玻璃相分离触发其成核。这种基础玻璃的微观结构特征是微相分离为两个玻璃相。直径小于 100nm 的玻璃微滴可以嵌入玻璃基体中，Al^{3+} 在这些玻璃微滴中富集。因此，它们在随后的热处理中表现出比玻璃基体更低的黏度。适合微滴成核和晶化的温度范围为 750～900℃。

晶化过程中要非常小心，以确保莫来石仅在最初的微滴玻璃相中长大，而不是穿过相界进入玻璃基体中。在这种情况下，晶体尺寸保持小于 100nm 时，就不会有大的针状晶体出现。在这样的微晶玻璃中可见光有很好的透过率。莫来石微晶玻璃中特殊微观结构的形成将在 3.2.5 中详细讨论。

而且，Andrews 等（1986）可以将 Cr^{3+} 引入非常小的莫来石晶体中使其产生荧光特性。Reifeld 等（1984）和 Kiselev 等（1984）也报道了 Cr^{3+} 引起的荧光特性。4.3.3 将讲述在太阳能和激光技术中首选荧光莫来石微晶玻璃的原因。这些微晶玻璃的某些特性见表 2.4。

表 2.4　莫来石微晶玻璃的某些特性（Beall 和 Pinckney，1999）

热处理(ϑ/℃,t/h)	散射系数 σ/($\times10^3$/cm)		量子效率(0.1% Cr_2O_3)		
	458nm	633nm	458nm	514nm	633nm
前驱体	9±1	—	—	—	—
750/4,800/2	68±5	36±3	0.23	0.28	0.23
750/4,850/2	143±5	55±3	0.29	0.33	0.28
750/4,875/4	204±9	76±3	0.33	0.38	0.31

2.2.2　SiO_2-Al_2O_3-Li_2O（β-石英固溶体、β-锂辉石固溶体）

SiO_2-Al_2O_3-Li_2O 系统微晶玻璃因为其特殊的性能，如在很大温度范围内极小的或甚至近零的热膨胀、优异的光学特性如高透明度或高透光率而引起了足够的重视。这些特性使得这一类型的微晶玻璃在技术领域具有很大的适用范围。

在微晶玻璃中形成 β-石英固溶体和 β-锂辉石固溶体可以将这些特殊的性能组合起来。通过析出大量的目标晶相可实现微晶玻璃中上述特性的组合，晶体形态可控制在非常小的纳米尺度到微米尺度内。

为了更好地理解相之间的关系，必须要分析一下图 2.13 中 SiO_2-Al_2O_3-Li_2O 系统的三元相图部分。图中有一个很宽的、明显的固溶体范围。这个固溶体和不同类型的多形相之间的转变已在 1.2 节已经讲过。填充的石英衍生物的命名在 1.2.1 节也介绍过。

在图 2.13 中的三元相图中，微晶玻璃中的主晶相 β-石英固溶体和 β-锂辉石固溶体通过控制基础玻璃的晶化而生成，其组成范围（质量分数）为：55%～70% SiO_2、15%～27% Al_2O_3 和 1%～5% Li_2O，并引入特殊的添加剂。下面将讨论这些添加剂。

2.2.2.1　β-石英固溶体微晶玻璃

正如在 1.2.1 节中提过的，β-石英固溶体是亚稳态的，具有非常低的热胀系数。其基础化学方程式可以用 $(Li_2、R)O\cdot Al_2O_3\cdot nSiO_2$ 来表示，其中 R 代表 Mg^{2+} 或 Zn^{2+}，而 n 为 2～10。限定组成的数值范围与热力学稳定的 β-锂霞石（$Li_2O\cdot Al_2O_3\cdot 2SiO_2$）有关。此晶体能在 SiO_2 富集的固溶体中自发生成。

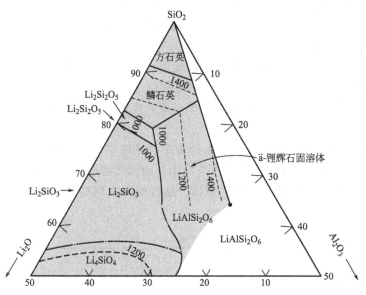

图 2.13　SiO$_2$-Al$_2$O$_3$-Li$_2$O 系统相图中的 β-锂辉石固溶体的液相区（Levin 等，1969）（质量分数%，温度 ϑ/℃）

　　β-石英固溶体微晶玻璃的重要商业应用中，n 值为 6～8，这一 n 值提高了玻璃的熔融特性，使得整个制造工艺更加经济（Beall，1986）。

　　康宁玻璃制品公司对 β-石英固溶体微晶玻璃的基本工艺进行了研究，很快就发现 β-石英固溶体晶化的关键为控制成核，换句话说，关键就是正确选择成核剂及其浓度。

　　Beall 等（1967）发现了一个有效的触发成核的方法，即在 SiO$_2$-Al$_2$O$_3$-Li$_2$O-MgO-ZnO 系统中引入非常小的 β-石英固溶体类型的晶体以触发成核。通过添加 TiO$_2$、ZrO$_2$，有时也添加 Ta$_2$O$_5$ 作为晶核，引起 β-石英固溶体晶化（Beall 等，1967；Beall，1992）。成核后，晶化得到小于 100nm 的理想 β-石英固溶体晶体。因此，有可能制造出热胀系数非常小的微晶玻璃。当析出的晶体非常小时，上面的特性可同时兼具很高的透光率。

　　让 β-石英固溶体在如此小的尺寸内晶化，究竟什么类型的机理或者控制方法是有效的呢？

　　Stookey（1959）早已在 SiO$_2$-Al$_2$O$_3$-Li$_2$O 系统基础玻璃中通过添加 TiO$_2$ 来成功激活其成核。Doherty 等（1967）和 Beall 等（1967）发现 TiO$_2$ 作为成核剂具有显著优点。他们认为玻璃中的相分离过程触发了成核。基础玻璃由玻璃基体和约 5nm 大小的第二相微滴组成。这些相对高密度的微滴是基体中相分离的结果。当 2%（质量分数）的 TiO$_2$ 加入基础玻璃（质量分数）：55%～70% SiO$_2$、15%～27% Al$_2$O$_3$、1%～5% Li$_2$O、0.5%～2% MgO 和 0.5%～2% ZnO 中时，可以观察到这种现象。

　　钛离子在含有 Al^{3+} 的微滴相中富集，使 β-石英固溶体非均匀晶化。Tashiro 和 Wada（1963）深入研究了 ZrO$_2$ 的成核效果。而且，Beall 等（1967）也发现 ZrO$_2$ 固溶体在 β-石英固溶体晶化过程中发挥了作用。Tashiro 和 Wada（1963）研究发现，在 SiO$_2$-Al$_2$O$_3$-Li$_2$O 玻璃中添加 4%（质量分数）的 ZrO$_2$ 可以触发最初的成核，此研究中微晶玻璃的组成非常接近 β-锂辉石的化学计量组成。这些微晶玻璃将在 2.2.2.2 节详细讨论。

　　Wada 首次发现的 β-锂辉石微晶玻璃（来源于私人联系、非公开发表的文献）是白色的。在含有 ZrO$_2$ 成核剂的进一步研究中，他随后制成了透明的 β-石英固溶体微晶玻璃。如今，相关的可见光范围内的透明微晶玻璃都是日本电子玻璃公司制造的。它们的特性和应用将在 4.1.5 节讨论，并在 4.5 节讨论它们在电子工业上的应用。这种材料以 Neoceram[TM]N-0 命名。另一种 Firelite[TM] 材料是这种类型的材料在建筑上的应用，将在 4.6 中讨论。这类材料非常重要的特征是透光率高，并且在很大温度范围内热胀系数几乎为零。

Sack 和 Scheidler（1966）、Beall 等（1967）、Steamwart（1971）、Petzoldt（1967）和 Müller（1972）对 TiO_2 和 ZrO_2 两种成核剂的组合使用进行了深入研究。$ZrTiO_4$ 晶体在 780℃下实现高度分散的成核剂的质量分数比例为 2% TiO_2 和 2% ZrO_2（Beall，1992）。在随后 980℃的热处理中，经测试，长大的 β-石英固溶体小于 $0.1\mu m$。这一类型的 β-石英固溶体微晶玻璃的微观结构见 3.2.1。

β-石英固溶体微晶玻璃作为实际应用的大规模生产的组成见表 2.5。这些微晶玻璃为 Vision[®]、Zerodur[®]、Narumi、Neoceram、Ceran 和 Keraglas[®]。其他产品有：代表无色 Ceran（Pannhorst，1993）的 Robax[®]，类似 Keraglas[®] 的 Eclair[®]。根据这些微晶玻璃的作用分别列出了其组成成分，见表 2.5。

表 2.5　商业 β-石英固溶体微晶玻璃的组成（质量分数/%）

（Beall，1992；Beall 和 Pinckney，1999；Sack 和 Scheidler，1974）

成分	Vision[®]（康宁/美国）	Zerodur[®]（Schott/德国）	Narumi[®]（日本电子/日本）	Neoceram[TM]N-0（日本电子/日本）	Ceran[®]（Schott/德国）
SiO_2	68.8	55.4	65.1	5.7	64.0
Al_2O_3	19.2	25.4	22.6	2.0	21.3
Li_2O	2.7	3.7	4.2	4.5	3.5
MgO	1.8	1.0	0.5	0.5	0.1
ZnO	1.0	1.6	—		1.5
P_2O_5	—	7.2	1.2	1.0	
F	—	—	0.1		
Na_2O	0.2	0.2	0.6	0.5	0.6
K_2O	0.1	0.6	0.3	0.3	0.5
CaO	0.8				2.5
BaO					0.2
TiO_2	2.7	2.3	2.0	2.0	2.3
ZrO_2	1.8	1.8	2.9	2.5	1.6
As_2O_3	0.8	0.5	1.1	1.0	
Sb_2O_3					0.85
Fe_2O_3	0.1	0.03	0.03		0.23
CoO	50×10^{-6}			0.37	
Cr_2O_3	50×10^{-6}				
MnO_2					0.65
NiO				0.06	

第一组成分，SiO_2、Al_2O_3、Li_2O、MgO、ZnO、P_2O_5 和 F，用于形成 β-石英固溶

体微晶玻璃的主晶相。β-石英固溶体晶体在 Vision® 微晶玻璃中之所以被认为是填充的 β-石英衍生物，是因为 Li^+、Mg^{2+}、Zn^{2+} 和次要的 Al^{3+} 组合进入到了 β-石英结构中填隙原子的位置，大量 Al^{3+} 部分取代 Si^{4+} 来保持电荷平衡。这些石英结构和附带的热性能关系已在 1.3.1 节中讨论过。

Petzoldt 和 Pannhorst（1991）、Petzoldt（1967）用下面的化学式来表示在 Zerodur® 微晶玻璃中发现的 β-石英固溶体主晶相：

$$Li_{2-2(v+w)} Mg_v Zn_w O \cdot Al_2 O_3 \cdot x\,AlPO_4 \cdot (y-2x)\,SiO_2$$

此化学式表明 Li^+、Mg^{2+}、Zn^{2+} 和 Al^{3+} 都进入到了 β-石英结构中。因此，室温下 β-石英以亚稳态定格在微晶玻璃结构中。而且，$AlPO_4$ 结构单元也进入了 β-石英的结构中。这些单元是 SiO_2 的类质同象体，取代了 β-石英固溶体中的 $[SiO_4]$ 四面体。Maier 和 Müller（1989）研究了这种微晶玻璃的微观结构。很明显，β-石英固溶体的晶体尺寸约为 100nm。基础玻璃经 700℃ 4h 的热处理后得到这种微观结构。随后，将基础玻璃热处理到 900℃ 保温 10min。奇怪的是，这个相对短的热处理过程生成了很好的晶体。

在 Narumi® 微晶玻璃中，Li^+、Mg^{2+}、F^- 和 Al^{3+} 都进入到了 β-石英结构中，而且 P^{5+} 作为 $AlPO_4$ 结构单元也进入到网络中。

在表 2.5 中，第二组成分为 Na_2O、K_2O、CaO 和 BaO 以及残留的 Al_2O_3 和 SiO_2，它们形成微晶玻璃的玻璃基体。微晶玻璃中残留玻璃相的形成有两种原因。微晶玻璃制备工序（例如基础玻璃铸造和压制）倾向于通过添加组分来获得更好的经济性和优良的性能，例如微晶玻璃中高的光学透明度，是晶粒在玻璃基体中长大时部分受阻的结果。

第三组成分由成核剂 TiO_2 和 ZrO_2 组成。

第四组成分是改性剂。这些成分主要用作基础玻璃制备中的消泡剂，尤其是 As_2O_3。

第五组成分是过渡金属（3d）着色剂。它们能通过离子着色现象为微晶玻璃提供需要的颜色。

这些微晶玻璃具有各种优异的特性，如高透明度、很大温度范围内近零的热膨胀，尤其是优秀的可抛光性和远远高于玻璃的抗弯强度。关于微晶玻璃 Vision® 和 Zerodur® 特性的详细介绍分别见 4.2 和 4.3.1。

由于这些特殊的性能，这种高性能的材料在不同领域中都可得以成功应用，例如望远镜镜片坯料、精密光学和红外线传输窗口（见 4.3.1）。这些微晶玻璃在家用领域也同样取得了成功，例如批量生产的炊具和火炉观察窗（见 4.2）。

2.2.2.2　β-锂辉石固溶体微晶玻璃

1.2.1 节中介绍过 β-锂辉石的结构与热性能有关。β-锂辉石固溶体 $Li_2O \cdot Al_2O_3 \cdot nSiO_2$ 中，$n=4\sim10$。固溶体中 SiO_2 含量增加对热膨胀性能的影响见 1.3.1 节。

像在 β-石英中一样，β-锂辉石（一个填充的正方硅石衍生物）中的 Li^+ 同样能被 Mg^{2+} 取代。但是，取代的程度比 β-石英低。

β-石英和 β-锂辉石之间的转变可能发生在 900～1000℃。这个不可逆过程总是伴随晶体的膨胀。因此，光学特性常常受影响，而且透光率降低。而且，如果成核剂为 TiO_2，TiO_2 晶体会形成锐钛矿。这种锐钛矿晶相具有很高的折射率，会使材料外观变得不透明。

Corning Ware（康宁用具）的 β-锂辉石固溶体微晶玻璃的微观结构见图 2.14。实验测得 β-锂辉石固溶体主晶相的宽度为 1～2μm。

图 2.14 β-锂辉石固溶体微晶玻璃的微观结构（Corning Ware®）

商用 β-锂辉石固溶体微晶玻璃的成分见表 2.6。Corning Ware® 的组成和 Cercor® 的不同之处在于，Corning Ware® 含有大量的添加剂，而 Cercor® 则没有。

表 2.6　商业 β-锂辉石固溶体微晶玻璃（质量分数/%）

成分	Corning Ware®（康宁/美国）	Cercor®（康宁/美国）	Neoceram™ N-0（日本电子/日本）
SiO_2	69.7	72.5	65.7
Al_2O_3	19.2	22.5	22.0
Li_2O	2.8	5.0	4.5
MgO	2.6		0.5
ZnO	1.0		
Na_2O	0.4		0.5
K_2O	0.2		0.3
TiO_2	4.7		2.0
ZrO_2	0.1		2.5
As_2O_3	0.6		1.0
Fe_2O_3	0.1		
P_2O_5			1.0

在 Corning Ware® 中，添加剂和低含量的网络形成体氧化物改变了其黏度-温度函数关系，从而使得基础玻璃可以适用于诸如压制、吹制或管材拉拔的自动化工序中。用这种方式生成的基础玻璃是网状结构，只需要一个高达 1125℃ 的热处理来生成最终的微晶玻璃。在热处理 200h 后，晶体从 $1.8\mu m$ 长大到 $3.2\mu m$（Chyung，1969）。β-锂辉石主晶相的晶化程度超过 93%，二次相含有少量的尖晶石、锐钛矿晶体和残留玻璃相。

可以根据不同的工序来生产 Cercor® 微晶玻璃。因为其组成中网络形成体含量超过 89%（摩尔分数），没有成核剂（例如，成核过程仅仅在表面或烧结玻璃颗粒的消失界面发生），所以这种材料不能用与 Corning Ware® 同样的方式生产。

将玻璃研磨成颗粒，再进行烧结和热处理。在热处理过程中，在变形和烧结之后控制晶化，最后得到的微晶玻璃仅有微量的内部气孔（<2%）。饱和的玻璃浆通过平面交替卷

曲，随后缠绕旋转获得蜂窝结构。

这里提到的所有微晶玻璃都有很低的热胀系数。

$$Corning\ Ware^{®}：1.2×10^{-6}/K（0～500℃）$$
$$Cercor^{®}：0.5×10^{-6}/K（0～1000℃）$$

因为 Corning Ware$^{®}$有可行的工艺技术，所以可用它来制备炊具和电热板，而 Cercor$^{®}$则用于燃气轮机。

在日本，Tashiro 和 Wada（1963）深入研究了成核剂 ZrO_2 对白色锂辉石微晶玻璃晶化的影响。与研究基础玻璃成型一样，他们研究了下述组成（质量分数）玻璃中的成核和晶化：65% SiO_2、30% Al_2O_3、5% Li_2O、1% K_2O 和 3% P_2O_5。

主要成分的百分含量发生了变化。Tashiro 和 Wada（1963）研究的理想组成是接近锂辉石的化学计量组成 $Li_2O·Al_2O_3·4SiO_2$。为了检测低热胀系数微晶玻璃基础玻璃的形成，他们研究了有 ZrO_2 存在时 P_2O_5 和 Al_2O_3 含量的影响。结果表明，随着 P_2O_5 含量的增加，ZrO_2 在玻璃中的溶解度也随之增加。同样地，为了得到热胀系数小于 $1.5×10^{-6}/K$（20～500℃）的微晶玻璃，Al_2O_3 含量不能超过 30%（质量分数）。由此可以得到高热震性的微晶玻璃。

在铝硅酸锂玻璃成核和晶化过程中，Wada（1998）在研究 ZrO_2 催化效果的实验中，有了意外发现，即 TiO_2 和 ZrO_2 是协作的关系。Stewart（1972）也有同样的发现。而 Wada 则早在 1962 年时就尝试通过同时引入 2.5%（质量分数）的 ZrO_2 和 2%（质量分数）的 TiO_2 来催化锂辉石的成核。日本电子玻璃生产的 Neoceram^{TM}N-11 锂辉石微晶玻璃，就是在这个基础上制成的。这种微晶玻璃的性能和应用将在 4.2 节和 4.5 节中讨论。

2.2.3　SiO_2-Al_2O_3-Na_2O（霞石）

人们对霞石（Na，K）$AlSiO_4$ 微晶玻璃进行了很多研究，主要是因为它能用下面两种技术方式进行增强：①用低热胀系数的玻璃上釉，从而使表面受压；②钾离子取代钠离子的离子交换处理。

第一个作为餐具使用的微晶玻璃是上釉的霞石基配方组成，由康宁玻璃制品销售的商标名为 Centura$^{®}$的微晶玻璃。这种微晶玻璃是 SiO_2-Al_2O_3-Na_2O-BaO-TiO_2 基础系统的优化，产生了霞石（$NaAlSiO_4$）、钡长石（$BaAl_2Si_2O_8$）和锐钛矿（TiO_2）晶相的聚集（Duke 等，1968），还残存一些铝硅酸盐。在这一产品中引入钡的主要原因是把热胀系数从大于 $10.0×10^{-6}/K$ 降到 $9.5×10^{-6}/K$，以此确保产品满足作为餐具所必须具备的热震性要求。钡长石、单斜钡长石的热胀系数接近 $4.0×10^{-6}/K$，用于部分补偿热胀系数高达 $11.5×10^{-6}/K$ 的霞石。热胀系数为 $9.5×10^{-6}/K$ 的微晶玻璃基体，有可能通过耐用的釉层化合物来实现降低其 30%热胀系数的目的。这个基于复杂的硼硅酸钙盐的化合物，能够在温度低于其变形温度时烧到微晶玻璃上。压应力导致其摩损抗弯强度达到 240MPa，与微晶玻璃原有的 91MPa 的强度相比有明显的优势。表 2.7 给出了微晶玻璃和釉料的氧化物组成及某些关键性能。

在整体微晶玻璃中测量到的最高抗弯强度来自于组成为霞石、在高温盐浴（质量分数：52% KCl、48% K_2SO_4；730℃）中用钾离子取代钠离子的微晶玻璃（Duke 等，1967）。特别要指出的是，组成接近霞石固溶体范围的 $K_x Na_{8-x} Al_8 Si_8 O_{32}$ 玻璃，在首选成

表 2.7　康宁玻璃制品（现在称为康宁公司）生产的商业餐具 Centura® 的

化学组成（质量分数/%）和性能

微晶玻璃		釉料	
成分	含量	成分	含量
SiO_2	43.5	SiO_2	46.1
Al_2O_3	29.6	Al_2O_3	4.4
Na_2O	13.9	Na_2O	2.7
BaO	5.6	B_2O_3	18.2
TiO_2	7.4	CaO	16.5
		K_2O	1.0
		PbO	9.1
		ZrO_2	1.0
		CdO	1.0
热处理(4h)	820℃　1140℃		
热胀系数(0～300℃)	9.68×10^{-6}/K	6.5×10^{-6}/K	
磨损后断裂模量	91.1MPa	0.8mm 厚釉层为 240MPa	

核剂为 TiO_2 时通过热处理能晶化出小晶粒的微晶玻璃。某些特定的霞石微晶玻璃（$x=2\sim4.7$），在经过 8h 的 K^+ 和 Na^+ 离子交换之后，能获得最高的强度，其强度高达 1450MPa。测试是把 6mm 棒状试样用 30 号 SiC 砂纸打磨 15min 后进行的，由此说明对一定尺寸的物体来说，这一数据也足够可靠。

随后，实验研究了典型的霞石微晶玻璃的晶化，其组成（质量分数）为 42.0% SiO_2、31.2% Al_2O_3、12.5% Na_2O、6.2% K_2O、7.4% 和 0.7% As_2O_3。尽管需要 TiO_2 来确保小晶粒在玻璃的内部成核，但是事实上 XRD 检测出来的第一个相是在 750℃ 左右出现的亚稳态的三斜霞石。奇怪的是，在相平衡图中出现的这种高温相立方晶体，是一个具有霞石化学计量比、填充的方石英衍生物。加热到 850℃ 以上时，三斜霞石分解成期望的霞石相，伴随着这一转变，同时生成锐钛矿型的 TiO_2。因为 TiO_2 溶于方石英（SiO_2）中，所以它可能溶解在最初的、方石英结构的三斜霞石相的固溶体中。在很多实验中，生成霞石微晶玻璃的最佳温度是 1140℃，这时的抗弯强度（磨损）为 58MPa，热胀系数为 12.25×10^{-6}/K。此时的密度为 2.669g/cm^3，比基础玻璃的密度增加了 6%。

在 KCl-K_2SO_4 盐浴中，K^+ 和 Na^+ 的离子交换进行 8h 之后，摩擦抗弯强度从 58MPa 增加到 1300MPa，奇迹般地增加了 25 倍。对相似的组成（质量分数）：40.9% SiO_2、31.5% Al_2O_3、11.5% Na_2O、7.7% K_2O、7.2% TiO_2 和微量 As_2O_3（没有分析），与同样材料的粉末样品进行离子交换后，化学分析结果是（质量分数）：38.0% SiO_2、30.1% Al_2O_3、0.3% Na_2O、23.9% K_2O、7.0% TiO_2。图 2.15 为化合物抛光后的离子交换层的二次电子图像。离子交换的方向是从右到左。在图片的右边，是在抛光过程中保护样品边缘的锌电镀层，黑色薄层是微晶玻璃表面，浅色带是钾霞石。730℃、离子交换 30min 后，钾霞石层约 20μm 厚。左边的黑色边界部分为内部的霞石微晶玻璃。显然，生成钾霞石的过程中，霞石中的离子交换过程一直进行到 K^+ 的溶解度饱和极限才停止，并且发生了相变，生成了界面反应中典型的尖锐的组成不连续性（见图 2.16）（Thompson，1959）。

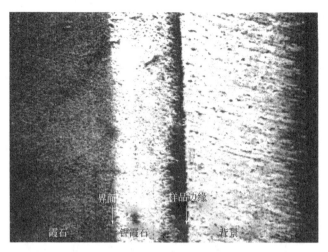

图 2.15　K^+/Na^+离子交换后微晶玻璃霞石-钾霞石界面的二次电子图像

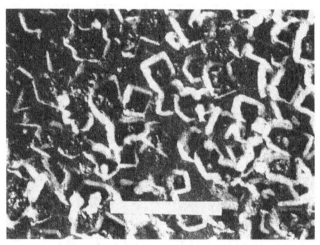

图 2.16　钾霞石沿着每一个霞石晶体周边生长的霞石-钾霞石界面的 TEM 图像，$K^+ \rightarrow Na^+$ 的方向是从右下方到左上方（标尺为 $1\mu m$）

　　有趣的是，试样的厚度对离子交换强化产生了影响。细棒（1～2mm）试样离子交换处理后测得的摩擦抗弯强度高达 2200MPa。事实上，这些细的、10cm 长的棒状试样，可以在断裂前弯曲超过 90°。但是断裂一旦发生，就会产生相当剧烈的能量释放现象，即试样会在瞬间完全粉碎成小颗粒。

　　某些霞石微晶玻璃另一个不同寻常的特征是强的微波吸收特性，这在纯钠霞石（例如前面提到的商业餐具）微晶玻璃中表现得尤其明显。实际上，在家用微波炉中短时间（<1min）的加热能使这种微晶玻璃的温度升高到超过 100℃。这是 2.3.4 中用钾氟钠透闪石微晶玻璃取代这种餐具材料的一个关键因素。

　　钠霞石中的微波效应很可能与晶体结构有关（见书后附录图 A15）。霞石是一个填充的鳞石英衍生物，晶体结构为 SiO_2 六边形。鳞石英中的通道有空位，但是在霞石中，为了保持电荷平衡，一半的网络 Si^{4+} 被位于这些空位上的 Al^{3+}、Na^+ 取代。Na^+ 非常小，以至于能在这些通道中沿着霞石的 c 轴摆动。当这些空位被 K^+ 占据时，与典型的天然霞石一样（四分之一的碱金属位置上是 K^+），源于微波吸收的热效应就显著降低。显然，

这些大离子妨碍 Na^+ 自由摆动并吸收微波作用时的能量。

2.2.4 SiO_2-Al_2O_3-Cs_2O（铯榴石）

SiO_2-Al_2O_3-Cs_2O 微晶玻璃可能与锂铝硅酸盐和钠铝硅酸盐微晶玻璃有一些不同之处。首先，稀土元素铯在微晶玻璃制备中的作用并不明确。然而，必须要提及的是，矿物铯榴石（$CsAlSi_2O_6$）有非常高的熔点，达 1900℃。因此，它具有比其他硅酸盐更好的耐火性。而且，铯榴石与矿物白榴石 $KAlSi_2O_6$ 结构同型（见 1.3.1）。基于这种与白榴石一样的结构相似性，铯榴石可能有高于 $20×10^{-6}/K$ 的热胀系数（0～1000℃）。然而，与白榴石不一样的是，铯榴石在从立方型冷却到四方型时没有反作用，因此没有产生大的体积改变。

在 SiO_2-Al_2O_3-Cs_2O 系统生成玻璃的深入研究中，Beall 和 Rittler（1982）得出了微晶玻璃生产中控制晶化的新方法。如图 2.17 所示，在莫来石、铯榴石和 SiO_2 组成的三角形中找到首选的组成范围。然而，必须提及的是，在这个范围内，化学计量铯榴石组成的基础玻璃的形成因为其高达 1900℃ 的熔点而被排除在外。因此，制造微晶玻璃的理想组成（质量分数）如下：

$$25\%～70\% \ SiO_2，20\%～50\% \ Al_2O_3，10\%～35\% Cs_2O$$

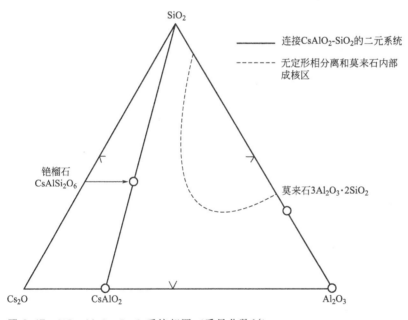

图 2.17 SiO_2-Al_2O_3-Cs_2O 系统相图（质量分数%）

为了控制这个组成范围内玻璃的晶化，Beall 和 Rittler（1982）首先研究了玻璃的微观结构。而且，他们分析了玻璃晶化的趋势以判断是发生整体析晶还是表面析晶。他们研究了两种类型的玻璃。第一种类型的玻璃表现出自发的相分离。这表示在没有添加成核剂的基础玻璃组成中，有整体析晶自身成核的可能性。第二种类型倾向于有白榴石系统中微晶玻璃相似的表面晶化。因此，在基础玻璃系统中加入 ZrO_2 作为非均匀成核剂来完成整块玻璃的整体晶化。这两种类型微晶玻璃的组成见表 2.8。这些基础玻璃的熔融温度在

1800～1900℃之间，在微晶玻璃形成中检测了相形成顺序。

表 2.8　白榴石微晶玻璃的组成 A 和 B（质量分数/％）

成分	A	B
SiO_2	35.0	29.6
Al_2O_3	40.0	29.6
Cs_2O	25.0	20.8
ZrO_2	—	20.0

对于组成，玻璃 A 位于图 2.17 中相图右边的虚线后面。这部分相图中 Cs_2O 很少。玻璃 B，位于相图中 Cs_2O 富集区的点线上。玻璃 A 表现为相分离和自身成核。玻璃 B 则表现为向其他机理的转变。

在玻璃 A 中，当加热到 920℃ 以上时，莫来石通过自身成核作为第一相形成。MacDowell 和 Beall 同样用这个大家熟知的反应来控制二元 Al_2O_3-SiO_2 玻璃的晶化。热处理到 1000℃ 时可以得到铯榴石。这两种相都是微晶玻璃的主晶相。进一步热处理到 1600℃，形成图 2.18 中不同寻常的海岸-岛状微观结构。经过稀氢氟酸腐蚀后，SEM 图像中的莫来石表现出比铯榴石更高的化学稳定性。图 2.18 中，化学稳定性更好的莫来石在莫来石和铯榴石岛状结构中用箭头表示。在这些晶体组成的岛状结构中，铯榴石展示了一些自形（全形）晶面。

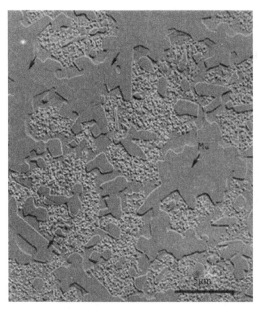

图 2.18　海岸-岛状微观结构的白榴石-莫来石微晶玻璃（Beall 和 Rittle，1982）

在基础的三元系统组成中，玻璃 B 位于相分离区域的外面。因此，必须加入 ZrO_2 来控制晶化。通过添加 ZrO_2，可以出现约 250nm 的相分离微滴。经过 800℃ 热处理，形成最初的四方氧化锆晶相。经过 1000℃、4h 的热处理后氧化锆晶相的含量增加。此外，铯榴石在 1200℃ 时形成。在 1400℃ 热处理 4h 后形成典型的铯榴石-莫来石微晶玻璃的微观结构，同时含有 ZrO_2 晶体。在玻璃 B 中进行了添加不同成分的实验。实验发现，在微晶玻璃中添加 La_2O_3、CeO_2 和 P_2O_5 后，同步晶化得到了矿物独居石（La，Ce）PO_4（其结构见附录图 A21）。

铯榴石微晶玻璃最重要的特性是其耐火性。这种微晶玻璃的黏度-温度函数比硅酸盐玻璃的黏度-温度函数高大约 300℃。断裂模量 15000～20000psi（103～108MPa）和特别高的化学稳定性也是这种微晶玻璃的优点。这种材料在高压蒸汽灭菌法（300℃ 的水蒸气）中比 Pyrex® 玻璃有更高的化学稳定性。Pyrex® 是一种常见的硼硅酸盐玻璃，特别用于制造化工行业的设备和装置。

因为这些特殊的性能，微晶玻璃在耐火材料（1600℃ 下热稳定）、耐腐蚀的设备和装置以及可能含有放射性废物的无孔材料中有潜在应用。电熔是制备这些基础玻璃的首选方法。

2.2.5　SiO_2-Al_2O_3-MgO（堇青石、顽辉石、镁橄榄石）

2.2.5.1　堇青石微晶玻璃

初级晶相为堇青石（印度石，$Mg_2Al_4Si_5O_{18}$）的微晶玻璃有着巨大的商业重要性，其晶体结构见附录图 A11。这一类型的微晶玻璃是康宁玻璃制品公司第一个研发的（Stookey，1959；Beall，1992）；随后，它得到了进一步开发。本部分讨论微晶玻璃技术应用中最重要的类型、堇青石微晶玻璃因为其特殊的性能如高机械强度、优秀的介电性能、好的热稳定性和热震性等而独树一帜。

康宁标号 9606 的堇青石微晶玻璃的组成见表 2.9。与图 2.19 中的三元相图比较可知，整体玻璃的三种基础组成 SiO_2、Al_2O_3 和 MgO，与堇青石的化学计量组成不相干。这种组成用来最优化玻璃的黏度，以获得更好的工艺性能。然而，如果微晶玻璃的热稳定性和抗疲劳性是决定标准的话，则要选择其化学计量组成。

表 2.9　部分堇青石（印度石）微晶玻璃的组成（质量分数/%）

成分	1	2(9606)	3	5
SiO_2	47.1	56.2	43.8	46.2
Al_2O_3	28.5	19.8	24.7	15.6
MgO	13.3	14.7	18.7	22.1
CaO	—	0.1	1.4	1.5
TiO_2	10.7	8.9	11.4	14.6
As_2O_5	0.4	0.3	—	—
主晶相	印度石,金红石	印度石,方石英,金红石	印度石,顽辉石,板钛镁矿	印度石,顽辉石,板钛镁矿
热处理(℃,h)	820,2;1260,8	820,2;1260,8	825,2;1200,10	825,2;1200,10
热胀系数(25～1000℃)/($\times 10^{-6}$/K)	2.3	4.4	4.1	5.4
弹性模量/GPa	150	119	130	—
磨损后断裂模量/MPa	130	155±4	165±6	164±6
K_{IC}/MPa·m$^{0.5}$	—	2.2±0.2	4.3±0.4	3.4±0.7
努氏硬度	—	700	984±16	843±16
热导率(25℃)/[W/(m·K)]	—	3.75	4.01	—

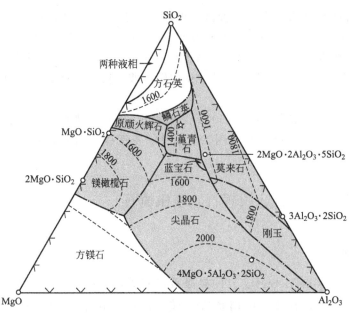

图 2.19 康宁 9606 堇青石微晶玻璃的基础玻璃组成的 SiO_2-Al_2O_3-MgO 相图 （Levin 等，1964）（质量分数/%，温度 ϑ/℃）

① 多组分系统　在多组分基础玻璃系统（康宁标号 9606，表 2.9）中，质量分数约为 9% 的 TiO_2 能起到非均匀成核剂的作用。二钛酸镁（$MgTi_2O_5$）在基础玻璃的热处理过程中作为初级晶相出现。在晶化过程中，堇青石甚至以它的高温四方型作为初级晶相形成，有时被称作印度石以与低温、更有序的斜方晶系区分开来。这一晶相使其具有下面提到的特性。Beall（1992）发现这种类型的堇青石有趋向于"镁绿宝石"（$Mg_3Al_2Si_6O_{18}$）的组成。也就是说，堇青石以一种堇青石固溶体——化学改性绿宝石出现。因此，Mg^{2+} + Si^{4+} 取代 $2Al^{3+}$。出现的初级晶相除了堇青石和它的固溶体之外，还有其他晶相，如方石英、锐钛矿和次生顽辉石，在晶相间还存在少量残留的玻璃基体。生成何种晶相取决于基础玻璃的热处理温度，见表 2.10。

表 2.10　康宁 9606 堇青石微晶玻璃晶化过程中的相组成

温度 ϑ/℃	相组成
700	玻璃
800	玻璃，Mg_2TiO_5
900	Mg_2TiO_5，β-石英固溶体
1010	Mg_2TiO_5，α-石英，假蓝宝石，顽辉石，金红石
1260	Mg_2TiO_5，堇青石固溶体，方石英，金红石

总之，随着堇青石初级晶相的形成，得到了商业化的微晶玻璃材料，且这种微晶玻璃材料以它约 2.2MPa·$m^{0.5}$ 的高断裂韧性、高硬度（努氏硬度 700）和热导率 37.7W/(m·K)而著称，其线胀系数为 4.5×10^{-6}/K。

堇青石（印度石）作为主晶相的微晶玻璃能在 MgO-Al_2O_3-SiO_2 三元系统的中心位置处一个很宽的范围内形成（质量分数）：45%～60% SiO_2，17%～40% Al_2O_3 和 10%～27% 的 MgO（Beall，2008）。外加 8%～18%（质量分数）的二氧化钛可作为有效的内部成核剂。尽管肉眼看起来很透明，加入 TiO_2 使玻璃呈琥珀色，但在强光下可以看到轻微的散射，表明其中有相分离的存在。

从热震性角度出发，加入刚刚好的氧化钛到化学计量董青石中实现组成的优化，可以获得良好的内部成核。这一组成（表 2.9 中的 1 号）的热胀系数低至 $2.3 \times 10^{-6}/K$，仅比董青石高了 7%。这么大的区别要归因于氧化钛添加剂形成的次要晶相锐钛矿。然而，近化学计量组成有些实际问题存在。这个温度下，高液相温度和低黏度的组合会导致快速析晶，在形成玻璃和玻璃块体时产生了困难。这些问题促进了更多硅酸组成材料的出现，如：标号 9606。此材料中增加的热胀系数归因于方石英。方石英的一个优点就是它能通过一个称为"增强"的腐蚀去除过程（Beall 和 Doman，1987）在雷达罩表面产生一个多孔表面，防止微晶玻璃发生裂纹扩散，然后把有效抗弯强度从 150MPa 增加到 240MPa（Lewis，1982）。这种氧化硅相方石英容易在 NaOH 溶液中腐蚀，产生小孔。

2.2.5.2 中介绍微晶玻璃的高断裂韧性可以归结为顽辉石（$MgSiO_3$）。在董青石微晶玻璃中可以通过增加氧化镁含量和降低氧化铝含量来增加一些顽辉石。表 2.9 中的 3 号是一种董青石-顽辉石微晶玻璃，其性能参数为：断裂韧性（K_{IC}）（4.3 ± 0.4）$MPa \cdot m^{0.5}$、硬度高（$KHn = 984 \pm 16$）、弹性模量 130GPa。图 2.20 为这种微晶玻璃的微观结构。除了等轴董青石（黑色）和顽辉石（灰色）之外，还有针状晶 Mg_2TiO_5（karooite，板钛镁矿）。这种高模量起到了增强作用，所以这种微晶玻璃具有很高的断裂韧性。

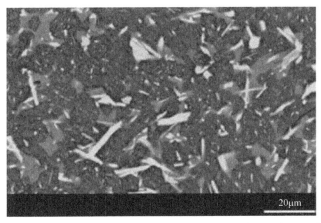

图 2.20 增韧董青石（黑色标注）3 号微晶玻璃和顽辉石（灰色）、针状板钛镁矿（白色）的背散射扫描电子显微照片（SEM）（Beall，2008）

这种增韧的董青石-顽辉石微晶玻璃的潜在应用如高级雷达罩、引擎组件、冶金模具和陶瓷护甲等。

② 化学计量董青石组成的复合材料　与 2.2.5.1 中提到的"多组分系统"相对，Semar 等（1989）利用粉末压制法制备了化学组成类似于化学计量董青石的微晶玻璃。除了 50% 的董青石微晶玻璃材料，它还含有 50%（质量分数）的 ZrO_2 粉末（3Y-TZP）。控制烧结速率，使用晶粒尺寸约为 $1\mu m$ 的 ZrO_2 可得到几乎无孔和均匀的产品。在复合材料中通过控制烧结速率，避免第二晶相 $ZrSiO_4$ 的形成也是可能的。而且，运用这种特殊的工艺还能使烧结温度降低 50K 至 1300℃。

Pannhorst（2000）、Müller 等（1992）、Mora 等（1992）、Szabo 等（1992）、Heide 等（1992）和 Höland 等（1995a）国际玻璃委员会第 7 技术委员会的成员们的一个国际研

究项目的主题就是堇青石微晶玻璃的成核和晶化过程。除了 Winter 等（1995）和 Schmelzer 等（1995）的工作之外，这个项目还根据表面成核和晶化的原理，说明了化学组成为 $Mg_2Al_4Si_{11}O_{30}$ 的粉末基础玻璃发生晶化，生成了 β-石英固溶体作为第一晶相的微晶玻璃（见 1.4.4.2 节和 1.5.3 节）。

如果晶体彼此发生碰撞会有利于 β-石英固溶体的长大。这一过程可以在不同的热处理模式（例如，1150℃/2min 的热处理）下出现。如果在 1150℃ 热处理 60min，可以在透射电镜（TEM）照片中看到 β-石英固溶体转变成堇青石（Winter 等，1995）。堇青石在 β-石英固溶体的晶核上呈树突状长大。控制晶化形成的玻璃其特征是 α-堇青石为初级晶相。

然而，必须注意的是，除了 β-石英固溶体之外，其他晶相乃至 α-堇青石也可以在初级晶相中形成。这些晶相使得固相反应变得非常复杂。因此，有未知的、几乎是二维长大的晶相存在，且不能像 Schreyer 和 Schairer（1961）那样认为是镁透锂石或大隅石。

根据 Semar 和 Pannhorst（1991）的研究，这种由堇青石微晶玻璃和 50%（质量分数）的 ZrO_2 粉末组成的复合材料，其特性为：高达 350MPa 的弯曲强度、$2\sim4MPa\cdot m^{0.5}$ 的断裂韧性、热导率为 $3.4\sim3.8W/(m\cdot K)$，抛光试样的平均粗糙度为 $0.1\sim0.2\mu m$。

2.2.5.2　顽辉石微晶玻璃

Beall（1991）在 SiO_2-Al_2O_3-MgO 三元系统中加入少量 Al_2O_3 成功得到了以顽辉石 $MgSiO_3$ 作为初级主晶相的微晶玻璃（见附录中的晶体结构图 A7）。这一晶相在微晶玻璃的冷却过程中表现出有趣的特性。冷却时存在马氏体相变，这对最终的产品有增韧作用。然而，化学计量组成的顽辉石，不可能形成稳定的基础玻璃。因此，有必要研究特殊的玻璃组成使之可以控制晶化生成顽辉石。在相分离的基础玻璃中，在 800~900℃ 之间生成初级晶相四方氧化锆。随后，当温度高于 900℃ 时，四方氧化锆可以作为组成为 E1 和 E2 的玻璃中原顽火辉石的晶核（见表 2.11）。在缓慢冷却时，例如 50K/h，原顽火辉石以孪晶斜顽辉石，而不是斜方顽火辉石的形式转变成很小的晶体。

表 2.11　顽辉石微晶玻璃组成（质量分数/%）

成分	康宁 E1 顽辉石微晶玻璃	康宁 E2 顽辉石微晶玻璃
SiO_2	58.0	54.0
Al_2O_3	5.4	—
MgO	25.0	33.0
Li_2O	0.9	—
ZrO_2	10.7	13.0

由于原晶到斜晶的逆转伴随着 4% 的体积收缩，增韧不是在原顽火辉石的亚稳态上进行的。增韧机理有裂纹偏转和沿着孪晶滑移。Beall（1991）认为斜顽火辉石中（110）和孪生（100）面的交叉解理而产生的滑移是增韧的一个因素。最终的顽辉石微晶玻璃材料具有下面这些优异的性能：
- 微晶玻璃 E2 的断裂韧性约为 $5MPa\cdot m^{0.5}$；
- 高氧化锆含量提高了微晶玻璃的耐火性能，E1 和 E2 分别为 1250℃、1500℃；
- 微晶玻璃 E1 中，第二相 β-锂辉石有效地把线性热胀系数降到 $68\times10^{-6}/K$。

顽辉石-β-锂辉石微晶玻璃的微观结构（E2，见表 2.11）见图 2.21。产品在 800℃ 下热处理 2h 和 1200℃下热处理 4h 后陶瓷化。在顽辉石晶粒平行于［100］轴的方向发现了小的聚片的孪生双晶。β-锂辉石晶体具有贝壳状断裂表面（Echeverria 和 Beall，1991）。Echeverria 和 Beall 同时也发现了第二相的改变。添加 BaO 会生成钡长石 $BaAl_2Si_2O_8$ 还是钡大隅石 $BaMg_2Al_6Si_9O_{30}$，取决于其中的 Ba/Al 比。

图 2.21 表现为双晶顽辉石的顽辉石-β-锂辉石微晶玻璃的微观结构

Echeverría 和 Beall（1991）使用了三种不同的机理和工艺来研究顽辉石型微晶玻璃：

• 通过使用成核物质来完成大块基础玻璃的整体成核和晶化（见表 2.11）；

• 不含有成核物质时，为微晶玻璃熔块的表面成核机制；

• 含有 100% 顽辉石（具有优异的断裂韧性，约为 $4MPa·m^{0.5}$）的陶瓷试样，使用的是溶胶-凝胶法。

另一种类型的顽辉石微晶玻璃材料是 Partridge 和 Budd（1986）、Partridge 等（1989）制备的。这些基础玻璃的组成（质量分数）为：30%～50% SiO_2、10%～40% Al_2O_3、10%～30% MgO 和 8%～13% 的 ZrO_2。

热处理后，微晶玻璃以顽辉石和四方氧化锆作为初级晶相。组成（质量分数）为 43.7% SiO_2、22.2% Al_2O_3、22.3% MgO 和 11.8% ZrO_2 的微晶玻璃按表面晶化的原理晶化。表面晶化占主导地位，以致最后的微晶玻璃材料因为表面的堇青石和内部顽辉石的热胀系数不同，而在微晶玻璃表面产生很高的应力。因此，Partridge 等（1989）得到了弯曲强度为 600～750MPa 的微晶玻璃。但是由于表面应力导致微晶玻璃容易产生裂纹，处理它们时，需要特别小心。因此，Partridge 等（1989）和 Budd（1986）的主要目的是获得不怎么敏感的顽辉石微晶玻璃。有 ZrO_2 或者 TiO_2 作为成核物质的话，从玻璃粉末中利用表面成核和晶化可获得顽辉石型微晶玻璃。利用这个粉末工艺所得微晶玻璃的性能数据为（NK2/3833GEC Alsthom，Stafford，英国）：弯曲强度 250MPa；韦氏模量 11.2；屈服模量 160GPa；断裂韧性 $3.3MPa·m^{0.5}$ 及断裂表面能 $51J/m^2$。

这类微晶玻璃材料可用于制造电子工业中的电路。

2.2.5.3 镁橄榄石微晶玻璃

因为 Cr^{4+} 掺杂镁橄榄石单晶的光激化作用，Beall（2000）研究出了以正硅酸盐镁橄榄石（Mg_2SiO_4）作为主晶相的纳米晶体和透明微晶玻璃（见 4.3.3.3）。

为了获得基于镁橄榄石的小晶粒微晶玻璃，必须制备出一种在 MgO 富集相中可以进行无定形相分离的玻璃，这是因为镁橄榄石本身在 1890℃ 熔解，比常见玻璃熔融温度高，即使在快速冷却的过程中也不能形成玻璃。而且，仅仅增加形成的玻璃氧化物如 SiO_2、B_2O_3 或 Al_2O_3 来获得稳定玻璃，将晶化出不希望出现的晶相，诸如顽辉石（$MgSiO_3$）、堇青石（$Mg_2Al_2Si_5O_{18}$）或不同的硼酸镁等。

通过相分离来隔离镁橄榄石富集相组分的重要线索来自于 K_2O-Al_2O_3-FeO-SiO_2 系统和类似 K_2O-Al_2O_3-MgO-SiO_2 系统中的相平衡数据（Levin 等，1964）。前个系统在三元平面白榴石（$KAlSi_2O_6$）-铁橄榄石（Fe_2SiO_4）-氧化硅的中心部位表现出稳定的液相不混溶性（见图 2.22）。铁橄榄石是铁离子版的镁橄榄石，它们形成与天然橄榄石相同的完全固溶体。白榴石-铁橄榄石-氧化硅系统中稳定的液相不混溶性说明存在铁橄榄石富集的液相，自然也会认为在这个类似的系统中镁橄榄石富集液相可能也存在。尽管液相不混溶性不会在白榴石-铁橄榄石-氧化硅系统中的液相线上稳定发生（见图 2.23），比镁橄榄石液相线低的等温线斜率暗示在液相线下面可能有亚稳态的相分离。

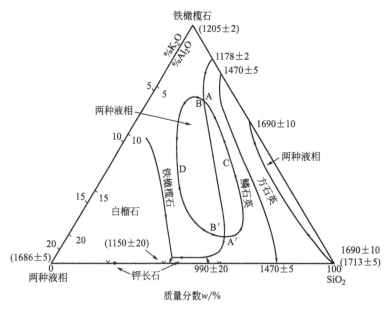

图 2.22 白榴石（$KAlSi_2O_6$）-铁橄榄石（Fe_2SiO_4）-氧化硅系统相图

因此，SiO_2-Al_2O_3-MgO-K_2O 系统形成玻璃时，确实观察到了纳米尺度上的相分离。最佳化合物组成范围靠近镁橄榄石-白榴石连接点，约含有 30%（质量分数）的镁橄榄石。再次对这些玻璃进行热处理，富集 MgO 的无定形相晶化成镁橄榄石，生成一个透明但有点粗晶体的微晶玻璃。高透明度可以通过添加众所周知的成核剂——5%（质量分数）的 TiO_2 获得。典型的透明镁橄榄石微晶玻璃的透射电镜照片见图 2.24。镁橄榄石的纳米晶体是在富含 MgO 和 TiO_2 的、无规律的无定形相分离微滴中成核的。

进一步的研究证明大量的镁橄榄石可通过用一些 Na_2O 取代微晶玻璃中的 K_2O 得到。下面的两组玻璃组成配方（质量分数/%）为了拉出纤维都掺杂了氧化铬，并研究了热处理后的荧光特性：SiO_2 49.5、Al_2O_3 16.8、MgO 13.7、K_2O 15.4、TiO_2 4.6 和 SiO_2 48.1、Al_2O_3 13.5、MgO21.7、Na_2O 4.1、K_2O 6.2、TiO_2 6.4（见 4.3.3.3）。以 Cr_2O_3 形式加入的铬含量为 0.05%～0.5%（质量分数）。

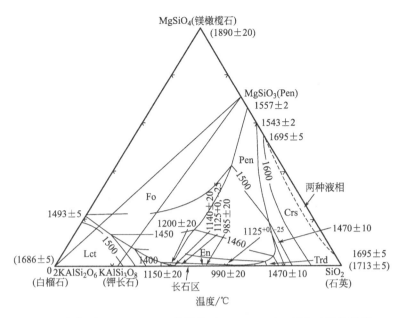

图 2.23 白榴石（$KAlSi_2O_6$）-镁橄榄石（Mg_2SiO_4）-氧化硅系统相图

图 2.22 和图 2.23 中，在铁-硅富集液相和 K-铝硅富集液相之间有稳定的液相不混溶性。在类似的白榴石-镁橄榄石-氧化硅系统中，没有看到稳定的不混溶性，但是相图中镁橄榄石和典型顽辉石区域的玻璃在 1450～1500℃ 的等温区存在镁硅酸盐和 K-铝硅酸盐相之间亚稳的不混溶性（Levin et al. 1964）。

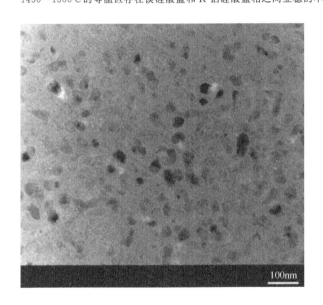

图 2.24 透明镁橄榄石微晶玻璃的透射电镜照片（注意，在 K-铝硅酸盐玻璃基体中，黑色的镁橄榄石纳米晶体位于孤立的富含 MgO 的液滴中）

2.2.6 SiO_2-Al_2O_3-CaO（钙硅石）

下面讨论的基础玻璃特别适合通过控制表面晶化原理生成微晶玻璃的系统。在这一过程中使用了常见的整体成核剂，例如 TiO_2 和 ZrO_2。这些基础玻璃根据上面的原理已经可以制得有钙硅石主晶相的微晶玻璃。这种微晶玻璃表现出了特别的光学特性和其他可喜的性能（见 4.6 节），并已经大规模生产，用于建筑工业外墙。

Wada 和 Ninomiya（1995）、Tashiro（1985）和 Kawamura 等（1974）证实必须在

1500℃的池窑中熔解组成（质量分数/％）为：59 SiO₂、7 Al₂O₃、17 CaO、6.5 ZnO、4 BaO、1 B₂O₃、3 Na₂O、2 K₂O 和 0.5 Sb₂O₃ 的基础玻璃，以生成钙硅石微晶玻璃。

随后，将玻璃倒入水中生成熔块。由此制得的玻璃颗粒需要控制其表面晶化，在一个全自动过程中，用 1～7mm 的颗粒可制备建筑工业用的微晶玻璃产品，例如得到尺寸为 1000mm×1000mm×45mm 的片材。玻璃颗粒烧结成一个致密的玻璃整体。当温度高于 950℃ 时，控制开始于玻璃颗粒的边界处 β-钙硅石 CaO·SiO₂（见附录中图 A8）的表面晶化。在 1000℃ 时，针状钙硅石从玻璃表面向玻璃内部长大，而不是穿过相邻玻璃颗粒的边界（见图 2.25）。

1mm

图 2.25 钙硅石微晶玻璃微观结构的 SEM 照片（M. Wada 赠）

在 1100℃ 热处理 2h，控制 β-钙硅石的表面晶化，生成最终的微晶玻璃片材。然而，热处理时，晶化边界连接起来形成大的针状晶体，最后得到晶体长度为 1～3mm 的针状 β-钙硅石微晶玻璃产品。大晶体含量占微晶玻璃的 40％（质量分数），而小晶体的比例则小得多。事实上，基础玻璃颗粒的边界在最终的微晶玻璃产品中是很难识别的。

这种微晶玻璃的光学特征是针状 β-钙硅石晶体嵌入玻璃基体中形成的。β-钙硅石晶体和玻璃基体不同的光衍射指数使得这种材料看起来像大理石或花岗岩。然而，如果 β-钙硅石微晶玻璃加热到 1200℃ 而不是 1000℃，β-钙硅石形成颗粒状结晶，此时 β-钙硅石使微晶玻璃变得更不透明。

β-钙硅石主晶相微晶玻璃最重要的性能见表 2.12。建筑工业需要的性能见 4.6 节。日本 Nippon 电子玻璃有限公司生产和销售的 Neoparies® 即为这一类型的微晶玻璃。

表 2.12 β-钙硅石微晶玻璃的主要性能（Neoparies®，2011）

性能	数值
热胀系数(30～300℃)/(10⁻⁶/K)	6.1
弯曲强度/(N/mm²)	44
莫氏硬度	5.5
耐酸性能①(1％H₂SO₄)	0.2

① 耐酸性能是在 90℃ 酸溶液中浸泡 24h 后，通过计算质量损失来确定的。

Maeda 等（1992）报道了在基础玻璃中添加金属如 Ru-、Rh-、Pd-、Ir-、Pt-、氯化金或硝酸银等控制整体成核和 β-钙硅石的晶化机理，基础玻璃组成（质量分数/%）为：$55.5SiO_2$、$11Al_2O_3$、$3.8B_2O_3$、$2.2MgO$、$15.3CaO$、$8.8Na_2O$、$3.0K_2O$ 和 $0.4Sb_2O_3$。Sb_2O_3 和 SnO 用作还原剂。因此，金属胶体作为非均匀成核颗粒按下面的方式反应：

$$Pt^{4+} + 2Sb^{3+} \longrightarrow Pt^0 + 2Sb^{5+}$$
$$Pt^{4+} + 2Sn^{2+} \longrightarrow Pt^0 + 2Sn^{4+}$$

首选铂含量为 $40\mu g/g$。这一类型的 β-钙硅石微晶玻璃由日本 Asahi 玻璃有限公司生产。

2.2.7　SiO_2-Al_2O_3-ZnO（Zn 填充的 β-石英、硅锌矿-红锌矿）

2.2.7.1　Zn 填充 β-石英微晶玻璃

Strnad（1986）和 Beall（2004）对 SiO_2-Al_2O_3-ZnO 系统中 Zn 填充的 β-石英微晶玻璃进行了研究。结果证明，氧化锆是一种有效的成核剂。这种微晶玻璃热胀系数很低，这与锂填充的 β-石英变体相似（见 1.3.1.6 和 2.2.2.1）。它们甚至可以有微负的热胀系数。添加 MgO 和 P_2O_5 制备的微晶玻璃使其有可能用作高电阻率炉顶。这一材料的组成（质量分数/%）为：$64.4SiO_2$、$18.4Al_2O_3$、$15.4ZnO$、$0.6MgO$、$1.2P_2O_5$，外加 $6.0ZrO_2$ 作为成核剂、$0.05As_2O_5$ 以澄清玻璃、$0.3K_2O$ 以诱导少量花岗岩尖晶石（$ZnAl_2O_4$）形成来增加不透明度。将玻璃加热到 $950℃$ 保温 $0.25h$，然后冷却到 $850℃$ 保温 $4h$，得到具有以下性质的微晶玻璃：热胀系数为 $0.5 \times 10^{-6}/K$、断裂模量（MOR）$=140MPa$、$\rho(700℃) = 10^{6.5}\Omega\cdot cm$。

此微晶玻璃的微观结构特别有趣。在偏光显微镜下很容易看出，约 $20\mu m$ 大的 Zn 填充的 β-石英晶体为主晶相（见图 2.26）。β-石英晶体在高分辨率电子显微镜下的照片见图 2.27(a)。少量的花岗岩尖晶石以球状晶的形式沿着晶界进入石英晶体。然而，如果仔细观察 Zn 填充的 β-石英晶粒的内部，可以看到源自母相玻璃中早期相分离的非常细小的结

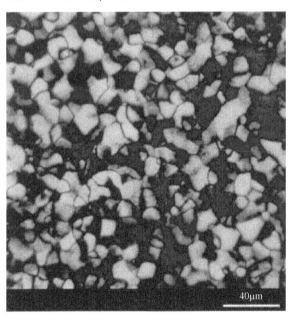

40μm

图 2.26　Zn 填充的 β-石英微晶玻璃在正交偏振光显微镜下的微观结构（Beall，2004）

构［见图 2.27(b)］。显然，最初的铝硅酸锌玻璃在冷却过程中分别在富硅相和贫硅相拐点式共生，见图 2.28。再次热处理，氧化锆晶核使贫硅相结晶成 Zn 填充的 β-石英，其尺寸约比最初的连续共生分离相大两个数量级。硅酸相在这些大石英晶体中像蠕虫一样共生并保持无定形相。

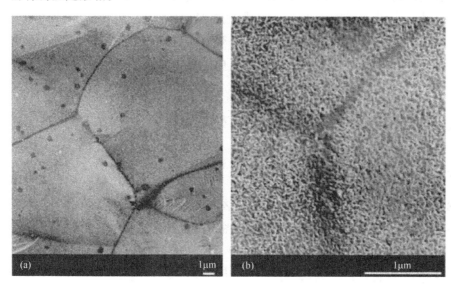

图 2.27 （a）Zn 填充、含有次生尖晶石的 β-石英微晶玻璃的复制电子图像及（b）近似于 Zn-β-石英单晶的内部结构，说明晶体和源自母相玻璃原始相分离的多孔硅间存在蠕虫状共生（Beall，2004）；（a）中大的石英颗粒（约 20μm）和好的尖晶石沿着晶界分布，而小的球状晶体位于石英晶体内部

这种"残留-拐点"微观结构与 3.2.5 中的残留微观结构（见图 3.9）不同，富铝无定形微滴以岛状分布在硅酸玻璃基体中，晶化成球状莫来石晶体，然后保留了分散微滴的结构。与此相对而言，此处的相分离内部仍有连接，形成拐点。富集锌和氧化铝晶体的玻璃相在硅酸盐玻璃中畅行无阻，由此引起的共生，在性能尤其是 MOR 和热胀系数的优化上起到了重要的作用。玻璃和晶体材料在大单晶中混合，使这种材料看起来有很高的晶化度，而实际上是玻璃。因此，MOR 为 140MPa，比高玻璃含量的材料高约 50％。块体热胀系数较低是因为 Zn 填充的 β-石英和硅酸玻璃的热胀系数都低。

这一材料作为接触性电气元件的炉顶还没有实际应用，可能是因为锂填充的 β-石英辐射炉顶在实际应用中成本更低和表现更好（见 4.2.2）。

然而，Zn 填充的 β-石英微晶玻璃已有成功应用。上面提到相似成分的熔块失透，在不用氧化锆作为成核剂时，就可以用来连接氧化硅碎片或 Ti 掺杂氧化硅玻璃来生产太空中使用的超轻镜片。加热后，熔块粉末变形、烧结再连接到氧化硅部分，然后从晶粒界面处通过表面成核晶化。由此生成的 Zn 填充的 β-石英微晶玻璃，其组成接近 SiO_2-$ZnAl_2O_4$，热胀系数与氧化硅玻璃镜片更匹配。

2.2.7.2 硅锌矿和红锌矿微晶玻璃

对 SiO_2-Al_2O_3-ZnO-Na_2O-K_2O 系统，用与含碱金属的镁铝硅酸盐系统相似的相分离，也可制备出微晶玻璃（见 2.2.5.3）。如果母相玻璃中的氧化硅超过 50％（质量分数），富锌区域倾向于结晶成 β-硅锌矿（Zn_2SiO_4），类似于氧化镁系统中的镁橄榄石

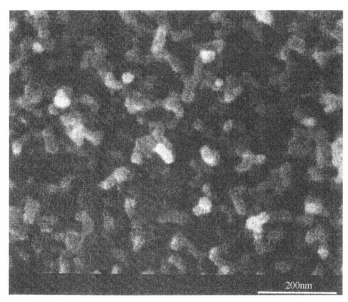

图 2.28　图 2.27(a)、(b) 中 Zn 填充的 β-石英微晶玻璃的原始母相玻璃的扫描电镜照片

注意：此图与微晶玻璃亚结构中的共生具有相似的尺寸（Beall，2004）

（Pinckey，2000）。在富硅酸锌相和铝硅酸钠无定形相之间的界面处可能有效成核。如果 Na_2O 的含量高于 12%（质量分数），即使氧化硅含量少于 50%（质量分数），也有利于形成 α-硅锌矿。β-硅锌矿微晶玻璃不需要成核剂就能实现从半透明到透明的过渡。

　　更值得注意的是可析出 ZnO 的微晶玻璃（Pinckey，2000）。二价氧化物从玻璃中析出是很罕见的。而且，使用的技术是碱金属铝硅酸碱和低氧化硅高锌玻璃的相分离。在氧化硅相含量低、ZnO 含量特别高的情况下，750℃时生成红锌矿。这时的微晶玻璃是透明的，图 2.29 的显微镜照片显示，纳米晶 ZnO 的尺寸为 5～20nm。尽管红锌矿（$\varepsilon=2.029$，$\omega=$

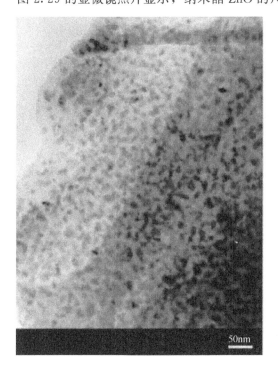

图 2.29　5～20nm ZnO 纳米晶体的透明微晶玻璃显微镜照片（Pinckney，2006）

2.013）和残留玻璃（约 1.56）之间的折射率并不匹配，但这种微晶却能使微晶玻璃具有透明度。ZnO 微晶玻璃的典型配方（质量分数/%）为：38.5SiO$_2$、16.4Al$_2$O$_3$、30.0ZnO、15.1K$_2$O。这一高锌微晶玻璃的潜在应用将在 4.3.3.3 节和 4.3.4 节讨论。

2.2.8　SiO$_2$-Al$_2$O$_3$-ZnO-MgO（尖晶石、锌尖晶石）

2.2.8.1　没有 β-石英的尖晶石微晶玻璃

SiO$_2$-Al$_2$O$_3$-ZnO-MgO 系统最重要和最经济的微晶玻璃是 Pinckney 和 Beall（1997）、Beall 和 Pinckney（1999）研究出来的。他们研究 SiO$_2$-Al$_2$O$_3$-ZnO-MgO 系统的目的是得到一种小晶粒和超细晶粒（Pinckney 和 Beall，1997）以致在可见光范围内透明的微晶玻璃（Beall 和 Pinckney，1999）。与 β-石英和 β-锂辉石微晶玻璃的形成相比，此组成中没有 Li$_2$O。尖晶石微晶玻璃的组成范围（质量分数/%）是：40～50SiO$_2$、22～30Al$_2$O$_3$、7～18MgO、0～12ZnO 和 7～13TiO$_2$，此微晶玻璃中能引入大量的添加剂（Beall 和 Pinckney，1995）。例如，化学添加剂可以给材料着色。微晶玻璃的化学组成还必须满足一个双重需求，也就是说，氧化物 MgO 和 ZnO 的含量之和必须至少达到 13%（质量分数）。在此组成下，尖晶石为主晶相，尖晶石通用的结构式为 AB$_2$O$_4$，根据前面的组成，微晶玻璃中的尖晶石可从传统的 MgAl$_2$O$_4$ 尖晶石变至花岗岩 ZnAl$_2$O$_4$ 尖晶石（见附录图 A17）。

Pinckney（1987）使用 ZrO$_2$ 和/或 TiO$_2$ 成功实现了含 Zn^{2+}（四面体配位）尖晶石晶体的优先成核。典型的、通过 ZrO$_2$ 非均匀成核的尖晶石微晶玻璃组成（质量分数%）为：64.8SiO$_2$、18.5Al$_2$O$_3$、4.6ZnO、4.6MgO 和 7.5ZrO$_2$。

在这一组成的基础玻璃热处理过程中，ZrO$_2$ 型的初级晶体长大。在 ZrO$_2$ 晶体形成之前，没观察到玻璃-玻璃相分离过程。此后，在 1060℃下，非均匀成核的 ZrO$_2$ 晶体通过非均匀固相反应实现了尖晶石固溶体的晶化。基础玻璃在 900℃下热处理 6h 和 1060℃下热处理 6h 形成的尖晶石固溶体微晶玻璃见图 2.30。可以看出，这些晶体小于 1μm。

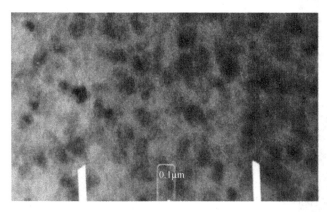

图 2.30　尖晶石固溶体微晶玻璃微观结构的 TEM 照片

对微晶玻璃，TiO$_2$ 存在下的成核过程与 ZrO$_2$ 作为成核剂的非均匀成核过程不一样。TiO$_2$ 通过少量的玻璃-玻璃相分离来影响 SiO$_2$-Al$_2$O$_3$-MgO 系统中不同晶相的成核。Beall 和 Pinckney（1999）证实通过 TiO$_2$ 影响相分离过程的成核对尖晶石的晶化同样有效。在成核阶段，微滴玻璃相中富含钛/铝，而玻璃基体是富硅的。尖晶石的晶化紧随着微滴相中的相分离发生。晶相少量形成的过程与其他微晶玻璃系统相比是非常有趣的。因此，在含有石英晶相的 SiO_2-Al_2O_3-MgO-TiO_2 微晶玻璃的形成过程中也能观察到纳米尺度的相分离和其他的纳米相晶化反应（Höland 等，1991a，b）。

尖晶石的微观结构使微晶玻璃具有了特殊的性质，由于晶体很小且在玻璃基质中分布均匀，故微晶玻璃在可见光范围内是透明的，而且散射最小。由于高速移动的离子在尖晶石晶体中聚集而且大部分进入到了尖晶石的晶体结构中，仅有外加氧化物例外，因此玻璃基体中富含 SiO_2。所以，微晶玻璃的化学稳定性非常好。同时，耐高温能力增强。在900℃以上才观察到 ZrO_2/TiO_2 成核的微晶玻璃的应变点。而且，这种尖晶石微晶玻璃的线性热胀系数与单质硅相近，所以此材料可用于电子工业中的仪表板和许多光伏基板。

2.2.8.2　β-石英尖晶石微晶玻璃

首先必须提及的是，在 SiO_2-Al_2O_3-Li_2O 系统的微晶玻璃中，添加含 ZnO 在内的不同成分能形成 β-石英主晶相（Beall 等，1967）。用这种方法，能生成具有较低热胀系数的微晶玻璃（见 2.2.2）。在这个系统的微晶玻璃中，Beall 和 Pinckney（1992）研发了光学性能可控的 β-石英固溶体微晶玻璃，这一微晶玻璃的组成（质量分数/%）为：64~70SiO_2、18~22Al_2O_3、3.3~4Li_2O、1.5~3.5ZrO_2、0.5~2.5TiO_2 和 0.5~1.5As_2O_5，2~5ZnO。由于其中 Al_2O_3 的含量相当高，因此花岗岩（$ZnO·Al_2O_3$）作为微晶玻璃的第二相出现。

Strnad（1986）报道了以花岗岩 $ZnO·Al_2O_3$ 和 β-石英固溶体为主晶相的微晶玻璃。典型 β-石英固溶体-花岗岩的化学组成（质量分数/%）为：41SiO_2、14~24Al_2O_3、16~40ZnO、0~5ZrO_2、0~5TiO_2、0~2P_2O_5、0~0.01Pt、0~0.5As_2O_3。

在微晶玻璃中添加成核剂例如 ZrO_2、TiO_2、P_2O_5 或 Pt，能得到含 Zn^{2+} 的 β-石英固溶体和/或花岗岩（$ZnO·Al_2O_3$）、硅锌矿（$2ZnO·SiO_2$）晶体。用金属或氧化物作为成核剂，任何情况下都可以实现整体晶化。需要注意的是，用 ZrO_2 或 TiO_2 作为成核剂时有不同的晶相形成过程。

当用 ZrO_2 作为成核剂时，ZrO_2（四方改性）作为基础玻璃中相分离的初级晶相伴随着 β-石英固溶体出现。最后，在温度升高到 950~1000℃时形成花岗岩 $ZnO·Al_2O_3$。

当用 TiO_2 作为成核剂时，形成花岗岩 $ZnO·Al_2O_3$ 初级晶体。晶体大小为 0.01~0.1μm。这种含有花岗岩的微晶玻璃是透明的。

在 SiO_2-Al_2O_3-ZnO 系统中形成 β-石英固溶体和花岗岩微晶玻璃，给微晶玻璃带来了特殊的性能，如半透明甚至透明，同时热胀系数从 $-0.5×10^{-6}$/K 增加到 $+3.1×10^{-6}$/K（20~500℃）等。

2.2.9　SiO_2-Al_2O_3-CaO（炉渣微晶玻璃）

Pavluskin（1986）在苏联报道了从工业炉渣，例如钢铁和铜以及其他金属工业的炉渣通过来晶化生成炉渣微晶玻璃。而且，Pavluskin（1986）、Hinz（1970）和 Strnad（1986）在 20 世纪 60 年代早期就分别报道过苏联和匈牙利一天要生成很多吨的炉渣微晶玻璃。使用来源于金属工业的廉价炉渣和其他添加剂，然后熔融，通过一个两步的热处理过程生成微晶玻璃。

根据添加剂不同，这一过程也可通过控制晶化来实现，得到的产品为微晶玻璃，因为有无数的第二相成分和杂质，所以主晶相的晶化控制非常复杂，而对所有相包括第二相的晶化控制则是不可能的。这些炉渣微晶玻璃的整体玻璃可以用下面的方法生成：

原材料组成（质量分数/%）为 $50\%\sim60\%$ 炉渣和 $20\%\sim40\%$ 沙子，添加剂为高至 11% 的 Al_2O_3、$4\%\sim6\%$ Na_2SO_4、$1\%\sim3\%$ 碳和 $0.5\%\sim10\%$ 的成核剂。主要的硫化物、氟化物、Cr_2O_3、TiO_2 和 P_2O_5 都可以用作成核剂。俄罗斯炉渣的成分，取决于生成它的工序和行业，而基础玻璃的组成则见表 2.13。SiO_2-Al_2O_3-CaO 基础系统的相图见图 2.31。

表 2.13　俄罗斯炉渣和炉渣微晶玻璃的组成（Pavluskin，1986）

成分	俄罗斯炉渣/%（质量分数）	炉渣微晶玻璃/%（质量分数）
SiO_2	$33\sim40$	$49\sim63$
Al_2O_3	$5\sim16$	$5.4\sim10.7$
CaO	$30\sim48$	$22.9\sim29.6$
MgO	$1\sim7$	$1.3\sim12$
Fe_2O_3	$0.1\sim5$	$0.1\sim10$
MnO	$0.5\sim3$	$1\sim3.5$
Na_2O		$2.6\sim5$
Cr_2O_3		$0.1\sim3$
MnS,FeS		$1.5\sim5$
ZnS		$2.2\sim4.5$
F		$1.6\sim2.5$
TiO_2		$3\sim6$
P_2O_5		$5\sim10$

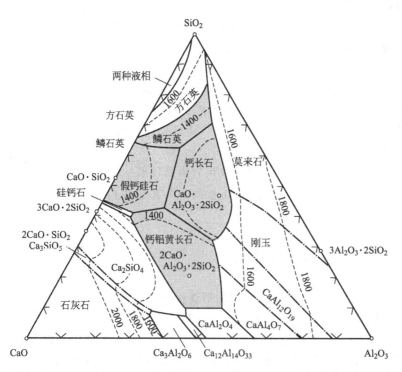

图 2.31　SiO_2-Al_2O_3-CaO 系统相图（Levin 等，1964）（质量分数/%，温度 ϑ/℃）

然而，需要指出的是，在表 2.13 中，尽管是 SiO_2-Al_2O_3-CaO 作为基础系统，也需要相当数量的添加剂，如 P_2O_5、Fe_2O_3 或 MgO。主要成分很多，说明玻璃晶化的固相反应非常复杂，存在大量平行反应和二次反应。

P_2O_5 含量高的基础玻璃中存在大量的液-液相分离，这一事实也说明炉渣中存在相分离过程。Pavluskin（1986）利用扫描电镜发现了基础玻璃中的这种相分离，但这种相分离受磷酸添加剂的影响比硫化物的影响更大。因此，磷酸盐对核化和形成晶体非常重要。

Pavluskin（1986）认为基础玻璃中除了相分离过程之外，重点还在于（硫化物产生的）非均匀成核。他认为硫化物作为成核剂的反应独立于其他成核剂如 TiO_2 和 Cr_2O_3 的反应。而且，碳没有成核作用，仅作为还原剂。

根据 Pavluskin（1986）的研究，可以通过添加剂来控制炉渣微晶玻璃的颜色。添加了 MnS+FeS 的炉渣，获得灰黑色微晶玻璃。如果将 ZnO 加入到混合物中，生成白色的 ZnS，因此，炉渣微晶玻璃也可以呈白色。ZnS 的形成可以用下面的交换反应来解释：

$$FeS + ZnO \longrightarrow ZnS + FeO$$
$$MnS + ZnO \longrightarrow ZnS + MnO$$

其他的颜色可以通过添加其他颜色的成分（如 3d 元素的氧化物）来获得。

在热处理时，整块玻璃的成核和晶化通常于 $800 \sim 1000℃$ 通过两步完成。Pavluskin（1986）认为在这个过程中存在相分离控制晶化。在他的报道中，主晶相是钙硅石和钙长石。第二晶相有透辉石、辉岩、钙铝黄长石。然而，根据成分的不同，第二晶相也可能作为主晶相出现。

在苏联，金属工业产生大量的炉渣，他们用炉渣生成微晶玻璃，这种制造成本低廉的微晶玻璃主要用作建筑行业的外墙砖。炉渣熔融后，将玻璃滚压成片材。片材热处理后就转变成为炉渣微晶玻璃。

炉渣微晶玻璃具有良好的力学稳定性、硬度和耐腐蚀性（见表 2.14），它们能用金刚石工具加工。也就是说，如果需要的话，在滚压后可以得到最后的形状。

表 2.14　炉渣微晶玻璃的性能（Pavluskin，1986）

性能	数值
线性热胀系数	$(6.5 \sim 8.5) \times 10^{-6}$/K
软化点	950℃
热震性能	$200 \sim 300℃$
弯曲强度	$90 \sim 130$MPa
抗压强度	$700 \sim 900$MPa
杨氏模量	93GPa
热导率	$1.16 \sim 1.3$W/(m·K)
化学稳定性	
96%硫酸	99.8%
20%盐酸	$98\% \sim 99.8\%$
35%NaOH	$74.7\% \sim 90\%$

炉渣同样也可以用于筑路。因为它的化学稳定性好，也可以用于化学装置，例如，吸收装备室的基础材料或大型金属设备中的耐腐蚀部分。

同时，其他国家也在开展这样的研究，例如日本、意大利、德国和瑞士，使用工业废料、炉灰或粉煤灰等原材料来生产微晶玻璃产品。Pelino 等（1994）报道了循环利用针铁矿工业废料来生产微晶玻璃。这种源于意大利锌产业的针铁矿废料中金属成分（Pb、Zn、Cu 和 Ni）含量很高。Pelino 等（1994）报道硅酸铁晶化可获得辉岩晶体的微晶玻璃。

Suzuki 等（1997）利用污泥废渣作为原料在 SiO_2-Al_2O_3-CaO 系统中得到了微晶玻璃。钙长石的成核是由少量 FeS 生成的。最终获得的钙长石型微晶玻璃具有很好的机械强度和化学稳定性。

Boccaccini 等（1997）报道了建筑工业的备选材料。他们用粉煤灰作为特殊原料在 SiO_2-Al_2O_3-CaO 系统中生成了微晶玻璃并对其晶化行为进行了研究，发现有可能析出辉岩型相的微晶玻璃。

Blume 和 DrummondⅢ（2000）在高氧和低氧逸度下进行了玄武岩微晶玻璃的生成研究。在高氧逸度下，长石、尖晶石和亚稳态硅酸相作为主晶相平衡出现，但是长石会受动力学抑制。

2.2.10　SiO_2-Al_2O_3-K_2O（白榴石）

化学体系对烧结陶瓷材料、传统瓷器和微晶玻璃具有相同的重要性。图 2.32 中 Schairer 和 Bowen 作的相图（Kingery 等，1976），钾长石（$K_2O \cdot Al_2O_3 \cdot 6SiO_2$）、白榴石（$K_2O \cdot Al_2O_3 \cdot 4SiO_2$）（见附录图 A14）、莫来石（$3Al_2O_3 \cdot 2SiO_2$）、硅酸钾和 SiO_2 变体等都是这个系统中重要的晶体。传统瓷器属于 SiO_2-Al_2O_3-K_2O 系统。原料混合物的热处理方式决定。所生成的晶相和共熔体。通常用天然物质例如长石、石英、霞石和高岭土作为原料混合物。

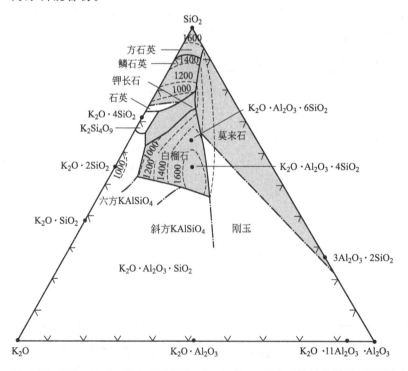

图 2.32　SiO_2-Al_2O_3-K_2O 三元系统（Levin 等，1964）（质量分数%，温度 ϑ/℃）

瓷器系统也是牙科医学微晶玻璃的基础。陶瓷能在牙科修复用的金属框架内形成。例如，O'Brien（1978）提出了这一类型烧结陶瓷的典型组成，各组分质量分数为：52%～62% SiO_2、11%～16% Al_2O_3、9%～11% K_2O、5%～7% Na_2O 和 Li_2O、B_2O_3 等添加剂。很多研究人员论述了这类陶瓷的形成，白榴石主晶相占优势（McLean，1972；Lindemann，1985；Schmid 等，1992）。尽管有很多玻璃和晶体混合然后热处理的例子，但是根据这一工艺生成的材料不能称为微晶玻璃。因为它们的晶体长大不是成核和晶化可控的过程。由于它是自发形成的，可暂且称为"野生"晶体。由此得到的微观结构特征是白榴石晶体大小不一。通常，真正长大的晶体前端看起来像一串珍珠。

但是，这些产品都是 SiO_2-Al_2O_3-K_2O 系统中微晶玻璃形成的基础。典型的含有白榴石主晶相的微晶玻璃是 IPS Empress®（见 4.4.2），其组成（质量分数）为：59%～63% SiO_2、19%～23.5% Al_2O_3、10%～14% K_2O、3.5%～6.5% Na_2O、0～1% B_2O_3、0～1% CeO_2、0.5%～3% CaO、0～1.5% BaO 和 0～0.5% TiO_2。

除了若干添加剂如色料、稳定剂和硅酸盐烧结产品外，通过控制表面晶化来生成白榴石的基础玻璃（见 1.4 节、1.5 节和 3.2.3）也尤其重要。基础玻璃的组成（质量分数）为（Höland 等，1995a）：63% SiO_2、17.7% Al_2O_3、11.2% K_2O、4.6% Na_2O、0.6% B_2O_3、0.4% CeO_2、1.6% CaO、0.7% BaO 和 0.2% TiO_2。

如果玻璃是以整体形式加热的话，孤岛状的白榴石晶体从玻璃试样的表面长出，这是表面核密度较低的缘故。这些白榴石晶体有明显的生长取向（即各向异性生长），多面体的顶端位于玻璃试样的表面（见 1.4 节和 3.2.4）。

提高有利于成核的成分如 TiO_2、CeO_2 和 B_2O_3 的含量，可增加成核密度获得有效的表面晶化，另外，对基础玻璃精细球磨也能大大提高表面活化能。这样的基础玻璃具有很高的白榴石晶化率。对整体试样，白榴石晶体增加的速率为 $0.005\mu m/min$；对粉末试样，增加速率则约为 $2\mu m/min$。在 920～1200℃之间的热处理过程中，白榴石从成核中心以树突状生长。微观结构在热处理开始的几分钟内形成，见图 2.33。这种枝状的晶体生长见 3.2.4。当热处理结束时，也就是说，大约 1h 后，形成的明显无序的白榴石晶体比图 2.33 的晶体要小。

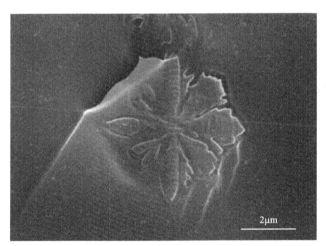

2μm

图 2.33 玻璃颗粒中的白榴石晶体用 HF 腐蚀后的 SEM 图像

晶体生长开始于晶粒表面，然后向内部推进。这张高分辨率的图片展示了枝状晶体的生长过程

一些合成的白榴石晶体在外观上与天然的白榴石晶体不同。因此，制造商 Ivoclar Vivadent AG 把用这种方式生产的微晶玻璃以铸块形式用在 IPS Empress® 牙科实验室的牙科修复材料中。为了获得微晶玻璃产品中最终的微观结构，需要对原料微晶玻璃进行二次热处理。

牙科实验室里的二次热处理是一个耦合的黏性流体过程（见 4.4.2）。在 1050～1180℃热处理约 35min 后，白榴石晶体有一个成熟过程，生成如图 2.34 所示的微观结构。这种微观结构致密且没有裂纹。但是经过氢氟酸腐蚀后，在微晶玻璃的表面有微裂纹［与图 2.34(a)、(b) 比较］。白榴石晶体拥有近乎完美的改性四面体外形。但是从微晶玻璃中析出的白榴石却是聚片双晶结构（Anthony 等，1995；Palmer 等，1988）。图 2.34(a) 的大晶体中可以看到这种聚片双晶。由于其热胀系数高，它们对玻璃基体有弥散强化作用。因此，微晶玻璃的基础抗弯强度为 120MPa，通过上釉或者烧结的陶瓷层增强技术，其强度可进一步增加到 170MPa（Dong 等，1992）。

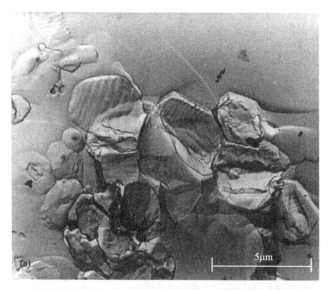

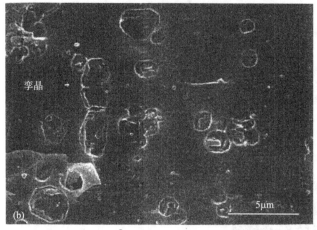

图 2.34　IPS Empress® 微晶玻璃的微观结构

(a) IPS Empress® 白榴石晶体中聚片双晶的 TEM 图像（未经腐蚀的样品）；(b) 氢氟酸腐蚀（2.5％HF，3s）后微观结构的 SEM 图像。在白榴石晶体和玻璃基体之间的界面上可以看到腐蚀开始。一些晶体一起生长形成双晶（即孪晶）

IPS Empress® 微晶玻璃中白榴石晶体含量约为 34%（体积分数），根据微晶玻璃种类的不同，其线性热胀系数为 $(14.9 \sim 18.25) \times 10^{-6}/K$。

光学特性对于随后的应用非常重要。透明而且晶体尺寸在 $2 \sim 5 \mu m$ 之间也同样重要，牙科修复上正需要这一特性。

而且，微晶玻璃在烧结过程中必须能跟其他产品相结合，例如烧结的陶瓷、釉料和其他光学特性的玻璃等。因此，才有可能实现透明度和乳光效果的结合。这种适合微晶玻璃生产工艺并且含有白榴石晶体的乳光玻璃的组成（质量分数）为：48%～66% SiO_2、5%～20% Al_2O_3、3%～15% K_2O、3%～12% $Me^{2+}O$（如 CaO、MgO）、0.5%～5% P_2O_5、3%～12% Na_2O（Höland 等，1996b）。

这种乳浊微晶玻璃的微观结构表现为液-液相分离的不同相，来获得乳光效果。最初的白榴石晶体在单个玻璃晶界的界面区域内可见（见 3.2.4）。

与 IPS Empress® 的微观结构相比，此玻璃中生成了一种不同类型的白榴石微晶（Höland 等，2008b）。白榴石增强微晶玻璃可以研发作为牙科修复用生物材料。这种材料很容易用 CAD/CAM 系统加工。其力学性能表征如下：抗弯强度 135～160MPa、断裂韧性 K_{IC} 1.3MPa·m$^{0.5}$（见 4.4.2 牙科微晶玻璃）。

2.2.11 SiO_2-Ga_2O_3-Al_2O_3-Li_2O-Na_2O-K_2O（锂铝镓酸盐尖晶石）

碱金属-镓-铝硅酸盐玻璃混合物中形成了含有 $LiGa_5O_8$ 和 $LiAl_5O_8$ 之间的锂铝镓酸盐尖晶石固溶体的纳米晶体和有缺陷的 γ-Ga_2O_3 尖晶石的透明尖晶石微晶玻璃（Pinckney 和 Beall，2001）。在玻璃形成锂尖晶石中氧化镓成分起着重要作用，因为化学计量锂尖晶石需要的 (Ga+Al)/Li 比≥5，单独用氧化铝的话很难实现。同时，尖晶石结构中的镓和铝有助于松弛八面体结构，从而有利于过渡金属的有效掺杂。

Li(Ga，Al)$_5$O$_8$ 有着反转的尖晶石结构，被认为是 Mg(Ga，Al)$_2$O$_4$ [Mg$_2$(Ga，Al$_4$O$_8$] 的衍生物，其中 Li$^+$ 和 Ga^{3+}（或 Al^{3+}）取代两个 Mg^{2+}。一半的 (Ga，Al)$^{3+}$ 占据四面体的点，而 Li$^+$，和另外一半的 (Ga，Al)$^{3+}$ 占据八面体的点。

氧化镍在这种微晶玻璃中是重要的掺杂剂，它能使微晶玻璃的发光性能增加（见 4.3.3.4）。在玻璃态时，掺杂 Ni^{2+} 产生一种红棕色，而在晶化后，透明的微晶玻璃呈现出一种明显的蓝绿色。

镓酸盐尖晶石晶体的有效成核，通过前面 2.2.5.3 和 2.2.7.2 部分描述的与透明镁橄榄石、硅锌矿和红锌矿微晶玻璃相似的机理来实现，也就是说，在稳定的 Na-K 铝硅酸盐玻璃和不稳定的玻璃相之间发生纳米相分离，这种情况下玻璃相中富含 Ga 和 Li。这种不稳定的玻璃在 850℃左右的热处理下晶化成锂镓酸盐尖晶石固溶体。扫描隧道电子显微镜的分析表明，这种微晶玻璃的晶粒直径为 10nm，经 X 射线分析确定其为尖晶石相。这种类型微晶玻璃的一个典型的组成（质量分数%）为：38.8SiO$_2$、42.3Ga$_2$O$_3$、7.7Al$_2$O$_3$、1.2Li$_2$O、10.0Na$_2$O，NiO 以光学掺杂剂加入，加入量为 0.0%～0.5%（质量分数）。

2.2.12 SiO_2-Al_2O_3-SrO-BaO（锶-长石-钡长石）

基于单斜钡长石型结构的锶钡长石 [(Sr，Ba)Al$_2$Si$_2$O$_8$] 的微晶玻璃（Chiari 等，

1975；Griffin 和 Ribbe，1976）能在三元 Sr-铝硅酸盐和 Ba-铝硅酸盐玻璃中生成，与四元 Sr-Ba 铝硅酸盐玻璃添加了 TiO_2 作为成核剂一样的工艺（Beall，2008）。微晶玻璃形成区域可以在图 2.32 中的三元相图（PED No.10784，2005）上叠加。氧化钛的量以质量分数计，有效的小晶粒内部成核必须加入质量分数为 8%～15% 的氧化钛。

Sr-长石（$SrAl_2Si_2O_8$）的熔点接近 1700℃，它的结构与 1590℃下转化为六方多晶的钡长石（$BaAl_2Si_2O_8$）一样（Bahat，1970）。尽管这种多晶类似六方钡长石，但是不作为长石而是层状硅酸盐来考虑（Ribbe，1983），它的熔点接近 1740℃。这就完全或者几乎完全是 Sr-长石和钡长石的固溶体。这些长石好的热稳定性使得基于这些耐火相的微晶玻璃的使用温度可以高达 1450℃。

有了这样的耐火性能，人们可能会认为，那母相玻璃的熔融温度会高于 1600℃，但是图 2.35 所示的配方组成在铂坩埚中 1600～1650℃ 之间就完全熔融，说明了它们的熔融温度适合现有的商业铂金熔炼系统。

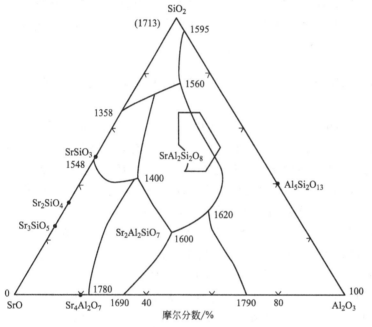

图 2.35 SiO_2-Al_2O_3-SrO 系统中氧化钛作为成核剂的 Sr-长石微晶玻璃区（温度 ϑ/℃）（Beall，2009）

把上述玻璃转化成为小晶粒长石微晶玻璃的热处理过程包括在 875℃ 附近的成核保温和 1150℃ 以上温度（通常高达 1400～1450℃）的晶化保温。微晶玻璃组成在 850℃ 下、2h 和 1425℃ 下、6h 的热处理后的性能节选见表 2.15。

表 2.15 锶长石-钡长石微晶玻璃的组成（质量分数%）和性能节选

成分	1	2	3	4
SiO_2	34.1	36.9	35.8	35.5
Al_2O_3	32.9	33.2	30.3	32.1
SrO	23.9	21.6	—	14.5
BaO	—	—	25.7	9.6

成分	1	2	3	4
TiO$_2$	9.1	8.3	8.2	8.3
热处理(℃,h)	850,2;1425,6	850,2;1425,6	850,2;1425,6	850,2;1425,6
晶相	锶长石,钛酸铝	锶长石,钛酸铝,莫来石	钡长石,钛酸铝,莫来石	钡长石固溶体,钛酸铝,金红石
热胀系数(25~1000℃)/(×10^{-6}/K)	4.3	3.7	4.1	—
磨损后断裂模量/MPa	132±17	—	105±10	—
K_{IC}/MPa·m$^{0.5}$	2.67±0.2	2.22±0.05	1.72±0.04	—

表 2.15 中的 1 号组成表明了这些长石微晶玻璃的耐火性能。微晶玻璃高度晶化,大部分由 Sr-长石和钛酸铝（Al$_2$TiO$_5$）组成。弯曲梁法测试出这种微晶玻璃明显的退火点温度是 1325℃,对于熔融温度达 1625℃ 的玻璃基材料来说已经很高了。室温下的抗弯强度和断裂韧性也表现不错:分别为 (132±17) MPa 和 (2.67±0.2) MPa·m$^{0.5}$。

随后的 1 号组成中成核和晶体长大过程也很有趣。首次出现晶核时的成核温度接近 850℃,此时宽的 X 衍射峰图明确表明几乎没有氧化铝,$κ$-Al$_2$O$_3$ 形成（Okumiya and Yamaguchi,1971）。这种相最初由这些作者通过加热黏土矿物:东大石 [Al$_5$O$_7$(OH)] 合成,值得注意的是东大石的基础结构中保留有 Al 离子空位。

在 1 号微晶玻璃中,在这些纳米晶体中能出现一些氧化钛 [见图 2.36(a)、(b)],因为在组成中如果没有 TiO$_2$ 存在,就不能形成类 $κ$-Al$_2$O$_3$ 相,内部成核无法实现。因此,很有可能在东大石结构中的四面体点发生了钛取代铝的反应:Ti^{4+} + O^{2-} ⟶ Al^{3+} + OH$^-$。根据这个逻辑,真实的 $κ$-Al$_2$O$_3$ 结构对玻璃中的成核负责,将形成化合物 Al$_4$TiO$_8$ 或 2Al$_2$O$_3$·TiO$_2$。经过 850℃ 热处理后能看见这些分散片状颗粒的小晶核（<100nm）,和周围腐蚀过的玻璃不一样。它们的形态学反映了东大石的层状结构。经过 875℃、4h 的热处理后,晶核在数量和尺寸（500nm 左右）上都增加了 [见图 2.36(b)]。对腐蚀和没有腐蚀的表面进行比较,通过 X 射线能谱（EDX）分析片状晶核的组成,发现与周围的玻璃相比,晶核富含铝和钛,跟上面的假设一致。

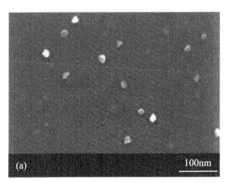 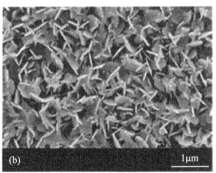

图 2.36 玻璃腐蚀后 $κ$-Al$_2$O$_3$ 结构成核的二次电子图像,可能是表 2.15 中 1 号微晶玻璃的 Al$_4$TiO$_8$（Beall,2009）
(a) 850℃ 下加热 4h;(b) 875℃ 下加热 4h,玻璃已被预先腐蚀掉

1 号玻璃组成中首先出现的硅酸盐晶相是亚稳态的六方 $SrAl_2Si_2O_8$，在 950℃左右析出。在这个温度下，自由的氧化钛形成锐钛矿（TiO_2），κ-Al_2O_3 相开始消失。六方铝硅酸锶相有层状结构和高的热胀系数，在它的热膨胀曲线上 600℃左右有一个钩状（Bahat，1972），从热震性的角度来说是不期望看到这一现象的。这种亚稳相一直坚持到 1125℃，才完全转变为稳定的多晶：单斜锶长石。此时，所有初级晶核的结构消失。温度高于 1200℃时，形成钛酸铝（Al_2TiO_5）；温度升到 1400℃时，就只有锐钛矿了。

表 2.15 中的 3 号铝硅酸钡玻璃的晶化也在 875℃附近开始形成 κ-Al_2O_3 结构，很可能是 Al_4TiO_8。在 925℃时，钡长石形成，κ-Al_2O_3 结构由钛酸铝取代。在温度 1100℃时，最后一个形成的相是莫来石。1425℃后，最终有四种相组成：钡长石、钛酸铝、莫来石和硅酸玻璃。这能通过图 2.37(a)、(b) 中断面的 EDX 的图片区别开来。注意，大的针状莫来石（黑色）和小的白色的棱柱状钡长石和灰色钛酸铝的对比。这种硅酸玻璃表现为晶粒间的黑色补丁。

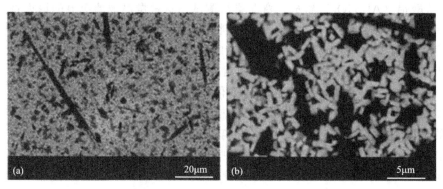

图 2.37　表 2.15 中 3 号钡长石-莫来石-钛酸铝微晶玻璃微观结构的背散射 SEM 照片
注意，黑色针状莫来石晶粒和较小的白色板条状锶长石（锶-钡长石）（Beall，2009）

在 BaO-Al_2O_3-SiO_2 系统中，微晶玻璃的组成范围比在类似的锶系统中的组成范围小。在三元液态相图（PED No.556，2005）中它处于钡长石-莫来石-氧化铝混晶的组成范围内，其比例（质量分数）为：39% SiO_2、32% Al_2O_3、29% BaO 和外加 7.5%～11% 的 TiO_2。在类似的锶长石材料中，钡长石微晶玻璃没有明显的优势。实际上，除了密度稍微高点之外（3 号微晶玻璃 3.16g/cm³，而 1 号微晶玻璃为 3.04g/cm³），这些样品的强度和断裂韧性都较低。含有 SrO 和 BaO 的固溶体长石微晶玻璃可能用表 2.15 中的 4 号组成来表示。

锶长石、钡长石和锶-钡长石固溶体微晶玻璃的潜在应用取决于它们非常高的热稳定性。例如，它们尤其适合用作硅的半导体基质，热膨胀性能和硅相匹配（3.5×10^{-6}/K），使用温度接近或高于硅的熔点 1415℃，这种基质可以覆盖熔化的硅，然后在低于其熔点温度下晶化。在这些温度下，小晶粒硅长大的动力更强，因而成核点受限。小晶粒硅可以长成大晶粒的硅薄膜，它比小晶粒硅或无定形硅的光伏性能好。

这些长石微晶玻璃同样也能与其他耐火材料如碳化硅、氮化硅等在热胀系数上相匹配，有可能作为连接材料使用。

同时，它们还适合用在温度 1450℃，甚至超过 1450℃的熔融金属的浇铸上，这对很多高温合金来说都是必需的。微晶玻璃的小晶粒和无气孔本质能获得高质量表面，从而获得非常接近模拟浇铸时想要得到的前驱体玻璃模型。

2.3 氟硅酸盐

2.3.1 SiO_2-$(R^{3+})_2O_3$-MgO-$(R^{2+})O$-$(R^+)_2O$-F（云母）

对矿物学家和晶化工作者来说，对独特多样性的三层硅酸盐构成的矿物云母都非常熟悉。云母晶体易于解理成了大量科技论文的主题，云母晶体的结构见 1.3.1 和附录图 A13。不仅有大量云母结晶学的文献，而且它作为岩石如花岗岩的主要成分也广为人知。

然而，对材料工程师来说，控制玻璃中云母的晶化来生成微晶玻璃，是一个特别的挑战。单独的云母，其基本结构式为 $X_{0.5\sim1}Y_{2\sim3}Z_4O_{10}(OH,F)_2$，是一个碱金属或大的碱土金属离子 X，小的碱土金属离子 Y，或者八面体配位（Y）和（Z）中的铝离子，和氧、羟基和/或者氟阴离子等形成 Al^{3+}、Si^{4+} 四面体筑块。云母中包含下列元素，如 Na、K、Mg、Al、Si、O、H 和 F 等，但是，研发云母微晶玻璃时，仅有这个二元和三元系统模型是不够的，因为云母不会在这么简单的情况下生成。

2.3.1.1 碱金云母微晶玻璃

Beall（1971a）通过控制基础玻璃的晶化获得了含有云母的微晶玻璃。他研发了一种可以用简单金属切割工具进行机械加工如车、钻、铣磨或车削螺纹的材料。Beall（1971a）得到的微晶玻璃中，形成了下面的碱金云母：$K_{1-x}Mg_3(Al_{1-x}Si_{3+x}O_{10})F_2$，其中 $x=0\sim0.5$（见附录图 A13 中的结构）。他使用了不同的机理来研发这种材料。使用的工艺和控制微观结构形成过渡相如下。（Beall，1971a；Chyung 等，1974；Beall，1992）。

① 多组分系统的基础玻璃组成范围（质量分数%）为：$30\sim50$ SiO_2、$3\sim20$ B_2O_3、$10\sim20$ Al_2O_3、$4\sim12K_2O$、$15\sim25MgO$ 和 $4\sim10F$。

由于这个系统的复杂性，只跟 SiO_2-Al_2O_3-MgO 三元系统的简单比较不能提供准确的关于上述系统潜在的玻璃形成和晶相形成方式的信息。因为这个三元系统已经因为大量的添加剂而完全改变并且扩张了。

玻璃的微观结构用相分离现象来表征［见图 2.38（a）］。相分离是成核的一个基本过程。没有相分离，就不会在基础玻璃中产生晶核。在这一部分，Chyung 等（1974）报道了 Mg^{2+} 的特殊功能，在相分离过程中，很显然它的配位数从 4 变为 6。这个发现引起了 Mg^{2+} 与 SiO_2-Al_2O_3-MgO 系统玻璃中 Ti^{4+} 的作用的比较，因 Ti^{4+} 对相分离过程也有影响，同时它的配位数也从 4 变到 6。Chyung 等（1974）发现，MgF_2 是锐钛矿型 TiO_2 的同构体（见附录图 A18）。测得这种微滴相约为 $0.5\mu m$，为氟富集的硼硅酸钾盐玻璃相。

② 从相分离界面处形成树突状粒硅镁石［$2Mg_{2-x}(Al,B)_{2x}Si_{1-x}O_4 \cdot MgF_2$］晶相的过程中，初级晶相在 650℃ 出现。运用 X 射线衍射分析，发现这些晶体是体心立方粒硅镁石。这个转变阶段的云母微晶玻璃的微观结构见图 2.38（b）。有趣的是，这种特殊的粒硅镁石与其他正硅酸盐或者硼酸盐（例如，镁橄榄石 Mg_2SiO_4 或硼铝镁石 $MgAlBO_4$）相比，清楚地表现为一个变形扭曲的结构。

③ 接下来是一个温度高于 750℃ 的晶化过程，其特征是形成了硅镁石（$Mg_2SiO_4 \cdot$

MgF_2）。这些晶体通过粒硅镁石和微滴玻璃相之间的固相反应生成，在这个过程中，两者都完全溶解。含有块硅镁石晶体的微观结构见图 2.38(c)。

在温度高于 850℃时生成令人期待的金云母型主晶相，块硅镁石完全消失。第二晶相氟亚硼酸盐 $Mg_3(BO_3)F_3$ 形成。然而，理想的微观结构形成于 950℃［见图 2.38(d)］。

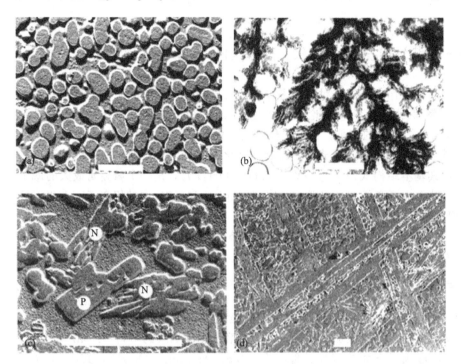

图 2.38　金云母型可加工微晶玻璃微观结构的形成（Chyung 等，1974）（标尺为 $1\mu m$）
(a) 基础玻璃的玻璃-玻璃相分离过程中大约为 $0.5\mu m$ 的玻璃液滴的 TEM 图像；(b) 700℃热处理 1h 后，在树突状晶体中形成的初级粒硅镁石型晶相的 TEM 图像；(c) 850℃热处理 0.5h 后，在随后的晶化过程中形成块硅镁石的 TEM 图像；(d) 950℃热处理 4h 后，形成云母晶体

Chyung 等（1974）从结晶学的角度出发，研究了碱金属金云母形成的机理。这些研究揭示了块硅镁石（100）面和金云母（002）面的结构相似性，特别是晶胞参数彼此偏离不超过 5%，使得相互间的外延生长成为可能。因此，金云母能在块硅镁石上非均匀长大。

氟金云母是一个有着下面化学式的固溶体：

$$K_{1-x}Mg_{3-y}Al_y[(Al,B)_{1+z}Si_{3+z}O_{10+w}]F_{2-w}$$

氧和氟离子总数必须等于 12，剩下的参数为：$x = 0.01\sim0.2$，$y = 0.1\sim0.2$，$w = 0\sim0.1$。

经过 950℃、4h 的热处理后，金云母型云母微晶玻璃中出现云母晶体直接互锁的微观结构，在 3.2.6 中用卡片屋结构来描述这种晶体结构。

Beall（1971a）发现，可以根据组成和使用的晶化工艺来生成不同的微观结构。而且，微晶玻璃各自的化学稳定性也改变了。云母型微晶玻璃的机械性能很不错。微晶玻璃中含有三分之一体积分数的云母时表现出令人满意的可加工性能，在其占到体积分数的三分之二时获得理想的可加工性能。

这种微晶玻璃良好的可加工性能归因于云母及其晶体易于解理的事实。三层矿物单元之间的连接能相对容易地被外力打开（见 1.3.1）。而且，裂纹沿着晶界扩展。因此，对这种材料进行加工可能不会在微晶玻璃中产生微裂纹。除了可加工性能之外，这种材料还具有下列优点：耐热性高达 800℃，电绝缘性能和其他力学参数，例如弯曲强度约为 120MPa、抗压强度为 345MPa、线性热胀系数为 $9.3 \times 10^{-6}/K$（25～300℃）。这些性能优于其他云母型微晶玻璃，例如由烧结玻璃复合天然云母的复合材料，其均匀度较低且易于生成气孔（Beall 1971a）。这种金云母型云母微晶玻璃由康宁公司生产，商标为 MACOR®，它的组成见表 2.16。

表 2.16　商业用云母型微晶玻璃的组成（质量分数％）和性能

(a)组成	MACOR®（康宁）	Photoveel™（Sumikin）	BIOVERIT® II（Vitron）	DICOR®（康宁/Dentsply）
SiO_2	47.2	x	48.9	56～64
B_2O_3	8.5	x	—	—
Al_2O_3	16.7	x	27.3	0～2
MgO	14.5	x	11.7	15～20
Na_2O	—	x	3.2	—
K_2O	9.5	x	5.2	12～18
F	6.3	x	3.7	4～9
ZrO_2	—	x	—	0～5
CeO_2	—	x	—	0.05

(b)晶相

MACOR®　　$K_{1-x}Mg_3Al_{1-x}Si_{3+x}O_{10}F_2$（扁平晶体）

Photoveel™　　$KMg_3AlSi_3O_{10}F_2$（扁平晶体）

BIOVERIT® II　　$(Na_{0.18}K_{0.82})(Mg_{2.24}Al_{0.61})(Si_{2.78}Al_{1.22})O_{10.10}F_{1.90}$[●]（卷曲晶体）

DICOR®　　$K_{1-x}Mg_{2.5+x/2}Si_4O_{10}F_2$（$x<0.2$）（扁平晶体）

　　Cai 等（1994）进行了关于 MACOR® 非弹性特性和循环疲劳行为的基础研究，对它和前驱体玻璃的性能进行了比较。他们用压痕球技术，把涂覆金膜的不同半径的碳化钨球在抛光的 MACOR® 微晶玻璃坯料上加压来进行测试。MACOR® 微晶玻璃和基础玻璃压痕的应力-应变数据见图 2.39。

　　在晶化微晶玻璃和前驱体玻璃之间，它们的应力-应变反应有一个很明显的区别。基础玻璃表现为理想的弹性和脆性行为，近线性反应。反之，云母微晶玻璃在一个相对低的压痕应力下明显偏离了线性反应。显然，云母（金云母）相的晶化模拟了一种柔性材料，赋予了 MACOR® 微晶玻璃一定程度的"塑性"。

　　图 2.40 为塑性区的外观，施加的两种压痕载荷：1000N 和 1500N 垂直切向表面，同时展示了接触压痕的半个表面。图中展示的是正好在接触区域下的近表面区域，其损伤比这个部分的深度区域小。事实上，损伤区域有清晰的界限和圆形，且其半径比表面压痕区域的稍微大点。图 2.41 的微观照片揭示了由 1500N 的压痕载荷创造的"塑性区域"的本质。可以看到微裂纹从单个的云母片扩展到玻璃基体中。它们连接在一起形成组合的裂纹

●　译者注：此处原文为"$(SiO_{2.78}Al_{1.22})O_{10.10}F_{1.90}$（P138），应为笔误多输了一个"0"，故删之。

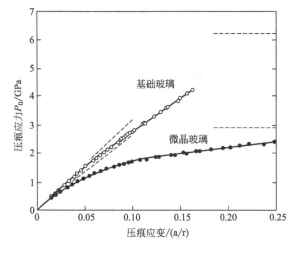

图 2.39　氟金云母微晶玻璃（MACOR®）和基
础玻璃的应力-应变曲线
实曲线是数据点的经验拟合，斜虚线是计算出来的赫
兹弹性响应；水平的虚线表示维氏硬度，上面的是基
础玻璃，下面的是微晶玻璃（Cai 等，1994）

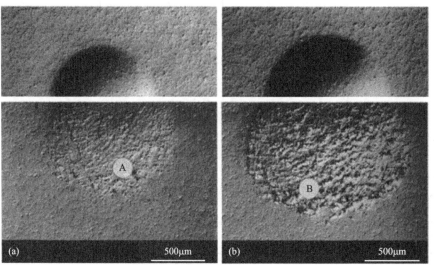

图 2.40　MACOR® 微晶玻璃压痕的半个表面的光学显微镜照片
用先进的碳化钨球产生压痕导致的表面变形，上面为半个表面，下面是局部。用 Normarski 干涉光照射。
B 点放大后见如图 2.41 所示（Cai 等，1994）

阵列组成损伤区域。而在这个区域外看不到微裂纹。这里揭示的这种变形的本质，必须包
括沿着云母和玻璃的弱界面前进、扩展的剪切层。

　　Vogel（1978）和 Vogel 和 Höland（1987）研发了其他也含有碱金云母作为主晶相的
云母微晶玻璃。从 SiO_2-Al_2O_3-MgO-Na_2O-K_2O-F 系统基础玻璃中生成的微晶玻璃，根
据它们的组成和热处理，表现出了特别的性能。析出熟悉的像盘子样形态的金云母，跟一
种新的卷曲金云母一样。

　　在 1.4 节晶体长大部分介绍过相形成的顺序和扁平金云母组成的可加工微晶玻璃中
晶体长大的机理。微晶玻璃具有"卡片屋"的晶体形态。关于这个微观结构的详细描述
见 3.2.6 部分。当 K_2O 含量比 MACOR® 微晶玻璃中低时，根据 Beall（1971a）和
Chyung 等（1974）的块硅镁石主晶相的形成原理，金云母主晶相的形成也以同样的机
理进行。

　　出乎意料的是，Vogel 和 Höland（1987）、Höland 等（1981，1991b）发现了含有卷

图 2.41 放大的 MACOR® 微晶玻璃表面损伤的光学显微镜照片

合并的微裂纹受云母玻璃界面的影响而呈锯齿状（Cai 等，1994）

曲金云母的特殊微晶玻璃。表 2.16(a) 列出了 BIOVERIT® Ⅱ 微晶玻璃的组成，为典型的 SiO_2-Al_2O_3-MgO-Na_2O-K_2O-F 系统。表 2.16 同样也说明了这种金云母晶体和它的卷曲的三层硅酸盐金云母型和其他云母微晶玻璃的不同。甚至在自然界中，都没有这样卷曲的云母晶相。这些具有特殊微观结构的微晶玻璃仍符合晶体形态学基础。这种卷曲的金云母微观结构称为卷心菜头结构，将在 3.2.7 中详细介绍。这种微晶玻璃的另一个特殊之处在于固相反应引起的主晶相的生成。通过 X 射线衍射分析发现，没有其他初级晶相优先于卷曲金云母形成。这些 BIOVERIT® Ⅱ 微晶玻璃的特性和应用将在 4.4.1.3 中介绍。

日本合成了含有 Au^+ 的云母相的氟云母微晶玻璃。而且，在这种微晶玻璃中也生成了 ZrO_2 晶体（Sumikin Photon Ceramic Co.，1998）。这些微晶玻璃的特性和应用将在 4.1.3.3 中介绍，其商品名为 Photoveel™。

2.3.1.2 无碱金云母微晶玻璃

Hoda 和 Beall（1982）研发了一种没有碱金属离子如 Na^+、K^+ 或 Li^+ 的微晶玻璃，无碱金云母是其主晶相。Hoda 和 Beall（1982）总结出形成的主晶相为：

Ca-金云母　　$Ca_{0.5}Mg_3AlSi_3O_{10}F_2$

Sr-金云母　　$Sr_{0.5}Mg_3AlSi_3O_{10}F_2$

Ba-金云母　　$Ba_{0.5}Mg_3AlSi_3O_{10}F_2$，或者混合的如 Sr-Ba 或者 Ca-Ba 金云母

用于生成这些材料的基础玻璃组成范围（质量分数）为：35%～40% SiO_2、10%～15% Al_2O_3、20%～30%MgO。碱土金属氧化物引入系统中的范围（质量分数）为：0～20% BaO、0～25% SrO 和 0～6% CaO。

与碱金云母微晶玻璃相比，无碱的碱土金属云母微晶玻璃在晶化过程中表现出不同的相演变过程。最初，基础玻璃表现出相似的前驱体相分离过程，这与含有碱离子的玻璃一样。然而，随后的相演变过程发生了改变。在 640℃ 下热处理 4h 后，初级晶相云母晶体出现。这些晶体非常小，测得的尺寸小于 $0.05\mu m$。在 700～800℃ 之间，这些晶体长大。大

多数微晶玻璃在提到的组成范围内都有第二相长大，在 1100℃ 生长速率加快。例外的是，Ca-金云母在这个温度下分解。Ca-Ba 金云母微晶玻璃的组成（质量分数）为：43.8% SiO_2、12.4% Al_2O_3、18.7%MgO、5.6% CaO、3.4% BaO 和 16.6%MgF_2。

在 625℃ 下热处理 4h 和 1100℃ 下热处理 6h 后，在玻璃基体中形成致密的云母晶体微观结构。这种无碱云母微晶玻璃的性能非常特别。

由于去掉了碱金属离子，无碱的碱土金属云母微晶玻璃的介电性能进一步提高。Ba-Sr 云母混合的、组成（质量分数）为：39.5% SiO_2、14.0% Al_2O_3、15.0% MgO、6.6% SrO、10.4% BaO 和 14.5% MgF_2 的微晶玻璃，在 0~300℃ 范围内比含碱离子的 MACOR® 微晶玻璃表现出了更低的介电损耗因子（$\tan\delta$）。而且，在 0~200℃ 范围内介电常数比 MACOR® 微晶玻璃的高。

下列组成的微晶玻璃具有令人出乎意料的性能。其组成（质量分数）为：44.8% SiO_2、12.7% Al_2O_3、19.1%MgO、12.2% SrO 和 17.0%MgF_2。

这种微晶玻璃，含有 Sr-金云母作为主晶相，表现出了吸水膨胀行为。微晶玻璃吸水后，生成了新的、长度为 2.5μm 的无 Sr^{2+} 晶体的微晶玻璃。这种晶体为氟蛭石结构：$Mg_{0.5}Mg_3(AlSi_3O_{10})F_2 \cdot 4H_2O$。这个反应对于矿物蛭石来说是可逆的，因此，这种微晶玻璃具有离子交换能力。

2.3.1.3 四硅云母微晶玻璃

Grossman（1972）在 SiO_2-MgO-K_2O-F 系统中发现了另一种云母微晶玻璃。主晶相由四硅云母 $KMg_{2.5}Si_4O_{10}F_2$ 组成。主晶相中的晶体尺寸较小，具有比金云母微晶玻璃更小的长径比。因此，材料具有半透明特性。而且，这种晶相没有天然的类似物。通过微晶玻璃中众所周知的原理，它可通过控制晶化合成并且保持稳定，与卷曲的金云母一样，在自然界中也不会有这种相长大。

形成四方硅类型的云母微晶玻璃的组成范围（质量分数）为：56%~60% SiO_2、15%~20%MgO、12%~18% K_2O、4%~9%F 和外加 5% 的 ZrO_2（Grossman，1972；Pinckney，1993）。表 2.16 列出了特别的称为 DICOR® 的商业微晶玻璃的组成（Beall，1992）。这种微晶玻璃是 Grossman（1972）研发的，他最先提出了四方硅云母微晶玻璃。为了生成这种类型的 $KMg_{2.5}Si_4O_{10}F_2$ 云母微晶玻璃，Grossman 选用的优化后的组成范围（质量分数）为：58%~62% SiO_2、12%~17%MgO、11%~16% K_2O、10%~11% MgF_2 和外加 2% 的 ZrO_2 和 As_2O_3。

当这个组成范围内的基础玻璃熔融后，缓慢冷却成为玻璃熔体，可以获得尺寸约为 0.25μm 的云母型微观晶体。然而，如果熔体快速冷却的话，就不存在这种晶相。

将快速冷却的玻璃加热到 650~950℃，可以对成核和晶化的相形成过程进行详细的研究。例如在 650℃，可以观察到含有初期准球形云母晶粒的小规模（尺度）玻璃-玻璃相分离，晶粒直径为 40nm。这些云母晶体在 910℃、940℃ 和 960℃ 下晶化得更完全。在 960℃，微观结构为 $KMg_{2.5}Si_4O_{10}F_2$ 型的块状云母晶体，有着较低的长径比。这些晶体跟含有 OH^- 的四方硅云母在结构上具有可比性（Seifert 和 Schreyer，1965）。在更高的温度如 980℃ 下，额外的顽辉石晶相（$MgSiO_3$）出现。

Bapna 和 Mueller（1996）研究了 DICOR® 微晶玻璃中形成云母晶体的动力学。常规的动力学参数根据 JMAK 公式 [1.4.3 中的式（1.6）] 建立。晶体的活化能为 203kJ/

mol，正式的反应级数 n 等于 3.4 ± 0.2，指前因子为 $2.88\times10^{11}/s$。

Grossman（1972）发现，这种四方硅云母微晶玻璃表现出了某些可喜的性能，例如高的机械强度（弯曲强度 157MPa）、高的电离能力（25℃/10kHz 下介电常数为 6.61、介电损耗为 0.0054）和良好的化学稳定性（95℃下 5% HCl 中处理 24h 后质量损失为 $0.69mg/cm^2$）。而且，热胀系数为 $(6.4\sim7.1)\times10^{-6}/K$。这种材料因尺寸小于 $1\mu m$ 的云母晶体有了另一个重要的性能：半透明性。

这些制备 DICOR® 微晶玻璃的基础的发现可以追溯到 1972 年，生成的这些材料性能可以改性作为生物材料使用（见 4.4.2），例如，用于其调节至自然牙釉质的半透性。在减小 DICOR® MGC 微晶玻璃中晶体的尺寸后，可以实现这个目的（Grossman，1989；Beall，1992）。

2.3.2　SiO_2-Al_2O_3-MgO-CaO-ZrO_2-F（云母、氧化锆）

就像本书前面提到的且有大量实例支持的，可以根据需要在微晶玻璃中控制几种主要晶相的晶化来获得不同性能的组合。

Beall（1989）报道的 SiO_2-Al_2O_3-MgO（堇青石、顽辉石）微晶玻璃已经在 2.2.5 中介绍过。他发现，玻璃基体中 ZrO_2 晶体的析出增加了微晶玻璃的机械强度。而且，在 SiO_2-P_2O_5-Li_2O-ZrO_2 玻璃系统中，ZrO_2 晶体的析出在增加微晶玻璃的强度上也起到了重要作用（见 2.6.6）。

为了组合氟硅酸盐微晶玻璃系统和云母型微晶玻璃这两种微晶玻璃的特性，如高强度和云母晶相析出导致的可加工性能，人们进行了很多不同的研究。

Bürke 等（2000）描述了 SiO_2-Al_2O_3-MgO-ZrO_2-K_2O-F 系统中的两步控制晶化过程。他们最初在基础玻璃中析出云母晶体。一旦材料开始冷却，它就具有可加工性，如钻孔。在其他热处理过程中，二次晶化导致 ZrO_2 相的成核和晶化。这些 ZrO_2 相增加了材料的强度。Bürke（2004）近来总结了在这些云母微晶玻璃中，作为第二相出现的氧化锆成核的尖晶石（见图 2.42）。在随后的晶相形成过程中，氧化锆直接作为金云母和次生尖晶石的晶核。Bürke（2004）从下列化学组成（分析）的基础玻璃中得到了云母微晶玻璃，其组成（质量分数）为：46.2% SiO_2、23% Al_2O_3、16.4% MgO、0.7% CaO、5.1% Na_2O、5% F 和 5.9% ZrO_2（杂质 0.2）（基于 O 对比 F 计算：总量为 102.5）。在经过 1000℃、3h 的热处理后，主晶相钠氟金云母 $Na(Mg_{3-x}Al_x)(Al_{1+x}Si_{3-x}O_{10})F_2$ 析出。$MgAl_2O_4$ 晶体在金云母晶化后作为在 ZrO_2 上成核的第二相出现（见图 2.42）。

Uno 等（1993）能控制云母和 ZrO_2 两种晶体结合的析晶。他们的目的是研发一种可加工的微晶玻璃，其强度与析出的 ZrO_2 晶体一样。这种类型的微晶玻璃不需要二次热处理，易于制造。Uno 等（1993）的工作建立在 Grossman（1972）、Chyung 等（1974）和 Höland 等（1983a）的云母微晶玻璃的基础上。Uno 等（1991）研发了 SiO_2-Al_2O_3-MgO-BaO-CaO-P_2O_5-F 系统中一种富含 CaO 和 BaO 的微晶玻璃。基础玻璃加热到 1000℃，可以得到富含钡的云母主晶相，其晶粒大小介于 $0.2\sim0.5\mu m$ 之间。而且，它们表现为互锁微观结构嵌入玻璃相中，其弯曲强度为 350MPa，断裂韧性 K_{IC} 值为 2.3MPa·$m^{0.5}$。

在可加工、高强度微晶玻璃的发展中，Uno 等（1993）制备出了含有互锁云母晶相微观结构的微晶玻璃，可确保其可加工性能。在这个过程中，他们也在基础玻璃中添加了 ZrO_2。他们把 ZrO_2 成功地添加到了 SiO_2-Al_2O_3-MgO-CaO-K_2O-F 系统、组成（质量分

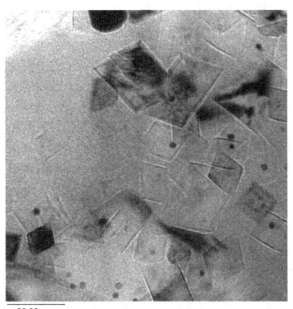

80.00nm

图 2.42 ZrO$_2$ 晶体（点状）作为成核剂的云母-尖晶石型微晶玻璃的尖晶石晶体（钻石形状）的 TEM 照片（Bürke，2004）

数）为 91.75% $\left[^{XII}Ca_{0.43}{}^{XII}K_{0.14}{}^{VI}Mg_3(^{IV}Si_3{}^{IV}AlO_{10})\right]F_2$ 和 8.25% ZrO$_2$ 的微晶玻璃中。

这种组成的基础玻璃表现出非常小的相分离范围。加热到 700℃，生成的晶粒尺寸为 1～2nm。用 TEM-EDX 分析得出这种晶相为 ZrO$_2$。在这个温度下，金云母型云母含量仍然非常低。在 900℃时，ZrO$_2$ 晶体群（20～50nm）形成。而且，云母晶体长度长大到约 0.5μm。在 1050℃下，云母晶体继续长大到 1μm 左右，而 ZrO$_2$ 晶体则保持不变。这些晶体不能长大，因为它们被嵌入了玻璃基质相中，而且被云母晶体包围。

由于 ZrO$_2$ 晶相有单斜和四方晶相，所以认为它可以通过相变增强来增加微晶玻璃的强度。在上述组成中，热处理到 950℃时，得到了可加工性能和强度最佳的微晶玻璃。它的微观结构见图 2.43。这种微观结构类型的微晶玻璃具有可加工性、高强度和高韧性。Uno 等（1993）测得该微晶玻璃的强度为 500MPa，而 K_{IC} 为 3.2MPa·m$^{0.5}$。

2.3.3　SiO$_2$-CaO-R$_2$O-F 硅碱钙石

从 20 世纪中期到末期，大量研究投入到新的玻璃和微晶玻璃中的目的是为了提高这种材料的强度。在玻璃技术中，"热硬化"常用来获得高强玻璃。通过玻璃产品（例如，汽车挡风玻璃）表面的急冷，在表面形成压力，而玻璃体内则是拉伸力。人们认为这种高表面压力提高了玻璃产品的强度，因此，防止了锯齿状裂纹和断裂。

玻璃技术进一步的理论是在玻璃表面进行离子交换强化。运用这两种机理，在玻璃表面深度只有几个微米处产生高的压应力。因此，总体来说，玻璃表现为高强度，而且，在玻璃体内产生拉应力。这种类型的材料可用于制造建筑工业的强化扁平玻璃、汽车工业的安全玻璃和电子工业的封装玻璃。

在微晶玻璃的发展中也运用了有效的玻璃形成原则。在微晶玻璃发展之初就已经确定了生成高强度产品的这一目的。在上述关于玻璃技术表面强化实验的基础上，生成高强度微晶玻璃有两个原则：表面离子交换强化和表面晶化表面强化。

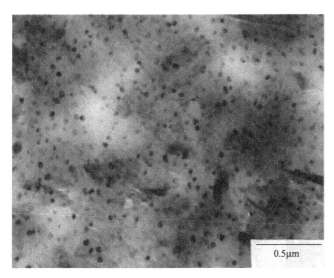

图 2.43 经过 950℃热处理后的 ZrO_2 云母微晶玻璃［含有 7.5%（质量分数）的 F］的微观结构

在 SiO_2-Al_2O_3-MgO 系统中通过用 Mg^{2+} 交换 $2Li^+$（来自于 800～900℃的 Li_2SO_4 盐浴），Beall 等（1967）、Beall（1971a）、Beall 和 Duke（1983）把微晶玻璃表面的断裂强度增加到 300MPa。Stewart（1971、1972）在 SiO_2-Al_2O_3-Li_2O 系统中通过 Li^+ 交换 Na^+/K^+ 得到了相似的结论。Pirooz（1973）在 SiO_2-Al_2O_3-Li_2O 系统中通过控制表面 β-锂霞石和 β-锂辉石的晶化来增加材料的强度。Stookey（1959）也进行了一定范围内离子交换和表面晶化两种机制组合使用的研究。在大量实例中，β-锂霞石晶相在约 $100\mu m$ 厚的表面层析出；同时，弯曲强度达 600MPa。这种材料可以在技术装备和实验室建设中使用。

使用表面强化微晶玻璃的主要问题是表面损伤风险高。如果玻璃较薄的话，弯曲的表面层会损伤或毁坏玻璃，即使是产生很小的应力，也会导致微晶玻璃碎裂。

为了解决这个问题，Beall（1991）研发了一种微晶玻璃，不仅强化了表面，同时也强化了整个微晶玻璃产品。他研究的微晶玻璃含有链状硅酸盐晶体结构。2.2.5 也对链状硅酸盐晶体的微晶玻璃进行了介绍，也就是顽辉石（$MgSiO_3$）微晶玻璃，Beall 认为其强度增加。

当 $(R^+)_2O$ 取代碱金属氧化物 Na_2O 和 K_2O 时，SiO_2-CaO-R_2O-F 系统和 SiO_2-MgO-CaO-$(R^+)_2O$-F 系统中的链状硅酸盐微晶玻璃的强度都获得了显著的增加。这些制备高强微晶玻璃所取得的重要进步将在本节和 2.3.4 中介绍。

为了控制氟硅碱钙石 $Ca_5Na_{3-4}K_{2-3}Si_{12}O_{30}F_4$ 链状硅酸盐的晶化，Beall（1986、1991）研究了 SiO_2-CaO-$(R^+)_2O$-F 系统微晶玻璃。氟硅碱钙石著名的链状结构见 1.3.1。本节也介绍了链状结构与各向异性相关的性能。其中，热胀系数的各向异性在研究微晶玻璃的强化机理时非常重要。

首先，这种多组分系统玻璃可以近似为经典的 SiO_2-CaO-Na_2O/K_2O 系统（见图 2.44）。这种碱-石灰-硅酸盐类型的玻璃系统常用于制造包装工业用的整块玻璃。在相平衡的条件下能生成的主晶相为二硅酸钠 $Na_2Si_2O_5$ 或失透石 $Na_2Ca_3Si_6O_{16}$。而且，三元相图的测试也表明在富硅区域有液-液相分离。

Beall（1991）引入氟来生成一种不能在纯三元系统中形成的新晶相。而且，对于这种

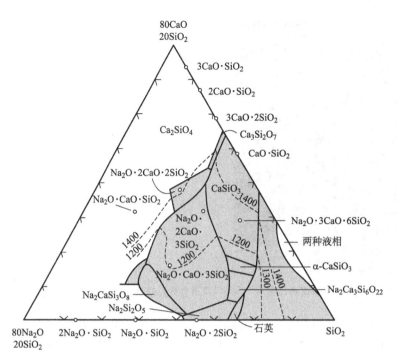

图 2.44 SiO_2-CaO-Na_2O 相图（质量分数%，温度 ϑ/℃）（Levin 等，1975）

组成的玻璃来说，因为黏度曲线比专门的碱-石灰-硅酸盐玻璃低 150℃，玻璃熔融变得更容易一些。

硅碱钙石 $Na_{3-4}K_{2-3}Ca_5(Si_{12}O_{30})F_4$，以及和它结构相关的一种含氟的硅碱钙石（Rastsvetaeva 等，Miller 等，2004）代表了这个系统中用于生成高强微晶玻璃的最重要的晶相。然而，也可能形成其他链状硅酸盐，例如氟硅钙钠石 $NaCa_2Si_4O_{10}F$ 或者仅是假设还没有确认化学式的硅钠钙石 $(K,Na)_{2.5}(CaNa)_7(Si_8O_{19})$（Sokolova 等，1983）。

要寻找一个合适的基础玻璃组成，以控制硅碱钙石的晶化，Beall（1986）发现在近化学计量组成的玻璃中添加氧化铝是最合适的。一个典型的玻璃组成（质量分数）为：57% SiO_2、8% Na_2O、9% K_2O、11% CaO、13% CaF_2 和 2% 的 Al_2O_3。

与有着化学计量组成的矿物硅碱钙石 $Na_2K_2Ca_5Si_{12}O_{30}(OH,F)_4$ 相比，这些玻璃含有少量过量的 CaF_2。

这个组成范围的玻璃容易熔融，T_g 温度范围在 470～530℃之间（Likivanichkul 和 Lacourse，1995）。而且，低黏度允许基础玻璃在 950℃下适合用于铸造、压制或滚压成型。因此，能经济地生成基础玻璃并且在很大的范围内应用。冷却后，微晶玻璃能够进行机械加工，例如用钻石加工或者抛光。

基础玻璃制备之后，在 700～850℃热处理大约 1h 后进行控制晶化。初级氟硅碱钙石晶体通过非均匀成核机制析出。Beall（1991）设法制得了 CaF_2 微晶（萤石），并且能看到 1μm 大小的氟硅碱钙石晶粒在其上面生长；而且，在 800℃时他能让硅碱钙石长在这些晶体上。这种非均匀成核机制见图 2.45。随着成核过程的进行，氟硅碱钙石晶体迅速长大形成致密的微观结构，得到一个有晶体和残留玻璃相基体的组成。Beall（1991）描述了这种基体中互锁的微观结构。由于晶体看起来像刀剑形，整个微观结构表现为针状互锁结构（见 3.2.8）。

图 2.45　大约 800℃时，氟硅碱钙石在 CaF$_2$ 晶体上的非均匀成核的 TEM 照片

1μm

硅碱钙石微晶玻璃的典型微观结构见 3.2.8 中的图 3.19。这种形态说明条状硅碱钙石晶体在 500～900℃、1～4h 的热处理下原位长大。晶体长度范围在 1～25μm 之间，宽度 0.25～2μm，厚度小于 1μm（Beall，1983）。形态上，这种微观结构能与角闪石矿物软玉相比（Bradt 等，1973）。软玉也具有非常高的断裂韧性。必须提出的是，选择试样的断面观察能看到解理分裂的微观结构，效果比电子显微镜更好一些。试样产生裂纹分支和偏移吸收能量，导致产生了图中所示的微观结构。

高百分比的各向异性晶体微观结构使得微晶玻璃具有很好的韧性。根据测试方法的不同，断裂韧性值为 4.8～5.2MPa·m$^{0.5}$ ［单边切口梁法测得为 (5.1±0.2) MPa·m$^{0.5}$，而 V 形切口法测得为 4.8MPa·m$^{0.5}$］。没有其他任何一种微晶玻璃像这种微晶玻璃一样表现出这么高的断裂韧性。这种程度的断裂韧性超过了高强 Al$_2$O$_3$ 陶瓷 4～5MPa·m$^{0.5}$ 的 K_{IC}（Norton，1998）。它们大多是在烧结的钇稳定氧化锆陶瓷中得到断裂韧性为 4.5MPa·m$^{0.5}$ 的材料（Metoxit，1998）的。然而，这种材料必须在约 1500℃的高温烧结。而且，它不能像微晶玻璃那样用压制、牵引、滚压或铸造等方法成型。此外，在烧结过程中，ZrO$_2$ 陶瓷的线性收缩达到 18%～25%。

在硅碱钙石微晶玻璃的晶化过程中，Beall（1991）得到的最小收缩率约为 1%。这比其他烧结陶瓷的收缩率都低。

硅碱钙石微晶玻璃的高断裂韧性机理与 ZrO$_2$ 和其他微晶玻璃都不同。必需指出的是，ZrO$_2$ 陶瓷的高断裂韧性是通过 ZrO$_2$ 从四方 ZrO$_2$ 转变到单斜 ZrO$_2$ 的相变增韧实现的。而离散增韧则适用于不同的微晶玻璃和致密的烧结 Al$_2$O$_3$ 中。在这种机制下，材料基体中晶体的均匀分布可以起到增韧的作用。然而，在硅碱钙石微晶玻璃中，各向异性热膨胀产生微裂纹的机制发挥了作用。这种机制是基于高度各向异性热胀系数 ［0～700℃下，$\alpha(a)=15.9\times10^{-6}$/K、$\alpha(b)=8.2\times10^{-6}$/K、$\alpha(c)=24.8\times10^{-6}$/K］ 的。如此大的各向异性会导致在微晶玻璃中产生微裂纹。

而且，值得提出的是，微晶玻璃的断裂韧性是温度的函数。这个函数关系见图 2.46。它表明如果微晶玻璃暴露在 600℃ 的温度下，会使其 K_{IC} 值降低至 $1MPa·m^{0.5}$。因此，硅碱钙石微晶玻璃最好用于室温或者其他低温情况下。

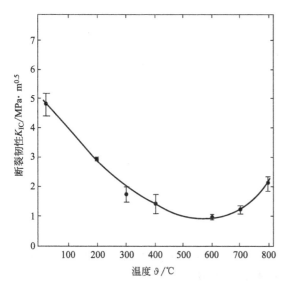

图 2.46 硅碱钙石微晶玻璃断裂韧性跟温度的函数关系

与烧结 ZrO_2 或 Al_2O_3 陶瓷相比，硅碱钙石微晶玻璃除了室温下高的断裂韧性之外，还具有 300MPa 高的弯曲强度和低至 82GPa 的杨氏模量。这些特性使得这种微晶玻璃非常适合用于各种不同的场合。它比碱石灰硅酸盐玻璃更高的断裂韧性使得这种材料也适合用于建筑工业。

硅碱钙石微晶玻璃在硬组织椎体上的潜在应用同样也有研究（Miller 等，2004；Kanchanarat 等，2005）。为了这些应用，要避免使用 Al_2O_3。化学计量硅碱钙石玻璃的实验中没有出现 CaF_2，而是直接晶化成硅碱钙石的三斜形式氟硅碱钙石（Rastsvetaeva 等，2003）。当组成中 Na_2O 不足时，通常在 650℃ 时出现的 CaF_2 晶核上在约 700℃ 时析出单斜硅碱钙石。作者总结出单斜硅碱钙石需要 CaF_2 来成核，而三斜形态的氟硅碱钙石，则可能通过一个相分离过程直接晶化。

控制基础玻璃中两种晶相的共同析出，扩大了硅碱钙石微晶玻璃家族的组成范围（Wolcott，1994）。在这个过程中，下面的组成可以生成一种硅碱钙石-磷灰石微晶玻璃，该组成的质量分数为：42%～70% SiO_2、6%～12% Na_2O、3%～10% K_2O、20%～30% CaO、3%～11% F 和 2%～13% P_2O_5，添加剂 B_2O_3、Al_2O_3 和 ZrO_2 的总量为 6%。

首选温度范围内的控制晶化过程为 580～640℃ 成核，900～950℃ 晶化。硅碱钙石在 CaF_2 初级晶相上根据非均匀成核机理形成。然而，磷灰石的晶化在玻璃相微滴中发生。当晶化过程结束时，磷灰石晶体以小六方晶体的形式分散在微晶玻璃中。

磷灰石-硅碱钙石微晶玻璃表现出的高断裂韧性值为 $3.9MPa·m^{0.5}$，兼有特殊的生物活性。因此，这种材料可以用作替代骨组织的生物材料。

2.3.4 SiO_2-MgO-CaO-$(R^+)_2O$-F（角闪石）

像 2.3.3 中讨论的硅碱钙石晶体一样，角闪石类型的矿物也表现为链状结构。对双链

结构的 $(Si_4O_{11})^{6-}$ 四面体，针状形态晶体和长径比高（长宽比为 20：1）等这些特性是典型的氟碱镁闪石晶体（$KNaCaMg_5Si_8O_{22}F_2$）特征（见附录图 A10）。这种晶相常常具有随机的针状微观结构。在微晶玻璃中研究这种晶体形态学，能生成具有诸如高断裂韧性等可喜特性的材料。

　　Beall（1991）在他对云母微晶玻璃进行的大量研究中，试验了一个相似的玻璃形成系统，即 SiO_2-MgO-CaO-$(R^+)_2$O-F，其中 $(R^+)_2$O 代表碱金属氧化物 Na_2O 和 K_2O，添加了少量的 Al_2O_3、P_2O_5、Li_2O 和 BaO。首次将这种多组分系统近似简化为简单的三元玻璃形成系统 SiO_2-MgO-CaO。图 2.47 展示了在相图中的富硅区域内两液相的熔融。这些液相熔融为该系统中的相分离过程提供了清晰的证据。液-液相分离分别发生在三元系统中的富硅部分。而且，意料之中，这种副相（亚）液相分离立即出现在周围的组成中。相图也表明能在热力学平衡中形成晶相。这些相包括透辉石 $CaMgSi_2O_6$、镁黄长石 $Ca_2MgSi_2O_7$、钙镁橄榄石 $CaMgSiO_4$ 和镁硅钙石 $Ca_3MgSi_2O_8$。

　　Beall（1991）通过引入碱金属离子，最重要的是引入氟，显著改变和扩充了这个三元系统。而且，在简单的三元 SiO_2-MgO-CaO 系统中不会出现的新晶相，也在这个新的基础玻璃中生成了。在这个过程中，有与云母微晶玻璃中已成功测得的特定的、相似的反应发生。而且，Beall（1991）还报道控制晶化的组成范围（质量分数）为：55%～70% SiO_2、10%～25%MgO、2%～6% CaO、2%～6% Na_2O、2%～7% K_2O、2%～5% F，添加剂 Li_2O、Sb_2O_3、Al_2O_3、BaO 和 P_2O_5 总量为 10%，晶化得到的晶相为链状硅酸盐碱镁闪石 $KNaCaMg_5Si_8O_{22}F_2$。这一晶相代表了这个系统中最重要的链状硅酸盐，它在后面将要讨论的微晶玻璃产品中起着非常重要的作用。

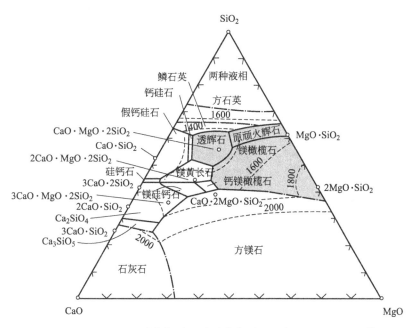

图 2.47 SiO_2-MgO-CaO 系统相图（质量分数%，温度 ϑ/℃）（Levin 等，1964）

　　为获得最佳结果，尽管需额外添加 SiO_2、Al_2O_3 和 P_2O_5 且超出了 K-F-碱镁闪石的化学计量范围，但这个组成范围仍有利于玻璃形成。其黏度使之可以用压制或铸造工艺生成产品。

　　非常接近化学计量组成的氟碱镁闪石的最优化组成见表 2.17。与其化学计量组成相比，它的 SiO_2 含量更高。Beall（1991）在这种基础玻璃上用不同的固相反应制备出了氟碱镁闪石微晶玻璃。这种微晶玻璃的特点是具有高断裂韧性（约为 $3MPa \cdot m^{0.5}$）。

表 2.17　商业氟碱镁闪石微晶玻璃的组成（质量分数%）

成分	含量	成分	含量
SiO_2	67.1	Li_2O	0.75
MgO	14.3	BaO	0.3
CaO	4.7	P_2O_5	1.0
Na_2O	3.0	Sb_2O_3	0.2
K_2O	4.8	Al_2O_3	1.8
F	3.5	总计	101.5

注：这是因为氟等于1.5%的氧。

成核是复杂固相反应过程的第一步。在这个过程中，基础玻璃熔体冷却后发生相分离，热处理到600℃时，生成第一晶相四方硅云母——带云母 $KMg_2LiSi_4O_{10}F_2$。随着温度升高，固相反应继续进行，700℃时生成在 SiO_2-MgO-CaO 三元系统中同样出现的透辉石 $CaMgSi_2O_6$。当温度升高到950℃时，这两种晶体——初级云母和透辉石与基体玻璃相之间发生反应，形成氟碱镁闪石和方石英类型的 SiO_2 固溶体晶体。针状形态氟碱镁闪石相在980℃形成。氟碱镁闪石生成方程式为：

$$KMg_2LiSi_4O_{10}F_2 + CaMgSi_2O_6 + [(Na/K)_2O + 7MgO + 0.5Al_2O_3 + 11SiO_2 + CaF_2] \longrightarrow$$
$$2KNaCaMg_5Si_8O_{22}F_2 + SiO_2 \cdot (LiAlO_2) / 填充的方石英$$

相形成顺序和对应的固相反应可以用图2.48来说明。初级云母晶相和大量相分离的玻璃基体见图2.48(a)。奇怪的是，在云母晶化过程中，相分离很大程度上完整保留了基础玻璃的形态。图2.48(b)说明云母在700℃时以一个相对高的长径比长大。图2.48(c)为在980℃时最终生成的氟碱镁闪石类微晶玻璃的微观结构。在这种微晶玻璃中，氟碱镁闪石形成主晶相，残留云母和方石英形成第二晶相。这些氟碱镁闪石晶体的长径比约为10∶1。它趋向于靠近天然矿物中发现的20∶1。

图2.48　SiO_2-MgO-CaO-R_2O-F 系统玻璃中相的形成（组成见表2.17）
(a) 650℃热处理；(b) 700℃热处理；(c) 980℃热处理

Beall（1991）认为，形成微观结构的固相反应与黏度相关。他认为云母晶体在黏度高达 $10^{11}dPa \cdot s$ 时生成且在晶化过程中黏度逐渐增加，到高温时降低。黏度的波动与图2.49中晶相形成的固相反应有关。类似地，在700℃时，透辉石和云母的晶化导致了黏度的增加。在温度高于950℃时，氟碱镁闪石形成，黏度同样增加。而且，在二次方石英晶相晶化时，黏度轻微增加。

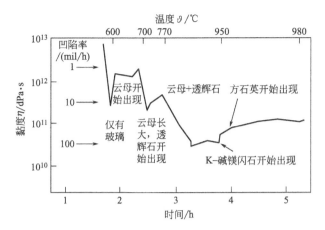

图 2.49 氟碱镁闪石微晶玻璃相的形成跟温度和黏度的关系（1mil＝0.00254cm）

氟碱镁闪石微晶玻璃表现出卓越的力学性能，例如断裂韧性为 $3.2MPa \cdot m^{0.5}$、弯曲强度为（150±15）MPa。在这些材料上施釉相对来说比较容易，釉层能使其强度增加到 200MPa。由于方石英二次晶相的形成而使微晶玻璃表现出了高达 $11.5 \times 10^{-6}/K$ 的热胀系数（0～300℃）。因此，能用一种热胀系数较低的釉在材料表面生成压应力。因此，这种材料可以用 2.3.2 中描述的原理进行表面增强。

氟碱镁闪石微晶玻璃其他可喜的性能是它具有的光学半透性和高的热震性。微晶玻璃能抵抗 170℃到 8℃之间的温度波动而不产生任何损伤。因此，这种材料的热震性可以与其他常见的硼硅酸盐耐热 Pyrex 玻璃相比，而它则用于制造工业装备和家用器皿。但是，耐热 Pyrex 玻璃的断裂韧性比氟碱镁闪石微晶玻璃更低。因此，碱镁闪石微晶玻璃比耐热 Pyrex 玻璃更具有热力学方面的全能性。

因为它的特殊性能和相应的制备方法，这种材料可用于制备家用餐具，兼顾商用（宾馆、饭店等）和零售（Corelle® 杯子）。而且，它还可以用于多个技术领域。

2.4 磷硅酸盐

2.4.1 SiO$_2$-CaO-Na$_2$O-P$_2$O$_5$（磷灰石）

对磷灰石微晶玻璃的研究是从在医学领域它作为第一个生物活性玻璃成功取代骨头开始的。早在 20 世纪 60 年代末期和 70 年代初期，Pantano 等（1974）和 Hench（1991）就成功地在这个系统中生成了生物活性玻璃。说到生物活性，也就是说，不需要结缔组织，在生物材料和活体骨头之间能快速形成一个直接的连接，Hench（1991）制出的 BIO-GLASS® 玻璃获得了比同样组成的微晶玻璃更好的效果。这里需提及这一微晶玻璃，组成（质量分数）为：45% SiO$_2$、24.5% CaO、6% P$_2$O$_5$ 和 24.5% 的 Na$_2$O，可用磷灰石的整体晶化生成。羟基磷灰石和不含羟基的磷灰石是微晶玻璃的主晶相（Hench 等，1972）。

Hench（1991）、Cao 和 Hench（1996）用 11 步描述了 BIOGLASS® 的生物活性性能（见表 2.18），指出它们的生物活性归因于 SiO_2 及其硅酸盐结构，例如（$\equiv$Si-OH）官能团的特殊意义，从最初的反应到最后形成骨结构的反应它们一直在起作用。随后，在玻璃表面形成 SiO_2 溶胶层。溶胶层形成后，在它上面析出无定形的磷酸钙。而且，这些磷酸盐要转化成为羟基碳酸盐磷灰石，这种磷灰石再与活体骨头相连。然而，需要重点指出的是，直到新的、成熟的骨结构形成，生物细胞在动力学步骤开始直到步骤 11 结束必须都是活性的（见表 2.18）。在这 11 步中，从生物活性玻璃中控制释放的生物活性的 Ca^{2+} 和 Si^{4+} 起着重要作用。这种离子传递过程使得骨先质细胞中 7 种基因得以上调和激活，它们负责骨组织的快速再生（Hench 和 Polak，2008）。

表 2.18　在组织和 BIOGLASS® 之间形成连接的界面反应顺序（Hench，1991）

序号	步骤	序号	步骤
1 和 2	在生物活性玻璃表面开始形成$\equiv$SiOH 连接	7	巨噬细胞作用
3	缩聚反应发生：$\equiv$SiOH+$\equiv$SiOH $\longrightarrow$ $\equiv$Si-O-Si$\equiv$	8	干细胞附着
4	无定形 Ca^{2+}+PO_4^{3-}+CO_3^{2-}+OH^- 吸附	9	干细胞差异化
5	HCA(羟基碳酸盐磷灰石)晶化	10	生成基体
6	生物成分在 HCA 层吸附	11	基体晶化

BIOGLASS® 上市后，进行了大量在生物媒介中生成磷灰石的测试，这个领域的研究集中在如何生成支架和复合材料上。这些研究将进一步增加这种材料用作生物材料的适应性。为了达到这个目的，已研发出用 BIOGLASS® 材料制成的开孔产品，这将使之能整合骨细胞；而且，化学组成也发生了改变。Jones 等（2006、2007）和 Pereira 等（2005）研发并推出了开孔支架。通过溶胶-凝胶工艺，可以合成不同玻璃并将银离子引入其中，与有机化合物一起，生成了玻璃-聚合物混合生物材料。这种产品为大孔（10～600μm）和中孔（2～50nm）结构。作为组织工程技术的结果，最佳三维组织生长成为可能。Jones（2009）研发的特殊生物活性泡沫玻璃支架见图 2.50。

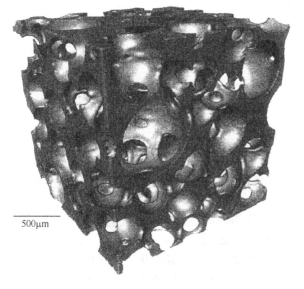

500μm

图 2.50　生物活性玻璃支架的微观 CT 图像（Jones，2009）

基于 BIOGLASS®、含有 $Na_2Ca_2Si_3O_9$ 晶相的微晶玻璃也出现了，将其烧结后可制成功能支架（Bretcanu 等，2008）。

总之，值得提出的是，骨替代支架的发展可期，研究目的是发展对增强骨反应更有效的生物活性材料（Best 等，2008a）。

2.4.2 SiO$_2$-MgO-CaO-P$_2$O$_5$-F（磷灰石，硅灰石）

上述微晶玻璃系统用来生产以取代医学中骨组织的生物材料。为了确保植入后进行的离子释放，在微晶玻璃中添加 CaO 和 P$_2$O$_5$ 以获得高含量的磷灰石和 Ca^{2+} 储备是很重要的。

Kokubo（1993）成功地根据粉末玻璃表面控制晶化原理生成了磷灰石-硅灰石微晶玻璃（CERABONE$^®$ A-W）。这种微晶玻璃的组成（质量分数％）为：34 SiO$_2$、44.7 CaO、4.6MgO、16.2 P$_2$O$_5$ 和 0.5 的 CaF$_2$，它在 830℃时非常致密，而且，在热处理到 870～900℃时析出氟氧磷灰石 Ca$_{10}$(PO$_4$)$_6$(O，F$_2$) 和硅灰石 CaSiO$_3$（Kokubo，1993）。最后的微晶玻璃没有裂纹和气孔，尺寸为 50～100nm 的晶体均匀分布在玻璃基体中（见图 2.51）。根据 X 射线衍射测试分析，可能的晶相含量为 38％磷灰石和 24％硅灰石（质量分数）。因此，残留玻璃相占 28％。

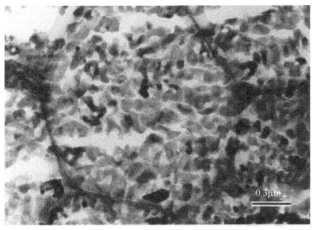

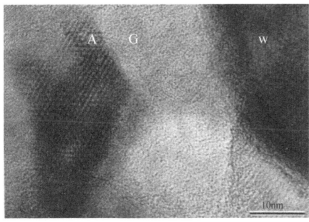

图 2.51 磷灰石（A）-硅灰石（W）微晶玻璃微观结构的 TEM 图像（T.Kokubo 赠）
G 是玻璃相

具有此微观结构的微晶玻璃的弯曲强度为 215MPa，抗压强度为 1080MPa，断裂韧性

为 $2.0MPa \cdot m^{0.5}$。显然，它表现出了比单纯玻璃更可喜的力学性能，因此，医学上它适合用在需要承重的植入中。

在表征这些微晶玻璃生物活性的反应机理中，Kokubo（1993）发现，因为微晶玻璃中含有大量的 CaO，在浸入模拟体液（SBF）中时，会发生 Ca^{2+} 溶解，导致模拟体液中的 Ca^{2+} 浓度上升。微晶玻璃表面的 $\equiv$Si—OH 官能团是磷灰石成核的主要诱因（见图 2.52）。在成核后，可以通过从周围体液中输送过来满足额外的 Ca^{2+} 和磷酸盐群的需求。然而，在这种微晶玻璃中，Kokubo（1993）并没有像 BIOGLASS® 中那样观察到 SiO_2 溶胶层形成。

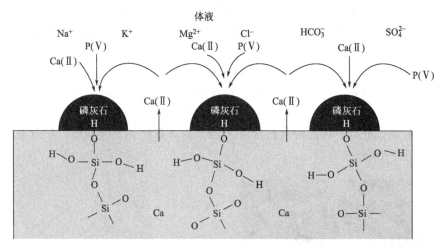

图 2.52 磷灰石在人体内 $CaO\text{-}SiO_2$ 基微晶玻璃表面形成机理的示意图（Kokubo，1993）

2.4.3 $SiO_2\text{-}MgO\text{-}Na_2O\text{-}K_2O\text{-}CaO\text{-}P_2O_5$（磷灰石）

紧跟着 BIOGLASS® 的发现，Brömer 等（1973）在 20 世纪 70 年代从这个系统中合成了生物活性微晶玻璃，Leitz Wetzlar 公司以 $SiO_2\text{-}CaO\text{-}MgO\text{-}Na_2O\text{-}K_2O\text{-}P_2O_5$ 为基础系统生产了不同的微晶玻璃和磷灰石主晶相，商标名为 CERAVITAL®。Brömer 等（1973）认为微晶玻璃类型的组成范围（质量分数%）为：$40\sim50$ SiO_2、$30\sim35$ CaO、$2.5\sim5.0$ MgO、$5\sim10$ Na_2O、$0.5\sim3$ K_2O 和 $10\sim15$ 的 P_2O_5。基础玻璃的成核发生在 600℃热处理 24h 后，而磷灰石晶体则在 750℃热处理 24h 后出现。还可以添加 $5\%\sim15\%$ Al_2O_3、$0\sim5\%$ Ta_2O_5 和 $5\%\sim15\%$ TiO_2（质量分数）到基础玻璃中。研究发现，这种微晶玻璃可用于牙根植入（Brömer 等，1977）。

Gross 和 Strunz（1981）成功测得这种类型不同微晶玻璃的生物活性行为，例如，组成（质量分数%）为：$46.2SiO_2$、$25.5Ca(PO_3)_2$、$20.2CaO$、$4.8Na_2O$、$2.9MgO$、$0.4K_2O$ 的微晶玻璃。CERAVITAL® 的特征数据是晶粒尺寸 $40\sim50nm$，抗弯强度 150MPa，抗压强度 500MPa（Brömer 等，1977）。

2.4.4 $SiO_2\text{-}Al_2O_3\text{-}MgO\text{-}CaO\text{-}Na_2O\text{-}K_2O\text{-}P_2O_5\text{-}F$（云母、磷灰石）

这个多组分系统的基础玻璃是从 $SiO_2\text{-}Al_2O_3\text{-}MgO$ 三元系统中派生出来的（见 2.2.5）。因为在这一工艺中引入了许多添加剂，Al_2O_3 则大大减少甚至被完全取代了，已经很难确认材料研究的起点。为了更好地理解这一工艺，有必要从化学的角度来描述和讨论一下较简单亚（副）系统而不是复杂的八组分系统（七种氧化物和一个氟）的组成。

SiO_2-Al_2O_3-MgO 三元基础玻璃系统，化学组成属于董青石和莫来石液相区域（见2.2.5），在它们的微观结构中表现出极小的液-液相分离趋势。在随后的热处理过程中，热力学稳定相（例如董青石和莫来石）在初期阶段形成。如果添加 3%～10% 额外的成分 Na_2O、K_2O 和 F 到玻璃中，热处理过程中控制其晶化可以生成云母晶体。在相分离强化和其他晶体初级相析出时云母晶体析出（见 2.3 节）。

然而，如果 Na_2O、K_2O、F 和其他的添加剂例如 CaO 和 P_2O_5 总量低于 3%，如表2.19 的实例所示，基础玻璃中的相分离会大大减少，进而阻止了初级晶相的成核。因此，组成如表 2.19 的玻璃，允许在没有其他初级晶相成核时生成云母（Vogel 和 Höland，1987；Höland 和 Vogel，1992）。

表 2.19 BIOVERIT® Ⅱ（云母微晶玻璃）的组成（质量分数%）

成分	组成范围	实例	成分	组成范围	实例
SiO_2	43～50	44.5	F	3.3～4.8	4.2
Al_2O_3	26～30	29.9	Cl	0.01～0.6	0.1
MgO	11～15	11.8	CaO	0.1～3	0.1
Na_2O/K_2O	7～10.5	4.4/4.9	P_2O_5	0.1～5	0.1

在 BIOVERIT® Ⅱ 型微晶玻璃中生成了一种新型的卷曲云母（见图 3.15，同时也见3.2.7）。从材料生成的角度来看，金云母晶体这种特殊的表现非常有趣。关于这个问题的详细讨论见 3.2.7。然而，与此同时，必须要提及的是，与平面或花瓣型晶体的云母微晶玻璃相比，这种新卷曲云母晶体有了新的或更好的性能（见图 2.53）。特别是，新的微晶玻璃比平面云母晶体微晶玻璃更适合快速加工。

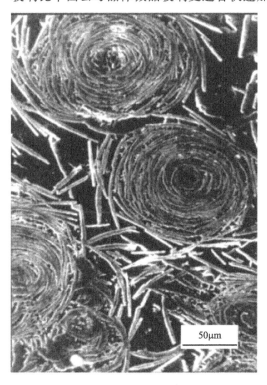

50μm

图 2.53 云母微晶玻璃中卷曲的金云母晶体析出阶段的 SEM 图像，样品抛光后用 2%HF 腐蚀 2.5s

所有这些与实际产品有关的材料的发展，都是在八组分材料系统中进行的。因此，如果上述云母微晶玻璃中低含量的 CaO 和 P_2O_5 增加的话，可以产生一个具有新性能的材料系统。基础玻璃的组成和云母-磷灰石微晶玻璃见表 2.20（Höland 等，1983b、1985）。

表 2.20　BIOVERIT[®] I（云母微晶玻璃）的组成（质量分数%）

成分	组成范围	范例 1	范例 2	成分	组成范围	范例 1	范例 2
SiO_2	29.5～50	30.5	38.7	Al_2O_3	0～19.5	15.9	1.4
MgO	6～28	14.8	27.7	F	2.5～7	4.9	4.9
CaO	13～28	14.4	10.4	P_2O_5	8～18	11.4	8.2
Na_2O/K_2O	5.5～9.5	2.3/5.8	0/6.8	TiO_2	外加	—	1.9

基础玻璃具有特征的三相微观结构。这种微观结构的特征是有两个微滴相和一个玻璃基体相（见图 2.54）。较小的微滴相类似云母系统中碱金属-氟富集的微滴相（见 3.2.6），较大的微滴相则与 CaO-、P_2O_5-和 F-富集的玻璃相类似。形成两种不同微滴相的原因可能是硅氧场强（场强，定义为 Z/a^2，其中 a 是 Si—O 或 P—O 之间的距离，Z 是化合价）与磷氧场强不同（P—O 场强为 2.1，而 Si—O 场强为 1.57）。玻璃经过热处理后，生成云母和磷灰石晶体。因此，在热处理到 750～1100℃ 之间时，控制基础玻璃的双重晶化是可能的。云母晶体的析出与 2.3.1 中论述的机理相关。在 750～1000℃ 之间，氟磷灰石的形成伴随着 CaO-、P_2O_5-和 F-富集的微滴相中的均匀成核机理，见图 2.55（Vogel 和 Höland，1987；Höland 和 Vogel，1992）。氟磷灰石在微滴相中的长大终止于玻璃微滴相的边界。图 2.55 展示了每个微滴相中的单个磷灰石晶体。一个晶核是否能在玻璃微滴相中形成单一晶体是值得怀疑的。成核和晶化的最终结果是氟磷灰石以一个典型的六方晶系存在（Höland，1997）。针状磷灰石形成机理将在 2.4.6 讨论。

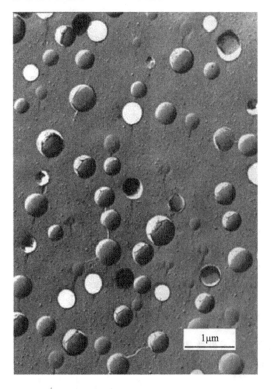

图 2.54　云母-磷灰石微晶玻璃中三种玻璃相的 SEM、TEM 图像

（断口表面用 HCl 腐蚀 5s）

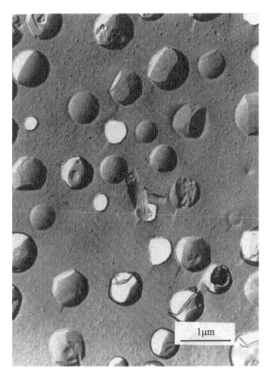

图 2.55　云母-磷灰石微晶玻璃中富含 $CaO\text{-}P_2O_5\text{-}F$
大微滴相中氟磷灰石的析出 TEM 图像
（断口表面用 HCl 腐蚀 5s）

　　氟磷灰石和云母的晶化是控制双重晶化原理来获得不同性能的实例，例如具有可加工性和生物活性的微晶玻璃。云母、磷灰石两种晶体嵌入玻璃基体中的微晶玻璃的微观结构见图 2.56。

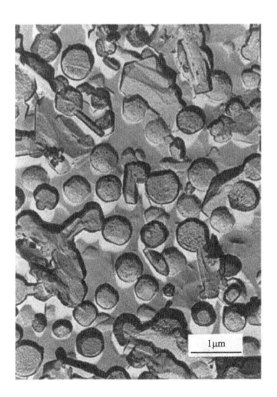

图 2.56　在任氏液（Ringer's 溶液）中浸泡一周后的
云母-磷灰石微晶玻璃的 TEM 图像

尽管云母晶体不再卷曲，且它们的含量跟纯的金云母微晶玻璃相比也下降了，但是微晶玻璃仍然可以进行加工，只是这个过程需要花费更长的时间。同时，磷灰石的析出也使微晶玻璃具有新的性能。由于生物相容性好，新材料可以用作骨替代产品。

为了确定其生物相容性，在体外和体内分别对云母-磷灰石微晶玻璃的生物活性行为进行了彻底的检测。同时，骨植入研究也用于检验 BIOVERIT$^®$ Ⅰ 微晶玻璃的生物活性（见 4.4.1）。这两个云母-磷灰石微晶玻璃（见表 2.20）同时表现出了不同程度的生物活性，其中范例 2 表现出了比范例 1 更高的生物活性。

对玻璃和微晶玻璃生物活性进行的基础研究有助于了解植入体的生物活性。Hench（1993）和 Kokubo（1993）认为，≡Si-OH 结构部分增强了微晶玻璃表面的生物活性（见 4.4.1）。因此，可以推测出，首选的生物活性 OH$^-$ 官能团在 ≡Si-OH 结构元素中的形成及其在植入体表面大于 $10\mu m$ 的层厚为获得高生物活性起到了重要作用。Hench 和 Andersson（1993）发现 BIOGLASS$^®$ 中 Al_2O_3 含量高的材料生物活性降低，原因是其降低了富含 ≡Si-OH 层的活性。

因此，为了在兼具生物活性和可加工性能的微晶玻璃中获得高的生物活性，也就是说，要含有云母和磷灰石两者作为主晶相，一个 Al_2O_3 含量低的四方硅云母-磷灰石微晶玻璃成分（见表 2.20，范例 2）必须要取代一个富含 Al_2O_3 成分的微晶玻璃（见表 2.20，范例 1）。微晶玻璃范例 1 由于金云母晶体中氧化铝的含量高和玻璃相中只含少量的氧化铝。因此，它的生物活性会比范例 2 的低（见 4.4.1）。Chen 等（1998）也研究了这种金云母微晶玻璃的生活活性反应。

2.4.5　SiO_2-MgO -CaO -TiO_2-P_2O_5（磷灰石、钛酸镁）

大多数磷灰石微晶玻璃已被用作生物材料。然而，本部分介绍的是没有生物活性的生物相容性微晶玻璃。这些微晶玻璃采用整体成核和晶化生产。同时，基础玻璃中的相分离过程是重要的成核过程。

Hobo 和 Takoe（1985）在 SiO_2-MgO-CaO-P_2O_5 系统中生成了含有大量 CaO 和 P_2O_5〔超过 15%（质量分数）CaO 和超过 9%（质量分数）的 P_2O_5〕的微晶玻璃，而 Wakasa 等（1992）则在 SiO_2-MgO-CaO-P_2O_5-Al_2O_3 系统生成了类似的微晶玻璃。通过控制基础玻璃的晶化来生成主晶相为磷灰石 $Ca_{10}(PO_4)_6(O,F_2)$（Hobo 和 Takoe，1985）、磷灰石和透辉石（$CaMgSi_2O_6$）的微晶玻璃。研究这些微晶玻璃的目的是生产牙科修复用的生物材料。因此特别的光学性能（例如高的半透性）和优秀的化学抵抗力和强度，都是必需的。然而，很难同时兼具这些性能。例如，Hobo 和 Takoe（1985）研究的微晶玻璃，并不完全满足牙科生物材料的需求。因此，这种微晶玻璃仅由日本 Kyocera 生产了很短的一段时间，产品名为 Pearl$^®$。

Kokubo 等（1989）报道了一个 SiO_2-MgO-CaO-TiO_2-P_2O_5 系统的有着磷灰石晶相的微晶玻璃表现出了作为牙科修复生物材料的可喜的特性。他们研究了在 $CaMgSi_2O_6$（透辉石）、$MgTiO_3$（镁钛矿）和 $Ca_3P_2O_8$（磷钙矿）三元系统中形成的微晶玻璃。而且，他们在组成（质量分数%）为：30～60 $CaMgSi_2O_6$、0～35 $MgTiO_3$、30～50 $Ca_3P_2O_8$ 和外加 8% F 的范围内研究了玻璃的形成和控制晶化。由于玻璃的转化温度（T_g）为 680～720℃，玻璃的控制晶化在热处理到 760℃ 时开始，并持续到 1150℃。在控制晶化的过程中形成主晶相磷灰石 $Ca_{10}(PO_4)_6(O,F_2)$、镁钛矿 $MgTiO_3$ 和透辉石 $CaMgSi_2O_6$（见附录图 A9）。然而，只有在玻璃中含有氟时才有可能形成磷灰石。没有氟的玻璃生成磷钙矿（β-3CaO·P_2O_5）晶相取代磷灰石。

由于基础玻璃在控制晶化之前要采用离心浇铸工艺成型，为了更接近控制晶化过程和更准确地判断决定微晶玻璃性能的关键因素，研究用的玻璃的组成（质量分数%）为：16.3 SiO_2、22.8 TiO_2、16.9 MgO、24.8 CaO、15.7 P_2O_5、2.0 CaF_2 和 1.0 Al_2O_3、0.5 ZrO_2、0.01 MnO 的添加剂。

下面将论述微晶玻璃生成和控制晶化的技术过程。

这种组成的基础玻璃采用离心铸造工艺转变成为生物材料（如牙冠材料）。随后，玻璃从室温以 5K/min 的速率加热到 940℃。然后，在 940℃ 热处理 5min 转化为微晶玻璃。

由于小磷灰石和钛酸镁主晶相的形成，生成的微晶玻璃在 1mm 厚的层内表现出半透性。同时，其弯曲强度为 205MPa，断裂韧性 K_{IC} 为 1.46MPa·$m^{0.5}$。因此，这种微晶玻璃可用作牙科修复用生物材料（Kokubo 等，1989），且已由日本 Yata 牙科 MFG 有限公司生产，商品名为 Casmic®。

2.4.6　SiO_2-Al_2O_3-CaO-Na_2O-K_2O-P_2O_5-F 针状磷灰石

针状碳酸羟基磷灰石 $Ca_{10}(PO_4)_6[(OH)_2/CO_3]$ 是众所周知的人类骨头、人类和动物牙齿的主要成分（见 1.3.2.1）。用水热法可合成针状羟基磷灰石——$Ca_5(PO_4)_3OH$（Newesely，1972；Jaha 等，1997）。与天然的牙齿和骨头相比，微晶玻璃含有更多的氟磷灰石 $[Ca_5(PO_4)_3F]$，因为氟能成功地进入玻璃结构中。在微晶玻璃中存在特殊的固相反应，它能控制氟磷灰石 $[Ca_5(PO_4)_3F]$ 在这些材料中的晶化。Kniep 和 Busch（1996）也论述了固相反应生成的氟磷灰石。氟磷灰石的结构见 1.3.2.1 和附录结构图 A19。

与 SiO_2-MgO-CaO-Na_2O-K_2O-P_2O_5-F 系统（2.4.4）中一样，根据内部双重成核和晶化原理，氟磷灰石的晶化可能与云母晶体的晶化同时进行。需要重点注意磷灰石的形态。这些六方晶体可以长大到从基础玻璃中相分离出来的微滴相的边界处。

首次在 SiO_2-Al_2O_3-CaO-Na_2O-K_2O-P_2O_5-F 系统中实现了微晶玻璃中针状氟磷灰石的控制晶化（Höland 等，1994）。在这一过程中可获得一种半透明材料。这种白榴石-磷灰石微晶玻璃可通过控制双重晶化得到，其机理将在 2.4.7 中讨论。在其他类型的微晶玻璃中也观察到了针状磷灰石晶体的长大，例如，在莫来石-磷灰石微晶玻璃（Clifford 和 Hill，1996）和不透明微晶玻璃（Moisescu 等，1999）中。

许多研究人员对控制针状氟磷灰石的成核和晶化过程进行了深入探讨。2002 年，当《微晶玻璃技术》出第一版的时候，生成针状磷灰石晶体的反应原理的固体化学理论并不多。但是今天，Müller 等（1999）、Völksch 等（2000）、Szabo 等（2000）、Schmedt auf der Günne(2000)、Chan 等（2001）、Höland(1995)、Höland(2006)、Höland 等（2007a）和 Höland 等（2008a）在 1994～2009 年的研究结果已经很好地解释了针状氟磷灰石微晶玻璃在 SiO_2-Al_2O_3-CaO-Na_2O-K_2O-P_2O_5-F 系统中的形成机理。

形成针状氟磷灰石的特征组成范围（质量分数%）为：45～70 SiO_2、5～22 Al_2O_3、1.5～11 CaO、4～13 Na_2O、3～8.6 K_2O、0.5～6.5 P_2O_5 和 0.1～2.5 F。在这个组成范围内，有两种反应机理可生成微晶玻璃中的针状氟磷灰石。基于两种典型组成（A 和 B）的两种反应机理描述如下（Höland 等，2008a）。

微晶玻璃 A 的组成（质量分数％）为：54.6 SiO_2、14.2 Al_2O_3、5 CaO、8.4 Na_2O、10.7 K_2O、4.0 P_2O_5、0.7 F 和添加 0.9 ZrO_2、0.2 Li_2O、0.3 B_2O_3、0.8 CeO_2 和 0.2 TiO_2。最重要的网络形成体占到总量的 68.8％（SiO_2 和 Al_2O_3 的总和）。

对比之下，微晶玻璃 B 中网络形成体的量相当高，占 80.4％（质量分数），其组成（质量分数％）为：67.6 SiO_2、12.8 Al_2O_3、2.8 CaO、5.7 Na_2O、8.6 K_2O、1.2 P_2O_5、0.8 F、0.5 Li_2O，相对于微晶玻璃 A 来说，玻璃改性体的含量则低了些。

在温度 1600～1650℃之间，这两种微晶玻璃的基础玻璃都熔融生成整体试样（不是玻璃熔块）。玻璃熔体倒入预热到 500℃的金属盘上以 200～300K/s 的速率淬火。在 T_g+20K 温度下，冷却速率为 3～4K/min 时试样松弛。玻璃 A 不透明，而玻璃 B 是透明的。这些基础玻璃采用 TEM、选区电子衍射（SEAD）、固态 NMR 和 XRD 进行分析。测试结果表明，α-磷酸钙钠晶体（α-$NaCaPO_4$；磷酸钙钠的低温态）在玻璃 A 中形成，而玻璃 B 中则形成了无序的氟磷灰石晶相。忽略它们很快的冷却速率，两种晶相都在冷却和玻璃松弛过程出现。它们都是直径为 20～50nm 左右的球状晶［见图 2.57(a)；图 2.58～图 2.62 为所有以机理 A 成核和晶化的针状氟磷灰石］。事实上，这两种晶相都含有磷酸盐结构单元，说明在玻璃冷却过程中，快速发生的这些相的成核过程，是由无定形玻璃-玻璃相分离控制的。与云母-磷灰石微晶玻璃一样（见 2.4.4），含有磷酸盐的相为微滴玻璃相。和无序的氟磷灰石一样，磷酸钙钠在这种微滴相中晶化。

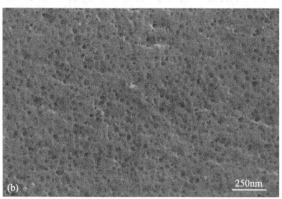

图 2.57　针状氟磷灰石微晶玻璃基础玻璃 A 和 B 微观结构的 SEM 图像

样品经 3％HF 溶液腐蚀 10s。玻璃基体和围绕着纳米晶体的扩散区都腐蚀掉了，留下孔洞。大多数晶体从腐蚀区域脱落，但是仍可以看到一些可见的晶体留在了基体中。(a) 磷酸钙钠晶相的玻璃 A；(b) 无序氟磷灰石玻璃 B

玻璃 A 中 α-磷酸钙钠晶体为正交（斜方）晶系晶体晶胞（$Pn2_1a$），其中 $a=2.0397nm$、$b=0.5412nm$、$c=0.9161nm$（Ben Amara 等，1983）。Ando 和 Matsuno（1968）提出了纯磷酸钙钠晶体在 690℃以上时的 β-改性机理。但是他们也发现磷酸钙钠和正磷酸钙 $Ca_3(PO_4)_2$ 会固溶。这些固溶体在 650℃时会发生从 α-相到 β-相的转变。分析以速率 10K/min 升温的 DSC 曲线，表明这种转变大约在 640℃出现（见图 2.58）。这些结论说明磷酸钙钠固溶体中富含钙离子。分析以速率 2K/min 升温进行的高温 XRD 时出现了一个不同的现象（见图 2.59），从 α-到 β-磷酸钙钠固溶体的第一次转变在 580℃左右出现。这意味着正磷酸钙在 α-磷酸钙钠固溶体中的溶解比在相图中的液相条件下要多。

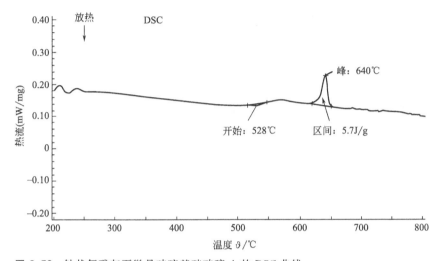

图 2.58 针状氟磷灰石微晶玻璃基础玻璃 A 的 DSC 曲线

从 α-到 β-磷酸钙钠相的首次转变发生在 520～650℃之间的温度范围内（升温速率为 10K/min）

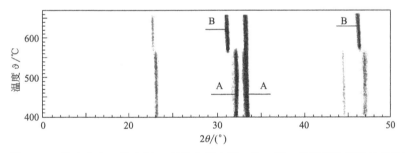

图 2.59 基础玻璃 A 的高温 X 射线分析表明，从 α-到 β-磷酸钙钠相的转变发生在 580℃（升温速率为 2K/min）

因此，大量的正磷酸钙固溶体可能出现在钙离子含量高的晶化玻璃中，这将降低相变温度。总之，没有固溶体的话，纯的磷酸钙钠转变发生在 690℃，液相中饱和的正磷酸钙在 650℃转变，而亚稳态超饱和状态下的转变则是 580℃。最终，这些 β-磷酸钙钠晶体的 XRD 峰与那些磷硅酸盐相的峰类似，在之前的文献中虽然假定过这些晶体是磷硅酸盐相，但是这个结论并不正确。

玻璃 B 中无序的磷灰石晶相与著名的氟磷灰石晶体相似。对氟磷灰石的 X 射线衍射峰和晶体结构已经进行了充分的研究（见 1.3.2.1）。这种六方氟磷灰石的空间群（$P6_3/m$）有如下的晶胞参数：$a=0.9367nm$、$c=0.6884nm$（Sudarsanan 等，1972）。相比之下，玻璃 B 中无序氟磷灰石的 X 射线主衍射峰 [002] 和 [211] 发生了转移。

在玻璃 A 和玻璃 B 中，针状氟磷灰石的成核和晶化过程发生在 800～1100℃之间。这种原位晶化在内部晶化时发生。与此同时，需控制和抑制在 2.4.7 中讨论的表面晶化（尤其是玻璃 A）。为了对整体晶化过程进行精确分析，采用 RT-XRD、SEM、TEM 和 NMR 等方法进行表征，并且对试样 A 和 B 的表面在热处理后进行了研磨。这些测试结果，即固相反应发生的信息表明，微晶玻璃中生成氟磷灰石有两种不同机理：（a）针状氟磷灰石的生成与磷酸钙钠晶体形成同时发生；（b）氟磷灰石从无序氟磷灰石微滴中形成。

2.4.6.1　针状磷灰石的形成与磷酸钙钠的反应同时发生

在 800℃下热处理 1h 之后，首次出现明显可见的氟磷灰石 X 射线衍射峰。然而，在这个步骤中，磷酸钙钠表现为主晶相。SEM 分析表明，磷灰石晶体在 800～1000℃内开始长成针状结构。这种在 1000℃下热处理 1h 生成的微晶玻璃的微观结构，见图 2.60(a)。为了解释这个图像，需要重点提及的是，微观结构已经用氢氟酸腐蚀，以便观察硅酸盐玻璃基体尤其是围绕磷酸钙钠球状晶和针状磷灰石的分散区域。

早期的研究（Höland 等，1999）证实了关于磷酸钙钠和氟磷灰石之间存在外延交互作用的假设，这种交互作用将触发磷灰石的形成。然而，这不是建立在 TEM（STEM）/HR-TEM/SEAD [见图 2.60(b)～(e)]、NMR 研究和 XRD 分析基础上的（Höland 等，2008）。TEM/STEM 研究 [见图 2.60(b)] 表明球状磷酸钙钠晶体和磷灰石之间并没有任何关系。这两种晶体各自通过平行的固相反应独立形成和长大，彼此相互孤立。XRD 分析和 NMR 研究的双重结果表明这是完全可以的。试样热处理到 1000℃的 ^{31}P $\{^{23}Na\}$ REDOR 信号（跟参照物 $NaCaPO_4$ 相比）表明，大量的磷酸盐连着 Na^+，说明在 1000℃存在磷酸钙钠（见图 2.61）。而且，在 1000℃形成的磷酸钙钠固溶体中，$Ca_3(PO_4)_2$ 固溶体约占 45%（质量分数）（Ando 和 Matsuno，1968）。图 2.60(a) 与图 2.57(a) 相比，磷酸钙钠固溶体的量增加了。

而且，通过 NMR 研究（见图 2.62）也可以得出关于磷灰石成核过程的重要结论。基础玻璃的 ^{19}F 光谱有大量信号，说明纳米尺寸的 F 有不同的化学结构。在热处理 1000℃之后，这些信号在 −130ppm 时非常微弱，随着氟磷灰石的长大，新的信号出现在 −100ppm 处。因此，可以得出结论，−100ppm 处的信号对应的化学模块含有 F^- 和 PO_4^{3-} 结构单元，这是纳米尺度的氟磷灰石成核中心。

针状磷灰石晶体的长大在沿着晶体学的 c 轴方向上准确进行。图 2.60(d)、(e) 中的 SAED 图像和 HRTEM 图像表明，氟磷灰石几乎以理想模式沿着 c 轴方向长大的。类似的关于沿着针状磷灰石 c 轴和玻璃相之间的相界研究并没有给出其它晶相生成的信息。1050℃下的实验明确证实了磷灰石的成长过程。早在热处理过程的 10min 之内（见图 2.63），就有相当量（每平方微米内约 4～5 个晶体）的 1～2μm 长的长形晶体形成。热处理到 1050℃时，晶体数量减少而长度增加，保留下来的晶体继续长大，直到 500min 后长到 7μm 大小。之前的动力学研究（Höland，1996）表明这个过程是一个 Ostwald 成熟的实例。简而言之，这意味着物质传输到晶体长大的位置，也就是玻璃基体中的分散过程，是决定晶体长大速率的控制步骤。在任何情况下都没有观察到不稳定态过程。Müller 等（1999）证实了在这种类型微晶玻璃中针状磷灰石扩散控制 Ostwald 成熟的原理。这些磷灰石针状晶体的平均直径和长度随着 $t^{1/3}$ 增加。因为氟磷灰石的体积部分是个常数，晶体数量随着 t^{-1} 增大而减少。

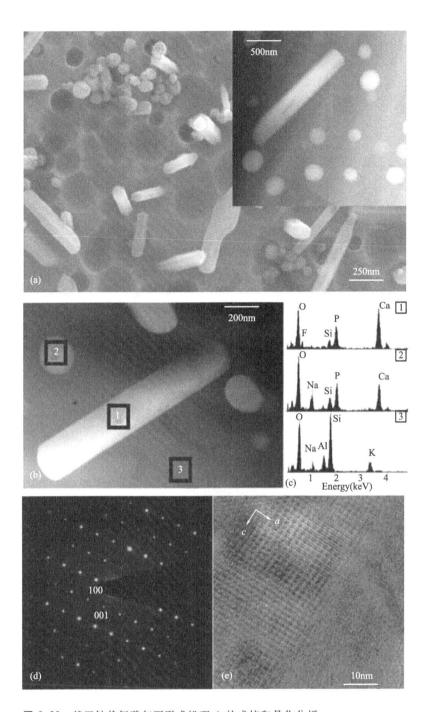

图 2.60 基于针状氟磷灰石形成机理 A 的成核和晶化分析

（a）经 1000℃、1h 热处理后微晶玻璃 A 的微观结构。同时，已经在玻璃基体中生成针状氟磷灰石和磷酸钙钠晶体。样品经过 3％HF 溶液腐蚀 10s 后的 SEM 图像。右上角是 TEM 图像，表明磷酸钙钠晶体是相互孤立的。磷酸钙钠晶体在 SEM 图像中的团聚现象是在制备 SEM 样品时的腐蚀过程中产生的，围绕在磷酸钙钠晶体周围的玻璃界面已被溶解，腐蚀后的孤立晶体出现在样品表面并团聚。（b），（c）是 STEM 图像。（b）是 1000℃、1h 热处理后形成的微晶玻璃，EDX 分析（c）表明，圆形晶体是磷酸钙钠晶体，而针状晶体是氟磷灰石。Si 来源于围绕着晶体的玻璃基体。（d）和（e）是 1000℃、1h 热处理后形成的微晶玻璃的 SEAD 图像和 HRTEM 图像，针状氟磷灰石晶体在 [010] 面上沿着结晶 c 轴长大

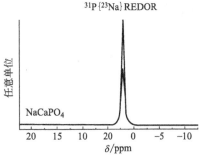

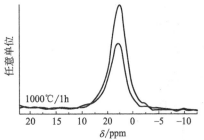

图 2.61 双共振 NMR 测试

图中，高振幅曲线表示标准 MAS-NMR 信号，而较低振幅的曲线代表着由于再偶合的 ^{19}F 和 ^{23}Na 偶极相互作用引起的衰减 NMR 信号。微晶玻璃经过 1000℃、1h 热处理（与磷酸钙钠基础玻璃相比较）表明，大部分磷酸盐保留在磷酸钙钠相中

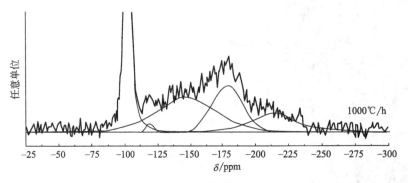

图 2.62 ^{19}F MAS-NMR 测试结果（化学位移 δ 为 −172ppm 的 AlF$_3$ 作为参照）

与基础玻璃相比，富含氟的晶体（−100ppm）经过 1000℃、1h 热处理后形成。点线和折线为基础玻璃和微晶玻璃中不同的氟结构单元

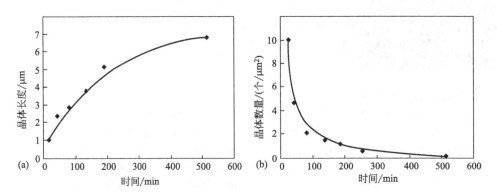

图 2.63 基于 Ostwald 成熟原理的针状磷灰石在 1050℃下的晶体生长

（a）晶体长度随时间的变化；（b）晶体数量随时间的变化

2.4.6.2　从无序球形氟磷灰石晶体中形成针状磷灰石

形成氟磷灰石的第二种反应机理与第一种反应机理不同，是因为它含有不同的初级相。磷酸钙钠不是作为初级或者二次相形成的。与玻璃 A 相比，玻璃 B 的化学组成中 Na_2O 含量更低，黏度更高，这使得玻璃基体中的物质传输过程更加困难。

无序的氟磷灰石继续作为第二种反应机理的初级相。在 800℃下热处理 1h 后转化成常见的氟磷灰石。热处理到更高温度，例如 1000℃下 1h，针状氟磷灰石长大到如图 2.64(a) 所示的 300nm 长。用 XRD 进行了未扰动氟磷灰石的相分析（Höland 等，2008a），TEM 研究证实了晶化过程的 XRD 分析结果［见图 2.64(b)、(c)］合理性。

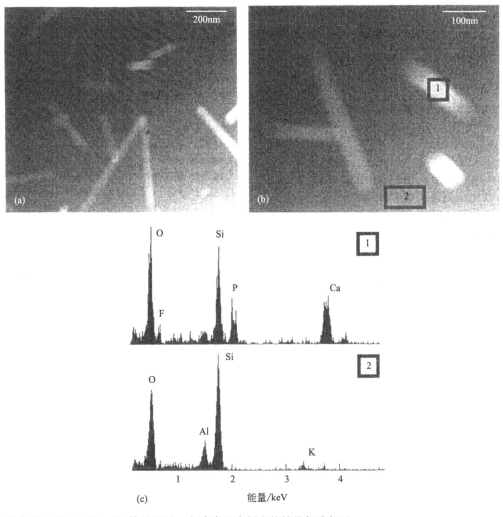

图 2.64　经 1000℃、1h 热处理后，在玻璃 B 中析出的针状氟磷灰石
(a)、(b) 是 STEM 观察的针状结晶；(c) 是表面/整体的 EDX 图谱。(1) 阐明了氟磷灰石的定性组成。图 1 中的 Si 信号来源于周围的玻璃基体 (2)

图 2.65 是这两种反应机理简化后的比较，重点强调不同的成核过程、初级晶相的作用和针状磷灰石的成长过程。

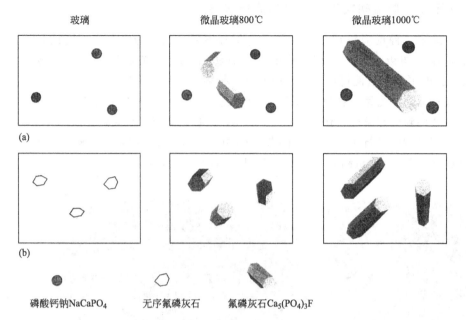

图 2.65　微晶玻璃中氟磷灰石两种（内部）成核和晶化机理的反应示意

2.4.7　SiO₂-Al₂O₃-CaO-Na₂O-K₂O-P₂O₅-F/Y₂O₃、B₂O₃（磷灰石和白榴石）

本节将介绍在两种特殊微晶玻璃中析出两种晶相的双重成核和双重晶化的控制原理。一种（用微晶玻璃 C 来代表）是铝硅酸盐和磷酸盐的成核和晶化；另一种（用微晶玻璃 D 来代表）是铝硅酸盐和无磷-或无氟-氧磷灰石的成核和晶化。这些在化学组成成分上各不相同的晶体类型，具有完全不同的晶化原理。这些机理研究是以成核和晶化为基础的。

2.4.7.1　氟磷灰石和白榴石

2.2.10 阐述了怎样在 SiO₂-Al₂O₃-K₂O 玻璃系统中控制表面成核和表面晶化生成白榴石（KAlSi₂O₆），其中重要的一点就是玻璃熔块表面的活化和粉末压制形成微晶玻璃。

2.4.6 研究了与本节讨论的相同的系统，也就是 SiO₂-Al₂O₃-CaO-Na₂O-K₂O-P₂O₅-F 系统中针状氟磷灰石在整体试样中的晶化过程。在那个实例（特别是 2.4.6 中的玻璃 A）中，不希望出现表面晶化的副反应。因此，在分析生成的内部晶相时磨掉了试样晶化的表面。从不同的角度来观察这个材料系统的表面控制晶化和用玻璃熔块作为基础材料的控制晶化，可能会发现一些全新的材料。微晶玻璃 C 的组成范围（质量分数%）为：49～58 SiO₂、11～21 Al₂O₃、2.5～12 CaO、1～10 Na₂O、3～8.6 K₂O、0.5～6 P₂O₅ 和 0.2～2.5 的 F 以及总量不超过 6% 的添加剂如 CeO₂、B₂O₃、Li₂O 等，控制两种晶相的析出是可能的（Höland 等，1994、2000c；Völksch 等，2000）。玻璃颗粒的表面活化可以通过把它们球磨成细颗粒来实现，虽然这将导致随后的白榴石的表面发生晶化，但它同时也是成核的中心，与制备白榴石微晶玻璃中用到的原理类似。

由于在玻璃熔体冷却过程中，基础玻璃中已含有生成的初级晶相磷酸钙钠（$NaCaPO_4$），就像在 2.4.6 玻璃 A 中提到的，随后的成核和晶化过程在玻璃颗粒内发生。氟磷灰石的成核在富含 F 和 P_2O_5 的纳米相中实现，然后进一步长大成为针状形态。在随后的晶化过程中相形成的顺序见图 2.66。在促进白榴石和氟磷灰石晶化的热处理过程中，同时存在一个粉末压制试样的烧结过程。颗粒表面的相界相互烧结，在随后烧结产品磨削时相界则完全消失。在后续步骤中，生成图 2.67 所示的粉末压制产品。粉末压制试样过程中的成核和晶化过程见图 2.68(a)。

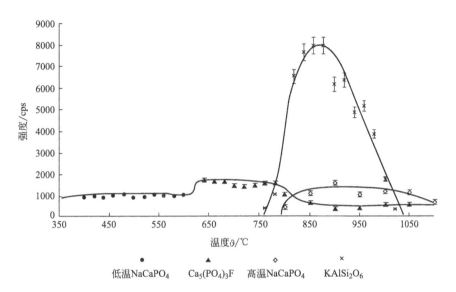

图 2.66　白榴石-氟磷灰石微晶玻璃中晶相形成的顺序跟温度的关系

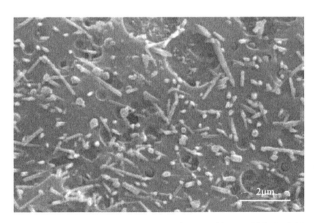

图 2.67　两种成核和晶化机理下粉末压制工艺制备的白榴石-氟磷灰石微晶玻璃微观结构的 SEM 图像（样品经过 3％HF 溶液腐蚀 10s）

测得白榴石晶体直径为 1～2μm，有相当小的针状磷灰石晶体分布于白榴石晶体之间。为了研究这些磷灰石晶体的形态变化，需对微晶玻璃中形成的针状磷灰石和天然牙齿中的针状磷灰石进行比较。为了比较，采用一个特殊的高分辨率的 SEM 图像来研究牙釉质区域内牙齿中的针状磷灰石。研究结果见图 2.69。测得自然界中的针状磷灰石长度为 200～500nm。

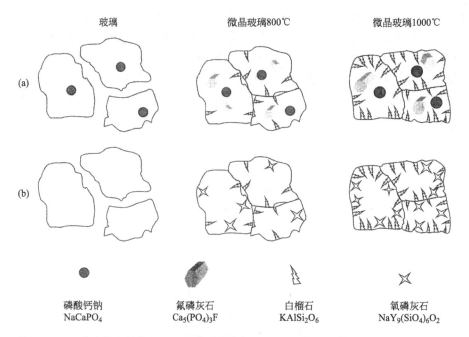

玻璃　　　　　　　微晶玻璃800℃　　　　　微晶玻璃1000℃

(a)

(b)

●　　　　　　　　　　　　　　　　　⚡　　　　　　　　✦

磷酸钙钠　　　　　氟磷灰石　　　　　　白榴石　　　　　　氧磷灰石
$NaCaPO_4$　　　$Ca_5(PO_4)_3F$　　　$KAlSi_2O_6$　　　$NaY_9(SiO_4)_6O_2$

图 2.68　两种成核和晶化机理下微晶玻璃中析出（a）表面和整体晶化白榴石和针状氟磷灰石；（b）表面晶化白榴石和表面晶化氧磷灰石的两种反应示意图

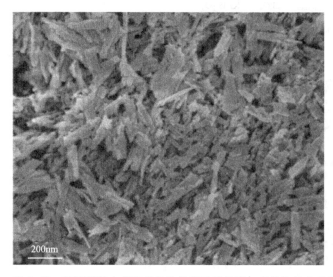

图 2.69　天然牙齿中观察到的针状碳酸羟基磷灰石晶体的高分辨率 SEM 图像（样品经 1mol/L HCl 腐蚀 30s）

2.4.7.2　氧磷灰石和白榴石

X 射线衍射分析表明，微晶玻璃晶化后微观结构中两种主要的晶相为 10%～25%（体积分数）的白榴石和 5%～10%（体积分数）的磷灰石。Szabo 等（2000）研究了这种微晶玻璃的主要性能。这些性能以及它在白榴石-磷灰石微晶玻璃作为生物材料在牙科修复上的应用见 4.4.2.3。

在可能含有添加剂 Li_2O、La_2O_3 和 ZrO_2 的在 SiO_2-Al_2O_3-CaO-Na_2O-K_2O-F-Y_2O_3 系统中发现了白榴石和无磷无氟氧磷灰石不同的双重成核/晶化机理（Höland，2006；van't Hoen 等，2007）。为了与磷灰石系统 A、B 和 C（见 2.4.6 中提到的）进行比较，这个系统用 D 来表示。玻璃粉末的活化能控制了晶相的形成，生成粉末压制试样的原理类似于粉末压制的白榴石-磷灰石类型微晶玻璃的反应机理。对组成（质量分数％）为 48～65 SiO_2、6～13 Al_2O_3、7～13 K_2O、5～9 Na_2O、0～8 Li_2O、0～5 B_2O_3、2～6 CaO、0～3 F、2～17 La_2O_3 和 4～14 Y_2O_3 的微晶玻璃的 SEM 和 XRD 分析表明，晶体从 NaY_9 $(SiO_4)_6O_2$ 开始形成，但是也有可能晶化成为 $LiY_9(SiO_4)_6O_2$、$Ca_2Y_8(SiO_4)_6O_2$ 和 $La_{9.33}(SiO_4)_6O_2$。典型的氧磷灰石是生成 $NaY_9(SiO_4)_6O_2$ 晶体。它以类似于星星的形状析出，具有长成树突状的趋势（见图 2.70），XRD 证实了卡片 ICCD35-0404 的内容。测得氧磷灰石的晶体参数为 $a=0.9334nm$ 和 $c=0.6759nm$，空间群为 $P6_3/m$（Gunawardane 等，1982）。Ito（1968）、Kolitsch 等（1995）和 Chuai 等（2002）研究了这一类型晶体的更多细节。

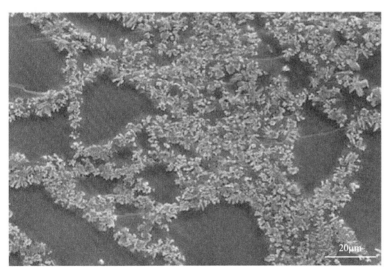

图 2.70　两种成核和晶化机理下粉末压制工艺制备的白榴石-氧磷灰石微晶玻璃的微观结构的 SEM 图像（样品经过 3％HF 溶液腐蚀 10s）

在 800～850℃之间，氧磷灰石晶体从玻璃颗粒表面进入到每个单独颗粒体内，在玻璃颗粒制成的粉末压制品中长大。热处理持续时间越长，越多的玻璃颗粒晶化，析出的晶体像一条带子一样围绕在每一个单独的玻璃颗粒周围（见图 2.70）。这个过程持续进行到颗粒内部。不仅这个晶化过程，还有玻璃/微晶玻璃产品的烧结，都推动了微晶玻璃粉末压制试样的形成。奇怪的是，氧磷灰石是从表面触发成核和表面晶化过程而不是内部成核晶化过程析出的。与磷酸盐基磷灰石相比，二氧化硅基磷灰石不同的化学组成可能是导致这一现象的原因。磷酸盐基磷灰石通过磷酸盐玻璃微滴相在硅酸盐玻璃基体中的相分离成核，这一现象在氧磷灰石微晶玻璃中并不存在。这种类型的双重表面晶化过程见图 2.68。

2.4.8 SiO₂-CaO-Na₂O-P₂O₅-F（磷酸钙钠）

磷酸钙钠的化学式是 NaCaPO₄，其晶体已经用在烧结陶瓷中来研发生物材料（Ram-selaar 等，1993；Suchanek 等，1998；Gong 等，2001；Knabe 等，2004；Jalota 等，2007）。在微晶玻璃中，磷酸钙钠在磷灰石和白榴石-磷灰石晶化过程中作为初级晶相出现。这一过程在 2.4.6 和 2.4.7 已做过介绍。同时，磷酸钙钠晶体结构的晶胞参数也在这些部分介绍过了。而且，还讨论了磷酸钙钠形成固溶体的实际情况。磷酸钙钠特殊的成核和晶化过程使它们与磷灰石的形成同时进行，并且此过程可控。这方面内容也在 2.4.6 和 2.4.7 中介绍过。

Höland 等（2005）成功控制了微晶玻璃中磷酸钙钠主晶相的晶化。这一过程可在一个很宽的组成范围内实现，其组成范围（质量分数%）为：29.5～70 SiO₂、5.5～23 CaO、6～27.5 Na₂O、2～23.5 P₂O₅ 和总量最多 1.5 的 F。而且，在特殊组成（质量分数%）为：58 SiO₂、12.9 CaO、22.9 Na₂O、6.0 P₂O₅ 和 0.3 的 F 的微晶玻璃中，可能用孤立球状晶聚集长大的方式来控制相形成过程。这些球状晶的直径在 40nm～1μm 之间。晶化过程研究中发现了一些奇怪的细节。首先，值得重点指出的是，基础玻璃并没有表现出任何微米尺度的玻璃-玻璃相分离。而且，没有观察到磷硅酸盐玻璃那广为人知的奶白色。然而，在 700℃ 左右晶化过程迅速开始，而且可以看到显著增加的球状晶聚集。在这些观察的基础上，我们可以假设纳米相分离过程决定了磷酸钙钠在微晶玻璃中的成核。随后的晶体生长过程以 Ostwald 熟化方式进行，就像在生成针状氟磷灰石中观察到的一样（见 2.4.6 图 2.63）。图 2.71 为上述组成的微晶玻璃中磷酸钙钠的长大。

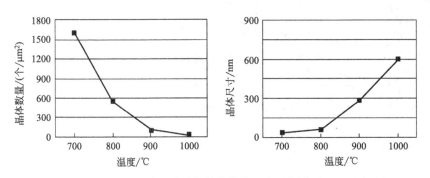

图 2.71 经过 1h 热处理后球形磷酸钙钠晶体的尺寸和数量

为了在表面生成新的磷灰石晶体，对选定的 C 类型微晶玻璃试样进行了模拟体液处理实验（SBF）。当试样浸入到模拟体液中时，磷酸钙钠球状晶部分分解，但是由于形成了羟基磷灰石的外壳而又再次长回来。因此，磷酸钙钠内核和羟基磷灰石离散外层形成了球状晶体，如图 2.72 所示（Höland 等，2005；Höland 等，2006a）。在人体成骨肉瘤细胞的组织培养测试中，这类微晶玻璃浸入到模拟体液中表现出了很高的细胞黏着和细胞增殖能力。仅仅过了一天，最初的球形骨细胞扩散到了整个微晶玻璃表面并且紧紧黏附在一起。图 2.73 为在微晶玻璃上附着两天后的细胞。14d 后，多层细胞可见，这为这种生物材料用作骨取代材料的可行性提供了一个可靠的证据。

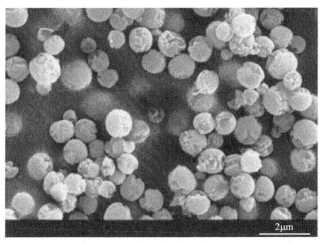

图 2.72 在模拟体液中浸泡 10d 后磷酸钙钠微晶玻璃的表面（有羟基磷灰石壳的表面）SEM 图像（根据 Höland，2006 的介绍重做的）

图 2.73 4d 后磷酸钙钠微晶玻璃表面上的人体成骨细胞 SEM 图像（根据 Höland，2006 的介绍重做的）

2.5 铁硅酸盐

2.5.1 SiO_2-Fe_2O_3-CaO

研究这个材料系统微晶玻璃的目的是为了获得比其他从水溶液中析出的现有产品更高的磁学性能。例如，Ebisawa 等（1991）用组成为 40%（质量分数）的 Fe_2O_3 和 60%（质量分数）的 $CaO \cdot SiO_2$ 合成了 SiO_2-Fe_2O_3-CaO 材料系统微晶玻璃。选择这个系统的最初目的是控制晶化，析出铁氧化物晶体来获得磁学性能。然而，Ca^{2+} 的同时引入带来了特殊的生物学特性。

在 $700\sim950℃$ 之间，控制基础玻璃的晶化。磁铁矿晶体（Fe_3O_4）作为初级晶相形成，其尺寸为 $6\sim30nm$。热处理到 $1000℃$ 以上，磁铁矿晶体转化成为赤铁矿（$\alpha\text{-}Fe_2O_3$）。

当把基础玻璃热处理到 $950℃$ 时，微晶玻璃具有最大的 $32A\cdot m^2/kg$ 的饱和磁化强度和 $39.8kA/m$ 的矫顽磁力。可以通过微晶玻璃中磁铁矿的含量来精确调节这些终端产品的磁学性能。但是，矫顽磁力仅由磁铁矿晶体的尺寸决定。然而，关于磁学性能最重要的结论是，微晶玻璃的磁力比那些从水溶液中生成的粉末磁力更高。

没有 P_2O_5 的这种微晶玻璃，也可以有生物活性性能。与生物活性磷灰石-钙硅石微晶玻璃（见 2.4.2）比较可以发现，当这些材料进入体液并与体液反应时，在微晶玻璃表面的磷灰石晶体必须具有生物活性。因此，磷灰石在无 P_2O_5 的 $SiO_2\text{-}Fe_2O_3\text{-}CaO$ 微晶玻璃表面形成并产生与人体骨骼的连接。这种连接在关联组织中都是自由的。与其他微晶玻璃系统不一样的是，这里没有添加 P_2O_5。这是 $SiO_2\text{-}Fe_2O_3\text{-}CaO$ 系统微晶玻璃的新发现。因此，微晶玻璃从表面反应官能团 $\equiv Si\text{-}OH$ 和 Ca^{2+} 的释放中获得了生物活性。

考虑到生物活性和磁性的特殊组合，这一类型的微晶玻璃能用作肿瘤（尤其是在骨瘤的情况下）热疗法中的热种。例如，把微晶玻璃以粉末形式植入人体内，由于它的生物活性可以直接生成与骨骼的连接。在变化磁场中局部加热到 $43℃$ 以上就可以通过磁滞损失来进行骨瘤癌症的治疗。因此，生物活性和铁磁性的微晶玻璃植入能消灭骨瘤。

2.5.2　$SiO_2\text{-}Al_2O_3\text{-}FeO\text{-}Fe_2O_3\text{-}K_2O$（云母，铁酸盐）

Le Bras（1976）研发了具有铁磁性的微晶玻璃。在基础玻璃中析出铁酸钙晶体可获得磁学性能，因为氧化铁引入到了硅酸盐玻璃中。基础玻璃组成（质量分数%）为：$34\sim40\ SiO_2$、$25\sim38\ CaO$、$18\sim27\ Fe_2O_3$、$2\sim6\ Al_2O_3$、$0\sim10\ MgO$ 和 $0.7\sim2$ 的 Cr_2O_3。

Beall 和 Reade（1979）研发了具有铁磁性的赤铁矿-磁铁矿微晶玻璃，此微晶玻璃的特征是高磁导率和低电阻率（约为 $10\sim4\Omega/cm$）。这些材料的基础组成见表 2.21。

表 2.21　赤铁矿-磁铁矿微晶玻璃（Beall 和 Reade，1979）**的化学组成**（质量分数%）

组分	含量	组分	含量
SiO_2	$45\sim66$	Li_2O	$1.5\sim6$
Al_2O_3	$10\sim20$	TiO_2/ZrO_2	$0\sim5$
Fe_2O_3	$10\sim40$	B_2O_3	1

Reade（1977）报道了一种铁磁性微晶玻璃，在其表面自然生成 $NiFe_2O_4$ 和 $CoFe_2O_4$ 晶体。它的组成（质量分数%）为：$40\sim75\ SiO_2$、$16\sim27\ Al_2O_3$、$1\sim3\ Fe_2O_3$、$2.5\sim5.5\ Li_2O$、$1.7\sim6\ TiO_2$、$0.5\sim3\ NiO$ 和 $1\sim3\ CoO$。

Smith（1984）给出了一种能用于医学高热疗法的铁磁性微晶玻璃。这个概念含有一个导致骨瘤收缩或在某些情况下消失的局部加热（$42\sim45℃$）过程。具有更大磁滞效果的微晶玻璃也得到了，主晶相是铁酸锂（$LiFe_5O_8$）和赤铁矿（Fe_2O_3），其矫顽磁力（H_c）为 $14.5kA/m$。此微晶玻璃植入到动物组织中后，在 $10kHz$ 和 $39.8kA/m$ 的电场中，温度上升 $9℃$。但是 Smith（1984）同时说明这种材料在用于人类骨瘤治疗方法之前必须要在动物体内进行更多的测试。

兼具可加工性能和铁磁性的微晶玻璃则要含有铁酸盐晶体和云母晶体。云母类微晶玻璃良好的可加工性能将在 4.1.3 中介绍。可加工铁磁性微晶玻璃的基础玻璃为 SiO_2-Al_2O_3-MgO-K_2O-F 系统和铁氧化物添加剂。

在 SiO_2-Al_2O_3-MgO-K_2O 基础玻璃中，添加多组分 FeO 和 Fe_2O_3 增加了相分离、促进了成核和晶化工艺的进展。实验表明，添加 FeO 和 Fe_2O_3 到组成（摩尔分数%）为 20.7 MgO、19.6 Al_2O_3 和 59.8 SiO_2 的基础玻璃中，增加了基础玻璃的相分离（Höland 等，1982b），添加 FeO 和 Fe_2O_3 可取代 MgO 和 Al_2O_3。Fe^{2+}/Fe^{3+} 在熔融基础玻璃中的含量通过穆斯堡尔法来测定（Höland 等，1982b）。

不同微观结构玻璃的形成，取决于基础玻璃的化学组成。图 2.74 说明玻璃的相形成过程取决于化学组成。状态（a）、（b）、（c）表示增加 FeO 和 Fe_2O_3 含量的玻璃微观结构。在这三种完全不同的基础玻璃起始条件下，通过对这（a）、（b）、（c）三种类型的基础玻璃进行热处理来触发成核和控制晶化。实验结果表明，玻璃特殊的化学组成和热处理工艺是形成具有可加工和铁磁性、含有铁酸镁和黑云母型云母微晶玻璃材料微观结构的必需条件（见图 2.74 中的状态 f）。由此需要有相对高含量的氧化铁和氧化镁来析出铁酸镁和黑云母。因此，如果氧化铁含量（包括 FeO 和 Fe_2O_3 的总和）高于 6%（摩尔分数），而 MgO 含量高于 15%（摩尔分数）的话，可以在热处理 1180℃、60min 后生成铁磁性和可加工微晶玻璃材料。其化学组成见表 2.22，相应的微观结构见图 2.75。

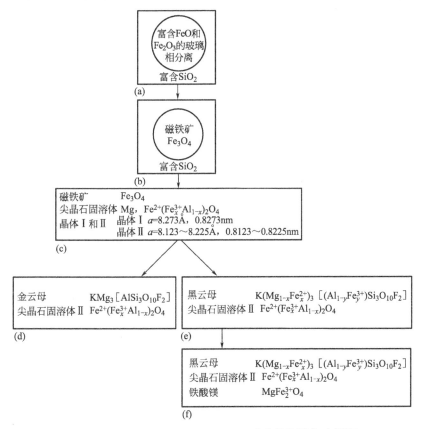

图 2.74　SiO_2-Al_2O_3-MgO-K_2O-F-FeO-Fe_2O_3 玻璃晶化顺序示意图

基础玻璃相分离（a）、（b）；冷却后基础玻璃产生初级晶相（c）；基础玻璃热处理后的微晶玻璃（d）、（e）、（f）

表 2.22　铁磁性云母微晶玻璃（Höland 等，1982b）的化学组成（摩尔分数%）

组分	含量	组分	含量
SiO_2	48.7	F	12.5
Al_2O_3	10.8	Fe_2O_3	2.8
MgO	15.8	FeO	3.8
K_2O	5.6		

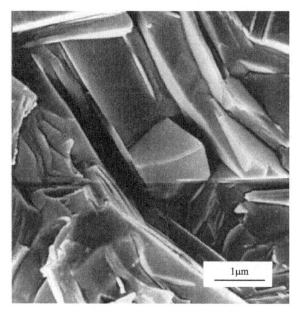

图 2.75　热处理（1180℃，1h）后可加工铁磁性微晶玻璃的微观结构（见表 2.22 中的组成）微晶玻璃的形态结构特征是铁酸盐型立方尖晶石晶体和云母晶体（SEM 图像）

这些铁磁性可加工微晶玻璃的磁矩为 $(4\sim20)\times10^{-4}T\cdot cm^3/g$，磁滞回路产生的矫顽磁力为 200kA/m。磁学性能比高密度烧结铁酸盐材料如 Mg-、Ni-、Co-、Mn-铁酸盐的低，不过，由于它的可加工性能，未来这种材料还是具有前景的。

2.5.3　SiO_2-Al_2O_3-Fe_2O_3-$(R^+)_2O$-$(R^{2+})O$（玄武岩）

玄武岩是从灰色到黑色的细颗粒火山岩，它形成了海岛上的大岩浆流，在陆地上也很常见。化学成分上，它主要由氧化物组成，如 SiO_2、Al_2O_3、FeO、CaO、MgO 和少量 Fe_2O_3、Na_2O、K_2O、TiO_2、MnO 和 P_2O_5，还有一些微量成分。两种主要矿物通常是单斜辉石和斜长石，但是也还存在磁铁矿、橄榄石、玻璃和其他附属矿物。

玄武岩能在1400℃或更高的温度熔融，冷却形成玻璃（Beall 和 Rittler，1976）。再次加热的话，如果 FeO/Fe_2O_3 重量比足够大且通常大于 0.5 的话，它们能形成细颗粒微晶玻璃。微晶玻璃中的主晶相（有时只有晶体种类）是单斜辉石：即 $CaMgSi_2O_6$（透辉石）、$CaFeSi_2O_6$（钙铁辉石）、$MgSiO_3$（顽辉石）、$FeSiO_3$、$NaFeSi_2O_6$（锥辉石/霓石）、$CaAlSi_2O_6$、$CaTiSi_2O_6$ 和 $MnSiO_3$ 的复杂固溶体。大多数情况下，长石质的材料以复杂碱金属-碱土金属铝硅酸盐的形式保留在残留玻璃相中。

为了控制内部成核，玄武岩玻璃常在氧化条件下熔融（Beall 和 Rittler，1976）。由于原始岩石 FeO/Fe_2O_3 的比值较低，通常低于 0.5，玻璃系统必须获得一些氧来生成易于成核的微晶玻璃。通常简单地把岩石球磨成粉末然后在空气中熔融即可实现。然而，为了在晶化过程中变形最小和获得非常小的晶粒尺寸，氧化剂例如硝酸铵（NH_4NO_3；Beall和Rittler，1976）或者 MnO_2（EI-Shennawi 等，1999）可以起到有效作用。实际上，已经报道了含有小于100nm斜辉石晶体的微晶玻璃（Beall 和 Rittler，1976）。铁氧化物在成核中的作用主要归因于 Fe^{3+} 在玻璃中的群集，随着热处理可以生成磁铁矿（Fe_3O_4）作为成核剂。反应温度根据其组成的不同，通常位于650～800℃之间。有时，磁铁矿作为斜辉石内部的晶核或者群集保留下来；其他情况时，它被钠再吸收生成锥辉石（$NaFeSi_2O_6$）和其他能在辉石内形成固溶体的物质。

对从美国马萨诸塞州 Westfield 的 Holyoke 玄武岩采石场取料氧化制成的玄武岩微晶玻璃的一系列物理性能进行了测试。这种玄武岩经分析测试组成（质量分数%）为：51.6 SiO_2、14.1 Al_2O_3、9.3 CaO、8.4 FeO、6.4 MgO、4.4 Fe_2O_3、3.2 Na_2O、1.2 K_2O、1.0 TiO_2、0.2 P_2O_5 和 0.2 MnO。这种微晶玻璃在较多氧化铁 [FeO 为 4.8%，Fe_2O_3 为 10.0%（质量分数）] 的条件下，添加 4% NH_4NO_3 熔融后，随后在650℃下热处理 4h、880℃下 1h 晶化。它的性能如下：热胀系数 7.2×10^{-6}/K、努氏硬度 900MPa、摩擦后的断裂模量为 100MPa、耐碱腐蚀能力和碱石灰玻璃相似。玄武岩微晶玻璃强度的进一步增加可以通过添加例如石灰石和碱来实现，它们对微晶玻璃晶化程度的增加已有报道（EI-Shennawi 等，1999）。因为玄武岩微晶玻璃强度高和耐磨损能力强，同时还有和玻璃一样易于压制和离心铸造，它可以用作屋顶瓦和不锈钢管的衬层。

2.6 磷酸盐

2.6.1 P_2O_5-CaO（偏磷酸盐）

磷酸盐微晶玻璃表现出来的一些性能与硅酸盐微晶玻璃的性能相比，各有千秋。本节将介绍磷酸盐微晶玻璃的特殊性能。这些性能上的差异大多数可以归因于磷酸盐微晶玻璃与硅酸盐微晶玻璃相比之下不同的成核和晶化条件。玻璃结构是这些特性的基础。因此，这里首先介绍这两种微晶玻璃的结构。

硅酸盐微晶玻璃的网络结构，例如碱金属或碱土金属硅酸盐玻璃，由（SiO_4）-四面体组成（Kreidl，1983）。因为四价硅，（SiO_4）-四面体能通过 4 个角依靠氧离子彼此相连，形成一个完整的三维网络。在碱金属或碱土金属硅酸盐玻璃中，碱金属或碱土金属离子打破了 ≡Si—O—Si≡ 连接，松弛了（SiO_4）-四面体结构。

磷酸盐玻璃也是由短程四面体结构单元组成。然而，（PO_4）-和（SiO_4）-四面体，有一个主要的不同，因为磷是五价的，（PO_4）-四面体不能像硅酸盐玻璃一样彼此在四个角上连接形成一个完整的网络，（PO_4）-四面体只能与其他四面体在三个角上相连。图 2.76(a) 为（PO_4）单元的名称和实例，图 2.76(b) 则为（PO_4）单元与（SiO_4）单元相比不同程度的聚合，同时也给出了不同四面体的名称。四面体根据它们的连接程度来命名：Q^0、Q^1、Q^2 或 Q^3 群。而且，图 2.76 表明相对于（PO_4）-四面体的 Q^3-群，Q^4-四面体通过

(SiO_4)-四面体达到最大配位。

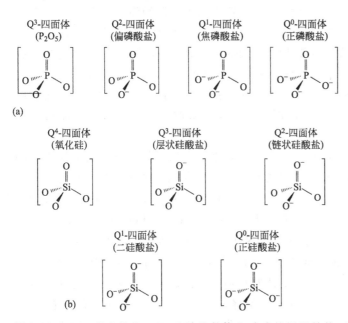

图 2.76 （a）磷酸盐和（b）硅酸盐晶体和玻璃的短程结构（KirkPatrick 和 Brow，1995；Brow 等，1995；Höland，2006）

在图 2.76 中，(PO_4) 单元的聚合度用连接四面体的数量来表示，因此，生成了不同的结构单元。这些单元通过在磷酸盐玻璃中添加网络改性离子而生成。但是，它首先必须确保添加的碱金属或碱土金属氧化物到纯的 P_2O_5 中将增强而不是弱化 P_2O_5 网络，正如 Kreidl（1983）所说的一样（见图 2.77）。然而，增加的碱金属或碱土金属离子会破坏网络的长程有序，直到只有链状（聚磷酸盐和偏磷酸盐）或者甚至二磷酸盐或正磷酸盐结构单元存在（Kreidl，1983）。

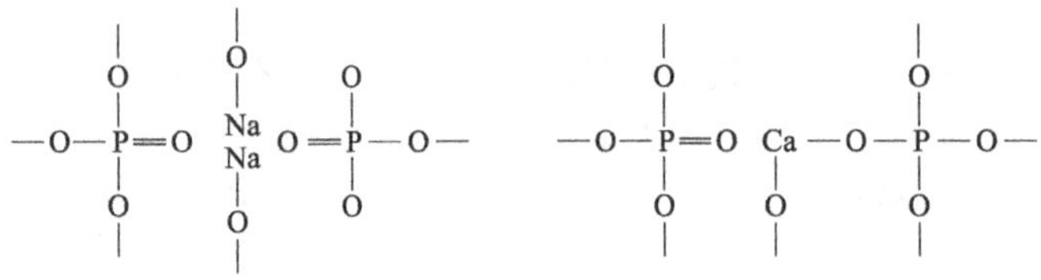

图 2.77 磷酸盐玻璃中添加的改性成分（Kreidl，1983）

通过增加网络改性离子的量，网络玻璃能改性成为由二磷酸盐或正磷酸盐组成的、含量超过 50%（摩尔分数）的网络改性离子的转化玻璃。色谱分析法（Vogel，1978）和核磁共振波谱法（Brow 等，1995；KirkPatrick 和 Brow，1995）测试发现玻璃的磷酸结构单元在这个过程中不断变少。

在控制磷酸盐基础玻璃晶化形成微晶玻璃和微晶玻璃纤维的研究中，偏磷酸盐玻璃特别有趣（Griffin，1995）。这些玻璃由 (PO_4)-四面体链组成。这些结构单元在化学上被称为浓缩磷酸盐。

$NaPO_3$-类型的偏磷酸盐玻璃可用来研究控制晶化，尤其是控制表面晶化（Gutzow 和 Penkov，1987），影响玻璃表面晶化的应力-应变关系也可用这种玻璃进行测试（见1.4 节）。

然而，偏磷酸钙微晶玻璃是磷酸盐微晶玻璃中的重要产品。Abe（1979）成功运用特殊的成核和晶化工艺把偏磷酸钙玻璃转变成了偏磷酸钙微晶玻璃。因为具有 Q^2 链状结构，这些玻璃表现出很高的晶体生长速率，高达 10^7 单元。这就是说，磷酸盐玻璃中生成改性离子的物质传输过程比硅酸盐玻璃中的快。Abe 等（1984）用这个现象提出了单向晶化的原理。关于这种晶化过程的详细描述如下。

首先，制备组成为 $(CaO/P_2O_5)=0.95$（摩尔比）的偏磷酸钙玻璃棒。将棒的一端用特殊炉子加热到软化温度 $600\sim650℃$，控制 $\beta-Ca(PO_3)_2$ 针状晶体在这个过程中成核和晶化。有趣的是，玻璃棒中仅仅在沿着从热端到冷端区域的这一个方向形成晶体。随着玻璃棒继续往炉子中推进，晶化持续发生，直到单向偏磷酸钙作为主晶相生成。也就是说，晶体首先各向异性析出，总是生成 $\beta-Ca(PO_3)_2$ 主晶相和少量的第二晶相 $2CaO\cdot3P_2O_5$。

除了这种各向异性的晶体生长之外，Abe 等（1982）还深入研究了制备磷酸盐微晶玻璃和硅酸盐微晶玻璃的不同之处。在硅酸盐玻璃中，成核和初级晶化是不可能在玻璃转化温度（T_g）下进行的。换句话说，硅酸盐微晶玻璃的转化温度永远不会比基础玻璃的低。但是，在磷酸盐玻璃中，成核和初级晶化则可以在低于基础玻璃转化温度（T_g）下进行。

在晶体垂直轴方向上高的抗弯强度是定向偏磷酸钙微晶玻璃的另一个特殊性质，其弯曲强度可达 $800MPa$，杨氏模量为 $85GPa$。与杨氏模量 $300\sim400\ GPa$ 的高铝含量烧结 Al_2O_3 陶瓷相比，这一材料有着相似的强度，但杨氏模量低得多。

Abe（1979）和 Abe 等（1984）通过定向晶化研究了这种特殊的磷酸盐微晶玻璃，其实验程序如下：Abe 等（1984）把用 $1200\sim1400℃$ 熔融制备的 $Ca(PO_3)_2$ 玻璃再次熔融后，从 $800℃$ 左右的熔体中拉出直径 $1\sim5mm$ 的棒状试样。为了实现定向晶化，玻璃棒的一端加热到接近其软化温度点（约 $600℃$）。随后，将玻璃棒放置在温度梯度为 $30K/cm$ 的炉子中，$\beta-Ca(PO_3)_2$ 晶体从温度高的一端向温度低的一端生长，生长方向平行于玻璃棒的长度方向。玻璃中 CaO/P_2O_5 比率为 0.95、$560℃$ 时晶体的生长速率为 $20\mu m/min$。在 $\beta-Ca(PO_3)_2$ 定向晶化的过程中，磷钙矿（$2CaO\cdot3P_2O_5$）作为二次晶相析出。

尽管磷酸盐微晶玻璃比硅酸盐微晶玻璃有更多的优点，但是也有一些严重的缺陷。化学稳定性低是其主要缺陷。因此，需要根据偏磷酸钙微晶玻璃的生成原理进行相当多的研究来生成化学稳定性好的微晶玻璃产品。显然，在残留玻璃相和玻璃-晶体界面处的化学稳定性非常低。Kasuga 等（1993）通过在基础玻璃中添加少量 Al_2O_3、Y_2O_3 和 ZrO_2 来提高 P_2O_5-CaO 微晶玻璃的化学稳定性。这种微晶玻璃的典型组成（摩尔分数）为 46% P_2O_5、$52\%CaO$、$2\%Al_2O_3$。

与二元系统（CaO/P_2O_5 摩尔比为 0.95）相比，定向生长从层状晶化开始，在恒定温度下控制整块玻璃中的整体晶化，完成化学稳定性玻璃 [$46\%P_2O_5$、$52\%CaO$、2% Al_2O_3（摩尔比）] 的晶化。偏磷酸钙晶体由成核剂整体晶化而成，为小的树状 $\delta-Ca$ $(PO_3)_2$ 相（$1\sim5\mu m$ 长）。晶体在玻璃基体中并没有表现出优先的生长方向。用这种方式生成的微晶玻璃的弯曲强度为 $150MPa$，断裂韧性 K_{IC} 为 $1.8MPa\cdot m^{0.5}$。这种生物材料可用于牙科修复，产品名为 Crys-Cera®，由日本冈山的 Kyushu Dentceram 公司生产。

尽管二元偏磷酸钙微晶玻璃的化学稳定性对于整体微晶玻璃产品来说是不可取的，但是这种特性却有助于生成各种不同的纤维复合材料。例如，Kasuga 等（1992、1996a）利用偏磷酸钙微晶玻璃基础玻璃的高溶解性来生成 $\beta-Ca(PO_3)_2$ 纤维。

组成为 $CaO/P_2O_5 = 0.85$（摩尔比）的基础玻璃可以用于生产这些纤维。在 600℃、保温 48h 后，晶化发生，且没有表现出定向晶化趋势。$\beta\text{-}Ca(PO_3)_2$ 的晶化呈针形，各向同性随机分布。玻璃基体中比 $\beta\text{-}Ca(PO_3)_2$ 化学稳定性低很多的过磷酸和过磷酸晶体都能很容易地从溶液浸析中萃取出来。这些 $\beta\text{-}Ca(PO_3)_2$ 纤维可用于弹性模量很低的复合材料中（Kasuga 等，1996a）。

2.6.2 $P_2O_5\text{-}CaO\text{-}TiO_2$

Abe 等（1995）和 Hosono 等（1994）把 $P_2O_5\text{-}CaO$ 系统和 $P_2O_5\text{-}Li_2O\text{-}TiO_2$ 系统合并为 $P_2O_5\text{-}CaO\text{-}TiO_2\text{-}Li_2O$ 系统，并在此基础生成了微晶玻璃。把由等摩尔 $Ca_3(PO_4)_2$ 和 $LiTi_2(PO_4)_3$ 组成的基础玻璃熔融，随后，整块玻璃通过热处理转化成为均匀的微晶玻璃。在 620℃ 保温 20h 之后，晶核开始出现。在 730℃ 保温 12h 后，发生控制晶化。整体晶化的微晶玻璃中有两种主晶相：正磷酸钙 $Ca_3(PO_4)_2$ 和正磷酸锂钛 $LiTi_2(PO_4)_3$。当用 HCl 处理时，这两种晶相的化学稳定性不同。微晶玻璃用 HCl 处理后，由于 $Ca_3(PO_4)_2$ 晶体溶解在 HCl 中，$LiTi_2(PO_4)_3$ 晶体保留了下来，生成了开孔的 $LiTi_2(PO_4)_3$ 为主晶相的微晶玻璃。添加少量的 Al_2O_3 可形成组成为 $Li_{1.4}Al_{0.4}Ti_{1.6}(PO_4)_3$ 类型的固溶体晶体（见图 2.78），块体试样中有直径约为 30~50nm 的连续气孔（Hosono 等，1993）。

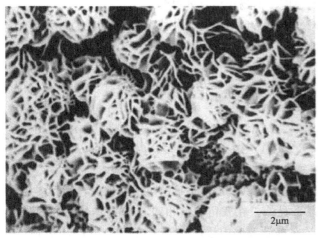

2μm

图 2.78　用 $Li_{1.4}Al_{0.4}Ti_{1.6}(PO_4)_3$ 晶体作为骨架的多孔微晶玻璃的微观结构（Hosono 等，1993）

而且，由于锂离子在玻璃基体中的移动性很高，即使在 Na^+ 存在的前提下，也能跟一些 Ag^+ 发生离子交换，Ag^+ 取代 Li^+ 形成开孔 $AgTi_2(PO_4)_3$ 微晶玻璃（Hosono 等，1994）。这种类型的微晶玻璃有很好的生物相容性和杀菌效果（Abe 等，1995）。

2.6.3 $P_2O_5\text{-}Na_2O\text{-}BaO$ 和 $P_2O_5\text{-}TiO_2\text{-}WO_3$

2.6.3.1 $P_2O_5\text{-}Na_2O\text{-}BaO$ 系统

Wilder 等（1982）从 $P_2O_5\text{-}Na_2O\text{-}BaO$ 系统中获得了微晶玻璃。微晶玻璃的微观结构

和性能通过在组成为（摩尔分数）40％ Na_2O、10％BaO 和 50％ P_2O_5 的基础玻璃中添加总量最多 3％（摩尔分数）的 Al_2O_3 控制晶化而成。

玻璃通过一个 2h、400℃ 和外加 450℃、2h 的热处理周期来完成晶化。用 X 射线衍射分析发现主晶相为 $NaPO_3$（偏磷酸钠）、$Na_3(PO_3)_3$（三偏磷酸钠）和 $NaBa(PO_3)_3$（偏磷酸钡钠）。在基础组成中添加 0.01％（摩尔分数）的 Pt 可以获得有效的晶核。这种形态从球状晶变到圆形晶的微观结构导致了它们高的热胀系数范围从 $14.0×10^{-6}/K$ 到 $22.5×10^{-6}/K$。这些微晶玻璃能跟金属如铝和铜结合起来使用。在这种类型的微晶玻璃中还获得了实现这些应用所需要的化学稳定性。

2.6.3.2　P_2O_5-TiO_2-WO_3 系统

Aitken（1992）在 P_2O_5-TiO_2-WO_3 系统中生成了微晶玻璃。典型的组成质量分数为 42％ P_2O_5、29％ TiO_2 和 29％ WO_3。

在 900～950℃ 下热处理 2h 后基础玻璃晶化。从玻璃基体中析出主晶相 WO_{3-x} 和 TiP_2O_7。分析表明，在温度低于 900℃ 时形成 WO_{3-x} 的立方形态，而它的棱柱多面体形态则出现在 950℃。WO_{3-x} 微晶玻璃表现出特殊的电学性能。这种类型的材料具有导电性，它对温度敏感的电阻率低至 $10^{-2}\Omega·cm$。另外一个特性是半导体，因为 WO_3 条状晶体相互连接，可以形成一个连续的传导路径。这可以用微观图片来表述。

2.6.4　P_2O_5-Al_2O_3-CaO（磷灰石）

P_2O_5-Al_2O_3-CaO 类型微晶玻璃可以整体块状生产，并用来制备微晶玻璃和金属的复合材料。这两种类型的产品都用于人类医学中作为骨替代的生物材料。

BIOVERIT® Ⅲ 类型的微晶玻璃代表了整体晶化的、不含氧化硅的磷酸盐微晶玻璃。这些微晶玻璃材料含有如下的主晶相：磷灰石和块磷铝矿 $AlPO_4$ 晶体、鳞石英和方石英类型。复杂磷酸盐结构，例如 $Na_5Ca_2Al(PO_4)_4$ 和 $Na_{27}Ca_3Al_5(P_2O_7)_{12}$（见 1.3.2.2）作为第二晶相析出（Wange 等，1990；Höland 等，1991a）。

在 BIOVERIT® Ⅲ 用于人类医学中骨替代生物材料的磷酸盐微晶玻璃发展范围内，形成了一种控制磷酸盐玻璃晶化的新方法（Vogel 等，1987）。这种类型的微晶玻璃工艺始于在 P_2O_5-Al_2O_3-CaO-Na_2O 系统内形成磷酸盐转化的玻璃。这种玻璃的结构由单一的二磷酸盐单元组成，没有发现相分离过程。因此，通过相分离来成核是不可能的。然而，在玻璃中添加合适的成核剂例如铁氧化物或 ZrO_2，并使氧化物在一定浓度范围内形成过饱和。根据整体成核的原理，在随后的热处理中，过饱和氧化物将导致初级晶相的析出。在这个例子中，这种初级晶相是 Na-Zr 磷酸盐。因此，晶核形成触发了磷灰石、$AlPO_4$ 和特殊的复杂磷酸盐 $Na_5Ca_2Al(PO_4)_4$、$Na_{27}Ca_3Al_5(P_2O_7)_{12}$ 主晶相的析出（见 1.3.2.2）。BIOVERIT® Ⅲ 类型微晶玻璃的化学组成见表 2.23。

表 2.23　磷酸盐微晶玻璃 BIOVERIT® Ⅲ 的组成 （质量分数％）

成分	组成范围	范例
P_2O_5	45～55	51.0
Al_2O_3	6～18	10.0

成分	组成范围	范例
CaO	13～19	14.0
Na_2O	11～18	15.0
$Me^{2+}O/Me_2^{3+}O_3/Me^{4+}O_2$ （例如：MnO、FeO、Fe_2O_3、ZrO_2）	1.5～10	—
F	—	2.0
ZrO_2	—	5.0
TiO_2	—	3.0

这种微晶玻璃材料表现出了很好的化学性能（耐水解）。而且，它的热学性能使得这种材料适合用于金属涂层，尤其是 Co-Cr 合金，因而广泛用于移植学。Jana 等（1995）准备了一个在 Co-Cr 合金上覆盖磷酸盐微晶玻璃 BIOVERIT® Ⅲ 涂层的试样，悬浮在水或酒精中。随后进行 700℃ 下几分钟的热处理生成了致密、几乎玻璃化的厚度为 150～400nm 的涂层。玻璃基体在 500～600℃ 之间的热处理中形成晶相。长期在三羟甲基氨基甲烷缓冲液中进行的体外试验表明，该材料在这个腐蚀过程中生成了一层保护层。这是 Co-Cr 合金植入体上覆盖 BIOVERIT® Ⅲ 涂层可以作为长期稳定植入体的先决条件。Vogel 等（1995）报道了整形外科上磷酸盐微晶玻璃覆盖在金属植入体上的临床试验。

Pernot 和 Rogier（1992）报道了磷酸盐微晶玻璃和金属的复合材料。基础玻璃的组成（质量分数）为：69.0% P_2O_5、8.3% Al_2O_3 和 22.7% CaO。玻璃在 1300℃ 下加热 2h 熔融，冷却后，球磨到颗粒尺寸小于 $50\mu m$。Co-Cr 合金球磨到颗粒粒度为 $22\mu m$、$40\mu m$ 和 $60\mu m$。最小颗粒部分在 800℃ 下氧化 1～100h。复合材料用热压法制备，并在烧结温度 700℃ 下热处理 1h 形成致密的材料。在这个热处理的过程中发生晶化。方石英型的 $AlPO_4$ 晶体作为主晶相从玻璃基体中析出。由此获得的复合材料可以根据其中微晶玻璃和金属的比例来调节它的热胀系数。根据其组成，测得其杨氏模量为 68～124GPa，断裂韧性 K_{IC} 约为 $2.2MPa\cdot m^{0.5}$。这种生物材料已经用于整形外科植入体的临床试验。

Rogier 和 Pernot（1991）也成功合成了磷酸盐微晶玻璃和钛、磷酸盐微晶玻璃和不锈钢的复合材料（Rogier 和 Pernot，1993）。

2.6.5 P_2O_5-B_2O_3-SiO_2

乍一看，因为富含磷酸硼的玻璃表现出了非常弱的化学稳定性，这个系统似乎不可能形成有用的微晶玻璃。然而，这个系统的微晶玻璃，通过晶化同样在关键性能上实现了很大的改变。

MacDowell（1989）从 P_2O_5-B_2O_3-SiO_2 系统中组成（质量分数）为 $35\%\sim57\%$ P_2O_5、$16\%\sim35\%$ B_2O_3 和 $14\%\sim46\%$ SiO_2 的范围内生成了微晶玻璃。

玻璃和微晶玻璃组成见表 2.24 和图 2.79。在微晶玻璃的发展中，表 2.24 中的组成是根据化学计量氧化物摩尔分数 B_2O_3：P_2O_5：SiO_2 确立的。基础玻璃在 1600℃ 熔融，随后冷却，玻璃的微观结构用 TEM 图像来分析。例如，表 2.24 中的基础玻璃组成配方 6，展示了一个跟其他磷酸盐玻璃明显不同的均匀的微观结构（见 2.6.1 和 2.6.3）。因此，尽管基础玻璃中有相当含量的 SiO_2，也没有发生相分离过程。因此，成核促进了 P_2O_5-B_2O_3-SiO_2 系统中化学计量组成玻璃中的均匀化过程。

表 2.24　P_2O_5-B_2O_3-SiO_2 系统的微晶玻璃的组成（质量分数%）（MacDowell 和 Beall，1990）

组成	SiO_2	P_2O_5	B_2O_3	B_2O_3：P_2O_5：SiO_2 摩尔比
1	46.0	36.3	17.8	1：1：3
2	36.2	42.8	21.0	1：1：2
3	22.1	52.3	25.6	1：1：1
4	29.9	35.4	34.7	2：1：2
5	14.5	68.7	16.8	1：2：1
6	24.2	57.2	18.7	2：3：3

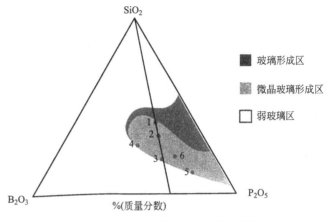

图 2.79　P_2O_5-B_2O_3-SiO_2 系统中玻璃和微晶玻璃的形成

热处理到 900℃时，在界面能减少时，主晶相 BPO_4（正磷酸硼）开始均匀晶化。测得晶体的尺寸约为 $0.05\mu m$。进一步热处理到 1100℃，二次晶相开始长大，正磷酸硼晶体长大到 $1\mu m$ 左右。

在这些基础玻璃的晶化过程中，微晶玻璃具有了一些玻璃中没有的性能。例如，前面提到的特别是 P_2O_5-B_2O_3-SiO_2 系统中的基础玻璃弱的化学稳定性，可以提高三个数量级。耐水解性、耐 5%HCl 和耐碱能力都受到了影响（MacDowell，1989）。化学稳定性的提高要归因于晶体的形成，它们嵌入特别纯的 SiO_2 玻璃基体中获得特别高的化学稳定性。这些玻璃基体保护了晶体，并使之不再受到进一步的化学侵蚀。

BPO_4 微晶玻璃还表现出很低的介电常数，其数值介于 $3.8\sim4.5$ 之间。因此，这种材料适合用于微电子应用领域，其中的电路速率跟介电常数的平方根成反比。由于磷酸盐基的微晶玻璃表现出的热胀系数超过了 $10\times10^{-6}/K$，这个系数还要降低才能用于硅电路的微电子封装。这个目的可以通过使用富含 SiO_2 的微晶玻璃来实现，例如，表 2.24 中的配方组成 1。在这些组成中获得了一个膨胀系数为 $4.0\times10^{-6}/K$（$20\sim300$℃）的微晶玻璃，使得其可以适用于上述应用（见 4.5.2）。

MacDowell 和 Beall（1990）使用另一种工艺在 BPO_4 微晶玻璃中生成了更先进的微观结构类型。这种唯一和有效的工艺包括在致密的 BPO_4 微晶玻璃中用磷酸铵来生成一种非常多孔的"气敏陶瓷"。在玻璃熔融过程中，假设磷从 P^{5+} 态还原到 P^{3+} 态。此后，加热这种材料，控制晶化，P^{3+} 态氧化成 P^{5+} 态。根据下面的反应，生成了氢气。

$$P^{3+}+2OH^-\longrightarrow P^{5+}+2O^{2-}+H_2$$

另一个可能的简单假设包括在大批量的磷酸铵材料中，氨气（NH_3）分解成 N_2 和 H_2。氢气分子部分地溶解在热玻璃中，而在冷却过程中卷入到玻璃结构中。因此，再次加热后，氢气以气泡的形式逸出，可能有助于 BPO_4 晶体的成核。

由氢气生成的气孔，形成了如图 2.80 所示的微观结构的"气敏陶瓷"。这个反应已经在玻璃结构分析的帮助下得到确认。NMR 光谱学成功地用来证实这个目的（Dickinson

等，1988）。通过氢气含量来控制气孔的尺寸在 $1\sim100\mu m$ 之间。同时，介电常数可以降低到 2 左右。这种微晶玻璃的特性将在 4.5.2 详细讨论。

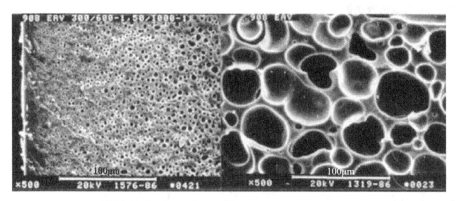

图 2.80 P_2O_5-B_2O_3-SiO_2 系统气敏微晶玻璃微观结构的 SEM 图像

2.6.6 P_2O_5-SiO_2-Li_2O-ZrO_2

P_2O_5-SiO_2-Li_2O-ZrO_2 系统的微晶玻璃实现了用黏性流体在压力下成型生成微晶玻璃的工艺过程（Höland 等，1994）。

含有 ZrO_2 的微晶玻璃在其他玻璃系统中很有名，比如 Beall（1991）和 Budd（1993）在顽辉石系统、Uno 等（1993）和 Bürke 等（2000）在云母系统中都用到了 ZrO_2。P_2O_5-SiO_2-Li_2O-ZrO_2 系统可以在压力下成型。同时，在基础玻璃中可以引入含量高于 15%（质量分数）的 ZrO_2 来增加材料的强度。

在 P_2O_3-SiO_2-Li_2O-ZrO_2 系统中观察到了特殊主晶相的形成（Polezhaev 和 Chukklantsev，1965）。因此，需要充分地研究玻璃的形成。化学式已经用新的超出现有知识水平的组成范围进行了相当大的扩充。对合适的黏度比例和成核条件都进行了测试，发现在生成微晶玻璃的过程中，其组成（质量分数%）为：$4\sim15$ P_2O_5、$42\sim59$ SiO_2、$7\sim15$ Li_2O、$15\sim28$ ZrO_2，外加添加剂总量为 11% 的 K_2O、Na_2O、Al_2O_3 和 F。首先由两种不同的 ZrO_2 含量推出这两种类型的微晶玻璃的控制晶化。这些玻璃含有 16% 或 20%（质量分数）的 ZrO_2。这两种类型的微晶玻璃都可以用压制法或模压成型。

微晶玻璃根据表 2.25 的工艺进行生产。在第一步，用粉末玻璃制成微晶玻璃铸块。在这个步骤中，成核立刻发生。第二步，形成黏性流体，晶体进一步长大。这时已经形成微晶玻璃，排除了进一步热处理的需要。黏性流体分析见 4.4.2.4 的介绍。

表 2.25 ZrO_2 微晶玻璃的工艺

序号	工艺过程
1	玻璃熔融→熔块→玻璃粉→在 790℃［含有 16%（质量分数）ZrO_2 的玻璃 A］或者 950℃［含有 20%（质量分数）ZrO_2 的玻璃 B］形成微晶玻璃铸块
2	压制/模压（微晶玻璃 A 在 900℃时黏性流动或者微晶玻璃 B 在 1000℃时黏性流动）→整体微晶玻璃

2.6.6.1 含有 16%(质量分数) ZrO_2 的微晶玻璃

900℃热处理后，压制微晶玻璃的微观结构（见表 2.25）用析出富含 ZrO_2 晶体的 $Li_2ZrSi_6O_{15}$ 类型来说明。这些晶体可以用 X 射线衍射和 SEM 分析来表征（见图 2.81）。微晶玻璃表现出的弯曲强度为 160MPa（Schweiger 等，1989）和很好的光学性能，尤其是高的半透明性。它可以用于生成 Ivoclar Vivadent AG，Schann，Liechtecstein 的 IPS Empress® Cosmo 微晶玻璃（见 4.4.2.4）。

图 2.81　经过 900℃热处理后，压制的、含有 16%（质量分数）ZrO_2 微晶玻璃微观结构的 SEM 图像（试样经过腐蚀）

2.6.6.2 含有 20%（质量分数）ZrO_2 的微晶玻璃

分析粉末玻璃的控制晶化，发现其中烧结和成核结合在一起。在基础玻璃中析出了三种晶相：Li_3PO_4、ZrO_2 微观晶体和 ZrO_2 宏观晶体。整体成核促进了 Li_3PO_4 主晶相和不同的 ZrO_2 变体的形成。成核和晶化都需要仔细控制。考虑到烧结工艺和随后的黏性流体现象，成核和晶化不能进行得太迅速，以免黏度急剧增加。基础玻璃中相分离的成核是由玻璃中无数内部成分梯度触发的。试样腐蚀后，可以看见陡峭的成分梯度。在基础玻璃的 SEM 图像中，富含 P_2O_5 的区域表现为球状晶空洞（Höland 等，2000a）。初级晶相 Li_3PO_4 在球状晶腐蚀的边界地区可见。随后的晶化过程用其他晶相的析出来表征（表面晶化：740℃，ZrO_2，940℃，$ZrSiO_4$）。

采用 X 射线衍射法分析了不同的 ZrO_2 晶相变体的形成。940℃时，斜锆石型的 ZrO_2 晶体和四方改性的 ZrO_2 晶体作为初级晶相形成尺寸为 200～300nm 的微观晶体。然而，这些晶体在进一步延长的热处理过程中长大成为长度为 1～20μm 的 ZrO_2 宏观晶体。同样，由小晶体群组成大晶体。如果主晶相在 1050℃下长大（见图 2.82），ZrO_2 宏观晶体的生长速率最快，可以达到 3.5～5.0μm/h（见表 2.26）（Höland 等，1996）。这里没有看到其他微晶玻璃系统中出现的非稳定态时间滞差。这个事实表明，迅速生成的晶核，并不能决定随后晶体生长的速率。

这些提到的在 1000℃下用黏性流体工艺（见表 2.25）生成的微晶玻璃微观结构见图 2.83。用 X 射线衍射分析这种特殊的、SEM 图像中表现为小的、浅色的晶体为 ZrO_2 晶体。在图 2.83 中看到的棒状空洞，可以归因于 Li_3PO_4 晶体在腐蚀条件下被选择性地溶解了。

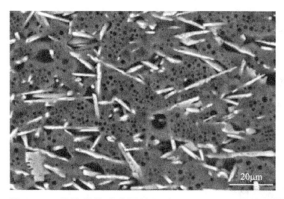

图 2.82 整体微晶玻璃样品经过 1050℃、6h 热处理后析出 ZrO_2 宏观晶体的 SEM 图像（试样经过腐蚀）

表 2.26 含有 20%（质量分数）ZrO_2 的微晶玻璃中单个晶相在不同温度下的晶体生长速率（$\mu m/h$）

晶相	950℃	1050℃
棒状磷酸锂相	0.25	4.0
ZrO_2 微观晶体	0.1	0.2
ZrO_2 宏观晶体	3.5	5.0

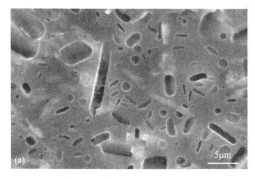
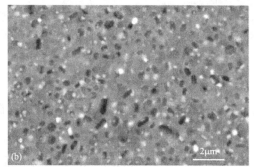

图 2.83 含有 20%（质量分数）ZrO_2 的压制微晶玻璃含有 ZrO_2 微观晶体和 β-Li_3PO_4 晶体的微观结构 SEM 图像

(a) 二次电子（SE）技术；(b) 成分衬度技术

含有 20%（质量分数）ZrO_2 的微晶玻璃是乳白色，具有轻微的半透明性。测得这种材料的弯曲强度为 280MPa，断裂韧性 K_{IC} 为 2.0MPa·$m^{0.5}$。跟 Nogami 和 Tomozawa (1986)、Sarno 和 Tomozawa (1995) 的工作相比，P_2O_5-SiO_2-Li_2O-ZrO_2 微晶玻璃的增韧是基于四方 ZrO_2 和单斜 ZrO_2 的相变，并没有观察到微裂纹增韧。

2.7 其他系统

2.7.1 钙钛矿型微晶玻璃

这个系统的微晶玻璃如果有高介电常数或透明兼具光电效果，就可以作为电子工业中的原料。

2.7.1.1　SiO_2-Nb_2O_5-Na_2O-(BaO)

第一个含有大量的纳米钙钛矿晶体且介电常数大于 100 的透明微晶玻璃，是通过 SiO_2-Nb_2O_5-Na_2O 系统基础玻璃热处理获得的，可选成分包括 BaO（Allen 和 Herczog，1962）。

其组成（质量分数）为：5%～25% SiO_2、50%～80% Nb_2O_5、0～20% Na_2O 和 0～31% BaO，其中 Na_2O 和 BaO 的总量在 5%～35% 之间的玻璃熔融，淬火成为带状或薄圆片（约为 1～2mm）。然后经过 750～950℃ 的热处理来获得有效成核和透明度。

添加少量的 CdO 能有效提高其介电常数达 400 以上。最稳定的玻璃中含有相当多的 BaO。一些组成和电学性能的关系见表 2.27。

表 2.27　SiO_2-Nb_2O_5-Na_2O-(BaO)微晶玻璃的组成（质量分数%）和性能（Allen 和 Herczog，1962）

成分	1	2	3	4
SiO_2	14.0	11.8	9.5	13.8
Nb_2O_3	70.0	68.8	62.3	68.6
Na_2O	16.0	9.7	2.5	14.4
BaO	—	9.7	25.7	—
CdO	—	—	—	1.0
介电常数	340	290	220	517
损耗角正切	1.6	2.9	0.3	2.0

尽管主要的钙钛矿相 $NaNbO_3$ 是反铁电的，但是添加少量固溶体形成杂质如镉，可以使之具有铁电性。Borrelli 等（1965）测量了组成类似于表 2.27 中组成 4 的微晶玻璃的电-光学效果。晶体尺寸从 5nm 变化到 50nm，介电常数从原始玻璃的 50 增加到透明晶化材料的 550，估计在晶化材料中，$NaNbO_3$ 的体积分数为 70%。微晶玻璃中的滞后跟电场强度（E）的平方成正比，折射率差别（Δn）为：

$$\Delta n = B\lambda E^2$$

从图 2.84 中可以看出，克尔常数 B 跟介电常数的平方成正比增加。

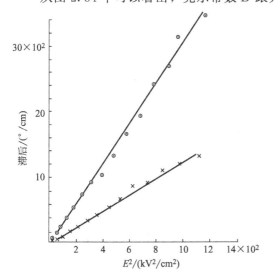

图 2.84　在 632.8nm 处测量出的跟电场平方成正比的滞后（Borrelli 等，1965）

⊙试样的介电常数为 540；×试样的介电常数为 356

2. 7. 1. 2　SiO$_2$-Al$_2$O$_3$-TiO$_2$-PbO

Herczog 和 Stookey（1960）首次报道了在 SiO$_2$-Al$_2$O$_3$-TiO$_2$-PbO 系统中控制钙钛矿型钛酸铅 PbTiO$_3$ 的晶化，获得了高的介电常数，使之可以用于电容器介电材料。Russell 和 Bergeron（1965）研究了玻璃中 PbTiO$_3$ 的晶化工艺。他们发现，通过玻璃-玻璃相分离促进了晶核的形成。Kokubo（1996）研究了在 SiO$_2$-Al$_2$O$_3$-TiO$_2$-PbO 系统中玻璃的形成和随后的控制晶化，其组成（摩尔分数）为：15%～45% SiO$_2$、0～26% Al$_2$O$_3$、16%～33% TiO$_2$、27%～52% PbO。他们认为，在玻璃的冷却过程中，玻璃形成体中没有二次相出现。但是，如果在下一步中继续对这些玻璃进行热处理，就会在620～740℃之间发生晶化。在这个过程中，可能析出主晶相钙钛矿型 PbTiO$_3$ 晶体或者烧绿石型 Pb-Ti$_3$O$_7$ 晶体，或者两者兼而有之且均为主晶相。Kokubo 等（1972）也对这个初级相的成核过程进行了深入研究。在研究过程中，他们得出了一个重要的发现。在当时，关于这些玻璃的结构急需更多的详细分析和解释，而且非常重要。他们发现，在没有氧化铝的均匀基础的玻璃中，加入氧化铝会发生玻璃-玻璃相分离。当 Al$_2$O$_3$ 含量增加时，生成玻璃微滴相中的异相玻璃结构和玻璃基体。PbO 和 TiO$_2$ 聚集在微滴相中，开始了决定性的成核过程。考虑到 Al$_2$O$_3$ 引起的相分离，需要注意的是在碱金属硅酸盐玻璃中添加 Al$_2$O$_3$ 会减少玻璃-玻璃相分离，而高 PbO 含量的玻璃正好与之相反。Kokubo 等（1972）用一个 Lacy（1963）提出的"三群"模型和成分离子的场强解释了这种现象。这种情况下，三群指的是在无碱玻璃中的 Al^{3+} 利用桥氧连接的两个四面体。因此，氧被三个四面体群共用。然后，Al^{3+} 的场强高达1.77。而且，Al^{3+} 倾向于形成它自己的相，寻找它附近极化的氧离子来形成 Pb^{2+} 或者 Ti^{4+} 的三群结构。这种行为可以用 PbO-TiO$_2$-SiO$_2$ 玻璃中加入 Al$_2$O$_3$ 后相分离增加来解释。

Kokubo 和 Tashiro（1973）提出了控制 PbTiO$_3$ 微晶玻璃的介电性能以满足特殊的需求。在这篇文献中，他们用一种含有大量 PbO 和 TiO$_2$ 的微晶玻璃，获得了 PbTiO$_3$ 晶体含量高且介电常数高的材料。该微晶玻璃由摩尔分数为40% PbO、40% TiO$_2$、10% Al$_2$O$_3$ 和10% SiO$_2$ 组成。

当 PbTiO$_3$ 晶粒尺寸为0.15～0.025μm 之间时，可以获得介电常数高达400～500的微晶玻璃。这个发现表明，该工艺方法能生成有着相当好光电效应的透明微晶玻璃。晶粒尺寸为0.15μm 时，微晶玻璃对应有最大的介电常数，晶体内部有着很高的内应力。高的介电常数，结合尺寸非常小的、25nm 的晶体，可以归因于单畴铁电晶体随机分布产生的内部电场。

必须要指出的是，透明 PbTiO$_3$ 微晶玻璃对光电和电-场致发光的应用很有意义（Kokubo 和 Tashiro，1976）。然而，在氧化铝基体上加热到600℃附近时，不透明的 PbTiO$_3$ 微晶玻璃的介电常数为94，介电损耗 tanδ 为0.0130（10^{6}c/s），能用于厚膜电容器。电容器的介电常数是温度的函数，从室温到270℃几乎呈线性关系，温度系数为8.3×10^{-4}/K。因此，玻璃粉末试样可以用于制备高介电常数的电容器（Kokubo 和 Tashiro，1976）。

Lynch 和 Shelby（1984）解释了钛酸铅微晶玻璃高介电性能的原因。他们定义了围绕铁电晶体的基相。同时还定义了一个特殊效果——钳位。当玻璃基体缩小并在铁电晶体颗粒内部产生压应力时，这种效果出现，导致顺电-铁电的相变。因此，必须控制晶体尺寸以便用于光电应用。晶体尺寸首先要小于 $0.1\mu m$。

Saegusa（1996）报道，从硼酸盐系统中用溶胶-凝胶法生成了 $PbTiO_3$ 微晶玻璃。测得这种基体中析出的晶体尺寸为 $1\sim2\mu m$。Saegusa（1997）同样从硅酸盐系统中制备出了 $PbTiO_3$ 微晶玻璃的薄膜，其介电常数为 219，介电损耗为 0.04。

2.7.1.3 SiO_2-Al_2O_3-K_2O-Ta_2O_5-Nb_2O_5

Kokubo 等（1973）在 SiO_2-Al_2O_3-K_2O-Ta_2O_5-Nb_2O_5 微晶玻璃系统中析出了钙钛矿型的晶体。基础玻璃组成（摩尔分数）为 $0\sim17\%$ SiO_2、$0\sim20\%$ Al_2O_3、$25\%\sim50\%$ K_2O、$7\%\sim33\%$ Ta_2O_5 和 $11\%\sim30\%$ Nb_2O_5。跟有着高 Ta_2O_5 含量的玻璃一样，能在过冷下形成有着高 K_2O 含量的玻璃。熔融玻璃冷却到室温后进行随后的加热到 $650\sim1050℃$ 热处理，用 X 射线衍射来测定 $750℃$ 下高 K_2O 含量的玻璃和高 Ta_2O_5 含量的玻璃中钙钛矿型的 $K(Ta,Nb)O_3$ 主晶相。然而，Kokubo 等（1973）分析发现，另一种化学组成为 $K_{1.5}(Ta_{0.65}Nb_{0.35})_2O_{5.75}$ 的初级晶相优先于主晶相的形成。这些晶体属于烧绿石型。当微晶玻璃的热处理温度升高时，这些烧绿石（$Ca_2Nb_2O_7$）晶体的结构转化成为钙钛矿型主晶相。因此，微晶玻璃热处理到 $1050℃$ 时的主要特性与 SiO_2-Al_2O_3-TiO_2-PbO 系统中的相似。

Reece 等（1996）研究了含有（Pb，Sr，Ba）Nb_2O_6 固溶体的铁电微晶玻璃的微观结构。他们发现微观晶体由玻璃熔块表面晶化而成。试样在 $800℃$ 下热压而成，具有统一的含有 $0.1\mu m$ 大小晶体的微观结构。微晶玻璃的介电性能跟尺寸、晶相和晶体组成有关。微晶玻璃还表现出了很宽的居里转变。

Kioka 等（2011）用激光诱导晶化来生成单向线性的、光学活性的钙钛矿：$KNbO_3$ 微晶玻璃。这种单晶形式的相展示了一种可喜的性能，如大的二次谐波振荡、光电系数和机电耦合系数等，可以用于多种不同的设备。他们发现，在特定的 B_2O_3-Nb_2O_5-K_2O 系统玻璃中添加 Al_2O_3，热处理到 $730℃$ 时，可以析出纯的钙钛矿，代替常见和持久的反向对称亚稳态 $KNbO_3$ 形态。他们用了一个跟 Cu^{2+} 掺杂玻璃配合良好的本地热源 Yb：YVO_4 纤维激光器（$\lambda=1080nm$）。这就可以满足充分的加热（到 $730℃$）以形成一个薄（$2\sim8\mu m$）的、由随机分布的 $KNbO_3$ 钙钛矿晶体组成的微晶玻璃线。偏光照片揭示了晶体尺寸小于 $1\mu m$。激光扫描速度为 $6\sim8\mu m/s$，激光能量为 $0.7\sim0.9W$。研究显示其在常规炉子热处理下，大约在 $550℃$ 附近在线界面处的热扩散产生了一种亚稳态的钙钛矿 $KNbO_3$。作者假定了氧化铝出现在硼酸玻璃结构中的有利效果，来生成一个比简单三元 K-Nb-硼酸玻璃系统更加开放的网络结构，因此允许更多快速的 K^+ 扩散，在亚稳态钙钛矿结构上得到稳定态。

2.7.2 钛铁矿型（SiO_2-Al_2O_3-Li_2O-Ta_2O_5）微晶玻璃

Beall（1971b）和 Ito 等（1978）生成了这个系统的透明微晶玻璃。玻璃形成和控制析出 $LiTaO_3$ 晶体的晶化在如下组成范围内实现，其摩尔分数为：$10\%\sim77.5\%$ SiO_2、$2.2\%\sim55\%$ Al_2O_3 和 $10\%\sim70\%$ 的 $LiTaO_3$。基础玻璃加热到 $800\sim1050℃$ 之间可以生成透明的微晶玻璃。初级晶相 $LiTaO_3$ 在 $800℃$ 时形成。这种晶相在 $1050℃$ 之前一直保持稳定。玻璃的光学性能可以用不同的化学组成来控制。就像无铝微晶玻璃是不透明的一样，玻璃的透明度需要铝的参与。$LiTaO_3$ 晶体并没有钙钛矿结构，而是一个类似于钛铁矿 $FeTiO_3$ 的六方结构。一个重要的、有非线性行为光学晶体不是一个能生成微晶玻璃的好的玻璃形成体，这对 $LiNbO_3$ 跟其他类似的钛酸盐系统来说一样适用。

Hase 等（1996）在组成（摩尔分数）为 35% Li_2O、30% Ta_2O_5 和 35% SiO_2 的玻璃的表面晶化中观察到了优先在 c 轴定向（生长）的 $LiTaO_3$ 晶体。他们发现室温下放置 24h 后，出现了 0.7kV dc（直流电压）的二次谐波振荡。

2.7.3 B_2O_3-$BaFe_{12}O_{19}$（钡铁氧体）或者 $BaFe_{10}O_{15}$（铁酸钡）

铁酸钡微晶玻璃有意义的应用是制备高质量磁性粉末。Shirk 和 Buessem（1970）用摩尔分数为 40.5% BaO、33% Fe_2O_3 和 26.5% B_2O_3 的组成制备了微晶玻璃。原料熔融后倒入两个黄铜滚筒上得到基础玻璃。当基础玻璃加热到 500~885℃时，析出磁性晶体相 $BaFe_{12}O_{19}$。微晶玻璃热处理后本身的矫顽磁力增加到 5350Oe。$BaFe_{12}O_{19}$ 晶体尺寸为 0.5μm。这个化学系统可以用腐蚀的方式去除富含硼酸钡的基体。

Taubert 等（1996）生成了组成（摩尔分数）为 40% BaO、27% Fe_2O_3 和 33% B_2O_3 的基础玻璃。基础玻璃在 1400℃熔融，制备了两种试样。第一种，玻璃在不锈钢滚轴之间以 $10^4 \sim 10^5$K/s 的冷却速率淬火。得到 100μm 厚的生胚。这些无定形相在 820℃下热处理 4~24h，成核和晶化得到尺寸 20~500nm 的 $BaFe_{12}O_{19}$ 晶体。玻璃基体富含 BaB_2O_4。

第二种，玻璃薄片球磨，然后作为粉末压制试样进行热处理。跟第一种试样相比较，晶化后得到的晶体是 M 型 $BaFe_{12}O_{19}$ 和 Fe_3O_4。磁滞回路生成的抗磁力 H_c 为 385kA/m。

2.7.4 SiO_2-Al_2O_3-BaO-TiO_2（钛酸钡）

烧结钛酸钡陶瓷用于制备特殊电学性能的材料，尤其是高介电常数的材料。钛酸钡基烧结陶瓷用活化晶体基材料制成。

除了 $BaTiO_3$ 烧结陶瓷以外，含有钛酸钡晶体的微晶玻璃也受到了重视。Herczog（1964）发现了添加少量 F 到 SiO_2-Al_2O_3-BaO-TiO_2-F 系统基础玻璃中的玻璃的晶化行为。当这些高熔点的玻璃冷却时，Herczog（1964）获得了 $BaTiO_3$ 型的析出晶体。

SiO_2-Al_2O_3-BaO-TiO_2 系统中最重要的晶相是钙钛矿型 $BaTiO_3$、钡霞石（$BaAl_2Si_2O_8$）和硅酸钛钡（$BaTiSiO_5$）。Kokubo（1969）研究了组成（摩尔分数）为 20%~25% SiO_2、6%~20% Al_2O_3 和 45% $BaO \cdot TiO_2$ 玻璃的形成趋势和冷却后再加热时玻璃的晶化行为。这种基础玻璃的成核和晶化在 600~1100℃时开始。晶化从 850℃开始。X 射线衍射分析表明，相当多的钙钛矿型 $BaTiO_3$ 晶相在 900℃析出。1100℃时晶化完成。1100℃下的主晶相是钙钛矿型 $BaTiO_3$、钡霞石（$BaAl_2Si_2O_8$）和硅酸钛钡（$BaTiSiO_5$）和一些二次相。Kokubo（1969）通过改变它们的组成和微观结构来研究微晶玻璃的性能。他发现 Al_2O_3 含量不变、SiO_2：（$BaO \cdot TiO_2$）摩尔比增加时，介电常数降低。而当 $BaO \cdot TiO_2$ 摩尔比不变、Al_2O_3：SiO_2 摩尔比为 35：65 时介电常数达到最大值。通常，介电常数随着微晶玻璃中析出 $BaTiO_3$ 晶体含量的增加而增加。在频率为 10^6Hz 时，微晶玻璃的最大介电常数为 500，其组成（摩尔分数）为：26% SiO_2、14% Al_2O_3

和 60% BaO·TiO$_2$。

Kokubo 等（1996）对上述微晶玻璃的晶化原理进行了详细的研究，发现了一种亚稳态的膨润土型晶体 BaTiSi$_3$O$_9$，在 800℃时根据表面晶化的原理形成。从 950℃开始，这种晶体开始转变成为稳定态的钛酸钡和钡霞石。钡霞石晶体在跟微晶玻璃的表面平行的方向上各向异性地长大。钡霞石晶体首选的定向缘于亚稳态膨润土型晶体。而且，整体晶化和表面晶化同时进行。然而，在整体晶化的过程中，形成初级晶相钛酸钡和钡霞石。

钛酸钡微晶玻璃还可以用于生成薄膜（Kokubo 等，1968）。当测得其中晶体尺寸在 50～100μm 时，微晶玻璃表现出最好的性能。其介电常数为 500，介电损耗 tanδ 为 0.03（频率为 10^{6}Hz）。薄膜是玻璃熔体在两个旋转的铁桶之间压制而成，随后进行玻璃的热处理。当微晶玻璃的厚度为 200μm 时，微晶玻璃的介电常数降低一半。这个发现归因于钡霞石晶体在靠近试样表面附近时有优先的定向取向。

McCauley 等（1998）合成了系列 BaTiO$_3$ 微晶玻璃。在玻璃基体中析出了纳米级尺寸的晶体。McCauley 等（1998）发现，去极化区域限制了介电晶体的极化能力，BaTiO$_3$ 晶体的临界尺寸为 17nm。

对于 BaTiO$_3$ 薄膜来说，溶胶-凝胶法非常重要。Uhlmann 等（1997）展示了大量溶胶-凝胶法制备的玻璃涂层。他们发现用溶胶-凝胶法形成 BaTiO$_3$ 薄膜是一种比较经济的方式。Gust 等（1997）也同样运用了溶胶-凝胶法（来制备 BaTiO$_3$ 薄膜）。他们得到的薄膜中纳米 BaTiO$_3$ 晶体的尺寸为 20～60nm。

BaTiO$_3$ 微晶玻璃还可以添加其他添加剂。Aitken（1992）制备了含有 PbMg$_{1/3}$、Nb$_{2/3}$O$_3$ 固溶体和 BaTiO$_3$ 的微晶玻璃。这种钙钛矿型相的小晶粒尺寸为 0.2μm。微晶玻璃中额外的相为烧绿石和硅钛钡石（Ba，Pb）$_2$TiSi$_2$O$_8$。这种微晶玻璃在 115℃时的介电常数高达 750。

2.7.5　Bi$_2$O$_3$-SrO-CaO-CuO

T$_C$ 超导材料在能源工程上应用的发展也包括微晶玻璃的大量使用。Abe 等（1988）在 Bi$_2$O$_3$-SrO-CaO-CuO 系统中发现了一个超导微晶玻璃。熔融制备组成约为 BiSrCa-Cu$_2$O$_x$ 的玻璃。含有一些 Al$_2$O$_3$ 的玻璃在 845℃热处理后，X 射线衍射分析表明其晶相为 Bi$_2$Sr$_2$CuO$_6$（Abe 等，1996）。晶化采用非定向晶化方式完成。Ca$_2$CuO$_3$ 是第二相。超导微晶玻璃表征的 T$_c$ 为 62K。

超导微晶玻璃的应用需要材料成型为管子或者中空的圆柱体。因此，Kasuga 等（1996b）发现了用一种连接方法可以生成很长的管子或棒状体。火焰连接能生成很长的产品。微晶玻璃连接区域的界面的特点是析出额外的 Bi$_2$Sr$_2$CuO$_x$ 晶相。而且，这种方法表现出了微晶玻璃的新特性和在新应用方面的很大潜能。

第 *3* 章

微观结构控制

3.1 固相反应

正如前面已经讲过的（见 2.2.2 节），玻璃在加热后失去光泽，一般亚稳相作为初级晶相形成。特别是在 SiO_2-Al_2O_3-Li_2O、SiO_2-Al_2O_3-MgO 和 SiO_2-Al_2O_3-ZnO 系统中，在很宽的组成范围内都会形成亚稳态 β-石英固溶体。在 SiO_2-Al_2O_3-Na_2O 系统中靠近 $NaAlSi_2O_4$ 组成的区域内，先形成亚稳态三斜霞石（填充的方石英衍生物），而不是稳定的霞石（填充的鳞石英衍生物）。还有很多其他类似的例子，如亚稳态偏硅酸锂在二硅酸锂热力学稳定区域内要比二硅酸锂先出现。

当基于这些亚稳相的微晶玻璃加热到更高温度时，固相反应发生，结果就是稳定晶相或者稳定的相聚集形成。研究这些反应经常发生的形式是很有趣的一件事情。

3.1.1 等化学相变

不论用何种成核剂，在 SiO_2-Al_2O_3-Li_2O 系统中，在 SiO_2-$LiAlO_2$ 结合处上的微晶玻璃中，有一个从亚稳态到稳定态平衡的经典例子。在 $750 \sim 850℃$ 的温度范围内，组成为 Li_2O-Al_2O_3-$nSiO_2$（$n = 3.5 \sim 9$）的基础玻璃首先在成核剂晶体如 TiO_2、ZrO_2、$ZrTiO_4$ 和 Ta_2O_5 所在点处形成亚稳态石英固溶体。这些 β-石英固溶体相将存在很长一段时间，直到玻璃加热到 $900℃$ 以上，或者对某些组成而言要到 $950℃$ 以上。在含有其他能进入到结构中的成分如 MgO 和 ZnO 的商品中，甚至需要更高的温度来打破这种相平衡。

然而，六方晶体总是转变成稳定的四面体 β-锂辉石，偶尔是填充的正方硅石。这种相变是沿着 SiO_2-$LiAlO_2$ 结合处的等化学组成相变，也就是说，稳定态的 β-锂辉石固溶体晶体在化学组成上与它们的母相亚稳态石英固溶体相同或非常类似。另一方面，相的形态学是不同的，特别是在晶粒尺寸上，明显增加了 5～10 倍。这种晶体尺寸上的增加导致沿着 β-石英晶界相变成核的有效性比那些 β-石英从更小初级晶核上成核的有效性降低。

3.1.2　相间反应

对大多数微晶玻璃来说，其多组分本质要求在亚稳态晶相之间或者在亚稳态晶相与残留玻璃相之间进行更复杂的反应。在一些氟云母微晶玻璃中，会出现通过相间反应实现稳定晶相聚集的例子，其中，亚稳态晶体（块硅镁石）与组成接近晶体白榴石（$KAlSi_2O_6$）的铝硅酸钾残留玻璃相反应，生成稳定的云母相：

$$Mg_2SiO_2 \cdot MgF_2 + KAlSi_2O_6 \longrightarrow KMg_3AlSi_3O_{10}F_2$$
$$\text{（块硅镁石）} \qquad \text{（玻璃）} \qquad \text{（金云母）}$$

另一个例子是堇青石，一种理想且稳定的耐火材料，是 SiO_2-Al_2O_3-MgO 系统中的低热膨胀晶体。由亚稳态的尖晶石、α-石英和成核剂钛酸盐（铁板钛矿）反应生成堇青石和金红石的反应如下：

$$MgAl_2O_4 + MgAl_2Ti_3O_{10} + 5SiO_2 \longrightarrow Mg_2Al_4Si_5O_{18} + 3TiO_2$$
$$\text{（尖晶石）} \quad \text{（铁板钛矿）} \quad \text{（石英）} \quad \text{（堇青石）} \quad \text{（金红石）}$$

在这些例子中，能生成相平衡晶体的固相反应完全改变了它们的微观结构。

3.1.3　溶出

固相反应很少能以亚稳态晶体溶出而达到相平衡。在 SiO_2-Al_2O_3-ZnO-ZrO_2 系统中有这样一个实例。此时，相平衡形成的晶粒比原始 β-石英晶体在初级四方氧化锆晶核上形成的晶粒小。亚稳相是 Zn 填充的、组成为 $ZnAl_2O_4 \cdot nSiO_2$（其中 $n=2.5$～4.0）的 β-石英。经热处理后的 β-石英固溶体，具有低的热胀系数和高的电绝缘性，可分解成锌尖晶石和 α-石英。然后石英转变成为方石英，锌尖晶石从 β-石英固溶体中分解成为非常小的纳米晶体，留下其硅含量高的成分且在冷却过程中易形成 α-石英。如果热处理温度足够高，石英-锌尖晶石-氧化锆聚集时，α-石英转化成为方石英，生成稳定态方石英-锌尖晶石-氧化锆聚集体。因此，可以总结为：

$$ZnAl_2O_4 \cdot nSiO_2 \longrightarrow ZnAl_2O_4 + nSiO_2$$
$$\text{（β-石英固溶体）} \qquad \text{（锌尖晶石）} \quad \text{（方石英）}$$

3.1.4　利用相图预测微晶玻璃的聚集

根据相图可以预测相平衡的聚集，因此也能预测微晶玻璃中晶体的聚集程度，当微晶玻璃加热温度足够高时可以消除亚稳相存在的痕迹。

因为四元 SiO_2-Al_2O_3-Li_2O-MgO 系统微晶玻璃重要的商业价值，在 1230℃ 发现了一个 SiO_2-$LiAlO_2$-$MgAl_2O_4$ 三元片状等温区域（Beall 等，1967），该区域比其始熔点低 60℃（Beall，1994）。在 1.3 节（图 1.5）中已经讲过这个相图，有两种低热胀系数的相，一个为正值（堇青石：热胀系数为 $+1.3 \times 10^{-6}$/K，25～300℃），另一个为负值（β-锂霞石：热胀系数为$-0.5\times10^{-6}/K$，25～300℃），在这个温度下都是稳定的相态。然而，相图清楚地表明，尽管每一个相都是稳定的，它们却不能以稳定态聚集体的形式共存。如果强行组合在一起，它们会反应生成β-锂霞石和尖晶石。

因此，即使两种相组合有可能获得热胀系数为零的高温材料，同时生成含有稳定态董青石（$Mg_2Al_4Si_5O_{18}$）和β-锂霞石（$LiAlSiO_4$）的微晶玻璃也是不可能实现的。

总之，相图能判断微晶玻璃中晶相共存的可行性。但是不能提供任何有关成核、晶体长大或其他动力学信息。

3.2 微观结构设计

在材料科学中，产品设计包括一系列因素，例如外观、颜色或表面结构、微观结构。这里将讨论微晶玻璃材料的微观结构设计。微观结构设计对材料工程师来说，代表了其按性能择优选择和研发制备某些特殊性能新材料的基础。本部分内容有助于那些对材料科学感兴趣的人们更好地理解微晶玻璃及更好地开发新应用。微晶玻璃进一步的发展和改性通常是由使用者们提出的。

微晶玻璃的微观结构类似于自然界、科学、技术和日常生活中熟悉的结构和现象。在某些情况下，这里讨论的微观结构让人回想到纳米粉末的超细晶体结构。为了更好地描述特征微观结构的外观，使用了结构类比，如单个细胞、卷心菜头或卡片屋结构。以下部分将讨论这些例子。同时，也将对特殊设计产生的微晶玻璃的特殊性能进行讨论。

3.2.1 纳米晶体微观结构

微晶玻璃中的纳米晶体指的是尺寸小于100nm的晶粒。基于这些小晶粒的微晶玻璃的研究是最早的纳米技术的例子（Beall 和 Duke，1999），现在碳纳米管、烧结陶瓷、溶胶-凝胶玻璃和有机改性陶瓷复合材料的制备都称为纳米技术。纳米相微晶玻璃的微观结构表现出范围很宽的晶化度——晶体体积分数从很小到超过90%。在大多数情况下，纳米晶体被玻璃包围着。为了获得这样小的微观结构，必须要有很高的成核速率，而且必须要抑制第二晶相的生长。

尖晶石和β-石英固溶体微晶玻璃是典型的纳米结构微晶玻璃。尖晶石的晶体结构见附录图A17，β-石英的晶体结构见附录图A2。尖晶石微晶玻璃超细晶体嵌入玻璃基体中的微观结构见图2.30。在SiO_2-Al_2O_3-ZnO-MgO微晶玻璃系统中，尖晶石晶体通过在细小的氧化物颗粒上有效析出而长大。尖晶石型晶体范围从锌尖晶石$ZnAl_2O_4$到经典尖晶石$MgAl_2O_4$。微晶玻璃中的尖晶石晶体（见2.2.8）的化学式为$(Zn,Mg)Al_2O_4$，尽管一些TiO_2可能被引入而生成$(Mg,Zn)Ti_2O_4$，而Ti^{3+}则生成$(Mg,Zn)(Al,Ti)_2O_4$。这些晶体的尺寸为10nm左右。因此，它们是典型的纳米结构。2.2.8中的图2.30表明析出的晶体在玻璃基体中呈岛状分布，通过超细玻璃-玻璃相分离来控制其成核反应及工艺，相分离过程中的成核通过非均匀成核剂TiO_2触发。因此，尖晶石晶体不会长大到超过10nm。然而，晶体含量可以达到30%～40%（体积分数）。

尖晶石微晶玻璃因其特别细的晶体和玻璃相本质而具有某些特殊性能。因为晶体的维度远远低于可见光的波长，所以此微晶玻璃高度透明性。即使尖晶石和硅酸盐母相玻璃之间的折射率差别明显，也能把光学散射减少到非常低的水平。尖晶石微晶玻璃块体的热胀系数接近于聚晶硅的热胀系数（Pinckney，1999）。因此，此微晶玻璃特别适合用作高温、高效聚晶硅薄膜的基体，该薄膜在太阳能电池和显示器中都有潜在的应用（Beall 和 Pinckney，1999；Pinckney，1999）。

因为 β-石英微晶玻璃中的细小晶体接近 50nm，这些材料也同样具于纳米结构。通过成核工艺生成的超细晶体的特征微观结构与尖晶石微晶玻璃一样。当热处理温度高于含有成核氧化物（TiO$_2$）-(ZrO$_2$) 的 SiO$_2$-Al$_2$O$_3$-Li$_2$O 基础玻璃的转化温度 50K 时，初级晶相 ZrTiO$_4$ 形成。总量约为 4%（摩尔分数）的 TiO$_2$ 和 ZrO$_2$ 对于初级晶相的形成已经足够了。由于成核工艺和这些晶体在整个玻璃基体中均匀分布、晶体尺寸小于 100nm。随后 850℃ 的热处理使 β-石英固溶体主晶相在钛酸锆晶体上异相生成。图 3.1 为这种纳米尺度微晶玻璃的微观结构。单个晶体在玻璃基体中以岛状形式生长。互锁的晶体或双晶很难分辨，也没有观察到晶体碰撞。Beall（1992）测得石英固溶体相在硅酸盐基体中的密度为 5×10^{21} 个/m^3。

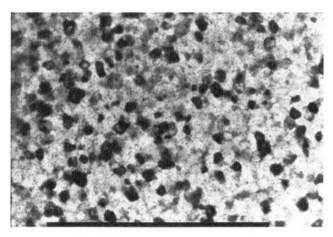

图 3.1 β-石英固溶体微晶玻璃超细晶粒的微观结构
（黑色标尺为 1μm）

这种超细晶粒微观结构使微晶玻璃具有突出的性能，如只生成一个主晶相和高晶化。热学性能也特别突出，例如，0～500℃ 范围内的热胀系数为 0.7×10^{-6}/K。因为在微晶玻璃中测得晶体的尺寸为 500nm，小而且均匀，并且 β-石英固溶体的双折射及晶相与残留玻璃相之间的折射率相差很小，实际上可见光没有散射，因此，微晶玻璃高度透明，适用于不同的工程和家用场合。

3.2.2 细胞膜微观结构

微晶玻璃的另外一种结构类似于有机细胞的结构。有机细胞由非常薄的细胞膜隔开相邻的细胞并保护细胞内部的组分。类似地，微晶玻璃有类似细胞膜的微观结构，也有非常薄的薄膜围绕着类似细胞实体的成分。

β-石英固溶体或 β-锂辉石晶体的析出会使微晶玻璃的热胀系数非常低，从而可具有细胞膜的微观结构（Beall，1992）。一层非常薄的玻璃基体包裹着晶体，起到细胞膜的作用，因此，晶体彼此分离开来。这种膜在微观结构中的体积分数为 10%，并且成为晶体间扩散的壁垒。

图 3.2 为 β-石英固溶体微晶玻璃的细胞膜微观结构。就像在 2.2.2 中讲述的一样，β-石英固溶体是在 $ZrTiO_4$ 晶核上非均匀成核的。这些 $ZrTiO_4$ 晶体在细胞的核心位置，β-石英固溶体在它的上面生长成为细胞。在 Maier 和 Müller（1989）的高分辨率的透射电镜（TEM）照片（图 3.2）中，测出少数几个纳米尺度的 $ZrTiO_4$ 晶核出现在 β-石英固溶体的中间。在残留玻璃膜分开的晶粒的界面上可看见过量的 $ZrTiO_4$ 纳米晶体。

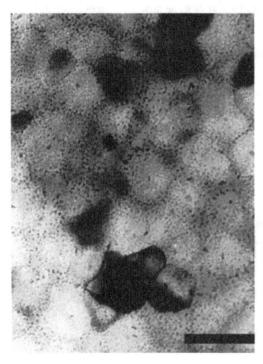

图 3.2 β-石英固溶体微晶玻璃细胞膜微观结构（标尺为 200nm）的 TEM 图像（Maier 和 Müller，1989）。在细胞结构中能看到有 $ZrTiO_4$ 沉淀的残留玻璃

Bhattacharyya 等（2010）和 Höche（2010）在近期工作中运用最前沿的分析法和 TEM 图像详细研究了特殊的低膨胀 β-石英固溶体微晶玻璃中的成核。他们研究认为，热处理到 750℃时，在均匀和没有相分离的玻璃中，$ZrTiO_4$ 纳米晶体在数分钟内形成，他们选择的玻璃组成为：7.6 Li_2O·0.16 Na_2O·0.13 K_2O·1.85 MgO·0.33 BaO·1.2 ZnO·12.73 Al_2O_3·72.58 SiO_2·2.11 TiO_2·0.9 ZrO_2·0.39 As_2O_3。

在热处理 30min 后可以看见直径为 4～5nm 的 $ZrTiO_4$ 纳米晶体，而且当玻璃在 750℃下继续加热 8h 之后，纳米晶体都没有表现出生长的迹象。这种特殊的生长阻力（成熟）允许晶体保持它们最初的小颗粒并强化了纳米晶体的形成，随后 β-石英固溶体在这些晶核上形成并生成透明微晶玻璃。

$ZrTiO_4$ 晶核不再长大可以用晶核周围出现的、富含氧化铝的壳来解释。$ZrTiO_4$ 晶核-玻璃界面对铝离子表现出了比硅离子更大的亲和力。在这个壳外面的 1～2nm 厚度中，氧化铝浓度非常高，随后逐渐降低，直到 8nm 处，氧化铝浓度降低到跟通常的整体玻璃中的浓度一样。在晶核-玻璃界面处，用理论模型预测出有单层纯 Al_2O_3 存在。人们认为这层致密的、富含铝的玻璃壳阻止了 Ti 和 Zr 之间的扩散，因此阻止了晶核的 Ostwald 型成熟。这层壳不仅阻挡了 $ZrTiO_4$ 晶核的生长，而且也在促进初级 β-石英固溶体相在界核界面的非均匀成核中起到了重要的作用。

Beall（1992）总结了很多基础玻璃在β-石英固溶体和β-锂辉石固溶体微晶玻璃固相反应中起细胞膜作用的实例。这层坚强的残留玻璃在析出初级晶相后变成了阻止 Al^{3+} 扩散的壁垒。Chyung（1969）认为，Al^{3+} 的扩散影响了β-锂辉石固溶体二次晶相的生长。换句话说，因为 Al^{3+} 在细胞中的进一步扩散，β-锂辉石固溶体晶体伴随着亚稳态晶体向稳定态β-锂辉石晶体的转变而快速长大成型。在这个生长过程中，从 100～200nm 大小的初级β-石英固溶体晶粒开始（见图 3.2），重要的是β-锂辉石晶体的晶粒尺寸不能超过 $5\mu m$。如果超过了这些维度，晶粒各向异性的特性将使微晶玻璃中产生微裂纹。这些微裂纹将导致不可控的蠕变或力学性能的弱化。因此，热处理中反复温度循环可能会对复杂几何形状的微晶玻璃带来负面影响。最坏的情况是，可能在微晶玻璃中形成缺陷，例如断裂等。然而，通过控制玻璃相的固相反应可以控制二次晶相的生长，来阻止这种类型的反应。而且，晶体-玻璃基体的界面能吸收小应力（Raj 和 Chyung，1981）。β-锂辉石微晶玻璃的微观结构见 1.5.1 和 2.2.2。

在温度远远低于β-锂辉石固溶体开始熔融的温度时，通过控制玻璃相的固相反应，晶体部分溶解和析出成为可能。因此，高度晶化微晶玻璃片的真空成型可以生成形状复杂的产品，例如实验室带有无缝盆的工作台面板。

3.2.3 海岸线-岛状微观结构

通过表面晶化控制，得到了另一具有可喜特性的微观结构。这种方式生成的微观结构有个形象的名字——海岸线-岛状结构。这种特殊的晶化工艺，在 2.2.10 介绍过，并提到了几种不同的微观结构及其特性。

Beall（1992）报道了堇青石（见 2.2.5.1）和铯榴石（见 2.2.4）微晶玻璃中典型的海岸线-岛状微观结构。堇青石晶体从晶界处晶化，成为主晶相。在铯榴石微晶玻璃中，莫来石型的残留玻璃基体被铯榴石晶体所包围。

作为大规模生产的建筑材料，用玻璃熔块制备硅灰石微晶玻璃的工艺中，海岸线-岛状微观结构的形成是一个重要的中间步骤。从初级β-硅灰石的晶化开始，致密的晶体聚集体沿着玻璃颗粒的内部边界生长。玻璃颗粒中的玻璃相保持不变。因此，晶体形成海岸线，而被包围在晶体里面的玻璃相则像小岛。然而，随着晶化的进行，玻璃颗粒的相界消失，海岸线不再与岛状结构区分开来（见 2.2.6）（Kawamura 等，1974；Wada 和 Ninomiya，1995）。控制磷灰石-硅灰石微晶玻璃的表面晶化有类似的海岸线-岛状微观结构的形成步骤（见 2.4.2）（Kukubo，1993）。

白榴石为主晶相的微晶玻璃（见 2.2.10）不能通过整体晶化形成，但可以控制基础玻璃的表面晶化来生成。在这种情况下，晶体从玻璃基体中均匀析出并获得高成核密度非常重要，特别是作为中间过渡步骤形成海岸线-岛状微观结构（Höland 等，1996b）。然而，在随后的微晶玻璃制备工艺中，由于黏性流体现象，玻璃和晶相混合在一起，海岸线-岛状微观结构消失。

海岸线-岛状微观结构已经用于生成乳白微晶玻璃，以便把乳白色和高热胀系数的特性结合起来（见 2.2.10）。根据 Höland 等（1996b）的工作，图 3.3 为乳白微晶玻璃典型的海岸线-岛状微观结构。首次蚀刻微晶玻璃试样使图 3.3 中的特征清晰可见。在 2.5% 的 HF 溶液中蚀刻 10s，白榴石晶体几乎完全溶解了。因此，图 3.3 和图 3.5 中约为 $1\mu m$ 的蚀刻图案代表白榴石型晶体。图 3.3 海岸线-岛状微观结构中的海岸线代表着白榴石晶体，岛状结构则代表着玻璃相。通过高倍数的 SEM 可检测到这一区域。

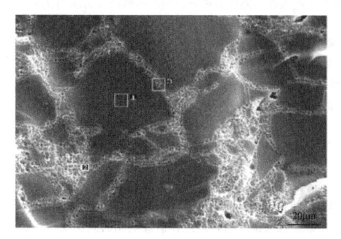

图 3.3 白榴石乳白微晶玻璃海岸线-岛状微观结构的 SEM 图像
1—岛状（玻璃相）；2—海岸线（晶相）；3—海岸线-岛状界面

图 3.4～图 3.6 为海岸线-岛状微观结构中的独立相和界面（不同放大倍数）的 SEM 图。玻璃相（见图 3.4）展示了尺寸小于 200nm 微滴相的形成过程中的相分离。这种相分离使微晶玻璃具有乳白效果。尽管在海岸线区域中（在图 3.3 中标注为 2）白榴石晶体（见图 3.5）只有 1μm，但是它们使微晶玻璃有很高的半透明效果。这些晶体使材料具有很高的热胀系数。晶相-玻璃的界面如图 3.6 所示。显然，一旦长到微米尺度，晶体的生长过程就停止了。

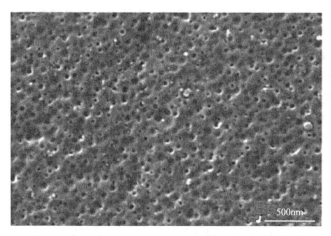

图 3.4 玻璃相的 SEM 图像（图 3.3 中标注为 1 的玻璃相）

3.2.4 树枝状微观结构

控制特殊性能的玻璃的晶化形成树枝状微观结构刚开始看起来很奇怪，因为在常规玻璃制造中树枝状晶体通常被认为是一种缺陷。例如，Vogel（1992）在检测高性能光学玻璃缺陷时观察到这种现象，树枝状晶体在玻璃应用中同样也是缺陷（JebsenMarwedel 和

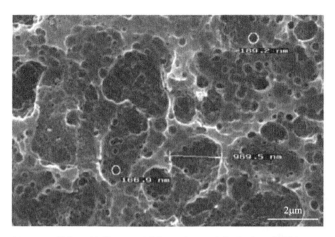

图 3. 5 晶相区域的 SEM 图像（图 3.3 中标注为 2 的晶相）

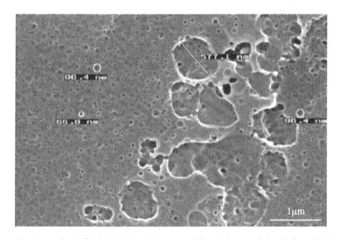

图 3. 6 海岸线-岛状界面的 SEM 图像（图 3.3 中标注为 3 的海岸线-岛状界面）

Brueckner，1980）。以下晶体以典型的树枝状方式生长，即方石英（SiO_2）、鳞石英（SiO_2）、斜锆石（ZrO_2）和三斜霞石（$NaAlSiO_4$），形成了玻璃中的缺陷。

Fotoform[®]微晶玻璃形成中有一个特殊的控制树枝状晶体生长的例子。这种微晶玻璃是从 SiO_2-Li_2O 系统中生成的（Beall，1992），它是 Stookey 首次发现的微晶玻璃中的一种（1953）。令人惊叹的是树枝状晶体的精确控制。图 3.7 为 Fotoform[®]微晶玻璃中偏硅酸锂晶体的树枝状生长。晶体的树枝状生长特征是晶体首先在一个轴向方向生长，偶尔分裂出短小的平行树枝状。

图 3.7 为晶体根据常规晶体形态学的生长。然而，这种微观结构的特定是晶体沿着特定的晶胞方向或晶胞面长大。生成的微观结构具有较高的玻璃相含量，其中点缀着树枝状晶体。晶体生长呈现出典型的骨架结构，且在晶体生长成核区域相互连接，而在晶体生长结束区域则少有接触甚至完全不接触。有趣的是，晶体之间的连接呈现典型的六边形。

由于 Fotoform[®]微晶玻璃中的树枝状晶体表现出典型的骨架晶体生长（见图 3.7）模式，并由此建立了微晶玻璃的晶体生长路径。这个方法可生产特殊性能的微晶玻璃。微晶玻璃晶化可用特殊遮光面罩和光敏成核来控制。因此，偏硅酸锂晶体特别容易被腐蚀，而周围的铝硅酸盐玻璃基体则对酸侵蚀有更好的抵抗力。在进一步制造时，通过腐蚀可去除这些晶体路径，生成高精度的部件。因为高精度和玻璃产品所需的热处理量最小，这个控

图 3.7 Fotoform® 微晶玻璃中偏硅酸锂树枝状晶体的 SEM 图像（枝状晶的尺寸约为 $2\mu m$）

制过程优于很多如机械或激光加工的生产程序。以 Fotoform® 为例的树枝状微观结构的特殊应用见 4.1.2.1。

树枝状晶体的生长除了在控制晶化过程中观察到以外，在表面晶化过程中也能看到。但是，当发生这种树枝状生长时，会生成不期望出现、无序和有缺陷的结构，而不是一个可控的枝状。这种典型的枝状晶体生长的例子在 SiO_2-Al_2O_3-K_2O 系统的白榴石微晶玻璃中和 SiO_2-Al_2O_3-K_2O-CaO-P_2O_5-F 系统的白榴石-磷灰石微晶玻璃中出现过。白榴石的晶体结构见附录图 A14。随着扁平、二维微观晶体的成核，白榴石晶体从玻璃试样的表面向内部快速长大（Höland 等，1995a；Pinckney，1998）。这种方式形成的微观结构见图 3.8（Höland 等，2000c）。在白榴石或者白榴石-磷灰石微晶玻璃的生成过程中并不希望出现这种微观结构，因为晶体的快速生长弱化了微晶玻璃的表面。这个例子仅仅用于说明晶体形态学中的枝状生长。然而，小的、致密包裹的晶体才是白榴石控制表面晶化的理想晶体形态。在不同的实例中，还观察到了在同样条件下形成的双晶，但是迄今为止，还没有报道微晶玻璃中这类晶体表面生长工艺的潜在应用。

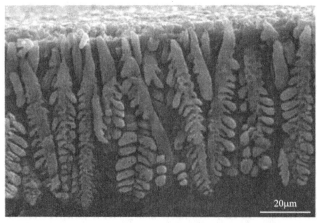

图 3.8 900℃、1h 热处理后白榴石-磷灰石微晶玻璃中白榴石枝状表面晶化的 SEM 图像
样品经过 3％HF 溶液蚀刻 10s（Höland 等，2000c）

3.2.5　残留微观结构

残留微观结构指的是在微晶玻璃中大量保留的基础玻璃相中的相分离结构。换句话说，无定形相结晶时没有发生几何形态的改变。因此，微晶玻璃微观结构被认为是残留的玻璃微观结构。因此，基础玻璃的特殊性能，例如高的透光率，可能在微晶玻璃中继续保持。莫来石微晶玻璃就是一个典型的残留微观结构，其结构见附录图 A16。

例如，形成莫来石微晶玻璃时，基础玻璃（见 2.2.1）中含有的直径小于 100nm 的小微滴玻璃相和玻璃基体，都是在微观相分离过程形成的。在 900℃控制晶化，非常小的莫来石晶体在玻璃微滴内形成，这些晶体小于 100nm。这种微晶玻璃的微观结构见图 3.9（MacDowell 和 Beall，1969；Beall 和 Rittler，1982；Beall，1993）。

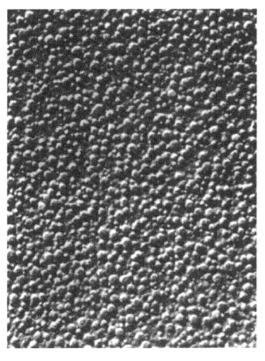

图 3.9　莫来石微晶玻璃残留微观结构的 TEM 图像
图中标尺约为 1μm

特殊的性能，例如半透性和随着 Cr^{3+} 引入而产生的荧光，都是这种特殊的微观结构引起的（见 4.3.3）。

3.2.6　"卡片屋"结构

金云母型的云母晶体微晶玻璃（晶体结构见附录图 A13）具有卡片屋的微观结构。这种云母型微晶玻璃如商业 MACOR® 微晶玻璃之所以能用常规金属加工工具进行精确的加工，就是因为其具有卡片屋的微观结构，见图 3.10（Beall，1992）。随机取向和柔性薄片倾向于阻止裂纹的扩散或导致缺陷或分支。这种微观结构的另一个重要性质是其高介电强度，约为 40kV/nm。这种绝缘性很可能是因为云母片之间连续的互锁结构。对高真空度环境应用非常关键的低氦渗透速率也跟这种微观结构有关。虽然氦气能渗透大多数玻璃，但是即便是在高温下，也很难渗透过云母晶体，它的基础面由氧阴离子网络组成，分布在虚拟的全满态六边形中。这种卡片屋微观结构同时还与云母微晶玻璃中相对高的断裂韧性（$2MPa \cdot m^{0.5}$）有关，这是裂纹钝化、分叉和偏离的结果。

图 3.10　可加工氟云母微晶玻璃的卡片屋结构
注意相分离残留硼硅酸盐玻璃和硅酸液滴对云母薄片的亲合，黑色标尺为 $1\mu m$

SiO_2-Al_2O_3-MgO-Na_2O-K_2O-F 系统中相形成过程的分析表明，基础玻璃中的相分离过程对云母型微晶玻璃的成核过程有显著影响。1.5.2 中的结论清楚地表明，扩散控制云母的析出过程。晶体生长和黏性两者的活化能比较相似。1.5.2 中介绍的云母型微晶玻璃的微观结构为卡片屋型，可以用下面的固相反应来解释微观结构的控制过程。

3.2.6.1　成核反应

基础玻璃的化学组成 [质量分数（%）] 为：50.4 SiO_2、28.1 Al_2O_3、12.0 MgO、3.3 Na_2O、3.1 K_2O 和 3.0 F。

块体玻璃试样在玻璃化温度范围内以 $3\sim 4K/min$ 的速率熔融和冷却。玻璃的微观结构是相分离时形成的。图 3.11 表明，与扁平 MoO_3 相比，基础玻璃相分离为玻璃基体和微滴相。微滴相富含玻璃网络形成体成分。这种成核机理与 2.3.1.1 中的不一样。

3.2.6.2　初级晶相形成和云母析出

玻璃在 750℃下热处理 5h，块硅镁石成核，就像在 1.5.2 中介绍的一样，开始析出云母晶体（见图 3.12）。块硅镁石为云母型晶体提供离子，尤其是镁离子、氟离子。因此，块硅镁石在云母型微晶玻璃形成的固相反应中起到了过渡晶相的作用。当基础玻璃（上面提到的组成）加热到 980℃并保温 1h，而不是 750℃下热处理 5h 之后，形成具有卡片屋微观结构的云母微晶玻璃（见图 3.13）（Vogel，1978；Höland 等，1982a）。

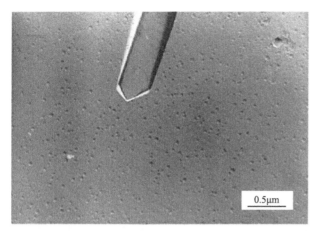

图 3.11　云母型微晶玻璃的基础玻璃微观结构的 TEM 图像
有相分离的微观结构和几乎扁平的 MoO_3 晶体

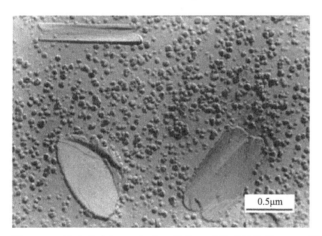

图 3.12　基础玻璃经 750℃/5h 热处理后微观结构的 TEM 图像
云母晶体开始生长时，初级晶相在液滴相中形成

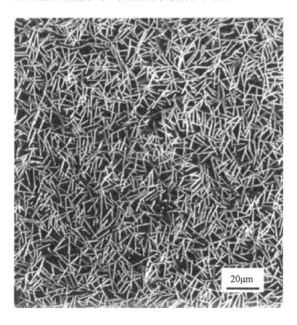

图 3.13　云母型微晶玻璃的基础玻璃经
980℃/1h 热处理后的卡片屋微观结构

总之，云母型微晶玻璃中卡片屋微观结构的形成可以用下面连续发生的固相反应来表示：

玻璃相分离→作为过渡相的块硅镁石型初级晶相形成→云母型晶体形成

析出的云母晶体表现为扁平、片状结构，类似于自然界中常见的金云母型云母。

3.2.7 卷心菜头结构

在金云母型云母微晶玻璃的形成中，意外发现了一种新型结构（Höland 等，1981）。这种新型的云母晶体表现为卷曲的形状。在成核和晶化过程中，卷曲晶体聚集在一起，类似于卷心菜头。因此，这种类型的微观结构就被称为卷心菜头结构。

人们对形成这种新型云母的玻璃的组成范围和生成的微晶玻璃进行了大量的研究，2.4.4 中提到的 BIOVERIT® II（Vitron，Jena，德国）的组成与此有关。

这里介绍微观结构的形成和控制。首先考虑基础玻璃的化学组成，其组成非常类似形成卡片屋微观结构的扁平云母晶体所需要的组成。因此，基础组成中明显相同的成分有 SiO_2、Al_2O_3 和 MgO。然而，在不同的例子中，发现玻璃中 SiO_2 含量的降低及 Al_2O_3、MgO 含量的增加，导致卷曲云母晶体优先形成。同时，氟含量和 Na_2O、K_2O 含量影响扁平和卷曲云母晶体的形成。在某些特殊情况中，没有 Na_2O 也能生成卷曲云母。但是同时含有 Na_2O 和 K_2O 的更容易形成卷曲云母晶体。

表 3.1 列出了卷心菜头微观结构的卷曲云母型微晶玻璃的组成。尽管扁平的微晶玻璃和卷心菜头微晶玻璃的化学组成区别很小，但是它们基础玻璃的微观结构却完全不同。与扁平云母型的基础玻璃相比，卷曲云母的基础玻璃几乎没有相分离。可以肯定的是，相分离大幅度降低（Höland 等，1983b）。玻璃在低于 1000℃ 的热处理后，初级晶相是卷曲的金云母晶体。没有发现其他初级晶相。

表 3.1 卷心菜头微观结构的卷曲云母型微晶玻璃的组成（质量分数%）

成分	SiO_2	Al_2O_3	MgO	Na_2O	K_2O	F
含量	48.9	27.3	11.7	3.2	5.2	3.7

图 3.14(a) 表明，玻璃经 790℃ 热处理 3h 后，金云母形成卷心菜头的微观结构。必须指出的是，早在晶化步骤开始的时候，云母晶体就形成了球形晶聚集。由于晶体密度大，在后面步骤中没有出现卷曲的岛状晶体。有缺陷的卷曲云母只在低温度范围内形成，此时离子扩散反应的动力学低。这种类型的缺陷卷曲云母在玻璃热处理到近 750℃ 时形成。

在温度 790～1000℃ 内，形成了卷心菜头微观结构的卷曲云母。这种微观结构的典型例子见图 3.14(b)。在不同微晶玻璃中，卷曲云母形成的最终阶段都观察到了第二晶相的形成和生长，第二晶相位于云母晶体之间［见图 3.15(a)］。X 射线衍射分析表明，这种晶相由堇青石晶体组成。当基础玻璃的化学组成中 Al_2O_3 和 MgO 含量增加、SiO_2 含量减少时，堇青石的形成非常明显。图 3.15(b) 为大量堇青石晶体围绕着卷曲云母长大的特例。这是一个有趣的现象，因为 TiO_2 通常用作细小堇青石的成核剂。Kasten 等（1997）研究了多价离子在云母微晶玻璃晶化中的行为，V^{5+} 有助于印度石（堇青石的高温变体）晶化，而 V^{3+} 和 V^{4+} 的混合物则会生成较小的云母晶体。

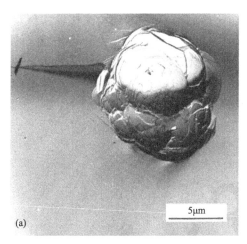
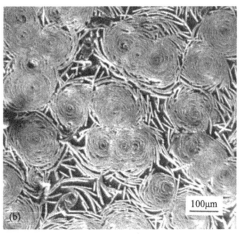

图 3.14　云母微晶玻璃卷心菜头微观结构的 SEM 图像

样品抛光后经 2％HF 腐蚀 2.5s。（a）卷曲云母初级晶相的 TEM 图像，经 790℃ 3h 热处理；（b）经球形排列，析出卷心菜头微观结构的卷曲金云母晶体高级阶段的 SEM 横截面图。经 960℃ 5h 热处理，样品用 HF 腐蚀

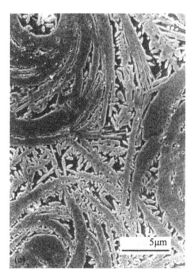
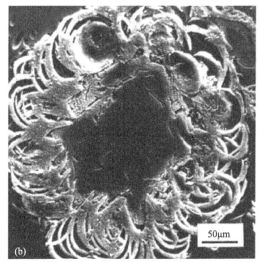

图 3.15　析出卷曲云母和堇青石晶体的 SEM 图像

样品抛光后经 2％HF 腐蚀 2.5s。（a）云母-堇青石微晶玻璃（BIOVERIT®Ⅱ），堇青石在卷曲云母片之间析出；（b）大堇青石晶体和卷曲金云母

　　表 3.1 中化学组成的玻璃在热处理到 1000℃ 以上时，能转变成卡片屋微观结构的云母微晶玻璃。在热处理温度高于 1000℃ 时，析出了有云母晶体形状的过渡相。因此，可以同时看到卷曲、微卷曲和扁平的云母。但在任何情况下，以快速加热通过 750℃ 区域，经 1040℃ 保温 1h 热处理后，卡片屋微观结构的云母晶体有可能仅出现扁平状。

　　组成完全相同的玻璃，低温下形成卷曲云母晶体，而在温度高于 1000℃ 时出现扁平的晶体，表明了离子扩散过程在晶体形成中是非常重要的。

　　从晶体化学的观点看，自然就会产生这些晶体为什么卷曲的问题。卷曲的多层硅酸盐

仅在材料如纤蛇纹石 $Mg_3[Si_2O_5](OH)_4$ 和叶蛇纹石 $Mg_{48}[Si_4O_{10}]_{8.5}(OH)_{62}$ (Liebau, 1985) 中出现，这两者都是双面晶类片状矿物。Liebau (1985) 用一个结构来比较这种双面晶层状矿物与高岭土 $Al_2[Si_2O_5](OH)_4$。Liebau (1985) 报道离子富集层状硅酸盐的 $[Si_2O_5]$ 四面体层的 b_{oct} 只比 b_{tetr} 小一点点。因此，四面体型桥氧的基础 O 原子从扁平面中偏离出来。然而，由于八面体只有一边跟四面体层相连，弯曲四面体-八面体对组成薄片时，两部分组成之间的不匹配造成应力降低（见图 3.16）。

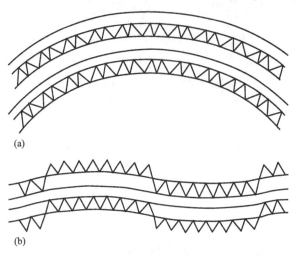

(a)

(b)

图 3.16　高岭石型含水层状硅酸盐中八面体层（白色段）和四面体层（三角形）之间应力的减少 (Liebau, 1985)

(a) 纤蛇纹石；(b) 叶蛇纹石

蛭石 $Mg_{2.36}Fe_{0.48}^{3+}Al_{0.16}[(OH)_2/Al_{1.28}Si_{2.72}O_{10}]_{0.64}\text{-}Mg_{0.32}(H_2O)$ 中的卷曲层状结构也很明显 (Rösler, 1991)。然而，这些片状结构是在热处理过程中随水的演变而形成的，随后的层弯曲使其呈电中性。

现在必须要讨论一下，金云母型云母晶体在三层硅酸盐中卷曲的原因。并不清楚的是这种结构改变是进行到下一层还是持续更多层。晶体化学不能完全解答这些结构问题。然而，由于一个重要的发现，这些问题有了答案。

卷曲云母的晶体结构和化学组成与微晶玻璃中的扁平云母相似，两者的组成见表3.1。扁平晶体在 1040℃ 下形成，卷曲晶体在 960℃ 下形成。用电子微探针技术测得的晶体的化学组成如下 (Höland 等, 1983a)。

扁平晶体：$(Na_{0.21}K_{0.81})(Mg_{2.52}Al_{0.44})(Si_{2.80}Al_{1.20})(O_{10.18}F_{1.82})$

卷曲晶体：$(Na_{0.18}K_{0.82})(Mg_{2.24}Al_{0.61})(Si_{2.78}Al_{1.22})(O_{10.10}F_{1.90})$

结果表明，关键的不同在于铝离子取代了八面体点中的镁离子，减小了八面体层的尺寸。

用单晶 X 射线衍射测得扁平氟金云母的晶体结构，与微晶玻璃中的扁平氟金云母比较后发现，在 1040℃ 下形成的微晶玻璃中扁平金云母晶体的晶体学数据为：空间群为 $C2/m$、$a=5.281(2)$Å、$b=9.140(2)$Å、$c=10.085(2)$Å、$\beta=100.17(2)°$、$V=479.2(7)$Å^3、$Z=2$ (Elsen 等, 1989)。

云母四面体层单元的横向尺寸通常比八面体层的大。(αSi、Al)O_4 四面体围绕 c 轴的旋转减小了四面体层的尺寸和层与层之间的不匹配。减小程度受封闭中间层离子的限制。金云母在1040℃下形成，其四面体旋转角度α值为10.6°。这个值比在其他氟金云母中发现的要高。图3.17所示为层间离子的结合强度的计算值及假设值与四面体旋转角度α值的关系，同时给出了其他云母结构参数的试验值［S是根据Brown和Altermatt（1985）的工作计算出来的一个无量纲量］。铝含量（Y）高的云母比那些八面体离子（主要为Mg^{2+}）的云母有着更大的S和α值。图3.17显示在1040℃形成的金云母位于稳定性极限值的较高处。因此，它对应于氟金云母中较高的铝取代极限。

在960℃形成的卷曲氟金云母，其八面体铝的含量更高。因此，它将位于图3.17中曲线的较高处。它同样有一个异常高的α值。这些具有极高α值的晶体结构（可以高达20°）见图3.18（Höland等，1991a）。使因为只有晶体弯曲才能抵消这种层与层之间的不匹配（Elsen等，1989），最终导致卷心菜头式云母具有高α值。

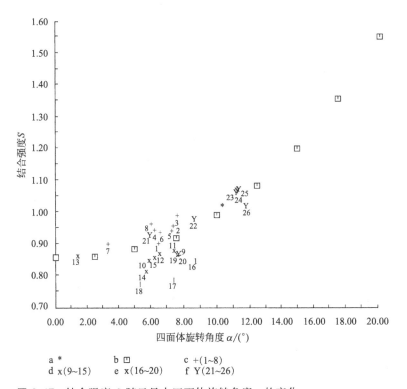

图3.17 结合强度S随云母中四面体旋转角度α的变化

a—卷曲金云母；b—计算出来的结构；c—锂云母；d—氟金云母；e—金云母-黑云母；f—二八面体云母

3.2.8 针状互锁结构

研究针状互锁微观结构微晶玻璃的目的是生成高强、高韧的产品。为了达到这个目的，微晶玻璃中必须要有可以阻止裂纹扩展的微观结构。

为此已经在烧结陶瓷和无机-无机或无机-有机复合材料的领域进行了很多有意义的研究，本部分将对这些材料和微晶玻璃的相关性能进行比较。例如，已经生产出晶须增韧的复合材料或者长纤维增强的复合材料，这些材料展示了其高强高韧的特点。这些性能背后的原理是，裂纹在材料中发生了偏移，导致材料在实际失效前的断裂过程中有大量的能量

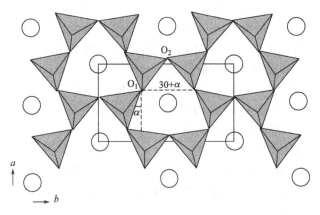

图 3.18 计算出来的四面体旋转 20°角时金云母结构在 c 轴上的投影

消耗。强度和韧性与填充物的长径比有直接关系。这些性能中增加最快的是由高长径比高含量成分（如高含量的长纤维）带来的。然而，纤维在材料中最好按照不同的方向排列。根据纺织工业的经验，它们最好能以多层的方式编织在一起。因此，这种复合材料的力学性能是各向异性的。

Prewo（1989）介绍了长纤维增强复合材料的最近进展，韧性可以增加到超过 $8MPa \cdot m^{0.5}$。此时，纤维从基体抽出的能力源自材料韧性的增加。

在 20 世纪 50～60 年代的早期研发阶段中，人们试图用表面受压的方式来提高微晶玻璃的强度。然而，实际上这种材料难以实现。考虑到这些问题，这部分将讨论 Beall（1991）研究的新一代韧性微晶玻璃的发展及其微观结构。在之前的微晶玻璃中没有出现过这种类型的微观结构，整个材料由均一、致密的互锁晶体网络组成。链状硅酸盐如硅碱钙石微晶玻璃（见 2.3.3）和锰闪石微晶玻璃（见 2.3.4，附录图 A10 所示为其晶体结构）是这种微观结构很好的例子，硅碱钙石微晶玻璃的微观结构见图 3.19，锰闪石微晶玻璃的微观结构图见 2.3.4。对这些图片进行仔细分析发现，在玻璃基体中含有大量相当长的晶体。然而，Prewo（1989）发现这些晶体并不是前面提到的添加到基体中的长纤维增强复合材料形成的。反之，这些晶体是基体在控制晶化过程中析出的。这些晶体不仅表现出针状微观结构，而且还是互锁的微观结构（见图 3.19）。

含有针状互锁硅碱钙石或锰闪石晶体的微观结构对材料性能有着很大的影响。但是，首先需要对这种材料的物理特性进行细致研究。由于它们这样的结构，晶体会沿着一个首选的晶体轴长大。因此，生成了针状晶体。这种结构和高达 10：1 的长径比使得晶体在热学性能上各向异性。例如，硅碱钙石晶体沿着三个晶轴（a，b 或 c）的热胀系数分别为：

$$(\alpha)a = 15.9 \times 10^{-6}/K,$$

$$(\alpha)b = 8.2 \times 10^{-6}/K,$$

$$(\alpha)c = 24.8 \times 10^{-6}/K(0 \sim 700 ℃)。$$

因此，在晶化和随后的冷却过程中，会在晶体周围产生相当大的应力。这个应力反过来影响玻璃基体并使之生成微小的裂纹。然而，由于晶体表现为致密的互锁微观结构，这种微裂纹不能蔓延。因此，整个材料在很大程度上比基础玻璃更强韧。用这种方式，可以获得约 $5.0MPa \cdot m^{0.5}$ 的断裂韧性。这一断裂韧性值是目前微晶玻璃中最高的，与烧结的

图 3.19　硅碱钙石微晶玻璃微观结构的 SEM 图像
晶体经测量约为 $10\sim20\mu m$，样品经过腐蚀，图中标尺为 $1\mu m$

ZrO_2 比较接近。除了高断裂韧性，硅碱钙石微晶玻璃还表现出了很好的弯曲强度（300MPa）。然而，硅碱钙石微晶玻璃不耐高温，大约在 600℃时，玻璃基体就会发生塑性变形，高强性随之消失。

3.2.9　薄片状双晶结构

薄片状双晶指微晶玻璃控制晶化过程中在微观结构中出现的孪晶。在微晶玻璃冷却过程中，在硅酸盐晶体中开始出现双晶，换句话说，随着热处理的进行，晶体会受控析出。顽辉石相（$MgSiO_3$）是这类晶体的一个例子。顽辉石的晶体结构见附录图 A7。原顽火辉石，高温下的正交晶系形式，是微晶玻璃冷却过程中产生的马氏体相变。马氏体相变指的是自发的、不能抑制的转变，这里指的是原顽火辉石转变为斜顽火辉石。在粗大的晶体材料，如火成岩或者陨石中，这种相变不能人为终止，但是在细颗粒材料（例如微晶玻璃）中，这种相变仅能部分实现。部分原顽火辉石转变成斜顽火辉石使得聚晶或者薄片状双晶产生体积收缩。由此生成的微观结构，见图 3.20。图中展示的是由顽火辉石和锆石（$ZrSiO_4$）组成的微晶玻璃试样的断面。微观结构有细小的双晶和垂直于晶体学（100）双面的解理。裂纹在顽火辉石微晶玻璃中的扩展明显受两个方面的影响：双晶和不同寻常的步进式裂纹蔓延，这两种扩展方式都需要大量能量使得晶体断裂，并且裂纹扩散导致微晶玻璃断裂时发生如图 3.20 所示的解理，吸收能量。这种能量吸收机制对顽火辉石-锆石微晶玻璃中高达为 $4.6MPa \cdot m^{0.5}$ 的断裂韧性起到关键作用（Beall，1987；Echeverria 和 Beall，1991）（也可参考 2.2.5）。

为了避免与之前的内容混淆，需要指出：部分稳定的氧化锆陶瓷的高断裂韧性是由完全不同的马氏体相变而不是顽火辉石中的原理导致的。氧化锆陶瓷过冷，发生马氏体相变，从四方晶系 ZrO_2 转变为单斜晶系 ZrO_2 体积膨胀，与顽火辉石的正好相反。因此，ZrO_2 四方相在室温下是部分稳定的，添加 CaO、MgO 或者 Y_2O_3，能在裂纹尖端穿过压

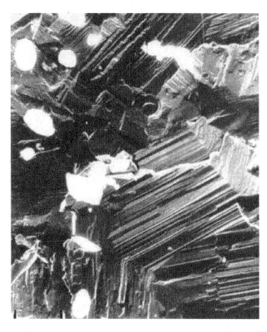

图 3.20 顽火辉石-锆石组成的薄片状双晶微观结构的 SEM 图像

力区时开始相变成单斜结构。由此生成的压应力减少甚至阻止了裂纹的蔓延。这种增韧机制，当然，不需要薄片状双晶，与顽火辉石相变导致体积收缩而不是膨胀的状况完全不同。

3.2.10 晶体优先取向

从研究微晶玻璃之初到现在，人们一直在致力于定向析晶，以使基础玻璃中生成的微晶玻璃具有新的性能。这个领域的著名研究就是控制 β-石英固溶体在微晶玻璃中 $100\mu m$ 宽度薄膜上的表面晶化。晶体用这种方式析出可增加微晶玻璃的强度 （Beall，1971a）（见 2.3.3）。

Abe 等 （1984）奠定了单向晶化和高强度微晶玻璃发展的基础 （见 2.6.1）。Halliyal 等 （1989）进一步研究了电子工业用微晶玻璃中晶体的定向析出。Halliyal 等 （1989）详细介绍了极化微晶玻璃在如下材料系统中形成，尤其是：Li_2O-SiO_2、Na_2O-SiO_2、Li_2O-GeO_2、Li_2O-B_2O_3、SrO-TiO_2-SiO_2、Li_2O-P_2O_5、BaO-TiO_2-SiO_2、BaO-TiO_2-GeO_2、SrO-PbO-B_2O_3 和 ZnO-P_2O_5。

在这些系统中明显出现了晶粒定向极化的微晶玻璃。Kokubo 等 （1979）和 Halliyal 等 （1989）介绍了在 Li_2O-SiO_2 系统中单晶轴 （c 轴）上的优先定向晶化。二硅酸锂 $Li_2Si_2O_5$ 主晶相以单向晶化机理析出。采用这种方式生产的微晶玻璃具有介电性能。

Halliyal 等 （1989）在玻璃中析出 $Ba_2TiGe_2O_8$、$Ba_2TiSi_2O_8$（硅钛钡石）和 $Li_2B_4O_7$ 主晶相获得了具有热电性能的微晶玻璃。在这个材料体系中，硅钛钡石家族是水听器的优秀备选材料。硅钛钡石微晶玻璃在这些特性上可与聚偏二氟乙烯相比拟，流体静力学系数达 100×10^{-3} V/mN 量级，介电常数为 10，机电耦合系数 k_p 和 k_t 的范围在 15%～20% 之间。而且，硅钛钡石微晶玻璃还具有声波特性。

Keding 和 Rüssel（1997）、Rüssel（1997）介绍了 SiO_2-TiO_2-BaO 系统晶化过程中晶体在电场中的取向。控制组成为 $2.75SiO_2 \cdot 1TiO_2 \cdot 2BaO$ 的玻璃的晶化过程，可以得到硅钛钡石（$Ba_2TiSi_2O_8$）。

在研究氧化物对晶化的影响时，Keding 和 Rüssel（1997）发现，还原生成的 Ti^{3+} 起到了成核剂的作用。Rüssel（1997）试图在不同的微晶玻璃系统中去控制主晶相在特定轴向上的取向。硅钛钡石系统，跟磷灰石微晶玻璃和二硅酸锂微晶玻璃一样，是特别稳定的。Rüssel（1997）区分了三种不同晶体生长取向的机理，也就是说，通过暴露在磁场或电场中的机械变形和动力学来控制晶化。硅钛钡石微晶玻璃与其他微晶玻璃系统不同，体现在它定向结晶时形成了特殊形态的微观结构。例如，用不同的原理析出硅钛钡石。图 3.21 展示了这些晶体基于电化学成核的特有外观（Keding 和 Rüssel，2000）。硅钛钡石晶体在四方改性过程中（$Ba_2TiSi_2O_8$）晶胞参数为：$a = 8.518$ Å，$c = 5.211$ Å，空间群为 $P4bm$。这些晶体的介电常数很低。因此，在微晶玻璃中析出这些晶体并使之长大引起了人们很大的兴趣。在硅钛钡石定向晶化的基础研究中，Oci 等（2004）介绍了可根据表面晶化机理进行晶化（见历史部分）。在这个过程中，扩散控制反应之后，晶体沿着垂直于热玻璃表面的 c 轴方向生长。扩散过程的活化能为 518kJ/mol。Zhang 等（1999）报道了这种微晶玻璃的性能，并介绍了它们特殊的应用。研究者在定向硅钛钡石晶体结构中另外引入了 Sr^{2+}，这些锶离子取代了 Ba^{2+}，生成化学式为（Ba_xSr_{2-x}）$TiSi_2O_8$ 的晶体。由于这种微晶玻璃具有前面提到的高度定向的硅钛钡石晶体结构，Zhang 等（1999）获得了很低的介电常数和高的静水系数（$d_h \times g_h$），其值约为 2500。因为这些性能，这种微晶玻璃在制造高温红外线探测器和水听器中非常有用。现有的商业材料如 PZT（锆钛酸铅系压电陶瓷）比硅钛钡石微晶玻璃有着更高的压电系数（d_h），但是由于后者更低的介电常数，更大的 g_h，在无源应用（如水听器）中更加重要。

图 3.21 微晶玻璃中硅钛钡石晶体的取向（Keding 和 Rüssel，2000）

同样值得注意的是，在消除热电噪声时，没有热电性能的压电材料是一个有利的特性。在从 PZT-聚合物复合材料制造水听器组件时，热电噪声只在相对窄的温度范围内降低。类似地，来源于机械振动的压电噪声和红外探测器的高频红外热电电压相冲突。这些问题用定向的微晶玻璃可有效解决：压电和非热电硅钛钡石（$Ba_2TiSi_xGe_{2-x}O_8$）解决了第一个问题，多相热电非压电的、基于 $Li_2B_4O_7$、$Li_2Si_2O_5$ 和 $LiZnSiO_4$ 的定向微晶玻璃解决了第二个问题（Halliyal 等，1989）。

为了实现定向晶化，除了控制硅钛钡石定向晶化的表面晶化机理之外，还可以用其他原理来控制其晶化。例如，Abe（1979）和 Abe 等（1982）首次在偏磷酸钙晶体的定向晶化中积累了基础知识，Yue 等（1999）在此基础上通过在 Al_2O_3 晶体表面定向析晶获得了 $Ca(PO_3)_2$。奇怪的是，这个过程中晶体生长速率很高，达 71mm/s。在高温下，如 892℃，可以观察到以单晶形式出现的枝状晶体。

除了利用温度梯度定向晶化（Abe，1979；Abe 等，1982）、陶瓷表面定向晶化（Yue 等，1999）、表面晶化之外，进一步的诱导玻璃定向晶化的机理还包括利用电场进行定向晶化。例如，Gerth 等（1999）介绍能用铂线浸入玻璃熔体中触发玻璃熔体的定向晶化，这里铂坩埚用作正极，而铂线则起到负极的作用。这个过程可用于诱导铌酸锂（$LiNbO_3$）、二硅酸锂（$Li_2Si_2O_5$）和偏硅酸锂（Li_2SiO_3）的定向晶化。在这些情况下，在垂直于铂线表面的方向产生高度定向晶化。这种定向可以用红外光谱分析（IR）和极图分析来测定。

定向晶化在微晶玻璃的挤出成型中也起着重要作用。例如，Moisescu 等（1999）报道了氟磷灰石微晶玻璃中的定向晶化。在黏度为 $10^7 \sim 10^8$ dPa·s 时挤出成型，晶体沿着 c 轴定向生长。这一研究中的微晶玻璃倾向于用作生物活性材料。

定向晶体的形成在黏度为 10^{10} dPa·s 的黏性流体中也可进行，如二硅酸锂基体模压成型为牙科材料时（见 4.4.2.1）。不过，这个过程中的晶体定向不如挤出中的明显。然而，在微观结构的形成时优先定向形成二硅酸锂晶体已经得到证实。这种微晶玻璃表现出高的断裂韧性，其 K_{IC} 值为 2.9MPa·$m^{0.5}$（Guazzato 等，2004）。

3.2.11 晶体网状微观结构

随着链状硅酸盐微晶玻璃的发展，有很多不同的方法用于研究超强和超韧的微晶玻璃，具体内容见 2.3.3 和 2.3.4。本部分介绍一种特殊的微观结构，可使生成的微晶玻璃更加强韧。这种微观结构是由晶体紧紧互锁的致密网络组成的。与含有链状硅酸盐晶体的微晶玻璃相比较，这种微晶玻璃含有的是二硅酸锂型层状硅酸盐。这种微晶玻璃的成核和晶化过程见 2.1.1 的介绍。最终微晶玻璃产品典型的微观结构见图 3.22(a) 和（b）。为得到 SEM 图像，准备了微晶玻璃的断面并用稀氢氟酸进行了腐蚀。跟基础部分相比，这一技术能清楚展示紧紧互锁的晶体。用一种特殊的图像定量分析方法得到了这种微晶玻璃的大量微观结构。二硅酸锂晶体在微晶玻璃中的含量为 60%～70%（体积分数）（Höland 等，2000b）。很显然，大量的晶体互锁使得晶体含量很高的微晶玻璃表现出了超强和超韧的特性。与定向晶化微晶玻璃不同的是，这种材料的力学性能是各向同性的。因为晶相的折射率非常接近玻璃相的折射率（$n_d = 0.5323$），所以这种微晶玻璃也是半透明的。因此，这种材料也能用作牙科修复的生物材料，详见 4.4.2.1 和 4.4.2.2 中的介绍。

3.2.12 天然材料举例

如 2.4.6 中介绍的，天然的人类骨骼和牙齿结构中的羟基磷灰石或者碳酸磷灰石呈针

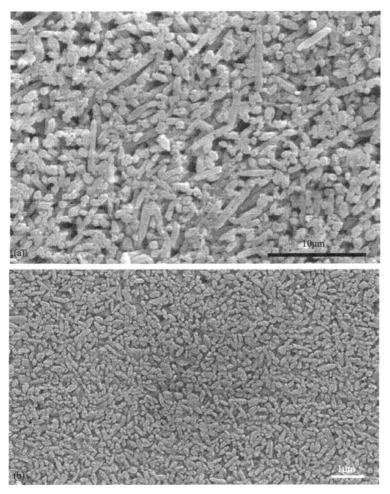

图 3.22 2.5%HF 腐蚀 10s 后样品的 SEM 图像

图像展示了在互锁晶体网络的微观结构中，二硅酸锂晶体含量高达 60%～70%（体积分数）。（a）SiO_2-Li_2O-K_2O-Al_2O_3-P_2O_5-La_2O_3-ZnO 系统微晶玻璃；（b）SiO_2-Li_2O-K_2O-Al_2O_3-P_2O_5-ZrO_2 系统微晶玻璃

状结构。为此，研究生物材料的一个长期目标就是再造这种针状晶体。2.4.6 和 2.4.7 介绍了微晶玻璃中与针状晶体形成有关的相反应。很显然这些反应的反应机理非常复杂。图 3.23 为磷灰石-白榴石微晶玻璃中针状氟磷灰石晶体的 SEM 图像（见 2.4.7.1）。针状氟磷灰石晶体作为主晶相的微晶玻璃见 2.4.6。这两种微晶玻璃的微观结构表明，复制生成与自然界中一样的针状磷灰石晶体取得了实质性的进展。这种类型的磷灰石的长度比较特别，在微晶玻璃中能够控制其长度在纳米～微米范围内。对此类微晶玻璃，控制整体晶化的方法特别有效。

微晶玻璃中的针状磷灰石和其他磷灰石之间的另一个显著区别是氟的含量不同。氟磷灰石和其他磷灰石的晶体结构比较见 1.3.2.1。氟磷灰石的晶体结构见附录图 A19。

这些与针状磷灰石形成相关的发现已经用于牙科修复用的生物材料的研究，可以在不同生物材料的基础上用作牙科修复材料，见 4.4.2。

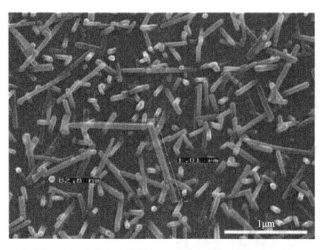

图 3.23　微晶玻璃中针状氟磷灰石晶体经 2.5％HF 腐蚀 10s 后的 SEM 图像

3.2.13　纳米晶

玻璃中纳米晶的形成可以追溯到 17 世纪。在著作 De Auro（1685）中，Andreas Cassius 首次介绍了红色金和锡酸的析出，就是后来著名的金锡紫（桂皮紫）。他的儿子先制备了无色的玻璃，再通过热处理变成红色，也就是首次的金红宝石玻璃。Weyl（1959）报道了颗粒尺寸对金红宝石玻璃的影响，发现 3～5nm 的金核经热处理会生长到 5～70nm 形成金红宝石玻璃。Stookey（1953，1959）首次用类似的银颗粒析出进行了基于硅酸锂晶体的微晶玻璃成核。

微晶玻璃中纳米相的形成是开展所有微晶玻璃研究的基础。在大多数成核过程中，纳米尺度的相贯穿无定形相和晶相两个阶段。这些工艺的基础原理在微晶玻璃的早期研究中就已经很清楚了，例如，Beall（1971a）通过大量微晶玻璃的研究，发现控制氧化物晶体纳米相的晶化及其尺寸非常重要。Dohery 等（1967）在早期的用于餐具的商业铝硅酸锂微晶玻璃中鉴定了 5～10nm 尺寸的钛酸盐晶核。Maier 和 Müller（1989）利用 β-石英固溶体微晶玻璃试样的高分辨率 TEM 图像，分辨出了晶体内几个纳米尺度的特殊的四方 $ZrTiO_4$ 晶核（见图 3.2）。Beall（2008）在铯榴石微晶玻璃中分辨出了作为晶核的 Al_4TiO_8 纳米晶体薄片。Pinckney 和 Beall（1997）通过控制尖晶石微晶玻璃中纳米相的形成，生成了含细小晶相的微晶玻璃，其晶相直径为 100nm 或者更小（见 2.2.7）。Pinckney（2006）报道了颗粒尺寸为 5～20nm 的 ZnO 微晶玻璃（见 4.3.4）。

Beall（1991）报道了在氟化物晶核基础上非均相成核的硅碱钙石的晶化过程（CaF_2：见 2.3.3）。Dejneka（1998a）报道了 LaF_3 微晶玻璃中氟化物纳米相的形成（见 4.3.3.2）。在含有少量 P_2O_5 的白榴石微晶玻璃中，纳米相的形成同样起到重要的作用。该研究将 60～100nm 的无定形球或者微滴形玻璃相保留在微晶玻璃中，这种相使得材料表现为乳白色（见 3.2.4）。

让人印象最深刻的可能要数高度晶化（晶化度＞85％）的透明微晶玻璃，仅纳米晶体和少量残留玻璃相就组成了整个微观结构。这些微晶玻璃商品包括，Schott 公司的 Zerodur®望远镜镜片和康宁公司的 Vision® 餐具（见图 3.1）。在这些情况下，纳米晶体是尺寸为 50～100nm 的 β-石英固溶体。它们可以作为第一代完全由纳米晶体组成的商用微晶玻璃产品。

为了获得具有特殊光学性能的微晶玻璃，人们对纳米相形成和生长过程进行了深入的研究。例如，Rüssel（2005）、Bocker 和 Rüssel（2009）报道了在 SiO_2-Al_2O_3-Na_2O-K_2O-BaF_2 系统中形成的直径为 6～15nm 的球状纳米 BaF_2 晶体。在这项研究中，基础玻璃在 500～600℃ 的温度范围内晶化。在晶体生长过程中，BaF_2 晶体的形成增加了微晶玻璃基体玻璃的黏度。因此，在晶体周围形成扩散壁垒。这个扩散壁垒阻止了纳米 BaF_2 晶体的进一步生长。最终，晶体生长完全停止。在这种情况下，晶化是自发过程。由此生成的微观结构是小于 15nm 的岛状纳米晶体嵌入玻璃基体中的形状（见图 3.24）。

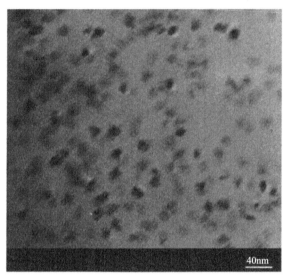

图 3.24 含 6%（摩尔分数）BaF_2 的微晶玻璃中析出的 BaF_2 纳米晶体（Bocker 和 Rüssel，2009）

3.3　关键性能的控制

微晶玻璃的一个显著优点就是尽管它们是多组分材料，但是它们的性能可控。对于技术领域的定制产品，如微电子工程或者牙医领域，性能可控特别有利。微晶玻璃复杂的本质，也就是它们的多相特征和宽泛的微观结构、化学组成和工艺技术等，给研究者和技术人员提供了控制这些性能的多种选择。下面用两个例子来阐述有效控制其性能的多种可能性和一些优秀的方法和技术。

首先，要选择合适的化学系统。这个系统是提供满足应用所需要的各种性能的基础。例如，如果想要得到低热胀系数的微晶玻璃，最好选择 SiO_2-Al_2O_3-Li_2O 系统。选择这个系统是因为它的玻璃能形成低的甚至负热胀系数的晶相，而且众所周知，玻璃中这些相都能有效成核。第一步相对来说比较简单，很多详细的研究都是在这一步完成后进行的。其次，要弄清楚产品预期的性能，如期望的化学稳定性、热学和尺寸稳定性等。而且，必须要评估一下材料可能的生产工艺的经济性，包括需要考虑特定的黏度-温度关系，玻璃的热成型工艺要在高于第一个晶体形成的温度下进行。需要进行一系列的实验以找到结合所有这些性能的最佳解决方案。通常，要尝试一个很宽范围内的多种不同的化学组成。例如，添加某些成分，用于控制成核、稳定玻璃以利于成型、生成颜色或染色等。必须测定每一个成分的主要性能。通常需要测定几百种化学组分，进行几百次热处理循环以控制成核和晶化。

第二个例子是研究一种新型牙科材料，这种材料需要具有预设的性质。这种新材料必须具有很高的力学强度、好的化学稳定性和天然牙齿的美学特征。而且，这种材料还要能用黏性流体的方法来成型，这是目前市场上很受欢迎的工艺。因此，研究必须聚焦高强度、半透明乳白色和黏性流体成型工艺。因为微晶玻璃具有黏性流体的特征，所以是首选的候选材料。如前所述，必须控制微晶玻璃的成核和晶化。控制成核和晶化有两种有效方式。慢的成核和晶化速率，通常为优秀的黏性，但需额外的热处理过程。快速成核和晶化，使得微晶玻璃在成型过程中不能充分流动。在这个例子中，结合特殊的工艺方法，要测试几百种化学组分，进行几百次热处理循环。

这两个简单的例子说明了一些微晶玻璃材料研究中性能控制的复杂性。在应用研究的第一阶段，可用下面的方法来控制和测量微晶玻璃的单项性能。

3.4 方法和测试

3.4.1 化学系统和晶相

选择化学系统和合适的晶相是形成材料的基础。连续晶相和玻璃基体的特性决定了材料的关键性能，但是微观结构同样起到重要的作用。正如前面的例子中看到的，这个阶段还要考虑其他附加性能。

3.4.2 晶相测定

X射线衍射是首选的测定晶相和监测其组成和稳定性的方法。玻璃加热到某一温度并保温特定时间后，在室温下分析其晶相。热处理和模拟X射线衍射等新方法允许进行晶化过程的原位研究（高温X射线衍射，HT-XRD）。图3.25为这种技术在二硅酸锂微晶玻璃晶化中的应用（Cramer von Clausbruch 等，2000）。在这个例子中，微晶玻璃的组成（摩尔分数）为：63.2% SiO_2、29.1% Li_2O、2.9% K_2O、3.3% ZnO 和 1.5% P_2O_5（见2.1.1）。500℃时，开始析出偏硅酸锂 Li_2SiO_3 和二硅酸锂 $Li_2Si_2O_5$。温度增加到650℃时，这些相的衍射峰强度略有增加。在610～650℃之间，出现两种初级相的中间过渡相方石英 SiO_2。在650℃时，偏硅酸锂和方石英分解，而二硅酸锂特征峰 [130]、[040]、[111] 的强度迅速增加，这一相最终在960℃时消失。在偏硅酸锂和方石英转变后的750℃，次要的磷酸锂晶化开始，材料的强度很低。因此，二硅酸锂的快速长大是偏硅酸锂和玻璃基体固相反应的结果（这个例子中是与方石英反应）。

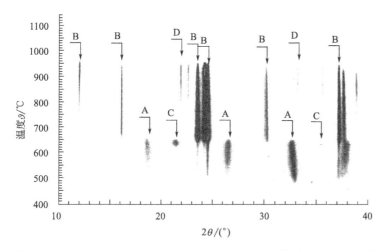

图 3.25 SiO_2-Li_2O-K_2O-Al_2O_3-P_2O_5-La_2O_3-ZnO 系统中多组分二硅酸锂型基础玻璃的高温 X 射线衍射图谱

A—Li_2SiO_3；B—$Li_2Si_2O_5$；C—SiO_2（方石英）；D—Li_3PO_4

鉴定微晶玻璃中的晶相同样也能采用固态核磁共振（NMR）法（Brow 等，1995；Gee 和 Eckert，1996）。这一技术同样能提供残留玻璃基体短程结构的信息。Schmedt auf der Günne 等（2000）用 NMR 研究了多组成 SiO_2-Al_2O_3-K_2O-Na_2O-CaO-P_2O_5-F 系统中的相形成过程。除了表征晶相的 X 射线衍射法（XRD）、差热扫描量热法（DSC）和 SEM 之外，也可以用 NMR 鉴别和比较晶相和玻璃基体。NMR 的详细研究在 2.4.6 中已介绍过。^{19}F MAS-NMR 谱和双共振 NMR 实验（^{19}F-^{31}P）用来表征氟磷灰石和平行固相反应的磷酸钙钠 $NaCaPO_4$ 的生成。

XRD 粉末衍射数据的 Rietveld 精修是一种定量分析析出晶相的方法。Wörle（2009）用这种方法测定了高半透性的二硅酸锂微晶玻璃 IPS e. max$^{®}$ CAD HT D3 中的晶相（Ivoclar Vivadent AG），这是一种高强和高韧的牙科修复用微晶玻璃。图 3.26 清楚地展示了主晶相二硅酸锂 $Li_2Si_2O_5$ 的形成和二次晶相正磷酸锂的形成，没有发现其他晶相。特别是证实没有偏硅酸锂 Li_2SiO_3 存在。生成的正交晶系二硅酸锂晶体的晶胞参数为：空间群为 $Ccc2$，$a = 5.831(1)$ Å，$b = 14.617(2)$ Å，$c = 4.776(1)$ Å。de Jong 等（1998）发现二硅酸锂晶胞参数在 a 轴和 b 轴上明显小一些 [$a = 5.807(2)$ Å、$b = 14.582(7)$ Å]，$c = 4.773(3)$ Å。这是离子半径大的外部离子进入二硅酸锂晶胞的迹象。同时还证实了正磷酸锂 Li_3PO_4 晶体高温变体的析出。根据 Yakubovich 和 Urosova（1997）的研究，这种变体是正交晶系，空间群为 $Pnma$，$a = 10.47(1)$ Å、$b = 6.138(5)$ Å、$c = 4.944(5)$ Å。Rietveld 精修同样表明二硅酸锂晶相和正磷酸锂晶相的质量比为 10∶1。

3.4.3 晶体形成的动力学过程

这部分将讨论微晶玻璃中成核和晶化过程的动力学控制的可能性和分析方法。首当其冲的是测出能转化成为微晶玻璃的、形成没有晶体的玻璃的临界冷却速率（R_c）的方法。

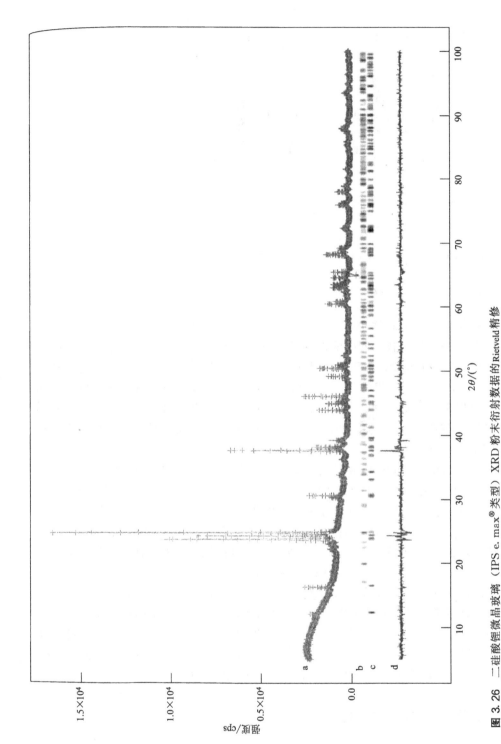

图 3.26 二硅酸锂微晶玻璃（IPS e. max® 类型）XRD 粉末衍射数据的 Rietveld 精修

(a) 配有位置敏感探测器 (PSD-50m, M. Braun) 的 Bruker D8 衍射仪 (Ge-单色器，CuKα₁-辐射源，布拉格光栅) 获得的 XRD 粉末衍射数据和计算出来的图谱；(b) 高温 Li_3PO_4 的反射位置 (Zeman, 1960)；(c) $Li_2Si_2O_5$ 的反射位置 (de Jong, 1998)；(d) 图谱差异（观察与计算对比）。Rietveld 精修用的是 GSAS 程序包 (Larson 和 Von Dreele, 2004) 和 EXPGUI (Toby, 2001)

这种由 Ray 等（2005）提出的方法是在差热分析（DTA）的基础上进行的，它用主体基础玻璃完成加热和冷却周期，来测试加热和冷却相中的晶化峰。这种方法基于假设而不是实际情况，即发现最大的晶化峰时，玻璃已经以临界冷却速率（R_c）冷却。换句话说，在冷却速率高于 R_c 时晶化区并没有增加。用这种方法生成的连续冷却温度（CCT）相图（例如图 3.27）与 TTT 图看起来类似。因此，这是一种微晶玻璃研究中有效的测试基础玻璃的临界冷却速率的方法。

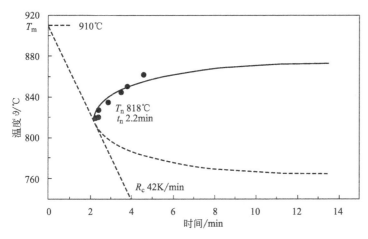

图 3.27 多组分二硅酸锂微晶玻璃的连续冷却温度（CCT）相图（Ray 等，2005）

用热分析法能测定微晶玻璃中不同相的相序和固相反应。差热分析（DTA）和 DSC 都是研究这些过程特别有效的方法。Sestak（1996）在 DTA 的基础上研究了现象动力学；Donald（1998）用同样的技术分析了含铁玻璃的晶化过程。

Ray 和 Day（1990）用 DTA 研究微晶玻璃的晶化峰，作为测定玻璃最大成核速率出现时对应温度的快速方法。测量不同温度下保温 3h 后二硅酸锂 $Li_2Si_2O_5$ 晶化放热峰的峰高。结果清楚表明该试样的晶化峰的最大值出现在热处理到 453℃±3℃处。对应着基础玻璃的成核。因此，温度 453℃就可以作为最大成核速率出现的温度。Höland 等（2006）结合化学计量玻璃组成，发现在多组分二硅酸锂玻璃中出现最大成核速率时的温度为 525℃。Marotta 等（1981）也用这个方法来测定成核温度。

DTA 方法在区分表面晶化和整体晶化中非常有用。Ray 等（1996）研究了不同类型的玻璃，发现当表面晶化占主导时，放热峰高随着颗粒尺寸增加而降低。相反，当整体晶化起主导作用时，放热峰高随着颗粒尺寸增加而增加。

而且，Ray 和 Day（1997）用 $Na_2O \cdot 2CaO \cdot 3SiO_2$ 玻璃与没有掺杂的玻璃对比，研究了非均匀成核对晶化率的影响。用铂 [0.1%（质量分数）] 作为非均匀成核的掺杂剂，与没有掺杂的玻璃相比，Pt 掺杂的玻璃在较低温度下表现出尖锐的 DTA 晶化峰（见图 3.28）。这个结果很好地证明了非均匀成核（这个例子中的 Pt）提高了玻璃中的晶体生长速率。Ray 和 Day（1997）还计算了 DTA 曲线作为一个成核速率和晶化速率重叠部分的函数的结果（见 1.4 节中的图 1.26），并将计算结果与试验研究进行了比较。作者还研究了玻璃中掺杂和不掺杂 P_2O_5 和 Ag_2O 对成核和晶化速率重叠部分的影响。对 $Na_2O \cdot 2CaO \cdot 3SiO_2$ 玻璃而言，这两种掺杂都引起了所有温度下曲线的重叠部分增加，但是 P_2O_5 的影响更大一些。Ray 等（1996）和 Marotta 等（1981）都是用 DTA 方法测试玻璃

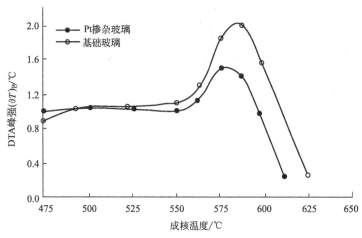

图 3.28　掺杂［0.1%（质量分数）的 Pt］和不掺杂的 $Na_2O \cdot 2CaO \cdot 3SiO_2$ 玻璃 DTA 峰的强度与成核温度的关系（Ray 和 Day，1997）

的成核。Davis 和 Mita（2003）运用了这两种方法来测定 Zerodur® 型铝硅酸锂玻璃的成核。除了成核方面的研究之外，Ray 等（2001）用 DTA 方法也成功地测出了晶化速率。

测试粉末压制微晶玻璃的工艺参数也是非常复杂的事情。在这些过程中涉及大量不同的气相反应。气体是在块体样品中形成的，也是从颗粒表面形成的。Gaber 等（1995，1998）用 EGA（逸出气体分析）方法研究了在粉末压制微晶玻璃的热处理过程中挥发性物质的逸出过程。图 3.29 展示了碱金属-硅酸盐玻璃粉末试样（1mm 厚）在加热到 1200℃（加热速率为 40K/min）时释放出 H_2O、CO_2、CO 和 C 的排气行为（EGA）和 DTA 对比的关系（Gaber 等，1998）。反应过程（a-f）如下：

  a. 伴随着 CO_2 和 CO 的逸出，释放出水（最高到 450℃）；

  b. 逸出和烧结反应（560～620℃）；

  c. 逸出和初次晶化（650℃）；

  d. 逸出和二次晶化（820～840℃）；

  e. 逸出和一种晶相熔融（950℃）；

  f. 气泡破裂（1000～1200℃）。

3.4.4　微观结构测定

SEM 和 TEM 是测定微晶玻璃微观结构的首选方法。关于微观结构测试的重要结论见 3.2 节。本节要强调的是为了获得最好的结果，测试试样的制备技术非常关键。通常，准备试样的过程中必须进行腐蚀这一步。然而，腐蚀形貌需要一个详细的步骤来进行解释。而且，还需要进行大量深入的研究和额外的腐蚀程序。对于 TEM 和其他表面分析方法，溅射中的离子释放非常关键。Völksch 等（1998）给出了研究白榴石-磷灰石微晶玻璃时一个完美的 TEM 结果。此外，试样制备方法非常重要。因此，Brow（1989）阐述了在分析玻璃表面的组成和结构时离子束的效果。这些结论对于微晶玻璃的研究来说也是非常重要的。

原子力显微镜（AFM）也是研究微晶玻璃的微观结构和裂纹开口位移的一种非常灵敏的方法（Abe 等，2008）。这种方法甚至能用于分析成核过程（Rdlein 和 Frischat，

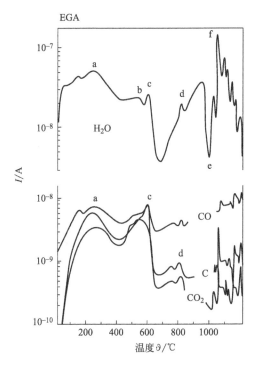

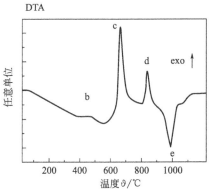

图 3.29　粉末压制二硅酸锂微晶玻璃的 EGA 曲线与 DTA 曲线的对比

1997；Pinckney，1998）。

在控制粉末压制试样微观结构的形成中，烧结过程是非常重要的。因此，为了给微晶玻璃粉末准备涂层，研究了很多不同的涂层制备工艺。这些涂层用高分辨率方法如 X 射线光电子能谱（XPS）、椭圆光度法和漫反射傅里叶变换红外光谱法（DRIFT）来分析，可以通过改进控制烧结的工艺来生成白榴石-磷灰石微晶玻璃的粉末压制试样（Michel 等，2011）。

3.4.5　力学、光学、电学、化学和生物学性能

不同的、复杂性能的表征，例如力学、光学、电学、化学和生物学性能，都需要标准化。也就是说，材料的性能需要根据 ISO 标准、美标(U. S.)或者欧标（EN）测定。将所有试样按照这些标准文件中的程序报告或者特殊设备的要求来准备是最基本要求。例如，微晶玻璃力学性能测试试样的准备，三点弯曲强度，已经推导得非常仔细。必须要避免试样的边缘缺陷（这将会导致强度较低）。

在进一步设计和改进微晶玻璃时，性能测试应提供一些有用的信息和科学结论。在测试结果甚至是性能初测的基础上结合判断，通常得出改变微观结构的化学组成或改性的新的研究方向。在微晶玻璃的进一步研究中，相互关联的性能测试和化学改性中得出的结论，对微晶玻璃的进一步研究非常重要。本节将从三个实例说明这些性能的测试。

a. 光学；

b. 力学；

c. 电学；

d. 化学；

e. 生物学性能。

同时，也将讨论这些发现在新化学组成和/或新微观结构微晶玻璃研究中的作用。

3.4.5.1 微晶玻璃的光学性能和化学组成

微晶玻璃光学性能的测试包括评估材料中光的传输和吸收，以及它的颜色、荧光和乳光。在 3.2.3 中已讲过控制微观结构的形成可获得乳光效果。在 3.2.3 中介绍的最重要的现象是控制二次晶相（无定形相分离的微滴相或者小晶体）的尺寸。

Rukmani 等（2007）的基础研究给出了微晶玻璃的颜色和荧光特性的关系。这个研究揭示了同时引入 d 族和 f 族离子会导致这两类离子之间发生反应。例如，Ce^{3+} 的荧光效果随着 d 族离子的增加而降低。因此，在微晶玻璃的开发中要把荧光猝灭的影响考虑进去猝灭通过材料的光学性能而定。考虑到这种现象的影响，在微晶玻璃中引入少量的 f 区离子能在这些材料中获得理想的荧光效果。这个实例清楚地表明了如何对新化学成分的性能进行评估。

牙科修复用牙齿着色剂荧光微晶玻璃（例如白榴石或二硅酸锂或磷灰石型）的开发可以通过使用（掺杂）少量颜料或 d 区离子来实现。根据牙科标准 BS 5512：1978 来执行，用 L-、a-、b-值表征以对牙齿材料进行颜色分析。

掺杂 d 族或 f 族离子对透明微晶玻璃颜色的影响取决于这些离子进入晶体而不是留在残留玻璃相中的比例。对 d 族离子而言，它们能进入到常规微晶玻璃中主要晶相的八面体和某些四面体结构中。因此，这些微晶玻璃的晶化会带来戏剧性的颜色改变（参见 4.2.2 和 4.3.3）。在透明 β-石英固溶体、尖晶石和莫来石微晶玻璃中会发生如下变化：钴离子（Co^{2+}）在原始玻璃中呈特征蓝色，但是在相应的 β-石英微晶玻璃中则呈强烈的红紫色。类似地，V^{3+} 在微晶玻璃中是近乎黑色的深棕色，而母相玻璃中则是黄绿色。掺杂 Ni^{2+} 的尖晶石微晶玻璃是蓝绿色，而母相玻璃为棕色。尽管铬离子（Cr^{3+}）在母相玻璃中是深绿色，在尖晶石微晶玻璃中却显示粉红色。掺杂 Cr^{3+} 的莫来石微晶玻璃是灰色的，而其母相玻璃是绿色的。

当着色离子保留在微晶玻璃中的母相玻璃中时，玻璃晶化前后少有或者没有颜色变化。因此，Nd^{3+} 和其他稀土离子并没能改变上述提到的微晶玻璃晶化前后的颜色，因为它们太大了而不能进入到石英、尖晶石或莫来石的结构中。这些掺杂 d 族和 f 族离子不仅仅用于控制颜色，同时还用于产生令人期待的具荧光特性的微晶玻璃。

3.4.5.2 微晶玻璃的力学性能和微观结构

在评估微晶玻璃的力学性能时，抗弯强度和表示临界应力强度因子（K_{IC}）的断裂韧性一样重要。这个信息对于材料性能的表征来说是非常重要的，它同样适合于微晶玻璃产品。不同的测试方法和公式对测定 K_{IC} 值来说都是有效的（Beall 等，1986）。SEVNB（单边 V 形切口梁）法是各种标准（ISO 标准、美标 U. S. 、欧标 EN）推荐的方法。Quinn 和 Bradt（2007）的研究表明，用维氏测试法得到的数值比这些用 SEVNB 法测定的数值高得多。

　　Apel 等（2008）在其研究工作中，用 SEVNB 法测试了三种微晶玻璃的断裂韧性（一种含有白榴石，另一种含有磷灰石，第三种含有二硅酸锂）。根据 Fett 等（2005）的工作测定了 K_{IC} 值和裂纹开口位移。在这些测试中，二硅酸锂微晶玻璃的 K_{IC} 值最高，为 $(2.7\pm0.2)MPa\cdot m^{0.5}$。这种微晶玻璃的裂纹开口位移剖面跟其他两种材料不同，其裂纹扩展时绕过了玻璃基体中的晶体。因此，在这种情况下，裂纹扩展需要相当大的能量。图 3.30 展示了一个完整的裂纹长度，而图 2.11（见 2.1.1）表示的则是部分裂纹。根据裂纹开口位移，测得二硅酸锂微晶玻璃中 K_{tip} 值（裂纹尖端的 K 值）为 $1.2MPa\cdot m^{0.5}$。这个值比用 SEVNB 法测定的数值低。对这三种微晶玻璃进行比较后发现，含有二硅酸锂的微晶玻璃的 K_{IC} 值和 K_{tip} 值最高。这个研究的结论（Apel 等，2008）表明，在高韧性微晶玻璃中进行最合适的微观结构设计可以获得好的韧性。含有互锁晶体微观结构的微晶玻璃表现出了最高的韧性。

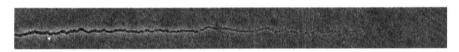

图 3.30　二硅酸锂微晶玻璃中裂纹的扩展
裂纹绕着晶体走，图片是 25 张单个 SEM 图像连接的结果

3.4.5.3　电学性能

　　通常情况下，微晶玻璃是高电阻、低介电常数（<10）和低损耗因子的电绝缘体。然而，例外的是，钛酸钡（$BaTiO_3$）微晶玻璃的介电常数高达 500（Kokubo，1969），Aitken（1992）也测得含有半导体 WO_{3-x} 微晶玻璃的电阻率低至 $0.01\Omega\cdot cm$。

　　需要注意的是，具有高电阻率和低损耗因子的绝缘微晶玻璃是基于堇青石、低碱金属云母和磷酸硼（Beall 等，1989）晶相的微晶玻璃。堇青石微晶玻璃，例如康宁公司的代号为 9606，在包括微波频率范围到 10GHz 很大的频率范围内，其介电常数在 5.0～6.0 之间。损耗角正切的范围在 0.0001～0.001 之间。含有氟钾金云母的氟云母微晶玻璃如康宁公司的代号 9652，有着类似的介电性能，400℃时，其电阻率为 $10^{14}\Omega\cdot cm$。而且，这种微晶玻璃还有一个很高的介电强度，为 85kV/mm。含有 BPO_4 的微晶玻璃介电常数特别低（<5.0），当密度略低于 $1g/cm^3$ 时，氢微孔在微泡中出现，其介电常数可以低至 2.0（见 2.6.5）。

3.4.5.4　化学性能

　　微晶玻璃的化学稳定性可以在一个很大的范围内变化，取决于整体化学性学，每一个晶相的化学稳定性及微观结构。典型地，高度晶化的硅酸盐微晶玻璃的化学稳定性会比其基础玻璃稍高。原因有两个：第一，通常情况下，晶体是致密的，而且比玻璃更紧密地连接在一起，因此有更好的化学稳定性；其二，硅酸盐微晶玻璃中的残留玻璃相是高硅质的，也有利于化学稳定性。这在硅酸锂、硅酸铝和碱土金属铝硅酸盐微晶玻璃中普遍存在。

然而，除了这些原则，特别是可溶性成分浓缩在连续残留玻璃相中时会有例外的情况。例如，当试图加入氧化硼降低母相玻璃的黏度以提高其熔融特性时，在钛成核的锂铝硅酸盐玻璃中出现了例外（Doherty 等，1965）。图 3.31(a)、(b) 是添加 5％（质量分数）B_2O_3 的 β-锂辉石微晶玻璃的透射电镜照片，能看到这种成分在残留硅质玻璃相中浓缩，自发形成相分离到一个富含硼的连续相中。这种相在水溶液中是可溶的，因为它围绕着 β-锂辉石晶体形成了连续膜。这种微晶玻璃与其他不含硼组分的微晶玻璃甚至是其母相玻璃相比，具有非常低的化学抵抗力。

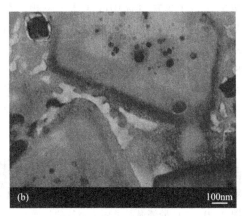

图 3.31 β-锂辉石微晶玻璃的微观结构

(a) TiO_2 成核的 β-锂辉石微晶玻璃中残留硼硅酸盐玻璃相中尖晶石型的相分离的 TEM 图像，黑色晶体是金红石（Doherty 等，1965）；(b) 高倍图像为残留玻璃相中富含硼（白色）的连续玻璃相，微晶玻璃化学稳定性较弱的原因

3.4.5.5 生物学性能

在设计新的生物材料时，如人造骨骼、生物活性微晶玻璃，与收集的生物性能比较得出结论，显然是很重要的。例如，由玻璃或微晶玻璃结合有机基体组成的开孔复合材料，已经在生物体的骨骼再生中发挥了有效作用（见 2.4.1）。为了研究生物材料和生物媒介之间的相互反应，必须用高性能的测试方法来分析这个化学-生物学过程。其中之一就是液态核磁共振（NMR）。Ernst（1992）用多维 NMR 分析清晰阐明了化学-生物学结构和反应。Best 等（2008b）把这些信息转换到生物材料上，得到了骨取代生物材料中多糖和磷酸盐相互反应的初步信息。这些研究也为将来生物材料的设计提供了一个重要的基础。

第4章

微晶玻璃的应用

4.1 技术应用

4.1.1 雷达罩

第一个商业应用的微晶玻璃是 20 世纪 50 年代后期在航空航天工业实现的。微晶玻璃用于制造雷达罩，其用在航天器和火箭突出部分——"鼻锥"处，以保护雷达设备（内部天线）。根据 McMillan（1979）的研究，适合这类应用的材料必须有非常均匀和低的介电常数、低的热胀系数、低的介电损耗、高强度和高的耐腐蚀能力。烧结 Al_2O_3 也具有这些特性，但是，这种材料很难制备，且质量难于控制。

Stookey（1959）尝试把成分复杂的康宁 9606 堇青石微晶玻璃弯曲制造了一个航天器的"鼻锥"。这种微晶玻璃的性能和微观结构已在 2.2.5 中介绍过。Stookey（1959）报道说，这个"鼻锥"是由基础玻璃用玻璃纺织技术中的离心铸造的方法制成的。因为玻璃的透明性，很容易检测出非均匀区域，这有助于其质量控制。这种材料通过晶化可变成微晶玻璃，需要注意的是不能在这个晶化过程中变形。Grossman（1982）报道了这种微晶玻璃的突出优点：高达 240MPa 的弯曲强度，而且在 $25\sim800℃$ 之间的线性热胀系数为 5.7×10^{-6}/K，特别是很高的断裂韧性。这些性能在（航天器）经历雨蚀和再入大气层时特别重要。因为这些性能，这种微晶玻璃现在已经用于制造高性能航天器的"鼻锥"。

4.1.2 光敏和蚀刻材料

微技术指各种应用中的微小元件部分。微技术专注于把产品减少到尽可能小的尺寸。

为了在这些小元件中集成高精度的孔、通道或图案，形成了很多特别的工序。制成的微型尺寸的高精度产品用于电子、化学、声学、光学、力学和生物学领域。

4.1.2.1　Fotoform® 和 Fotoceram®

① 工艺和性能　Stookey（1953、1954）研究出了材料学历史上的第一个微晶玻璃，他研制的微晶玻璃具有光敏特性，能进行蚀刻。这种微晶玻璃的主晶相是二硅酸锂 $Li_2Si_2O_5$。在 2.1.1 中已经介绍了析出二硅酸锂晶体的基本步骤、基本原理和反应机理。Fotoform® 是一种玻璃，而 Fotoceram® 则是一种二硅酸锂微晶玻璃。Fotoform® 和 Fotoceram® 的制备工艺特征是需要用如下的反应和中间过渡产品：

　　a. 熔融基础玻璃，铸成整块产品或薄膜；

　　b.（在模具中）暴露在紫外线下；

　　c. 玻璃热处理，析出偏硅酸锂晶体 Li_2SiO_3；

　　d. 腐蚀掉偏硅酸锂晶体，生成玻璃产品 Fotoceram®；

　　e. 暴露在紫外线中再次进行热处理，析出二硅酸锂晶体，形成 Fotoceram®。

这些微晶玻璃的基础玻璃源自 SiO_2-Li_2O 系统。基础玻璃中含有 Ce^{3+} 和 Ag^+，其组成见表 4.1。暴露在紫外线的过程中，光电子导致 Ce^{3+} 氧化成为 Ce^{4+}。同时，Ag^+ 还原成为 Ag^0。

$$Ce^{3+} + h\nu(312nm) \longrightarrow Ce^{4+} + e^-$$
$$Ag^+ + e^- \longrightarrow Ag^0$$

金属银是偏硅酸锂晶体 Li_2SiO_3 的成核剂。因此，在 600℃ 时可以控制晶相的析出和晶化（Beall，1993）。偏硅酸锂晶体很容易用氢氟酸稀溶液（HF）腐蚀。由此，能蚀刻成最终产品预设的结构。这些特殊结构的玻璃体由康宁玻璃制品公司注册为 Fotoform®。

如果进行二次紫外线暴露和热处理，大约 40%（质量分数）的主晶相二硅酸锂会伴随着 α-石英生成，α-石英的总含量约 60%。康宁玻璃制品公司将其称为 Fotoceram® 的。Fotoform®/Fotoceram® 的化学组成见表 4.1。部分性能见表 4.2（Beall，1992）。

表 4.1　Fotoform®/Fotoceram®（康宁代号 8603）的组成（质量分数%）

组　成	含　量	组　成	含　量
SiO_2	79.6	Ag	0.11
Al_2O_3	4.0	Au	0.001
Li_2O	9.3	CeO_2	0.014
K_2O	4.1	SnO_2	0.003
Na_2O	1.6	Sb_2O_3	0.4

表 4.2　Fotoform®/Fotoceram® 的性能

性　能	Fotoform 玻璃	Fotoform 乳白微晶玻璃	Fotoceram 微晶玻璃
力学性能			
密度/(g/cm³)	2.365	2.380	2.407
杨氏模量			

性　　能	Fotoform 玻璃	Fotoform 乳白微晶玻璃	Fotoceram 微晶玻璃
$\times 10^6$ psi	11.15	12.00	12.62
GPa	77	83	87
磨损断裂模量			
psi	8690	12,100	21,500
MPa	60	83	148
泊松比	0.22	0.21	0.19
努氏硬度(KHN_{100})/K^{-1} Wilson Turkon	450	500	500
热学性能			
热胀系数(25~300℃)	8.4×10^{-6}/K	8.9×10^{-6}/K	10.3×10^{-6}/K 到 16×10^{-6}/K
热导率/[W/(m·K)]			
25℃	0.75	1.5	2.6
200℃	1.1	1.5	2.0
最大安全工艺温度/℃	450	550	750
比热容/[J/(g·K)]			
25℃	0.88	0.88	0.88
200℃	1.2	1.2	1.2
电学性能			
体积电阻率(Ω·cm)的对数			
250℃	6.27	8.81	8.76
350℃	4.90	7.23	7.07
耗散因子(100kHz)			
21℃	0.008	0.004	0.003
150℃	0.050	0.014	0.008
介电常数(100kHz)			
21℃	7.62	5.73	5.63
150℃	9.06	6.14	6.00
损耗因子(100kHz)			
21℃	0.061	0.023	0.017
介电强度(样品为 10mil 厚,直流电条件下绝缘油中)/(V/mil)			
25℃	4500	4000	3800

注：1mil＝0.00254cm。

② 应用　精确控制基础玻璃在紫外线下的暴露度,可用于制备具有特定图案的高精度零部件（见图 4.1）。尽管这些零部件的精密度小于硅阵列和特定金属上通过影印技术所得产品的精密度,但仍高于那些用机械加工甚至是激光加工工艺制成的产品的精密度（见表 4.3）。

这一技术已经用于生产微晶玻璃零部件,特别是设备制造、微型机械和电子工业中的零部件。此种材料可用于下列领域：气体放电屏、喷墨打印机印版、流体设备和记录磁头衬垫等。应用实例子见图 4.2。

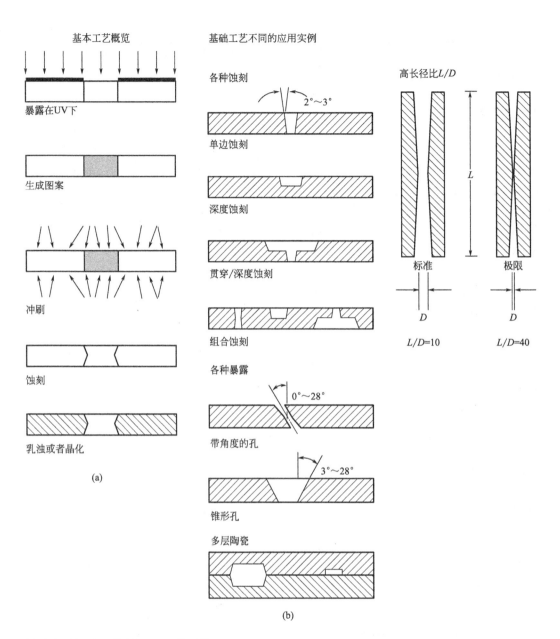

图 4.1　Fotoform®/Fotoceram®工艺

表 4.3　Fotoform®/Fotoceram®的精密度

标准工艺性能	Fotoform®玻璃		乳白 Fotoform® 和 Fotoceram®	
孔和槽尺寸公差	±0.025mm	±0.001″	±0.025mm	±0.001″
中心线公差	±0.025mm	±0.001″/″	±0.038mm	±0.0015″/″
蚀刻垂直角的边		2°～3°		2°～3°
样品最小尺寸	0.063mm	0.0025″	0.0762mm	0.003″
样品的最大厚径比		8∶1		8∶1
厚度控制	±0.05mm	±0.002″	±0.05mm	±0.002″
平滑度	0.025mm	0.001″/″	0.025mm	0.001″/″
最小厚度	0.508mm	0.020″	0.508mm	0.020″

极限精度性能	Fotoform® 玻璃		乳白 Fotoform® 和 Fotoceram®	
孔和槽尺寸公差	±0.0076mm	±0.0003″	±0.010,16mm	±0.0004″
中心线公差	±0.0025mm	±0.0001″/″	±0.005mm	±0.0002″/″
蚀刻垂直角的边		1°～2°		1°～2°
样品最小尺寸	0.025mm	0.001″	0.038mm	0.0015″
样品的最大厚径比		40∶1		40∶1
厚度控制	±0.025mm	±0.001″	±0.0127mm	±0.005″
平滑度	0.0025mm	0.0001″/″	0.0025mm	0.0001″/″
最小厚度(取决于尺寸)	0.1016mm	0.004″	0.076mm	0.003″

图 4.2 Fotoform®/Fotoceram® 在电子工业、微型机械和设备制造中的应用（Fotoceram® 微晶玻璃磁头衬垫）

4.1.2.2 Foturan®

① 工艺和性能　根据上面的光敏技术制成的微晶玻璃 Foturan® 是一种感光玻璃。然而，微晶玻璃偏硅酸锂 Li_2SiO_3 是一种中间产品。最后的产品是有着表 4.4 中列出的各种性能的玻璃。玻璃的力学、电学和化学性能，及由其制备的微小的零部件的工艺参数，都值得关注。性能和公差参数见表 4.5。由表 4.5 可看出这种中间产品的高精密度。

表 4.4　Foturan® 的性能（Schott/Mikroglas，1999）

性能	玻璃	微晶玻璃(棕色)
力学性能		
杨氏模量/GPa	78	88
泊松比	0.22	0.19
硬度(努氏)/MPa	4600	5200
断裂模量/MPa	60	150
密度/(g/cm³)	2.37	2.41

性能	玻璃	微晶玻璃(棕色)
热学性能		
热胀系数(25~300℃)/(10^{-6}/K)	8.6	10.5
热导率(20℃)/[W/(m·K)]	1.35	2.73
比热容(25℃)/[J/(g·K)]	0.88	0.92
玻璃化转变温度/℃	465	—
最大安全工艺温度/℃	450	750
电学性能		
电导率/Ω·cm		
25℃	$8.1×10^{12}$	$5.6×10^{16}$
200℃	$1.3×10^{7}$	$4.3×10^{7}$
介电常数(1MHz,20℃)	6.5	5.7
损耗因子(tanδ)(1MHz,20℃)/10^{-6}	65	25
化学性能		
耐水度		
DIN/ISO 719/(μgNa$_2$O/g)	468	1300
耐酸度		
DIN 12116/(μg/dm^2)	4	9
耐碱度		
DIN/ISO 695/(μg/dm^2)	960	2500

表 4.5　Foturan® 的工艺性能 (Schott/Mikroglas, 1999)

最小孔槽尺寸/mm	最小孔槽深度/mm	最小孔槽距离[①]/mm
0.025±0.005	0.2±0.01	0.035±0.01
0.05±0.015	0.4±0.02	0.06±0.015
0.12±0.02	1.0±0.03	0.14±0.02
0.18±0.03	1.5±0.04	0.21±0.03
公差		
蚀刻结构粗糙度	1~3μm	
最大孔密度	每平方厘米上 10000 个孔	
孔距离每 100mm 的公差	<0.2%(100mm,±20)	
最大未完成的孔	<0.3%	

①孔距离（中心到中心）。

在这一过程中，生成整块或薄层产品的组成范围（质量分数）为：75%~85% SiO$_2$、7%~11% Li$_2$O、3%~6% K$_2$O、3%~6% Al$_2$O$_3$、1%~2% Na$_2$O、0~2% ZnO、0.2%~0.4% Sb$_2$O$_3$、0.05%~0.15% Ag$_2$O 和 0.01%~0.04% CeO$_2$ (Speit，1993；Dietrich 等，1996)。为了在玻璃中生成 Ce^{3+}：$2Ce^{4+} + Sb^{3+} \longrightarrow 2Ce^{3+} + Sb^{5+}$，玻璃的熔融过程是在还原条件下进行的。一旦玻璃制成，在随后的步骤中就会产生微晶玻璃中间产物。在玻璃中形成特定图案、雕刻、空洞或者孔，都需使用模具，然后暴露在紫外线下。工艺与 Fotoform®/Fotoceram®一样。

经过紫外线照射后，再对玻璃进行热处理，只在已经照射过的区域生成晶体。其中 Ag^0 起到成核剂的作用，主晶相则是偏硅酸锂 Li$_2$SiO$_3$。此时生成的微晶玻璃用氢氟酸水溶液腐蚀，随后，会生成预设的微观图案，例如孔、雕刻、通道等，最终得到具有微观结构的玻璃。

② 应用　Foturan®是由德国美因茨的 Schott AG 和 Mtg Mikroglas Technik AG 公司生产的。这种材料用于汽车工业和精密工程中。而且，Foturan®特别适合用于微光学和集成光学系统。此外，还可用于光纤中的微通道、喷墨打印机喷头、压力传感器的基体和耳机中的声学系统等。

4.1.2.3　其他产品

其他基于二硅酸锂的微晶玻璃是由美国通用电子公司和德国法德尔公司（Pfaudler）生产和销售的，其名称分别为 RE-X® 和 Nucerite®（专门用于给钢管上搪瓷）（Pincus，1971）。

要提到的是，二硅酸锂 $Li_2Si_2O_5$ 的直流电阻率比其母相玻璃大五个数量级，因此尽管 RE-X® 含有大量的 Li^+，但它仍然具有绝缘性。

4.1.3　可加工微晶玻璃

4.1.3.1　MACOR® 和 DICOR®

可加工微晶玻璃是在玻璃内部成核的氟云母晶体基础上制成的（Beall，1971a）。一种商标名为 MACOR® 的商业材料已市场化了 20 年，它在精密电子绝缘体、真空密封装置、微波装置的窗口、场离子显微镜样品座、地震仪套环、伽玛射线望远镜框架、航天飞机的边界固定器等领域有广泛应用。MACOR® 能用常规金属加工工具进行精确加工，结合其高介电强度（约 $40kV/nm$）、非常低的氦渗透速率等特性，在高真空应用中非常重要。

尽管 MACOR® 微晶玻璃是在氟金云母相（$KMg_3AlSi_3O_{10}F_2$）的基础上生成的，氟金云母相的这一化学计量比并不能生成玻璃。添加 B_2O_3 和 SiO_2 来形成稳定而呈乳白色的玻璃，其整体组成已经有了很大的变化（组成见表 4.6）。母相玻璃由分散在富镁基体中的铝硅酸盐微滴相组成（Chyung 等，1974）。晶化在 650℃左右开始，在富镁基体中的铝硅酸盐微滴的界面处生成亚稳态相的粒硅镁石 $2Mg_2SiO_4·MgF_2$。粒硅镁石随后转变成为块硅镁石 $Mg_2SiO_4·MgF_2$，然后与残留玻璃相中的成分反应，生成氟金云母和次生莫来石。

$$Mg_2SiO_4·MgF_2 + KAlSi_2O_6 \longrightarrow KMg_3AlSi_3O_{10}F_2$$
$$（玻璃）$$

$KAlSi_2O_6$ 代表玻璃微滴相，组成接近白榴石。

因为残留玻璃随着 B_2O_3 的熔融而熔化，同时引起其中交联剂钾的不足，所以，云母优先在横向方向长大。

表 4.6　商业氟云母微晶玻璃的组成（质量分数/%）

成分	MACOR®（康宁）	DICOR®（康宁/Dentsply）
SiO_2	47.2	56～64
B_2O_3	8.5	
Al_2O_3	16.7	0～2
MgO	14.5	15～20
K_2O	9.5	12～18

成分	MACOR®（康宁）	DICOR®（康宁/Dentsply）
F	6.3	4～9
ZrO_2		0～5
CeO_2		0.05

注：云母类型为：MACOR®，$K_{1-x}Mg_3Al_{1-x}Si_{3+x}O_{10}F_2$；DICOR®，$K_{1-x}Mg_{2.5+x/2}Si_4O_{10}F_2$（$x<0.2$）。

微晶玻璃的热学、电学、力学和化学性能见图 4.3 和表 4.7。MACOR® 微晶玻璃是康宁公司的产品，由德国威斯巴登的康宁欧洲公司和瑞士 Spreitennach 的光纤 P.＋P. 公

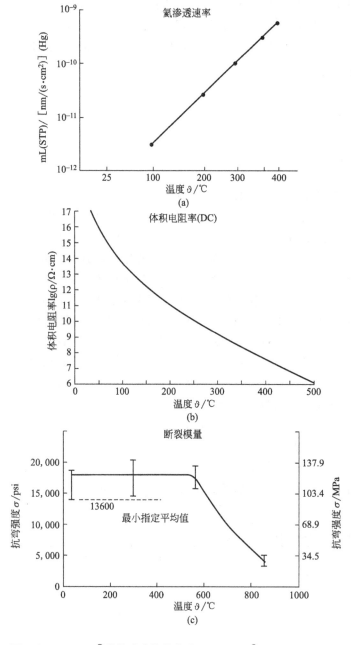

图 4.3 MACOR® 微晶玻璃性能节选（MACOR®，1992）

司生产。图 4.3 为各性能与温度的函数关系，这些性能对其在设备制造和装备上的应用非常重要，其在航空航天工业上的应用同样需要这些性质。

表 4.7　MACOR® 微晶玻璃的性能（MACOR®，1992）

性能	可加工 MACOR® 微晶玻璃	性能	可加工 MACOR® 微晶玻璃
力学性能		热学性能	
密度	$2.52g/cm^3$	热胀系数	$5.2×10^{-6}/°F$
气孔率	0%		$9.4×10^{-6}/K$
硬度（努氏）	250NA	最大使用温度（没有载荷时）	1832°F
抗压强度	50000psi		1000℃
	350MPa	电学性能	
抗弯强度	15000psi	介电强度（AC）	$1000V/(10^{-3}in)$
	104MPa	体积电阻率	$>10^{14}Ω·cm$

注：1in=25.4mm。

MACOR® 微晶玻璃在高性能领域的工业应用必须特别提及（见图 4.4）。

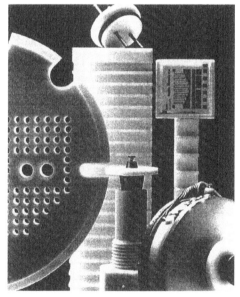

图 4.4　MACOR® 微晶玻璃的应用实例

① 航空工业

美国航天飞机上超过 200 种零部件是用这种微晶玻璃制成的。这些零部件包括所有铰链点的垫圈、窗和门。

② 医疗设备

这种材料精密的可加工性和惰性使其在特殊医疗设备上尤其重要。

③ 真空技术

MACOR® 微晶玻璃是很好的绝缘体，它们广泛用于制造真空技术设备。与烧结陶瓷相比，微晶玻璃是无孔的。

④ 焊接

MACOR®微晶玻璃能用于焊接设备，因为它对氧乙炔表现出优异的假焊性能。

⑤ 核相关实验

MACOR®微晶玻璃在核辐射下不受影响，因此，有可能应用于这一领域。

作为高性能材料的广泛应用显示出 MACOR®微晶玻璃在技术、医疗方面的重要性，其将来肯定还有更多的潜在应用。

最近，另一种已经用于牙科修复的商业材料是 DICOR®（Malament 和 Grossman，1987），这种微晶玻璃是在四硅氟云母 $KMg_{2.5}AlSi_4O_{10}F_2$ 的基础上研究出来的，与 MACOR®相比，化学稳定性和半透明性都提高了。随着相对高温下（＞1000℃）各向异性薄片的生成，该材料具有了较高的强度（约 150MPa）。此外，通过大致匹配晶体和玻璃折射率、保持细颗粒（约 1μm）的晶体尺寸，可得到半透明产品；加入铯可模拟天然牙齿的荧光特性。

DICOR®牙科修复剂独一无二的特性包括：非常接近天然牙齿的硬度和外观。这种微晶玻璃能用常规牙科实验室设备和模型用失蜡铸造法精确铸造。与常规的金属-陶瓷系材料相比，它具有强度高和热导率低的优点。DICOR®微晶玻璃作为牙科生物材料的应用将在 4.4.2.2 中进行讨论。

4.1.3.2　Vitronit™

德国耶拿的 Vitron Spezialwerkstoffe Gmbh 公司制造了一种可加工微晶玻璃，商品名为 Vitronit™，且已进行工程应用。这种微晶玻璃与 BIOVERIT®（见 4.4.1）一样，是有着卷心菜头且微观结构的云母晶体。这种微晶玻璃的特性如下：

① 耐高温；

② 电绝缘；

③ 40kV/mm 下稳定；

④ 真空致密性；

⑤ 高耐腐蚀能力；

⑥ 水解等级为 2 级（DIN 12111）；

⑦ 耐酸等级为 3 级（DIN 12116）；

⑧ 基本等级为 1 级（DIN 52322）。

这些性能使得这种微晶玻璃适合用于连接其他材料，例如金属材料。

4.1.3.3　Photoveel™

日本生产了一种氟金云母型的云母微晶玻璃。除了云母晶体中含有晶化的金之外，玻璃基体中还实现了氧化锆微观晶体的晶化（Photoveel™ 产品系列，Sumikin Photon Ceramics 有限公司，日本，1998）。这种微晶玻璃是由日本 Sumikin Photon Ceramics 有限公司生产的。在 Photoveel™ 商标名下有两种产品，这两种产品 Photoveel 和 Photoveel L 的性能见表 4.8。这两种产品主要的区别在于它们的热胀系数：Photoveel™ L 为 $5.5 \times 10^{-6}/K$，而 Photoveel™ 为 $8.5 \times 10^{-6}/K$。这些性能使得这些微晶玻璃适用于电子工业和仪器制造。在这些应用中，绝缘性和真空密封性能特别重要。Photoveel™ 可用于制造半导体的电子绝缘部分、绝热部件、真空封装部件、微电子基质和电子绝缘体等产品。

表 4.8　云母微晶玻璃 Photoveel™ 的性能

性能	Photoveel™	Photoveel™ L(低膨胀)
力学性能		
密度/(g/cm³)	2.59	2.90
抗弯强度/MPa	150	900
抗压强度/MPa	500	
杨氏模量/GPa	67	62
热学性能		
最大使用(服役)温度/℃	1000	750
热胀系数	8.5×10^{-6}/K	5.5×10^{-6}/K
热导率/[W/(m·K)]	1.6	2.5
热震性/K	150	250
电学性能		
体积电阻率/Ω·cm	1.8×10^{15}	8.0×10^{13}

4.1.4　磁盘基片

有四种类型的微晶玻璃（尖晶石-顽辉石、尖晶石、二硅酸锂和硅碱钙石）可以用作磁盘基片。从 SiO_2-Al_2O_3-ZnO-MgO-TiO_2 系统中研发的尖晶石微晶玻璃代表了磁盘基片制造的重要过程（Beall 和 Pinckney，1995、1999）。这种微晶玻璃含有特别的纳米结构。锌尖晶石型晶体 $ZnAl_2O_4$ 或者尖晶石型 $MgAl_2O_4$ 或者这两种类型尖晶石的固溶体晶体，尺寸都小于 $0.1\mu m$。顽辉石是一种重要的次生相，可以使微晶玻璃的断裂韧性增加到 $1MPa·m^{0.5}$ 以上。而且，晶体在玻璃基体中以岛状方式长大（见 2.2.7 和 3.2.1）。

因此，尖晶石-顽辉石材料也适合用作磁盘基片。跟其他材料相比，它的表面粗糙度非常低。随着抛光工艺的发展，微晶玻璃的表面粗糙度可以达到 0.5nm。这是非常重要的，因为旋转磁盘表面时，在 20nm 深的范围内，0.5nm 的表面粗糙度能让电磁记录头工作良好。其他相关性能包括杨氏模量 100～165GP 已经超过了大多数微晶玻璃，这也很重要，因为这个刚度正好防止了磁盘在旋转速度高达 10000r/min 时产生的颤振。

微晶玻璃产品表现出的断裂韧性超过 $1.0MPa·m^{0.5}$。其线胀系数（0～300℃）为 $(6\sim7)\times10^{-6}$/K。微晶玻璃还能用作磁头衬垫和刚性信息盘组成的磁盘存储设备的基质。即在盘的表面喷溅上磁性材料，而基质就是一种尖晶石-顽辉石微晶玻璃（见图 4.5）。

纯的尖晶石微晶玻璃表现出的其他性能可以用来区分顽辉石-尖晶石微晶玻璃。这些性能包括，热胀系数（0～300℃）为 3.4×10^{-6}/K 和在可见光范围内透明。它们同样适合用作需要进行高度抛光的磁盘基片产品（见图 4.5）（Pinckney，1999）。

尖晶石微晶玻璃的热胀系数与硅的热胀系数匹配度很高，因此，引起了人们把这些材料当作硅的基体材料的研究兴趣。Van Gestel 等（2007）报道了它们有可能用作薄膜聚晶硅太阳能电池的基质。满足该应用关键的性能是高透明性、好的表面质量、高热稳定性和与硅匹配的热胀系数。柱状聚晶硅能够形成外延生长的基础是应变点在 900℃ 以上。康宁公司合成的代号 9664 的产品是一种透明的尖晶石微晶玻璃，其应变点为 915℃，热胀系数为 $(3.5\sim4.0)\times10^{-6}$/K，均方根粗糙度为 0.5～0.9nm，550nm 以上的透明度为 90%。在基质和 PC（聚碳酸酯）-硅之间不需要屏蔽层。

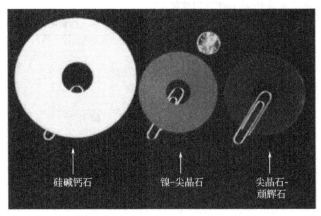

图 4.5 尖晶石-顽辉石微晶玻璃作为磁盘基片的应用

跟硅碱钙石磁盘和镍-尖晶石微晶玻璃相比较

Beall（1998）研究了另一种微晶玻璃系列以满足磁盘基片高力学强度的需要。这些材料可以归类为化学系统 SiO_2-Li_2O-K_2O-P_2O_5-Al_2O_3。在玻璃基体中析出的晶相为二硅酸锂和鳞石英。

在 2.3.3 中介绍了硅碱钙石微晶玻璃。这些材料的特点是它们良好的力学性能和特别高的断裂韧性，可以达到 $5MPa \cdot m^{0.5}$（Beall，1991）。而且，轧制成型是一种经济的玻璃成型工艺。在轧制过程中，通过在两个滚轴之间注入熔融玻璃而生成玻璃带（条）。玻璃带冷却后，基片从黏性玻璃中切出，再进行热处理。在随后的热处理过程中，通过控制晶化将玻璃转变为高强的微晶玻璃。这种工艺特别适合于生产磁盘基片。

与标准磷化镍涂覆铝陶瓷基体材料相比，硅碱钙石微晶玻璃具有众多优点。此外，硅碱钙石微晶玻璃表现出的高断裂韧性，是磁盘基片应用中急需的优异性能。其他优点如下：

① 高刚度和形状保持能力；

② 较高的密度；

③ 较高的工艺温度；

④ 光滑的表面结构；

⑤ 制备磁盘的低成本。

硅碱钙石微晶玻璃用作磁盘基片时需要涂覆一层润滑层。Onyiriuka（1993）表征了这种层状硅碱钙石微晶玻璃的特性。润滑层是磁盘的一个重要组成部分，因为它能保护磁盘免遭破坏。全氟聚酯（PFPE）用来形成润滑层。Onyiriuka（1993）的研究结果表明，控制厚度为 $2 \sim 5nm$ 的这种薄层涂覆硅碱钙石微晶玻璃，其效果与碳涂覆的硅碱钙石微晶玻璃一样。

从硅碱钙石微晶玻璃的研究成果可以看出，硅碱钙石微晶玻璃没有尖晶石-顽辉石微晶玻璃光滑。同时，Na^+ 通过柱状 Cr-晶体迁移到磁性层下面会导致在磁盘表面生成 Na_2CO_3。

所有这四种微晶玻璃（尖晶石-顽辉石、尖晶石、二硅酸锂和硅碱钙石）都是由康宁公司生产的。

在日本，为了提高计算机硬盘设备的存储能力（HDD）而进行了微晶玻璃和特殊玻璃的研究。可行的基质材料需要与金属铝和 Al_2O_3 材料进行比较。由于表面更平滑，玻璃和微晶玻璃比陶瓷更适合用作磁盘基片。而且，根据薄层陶瓷工艺方法，玻璃比陶瓷更容易生成片状产品。玻璃类材料比铝金属基质更突出的一个优点是其在压应力或者弯曲应力下良好的形状保持力。

例如，Goto（1995）研究了一种二硅酸锂微晶玻璃。这种微晶玻璃可以归为 SiO_2-Li_2O-P_2O_5-ZnO 系统。微晶玻璃是在这种材料系统的基础玻璃中形成的。玻璃在熔融后立即压成基片。随后，对压好的基础玻璃进行控制晶化，形成含有 α-$Li_2Si_2O_5$（α-二硅酸锂）和 α-石英主晶相和大量玻璃基体的微晶玻璃的微观结构。二硅酸锂以尺寸约为 $0.1\mu m$ 的单个球晶形式析出。尽管石英的尺寸与二硅酸锂晶体的尺寸一样，但是它晶化形成体团聚后的尺寸约为 $1\mu m$。

Goto（1995）已经从 SiO_2-Li_2O-P_2O_5-Na_2O-MgO 系统中生成的二硅酸锂微晶玻璃中获得了这种无 Na_2O 的微晶玻璃的特殊微观结构。为了生成磁盘基片，需对微晶玻璃的表面进行研磨、抛光和清洁。这种特殊的微晶玻璃是由日本 Ohara 公司生产的，产品名为 TS-10[TM]。它表现出了特别低的表面粗糙度，Ra 值为 $1.0 \sim 2.5nm$。可以用原子力显微镜进行表面粗糙度的测量。二硅酸锂微晶玻璃的粗糙度小于 $5\mu m$。TS-10 微晶玻璃的其他性能见表 4.9。

表 4.9　二硅酸锂微晶玻璃的物理性能（TS-10）

性能	TS-10	性能	TS-10
力学性能		热学性能	
杨氏模量/MPa	92	热胀系数/($\times 10^{-6}$/K)	$8 \sim 9.2$
弯曲强度/MPa	$200 \sim 240$	电学性能	
维氏硬度/MPa	700	体积电阻率/$\Omega \cdot cm$	$(1.8 \sim 2.7) \times 10^{15}$

另一种可以用作磁盘基片的含有二硅酸锂主晶相的微晶玻璃是日本电子玻璃公司生产的。这种微晶玻璃的产品名为 ML-05（电子玻璃材料，1996）。这种材料表现出了很高的热胀系数和耐热能力。而且，它的表面非常光滑。这种微晶玻璃最重要的性能见表 4.10。这种不透明的白色微晶玻璃同样能用作磁盘基片。对原始材料进行改性得到了产品名为 ML-08 的透明微晶玻璃。

表 4.10　磁盘基片白微晶玻璃的性能（ML-05）

性能	ML-05	性能	ML-05
力学性能		热学性能	
密度/(g/cm³)	2.39	热胀系数(30～500℃)/($\times 10^{-6}$/K)	11.2
维氏硬度	650HV(0.2)	化学性能	
弯曲强度/MPa	300	耐酸度（5%HCl，90℃，24h）	$10\mu g/cm^2$
杨氏模量/GPa	95(25℃)	耐碱度（5%Na_2CO_3，90℃，24h）	$1060\mu g/cm^2$

4.1.5　液晶显示

SiO_2-Al_2O_3-Li_2O 系统的透明微晶玻璃可以用来生产笔记本电脑的多晶硅薄膜晶体管液晶显示器的颜色过滤基体。日本电子玻璃公司生产的这种微晶玻璃磁盘产品商品名为

Neoceram^{TM} N-0。这种微晶玻璃的性能见4.2.2的介绍。这种微晶玻璃的主晶相为晶粒尺寸约为0.1μm的β-石英固溶体（Neoceram，1992、1995）。由于晶体尺寸小于可见光波长，此微晶玻璃是透明的。而且，晶体有着与玻璃基体几乎相同的折射率。

可用两步法来生成微晶玻璃。首先，基础玻璃熔融，通过轧制、牵引或者压制成型成为小盘。等玻璃盘冷却到室温，再进行热处理。通过这个步骤，控制晶化生成β-石英固溶体。最后，再次冷却到室温。此微晶玻璃最终产品（电子玻璃材料，1996）的尺寸为(320±0.2)mm（长）、(350±0.2)mm（宽）和(1.1±0.05)mm（高）。同时也必须具备下面的特性，以保证其质量。

① 平行度：最大公差0.02μm；

② 矩形比：最大0.17mm/100mm；

③ 表面粗糙度（Ra）：10nm。

除了上述提到的应用之外，Neoceram^{TM} N-0微晶玻璃还可以形成圆柱状、管状和其他各种形状。

除了Neoceram^{TM} N-0之外，日本电子玻璃公司还生产了另一种零膨胀的微晶玻璃产品。Neoceram^{TM} N-11是一种白色、不透明的微晶玻璃，含有β-锂辉石固溶体初级晶相，测得其尺寸为1μm。这种微晶玻璃可用于电磁炉面板、炊具（见4.2.1），或者用于光学部件，诸如光纤耦合器的盒子或罩子（Neoceram，1992，1995）。

4.2 日用品应用

4.2.1 β-锂辉石固溶体微晶玻璃

Stookey（1959）研制的首次在全球范围内商品化的微晶玻璃材料之一是用作家用餐具。这种微晶玻璃称为Pyroceram$^{®}$9608（还有个名字为康宁Ware$^{®}$9608）。这种材料的主晶相为β-锂辉石固溶体，次生相为金红石。这种特殊的白色微晶玻璃的热胀系数为0.7×10^{-6}/K（见图4.6）。美国康宁玻璃制品公司Pyroceram$^{®}$9608的制备工艺经济性较好，使得其可以用于低成本的厨房用具和热震性好的、能承受高温波动的炊具。这些产品是新一代家用消费品的代表（见图4.7）。

美国和英国其他的β-锂辉石固溶体微晶玻璃产品的商标名有Cer-vit^{TM}（Owens-Illinois公司）和Hercuvit^{TM}（PPG公司），后者用于生产炊具面板（Pincus，1971）。

1962年，日本开发出来的β-锂辉石固溶体微晶玻璃也是在Tashiro和Wada（1963）的研究基础上进行的。产品由日本电子玻璃公司生产，商标名为Neoceram^{TM} N-11。这种微晶玻璃是在Tashiro和Wada（1963）发现ZrO$_2$的有效成核基础上研究出来的（见2.2.2）。Neoceram^{TM} N-11微晶玻璃的性能见表4.11。因为这些性能，这种白色微晶玻璃可大量用于消费领域，包括扁平、光滑的产品，例如炉面、微波炉中的加热盘或者微波炉的内部涂层。同时，它还可能用于卷曲或者其他任何特殊形状的产品中（Wada，1998）。

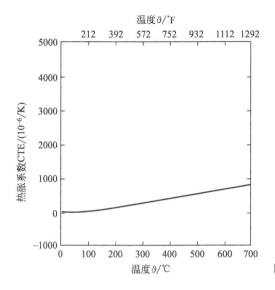

图 4.6 康宁 Ware® 9608 的热胀系数

图 4.7 Pyroceram 康宁 Ware® 9608 餐盘和炊具

表 4.11 β-锂辉石固溶体微晶玻璃 Neoceram™ N-11 和 β-石英固溶体微晶玻璃 Neoceram™ N-0、Ceran®、Robax® 的性能

	性能	Neoceram™ N-11	Neoceram™ N-0	Ceran®	Robax®
力学性能	弯曲强度/MPa	170	140	110±25	75
	努氏硬度	600(HK0.2)	500(HK0.2)	600(HK0.1/20)	
	杨氏模量/GPa	90	90	≤95	约92
热学性能	热胀系数(20~700℃)/(×10^{-6}/K)	+1.3	−0.3	0±0.15	0±0.3
	比热容 c_p/[J/(g·K)]	0.7	0.7	0.8	
	热导率 λ/[W/(m·K)]	0.9	0.9	1.6 (100℃)	
	最高使用温度（长期）/℃	850	700	700	680
	热震性（没有应力裂纹）T_0/℃	600	800	700	约700

性能		Neoceram™ N-11	Neoceram™ N-0	Ceran®	Robax®
化学性能	耐水解能力	0.15 (ASTM-stand.)	0.19μL (ASTM-stand.)	一级 (DIN/ISO 719)	一级 (DIN 12111)
	耐碱度	0.9 (5% Na_2CO_3, 90℃, 24h)	300μg/cm² (5% Na_2CO_3, 90℃, 24h)	二级 (DIN 52322)	二级 (DIN 52322)
	耐酸度	0.6 (5% HCl, 90℃, 24h)	100μg/cm² (5% HCl, 90℃, 24h)	三级 (DIN 12116)	二级 (DIN 12116)
电学性能	介电常数 ε (1MHz, 25℃)	6.4	7.6	7.8	
	250℃体积电阻率 [lg (ρ/ Ω•cm)]	6.7	6.4	≥6.7	
	损耗角正切 tanδ(1MHz, 25℃)	$4.1×10^{-3}$	$22×10^{-3}$	$20×10^{-3}$	

4.2.2　石英固溶体微晶玻璃

随着 β-锂辉石固溶体白色微晶玻璃家用餐具产品的发展，人们需要半透明甚至高透明的产品来满足市场需求。值得注意的是，透明微晶玻璃能给很多便捷产品带来更好的表面质量。这些需求带来了家用产品的成功，如碗、茶壶、玻璃杯和用透明硼硅酸盐玻璃制成的杯子等，商品名为 Pyrex®。硼硅酸盐玻璃跟传统硅酸盐玻璃相比，在热震性上有着相当大的进步。这种玻璃的线胀系数为 $3.3×10^{-6}$/K，但是，还是没有达到理想的零膨胀值。因此，为了扩大微晶玻璃的家用领域，研究新材料的目标确定为在很宽温度范围内实现零膨胀。

根据 Beall 和 Pinckney（1999）的研究，透明微晶玻璃的形成必须满足三个重要的指标。前面两个指标要求低散射，而第三个要求则包括低的离子或原子吸收。首先，玻璃相和晶相的折射率几乎要完全相同。其次，晶粒尺寸必须比可见光的最短波长还要小。基于 Rayleigh-Gans 的理论公式 [式 (4.1)]（Kerker，1969）：

$$\sigma_p \approx \frac{2}{3} NVk^4 a^4 (n\Delta n)^2 \tag{4.1}$$

式中，σ_p 是总的浊度；N 是颗粒数（量）密度；V 是颗粒体积；a 是颗粒半径；k 为 $2\pi/\lambda$（λ 是波长）；n 是晶体的折射率；Δn 是晶相和玻璃相之间的折射率差。晶粒尺寸必须小于 15nm。然而，根据 Hopper（1985）理论公式 [式(4.2)]：

$$\sigma_c \approx (2/3)×10^{-3} k^4 \theta^3 (n\Delta n)^2 \tag{4.2}$$

式中，σ_c 是浊度；θ 是平均相宽 [$a + (W/2)$，W 是粒子间距]，晶粒尺寸必须小于 30nm，晶粒间距不超过晶粒尺寸的 6 倍。

第三个要求是微晶玻璃中的离子和原子对光的低吸收。

在 β-石英固溶体型微晶玻璃的研发中，所有这三种要求都必须满足：玻璃相和晶相之间的折射率相似、非常小的晶粒尺寸和对光的低吸收。形成 β-石英固溶体微晶玻璃的固相反应见 2.2.2，这一节也讨论了不同产品的化学组成。这种微晶玻璃特殊的纳米结构见 3.2.1。

β-石英固溶体型微晶玻璃最重要和经济的家庭用品有 Vision® （美国康宁公司）、Keraglas® （Eurokera：康宁与圣戈班合资公司，（法国）、Ceran® 和 Robax® （德国 Schott 公司）和 Neoceram™ N-11 （日本电子玻璃公司）。

Keraglas® 微晶玻璃的光学和电学性能见图 4.8。线胀系数小至 $(0\pm0.15)\times10^{-6}/K$、耐高温（700K），这些性能对这种材料的特殊用处而言特别重要。由于其光学性能，此微晶玻璃能用辐射的方式成功地加热。例如，1100nm（$1.1\mu m$）时，热转化率为 61%；2400nm（$2.4\mu m$）时，热转化率为 79%［见图 4.8（a）］。在图 4.8（b）中，电学性能可以用介电常数 7.3（1MHz，25℃）和介质损耗 9.8×10^{-3}（1MHz，25℃）来表征。除了标准的化学稳定性测试之外，还要进行关于常规食物和染色测试。如这些材料完全满足这些要求，则特别适合用作日用品。Eurokera 公司也制造出了高透光性的 Keraglas®，称为 Eclair®，用作防火门和壁炉的窗口。

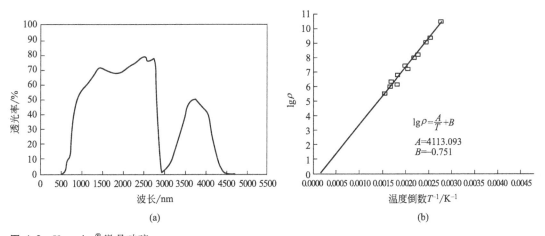

图 4.8 Keraglas® 微晶玻璃

（a）透光率跟波长的关系（样品厚 4mm）；（b）电学性能（体积电阻率对数）

Vision® 微晶玻璃已经成功用于生产家用产品，例如碗、壶、平底煮锅或煎锅（Beall 和 Pinckney，1999）。图 4.9 为几个样品。Keraglas® 微晶玻璃特别适合用于生产电炉或者燃气炉的炊具表面，见图 4.10。除了具有提到的这些性能之外，微晶玻璃还需要具有高质量的表面效果。也就是说，表面必须要防刮。炉面可有各种不同的装饰，反面有把手。光照射时，微晶玻璃的颜料使得炉面看起来是深色近乎黑色的。在光透射时，也就是，当电加热线圈加热到炽热时，微晶玻璃呈红色。这种效果是由于微晶玻璃材料在可见光范围内的高透明度造成的（Eurokera，1995）。

Ceran® 微晶玻璃的重要性能见表 4.11（Ceran，1996）。在 20 世纪 90 年代，德国 Schott 公司研发了两种类型的这种微晶玻璃，用不同的透光率来表征（Pannhorst，1993；Nass 等，1995），产品分别称为 Ceran Color® 和 Ceran Hightrans®。Ceran® 微晶玻璃也用于炉面。Sack 和 Scheidler（1974）论述了这一技术的发展和在改进家用产品中的作用。然而，这种材料的实际发展，与炉面精确的加工方法密切相关。必须强调的是，基础玻璃拉制工艺和精确控制玻璃热处理工艺可使微晶玻璃盘具有一致的热胀系数，这需要非常高的技术。Nass 等（1995）对此进行了详细的描述，即通过玻璃熔体拉制或者轧制液态玻璃和随后玻璃盘转化成微晶玻璃的晶化工艺以及装饰，精确控制这类微晶玻璃盘的制备工艺，最后所得微晶玻璃盘的厚度为 4～5mm。

图 4.9 Vision® 微晶玻璃制作的家用产品   图 4.10 Eurokera® 炊具

Robax® 微晶玻璃是一种没加颜料的 Ceran® 微晶玻璃。它的性能总结见表 4.11 (Robax, 1998)。这种微晶玻璃的特性是高热震性，主要用于生产炉门。通过炉门能操作炉子，并能目测和检测到问题。而且，这种微晶玻璃能替代任何硼硅酸盐或者硅酸盐玻璃产品。

日本 Neoceram™ N-0 型微晶玻璃是由日本电子玻璃公司制造的。这种微晶玻璃的性能见表 4.11。跟 Neoceram™ N-11 相比，这种微晶玻璃表现出来非常高的半透性。在可见光波长范围内，微晶玻璃呈现出轻微的黄色。这种微晶玻璃可用于不同家用产品的观察窗，例如，燃气锅炉或者便携式燃气炉的观察窗。同时还用作壁炉和煤炉的保护层。由于能看见玻璃板后面木柴或煤的燃烧，家用壁炉让人感觉安全和舒适。

4.3　光学应用

4.3.1　望远镜

4.3.1.1　发展需求

热胀系数非常低的微晶玻璃非常适合用作精密的光学设备。例如，在天文台，需要高反射望远镜以探索遥远的宇宙，而望远镜的光学部件尤其是高精密度的镜片，必须要确保能实现这个目标。而且，光学设备必须能抵抗温度波动，因为天文台常常位于实际温度波动在将近 100K 的地区。显然，微晶玻璃表现出的接近于零的膨胀是最适合用来制造望远镜镜片的。

4.3.1.2　Zerodur® 微晶玻璃

① 性能　Zerodur® 微晶玻璃的主晶相是 β-石英固溶体，此晶相通过整体晶化得到。这种材料具有特殊的热学性能是因为生成了非常小的晶体和每单位体积中的晶粒含量高。

图 4.11 为线胀系数和温度的函数关系曲线。根据图 4.11 中的曲线，在特定的温度范

围（0～100℃之间）内可以实现最小的热膨胀，也就是说，几乎近零的热膨胀。根据需要，微晶玻璃可以有三种不同类型的热膨胀行为。在零膨胀类型下，可以得到热胀系数为 $(0±0.02)×10^{-6}/K$ 的微晶玻璃。

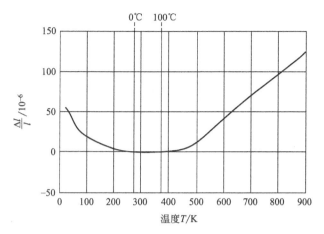

图 4.11 Zerodur® 微晶玻璃的线胀系数与温度的关系（Zerodur® Information，1991）

Zerodur® 微晶玻璃另外一个重要的热学性能是热导率，20℃时其热导率为 $1.46W/(m\cdot K)$。

Zerodur® 微晶玻璃的力学性能参数为：杨氏模量 90.3GPa（20℃）、弯曲强度约为 110MPa、努氏硬度（HK）为 0.1/20 620（ISO 9385）（Zerodur® Information，1991）。

高的透光率也是 Zerodur® 微晶玻璃一个可喜的光学性能。图 4.12 为 5mm 和 25mm 厚度的 Zerodur® 微晶玻璃的透光率。而且，这种微晶玻璃还表现出了非常好的化学稳定性和氦渗透性。

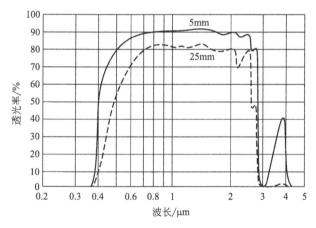

图 4.12 厚度 5mm 和 25mm 的 Zerodur® 微晶玻璃的透光率

② 工艺　Zerodur® 微晶玻璃的基础玻璃组成为（质量分数％）：57.2 SiO_2、25.3 Al_2O_3、6.5 P_2O_5、3.4 Li_2O、1.0 MgO、1.4 ZnO、0.2 Na_2O、0.4K_2O、0.5 As_2O_3、2.3 TiO_2 和 1.8 ZrO_2，可用控制晶化的方法得到（Petzoldt 和 Pannhorst，1991）。在 2.2.2 中已经介绍过了其成核和晶化工艺，最终形成 β-石英固溶体主晶相。Müller（1995）和 Pannhorst（1995）也详细介绍了这种工艺。

德国 Schott 公司研制了一种特殊的技术来生产反射望远镜的大镜片。Höness 等

（1995）报道了生产直径 8.2m 的 Zerodur 镜片的工艺。这个工序含有从 70t 的容器内倒出熔融材料并旋转成型过程。因此，初级产品会稍有卷曲。把玻璃冷却后再进行复杂的机械加工可消除这种卷曲。因此，镜片到了成型阶段，仍然需要几个月的时间（控制晶化和机械加工）。

除了当今世界上最大的直径 8.2m 的整体微晶玻璃望远镜镜片之外，Schott 还制出了由独立单元组成的轻型镜片（Schott 产品信息，1988）。

③ 应用　直径 8.2m 的镜片（见图 4.13）由 Schott Glaswerke 公司为欧洲南部天文台（ESO）的超大望远镜（VLT）生产。它们安装在智利拉西拉天文台。

图 4.13　直径 8.2m Zerodur® 微晶玻璃透镜的制作工艺

美国夏威夷马诺阿岛 Mavna Kea 天文台 Keck Ⅰ 和 Keck Ⅱ 望远镜采用直径 7.6m 的镜片，其由 36 块单独的微晶玻璃单元组成。

4.3.2　集成透镜阵列

随着电气和电子工业上元件的微型化，对光学元件的微观尺度也提出了要求。例如，传统显微镜中对直径几厘米的光学透镜的需求减少。因此，直径微米级、厚度为 20μm 的透镜成为需求。

为了满足这种需求，康宁玻璃制品公司 Fotoform®/Fotoceram® 的偏硅酸锂/二硅酸锂微晶玻璃应运而生。Borrelli 和 Morse（Beall，1993）深入研究了 Fotoform®/Fotoceram® 产品的传统制造工艺，并进一步改善。

二硅酸锂微晶玻璃的发展，它的控制晶化机理，微观结构的形成及性能等已在 2.1.1 中介绍过了。这种微晶玻璃在高精度设备元件和电气工业中的应用见 4.1.2。

必须提及的是，晶化是从金属胶体开始的，而金属胶体是通过紫外线照射和热处理生成的。为了用这种微晶玻璃来制造集成透镜阵列，必须要对它的制备工艺进行精确调整，

Borrelli 等（1985）实现了这一目标（Beall，1992、1993）。

这种新的工艺有个特殊的步骤。在经过紫外线照射后，在 Li_2SiO_3 晶化所需的热处理过程中立即对其形成的微观结构进行测量，发现该微观结构有可能形成其他形状的材料。因此，有可能在生产过程中生成微观尺度的弯曲圆柱体。并且曲率随透镜的几何形状而变。材料产生卷曲是因为晶体比玻璃要致密一些。下面对这个工艺进行详细讲述。

基础玻璃从特定厚度（例如 $20\mu m$）的非常薄的玻璃膜上成型。材料上的特定区域以一定模式用紫外线照射。此照射模式可以确保微观圆柱体区域没有被照射到。图 4.14 为工艺流程图。紫外线照射和随后的热处理生成了偏硅酸锂，会对未经照射的圆柱体区域产生压应力。在此过程中，圆柱体区域突出于玻璃膜的两边。因此，在微观玻璃圆柱体中产生了一个光学透镜。这种成型工艺生成的微透镜有如下三种不同的应用（Beall，1993）。

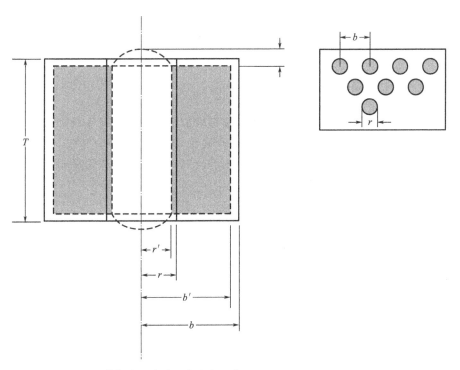

图 4.14 Fotoform® 集成透镜阵列的生产工艺

① 一对一阵列用来以同样比例复制图像。这些透镜用来复印图片。在这种情况下，光学系统的致密度是很重要的。这种类型的透镜可用于复印机和传真机。

② 用于光纤系统界面的透镜。这种微透镜形成阵列与阵列之间、光线进出光纤的界面。

③ 在光透射系统中，需要把一束单色光散射成许多束光以到达检测器上，此时，需要用到这种微透镜，这种应用在照相机的自动对焦中非常必要，这类特殊设备中都含有微透镜。

为了展示这种小型微透镜及其高精密度，用电子显微镜研究了制得微透镜的玻璃箔，其结果见图 4.15。生成直径 $400\mu m$、高度约 $20\mu m$ 的高精度透镜的玻璃薄膜上的孔也能看见。

图 4.15 电子显微照片展现了预想中的球形突起

（根据图 4.14 中的工艺生产，得到直径为 $400\mu m$，高约 $20\mu m$ 的光学显微镜）

4.3.3 发光微晶玻璃的应用

在过去的二十年间，人们对于光通讯技术的兴趣逐渐增加，由此给光纤系统和光电设备中光增益（放大）带来了新方法。近来，能源价格升高也增加了人们利用太阳能的兴趣。因此，对可以发光且透明的微晶玻璃进行了更深入的研究，有些研究是对新组成系统进行的，有些基于已知系统的再研究和改进。

4.3.3.1 太阳能聚光器的 Cr 掺杂莫来石

在太阳能工程中，需要把太阳光转化成其他有用的能源。为了这个目的，希望使用透明的材料。同时，这些材料必须具有能量转化功能。微晶玻璃因高透光率和很强的发光性能从而引起人们的注意。

为了这种应用，研究出了基于莫来石晶体的微晶玻璃，通常为 $3Al_2O_3 \cdot 2SiO_2$，但是在这里，需要用 Cr^{3+} 取代 Al^{3+} 进入到八面体结构中，以提供发光性能（Andrews 等，1986；Beall 等，1987）。同时还发现，锌，可能还有镁也能进入并取代四面体结构中的 Al^{3+}，$(Zn，Mg)^{2+} + Si^{4+}$ 取代 2 个 Al^{3+}，因此增加了 Cr 发光中心的效果（Beall 等，1987）。这种类型的典型的莫来石微晶玻璃的组成见 2.2.1，这种材料的应用特性也在这里介绍。

发光太阳能聚光器有一个扁平的透明微晶玻璃片，其在玻璃态下经轧制而成，然后再转化成莫来石微晶玻璃。硅光伏条安装在微晶玻璃片的边上。Cr^{3+} 进入到片状体中的莫来石纳米晶体中，吸收太阳光并发光转化成近红外线。这些射线在空气界面反射几次，在到达光伏条之前作为二维波导转化成为电能。该聚光器可以用作标准太阳能站点如屋顶或地面收集器的窗口。

这种莫来石微晶玻璃除了用作发光太阳能聚光器之外，还具有潜在的激光应用。这种微晶玻璃的两种应用都需要相似的性能。这些性能如下。

① 很强的吸收波段，范围从可见光到近红外区。在激光应用中必须被闪光灯高效泵浦，在太阳能应用中必须被太阳辐射高效泵浦。

② 入射太阳光必须转化成有效长波发光。绝对量子效率是这个转化的评价因子。

③ 必须有高质量的光学媒介以避免这个过程中的能量损失，如吸收和发光中的散射，外源引入的其他过渡金属氧化物的吸收。

④ 为了在大规模工程应用如太阳能聚光器中使用这些微晶玻璃，它必须能形成大的部件。因此，制备工艺如熔融和生成微晶玻璃需要的玻璃成型，以及热处理晶化，都必须是经济可行的。

⑤ 硅光伏条必须有效地连接在微晶玻璃片的周围，以便把近红外发光有效地转化成电能。

随着莫来石微晶玻璃的发展，它现在几乎能满足所有这些要求，并形成了有技术含量的有效生产工艺。结果，在微晶玻璃的热处理过程中，可以掺入 Cr^{3+} 到莫来石晶体中。含有 Cr^{3+} 的莫来石晶体的晶粒尺寸显然低于最小可见光的波长。图 4.16 为一个典型透明微晶玻璃的透射电镜照片，显示有长度为 100nm 的棒状体，和宽度约为 10nm 的矩形截面。

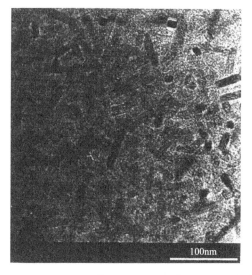

图 4.16　透明发光莫来石微晶玻璃的透射电镜图，显示有莫来石的短棒状纳米晶体

Andrews 等（1986）比较了母相玻璃和微晶玻璃在可见光范围内的光谱吸收。他们的发现可以用图 4.17 来说明。微晶玻璃的吸收光谱几乎平行于地球表面的太阳光谱，这是太阳能应用中最令人期待的特性。这些光谱就是人眼看见的光谱。基础玻璃是绿色的，而微晶玻璃则是灰色的。实际测量了 Cr^{3+} 进入到晶相的部分和在残留玻璃相中的含量之比，通过几种波长下几种不同样品的微晶玻璃和母相玻璃的发光比较发现，这个比率小于 0.011。

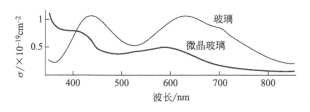

图 4.17　莫来石母相玻璃和微晶玻璃在可见光范围内的光谱吸收

在 2.2.1 中讲述的微晶玻璃在三种不同温度下的近红外发光特性如图 4.18 所示。这些发射光谱显示了两个特点：730nm 附近很宽的吸收波段和 695nm 处尖锐的特征峰。

① 730nm 处的宽波段代表 $^4T_2 \longrightarrow {}^4A_2$（跃迁产生的）荧光；

② 695nm 处是 $^2E \longrightarrow {}^4A_2$（跃迁）磷光 R 线。

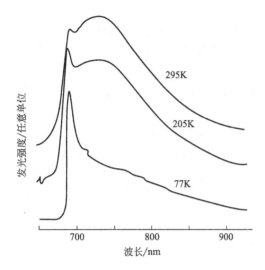

图 4.18　莫来石微晶玻璃在近红外区的光谱

Reisfeld 等（1984）和 Kiselev 等（1984）对 Cr^{3+} 在莫来石和石英固溶体微晶玻璃中的光学效果进行了深入研究。

总之，熔融了无数玻璃，合成了 1000 多种微晶玻璃，优化出了以下性能：

① 熔融玻璃的工艺；

② 氧化还原比例设定；

③ 低的杂质吸收；

④ 红外荧光（很高的量子效率）；

⑤ 吸收和发射之间最小重叠；

⑥ 低散射。

过去，散射和量子效率阻止了这一技术的应用，但是在太阳能领域新的兴趣引导人们投入新的精力去解决这些问题。

2.2.1 中介绍的莫来石微晶玻璃在 800℃下热处理 4h 后，测得其在 514nm 处的散射系数为 0.61/cm，633nm 处为 0.036/cm，720nm 处为 0.031/cm。与在较高晶化温度 850℃下热处理 4h 后的微晶玻璃相比，相应的散射系数分别为 0.092/cm、0.055/cm 和 0.037/cm，比实际应用需要的散射系数至少增加了 5 倍。更小的晶粒尺寸有助于晶体跟残留玻璃之间更好的匹配。

利用积分球技术，800℃热处理下的量子效率为 25%，850℃热处理下的量子效率为 32%，而人们需要更高的量子效率。浓度猝灭限制了掺杂铬的量，特别是在晶化度百分数比较低的微晶玻璃中。因此，高的晶化度有助于掺杂更多的铬，并使之能进入到晶体结构中，由此增加量子效率。而且，更纯材料的使用可能降低无定形物质如 FeO 的吸收。

4.3.3.2　用于可调激光器和光存储媒介的 Cr 掺杂尖晶石

Koepke 等（1998）研究了 Cr^{3+} 掺杂透明锌尖晶石微晶玻璃，希望能用作基于光谱烧孔的光存储材料和可调激光材料。他们测量和比较了 Cr 掺杂粉红色透明锌尖晶石微晶玻璃（$ZnAl_2O_4$）和绿色母相玻璃这两种材料的光学性质，特别是它们的激发态吸收特性（ESA）。研究配方的准确组成（质量分数％）为：60.5 SiO_2、18.2 Al_2O_3、11.8 ZnO、3.4 Cs_2O、5.4 ZrO_2、0.7 As_2O_5 和外加 0.15％（质量分数）的 Cr_2O_3。玻璃在 700℃ 下热处理 2h，生成四方氧化锆晶核，然后在 890℃ 下保温 4h 得到在晶核上析出的纳米锌尖晶石晶体。残留玻璃相是主相，为铝硅酸铯。

图 4.19(a)、(b) 为玻璃 (a) 和微晶玻璃 (b) 的吸收和发射光谱。吸收/激发光谱表明玻璃和微晶玻璃之间的不同场强，发射光谱的形状进一步证实了这一点。激发波长 $\lambda_{exc}=515nm$ 的玻璃发射光谱因 $^4T_2 \longrightarrow {}^4A_2$ 跃迁而有一个典型的宽峰，其中 $^4T_2$ 项与晶胞强烈耦合。

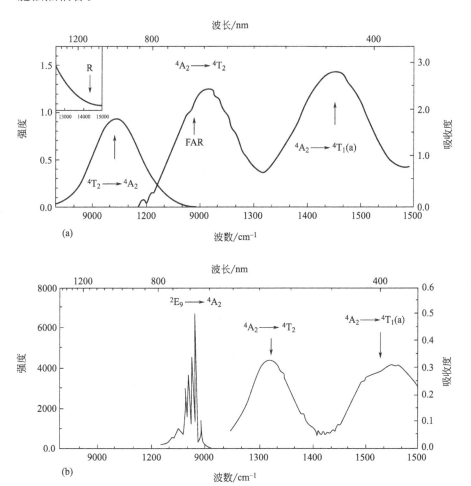

图 4.19 Cr 掺杂玻璃 (a) 和 Cr 掺杂微晶玻璃 (b) 的吸收和发射光谱（Koepke 等，1998）
Cr 掺杂玻璃的激发波长在 515nm 处，而 Cr 掺杂微晶玻璃的激发波长在 476.5nm 处，微晶玻璃的激发波长在 685.8nm 处（R 线）

图 4.19(a) 中的插图提示了 $\lambda_{exc}=476.5nm$ 激发时 R 线的证据。然而，由氩离子激光器的多重线激发时，微晶玻璃的发射光谱中出现了带有边带的 R 线（$^2E_g \longrightarrow {}^4A_2$ 跃迁）这就解释了即使是使用手持 366nm 紫外线，也能观察到的此微晶玻璃的强红色发光。这个光谱几乎与 Cr 掺杂单晶镁铝尖晶石（$MgAl_2O_4$）的相同，而在锌尖晶石中，Cr^{3+} 固

定在八面体配位结构中。

  Koepke 等（1998）早已得到了 Cr^{3+} 在母相玻璃（图 4.20）和微晶玻璃（图 4.21）中的结构坐标，并计算了相应的二重态-二重态跃迁和四重态-四重态跃迁的 ESA 光谱，从所测光谱数据确定了其晶体场参数 10Dq 和 Racah 参数 B 和 C，以及激发态驰豫能 $Sh\omega$。其能态和跃迁如图中所示。

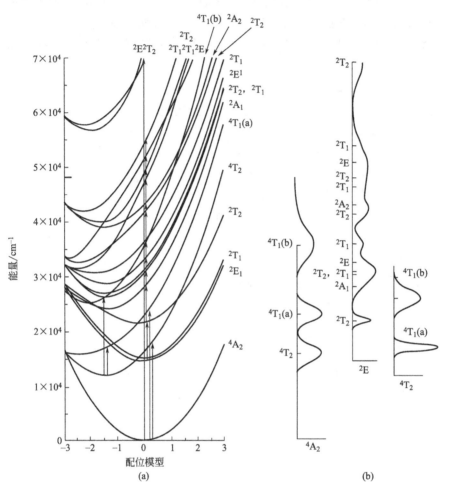

图 4.20 Cr^{3+} 在母相玻璃中（a）和根据二重态-二重态跃迁和四重态-四重态跃迁计算出来的 ESA 光谱（b）的结构坐标图（Koepke 等，1998）

从图谱可得，10Dq＝15885/cm、B＝3082/cm、C＝745/cm 和 $Sh\omega$＝3866/cm

  从晶体场参数 10Dq 可比较 Cr^{3+} 在三种玻璃基材料中从高到低的晶体场强：粉色锌尖晶石在 $18620cm^{-1}$ 处，灰色莫来石微晶玻璃从 $16000cm^{-1}$ 到 $17800cm^{-1}$（Beall 等，1987），绿色"锌尖晶石"母相玻璃在 $15885cm^{-1}$ 处。颜色变化也可反映出场强从高场到低场的变化。

  至于 Cr 掺杂锌尖晶石微晶玻璃系统的激光潜能，激发态吸收大大缩小了波长范围，$700\sim800nm$ 的很窄范围也是可期的。在微晶玻璃和母相玻璃中都观察到了基态吸收漂白。

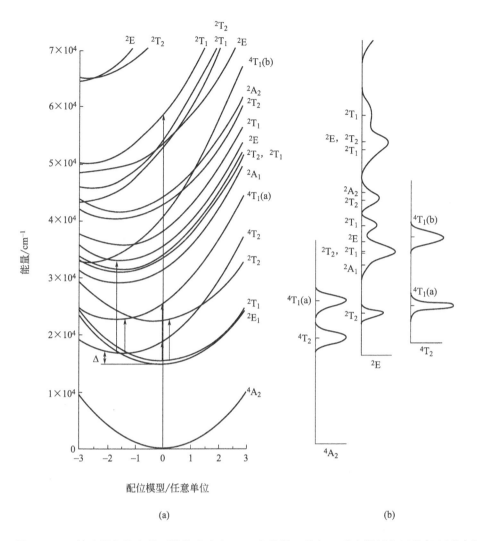

图 4.21 Cr³⁺ 在粉色锌尖晶石微晶玻璃中（a）和根据二重态-二重态跃迁和四重态-四重态跃迁计算出的 ESA 光谱（b）的结构坐标图（Koepke 等，1998）

从图谱可得，$10Dq = 18620/cm$、$B = 3278/cm$、$C = 629$ 和 $Sh\omega = 2080/cm$

4.3.3.3 稀土掺杂氟氧化物用于放大、上转换和量子切割

Wang 和 Ohwaki（1993）第一个报道了在 SiO_2-Al_2O_3-CdF_2-PbF_2 基础系统中添加稀土氟化物可得到透明氟氧化物微晶玻璃。用于上转换的典型组成见表 4.12。将母相玻璃加热到 470℃，可以析出 20nm 的萤石结构（Pb、Cd）F_2 晶体。没有观察到透明度比母相玻璃降低。随着大量掺杂的 YbF_3［整体组成的 10%（摩尔分数）］结合 ErF_3［整体组成的 1%（摩尔分数）］，以 970nm 激发可强烈上转换到 545nm 和 660nm 处，在微晶玻璃中能量从 Yb 转到 Er，比原始玻璃中观察到的能量转换增加了大致两个数量级（见图 4.22）。在最好的铝氟化物玻璃和最好的 Er-Yb 共掺杂单晶 BaY_2F_8 中，这种上转换也大致是增加两个数量级。显然，稀土进入晶相后起到了很强的作用。

表 4.12　某些透明氟氧化物微晶玻璃的组成（摩尔分数％）和性能（Tick 等，1995）

成分	Wang-Ohwaki(上转换)	Tick 等(1995)(1.3μm 放大器)	
SiO_2	30	30	30
Al_2O_3	15	15	15
CdF_2	20	29	29
PbF_2	24	17	22
ZnF_2	—	5	—
YF_3	—	4	4
YbF_3	10	—	—
ErF_3	1	—	—
PrF_3	—	0.01	0.01
折射率	—	1.75	1.75
热胀系数(CTE)/$(10^{-6}/K)$	—	11	—
T_g/℃	400	395	408
立方晶胞边长/nm$(Pb,Cd,Re)F_{2\sim3}$	0.572	0.575	0.575

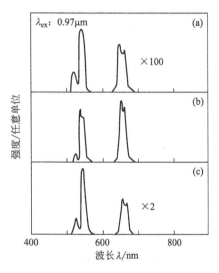

图 4.22 Er-Yb 氧氟玻璃（a）、Er-Yb 氧氟微晶玻璃（b）及铝氟化合玻璃（c）的荧光光谱

　　Tick 等（1995）添加 ZnF_2 和 YF_3 并单独掺杂低含量（0.1％摩尔分数）的 Pr^{3+} 稀土离子（见表 4.12）来对这个系统进行改性。Pr^{3+} 在无线电波 1300nm 处的发射荧光量子效率为 7％，比相似的著名的氟化物玻璃 ZBLAN® 中的 4％高。这些微晶玻璃含有比 Wang 和 Ohwaki 报道的略小的晶体，其直径接近 15nm 而不是 20nm。用抛光的 $1cm^3$ 样品和 647nm 激光束来测试光的散射，在出射光束的右边角处测瑞利比率和去极化度（偏极化）。显而易见的是，通常用来测量散射的瑞利比率，仅比母相玻璃高 10％，比商业光学玻璃高 33％。实际上，在无线电波的长波长处测得这种微晶玻璃中的光纤损耗小于 1dB/m（Tick 等，2000）。玻璃和微晶玻璃光纤的光学损耗差别大约是几十个 dB/km。

　　最新的氧氟化物材料之一是在 SiO_2-Al_2O_3-Na_2O-LaF_3 系统中生成的透明 LaF_3 微晶玻璃（Dejneka，1998）。LaF_3 因为能与所有稀土离子生成大量的固溶体，是微晶玻璃中首选的稀土离子主体。这说明这些离子进入晶体的趋势很强。而且，LaF_3 与 ZBLAN® 氟化物玻璃（580/cm）相比有较低的声子能量（350/cm），这能帮助降低或阻止多声衰变。SiO_2-Al_2O_3-Na_2O-LaF_3 系统中有大量的玻璃形成区域，但是关系式 La_2F_6 =（Al_2O-

$Na_3O)/2$ 限制了 LaF_3 的溶解度。远低于这个溶解度时只能生成稳定玻璃而不形成微晶玻璃，而高于这个溶解度则生成半透明或乳浊微晶玻璃。靠近这个溶解度附近能生成非常好的透明微晶玻璃，该微晶玻璃在水中的化学稳定性比氟化物玻璃好 10000 倍，晶体尺寸能通过 750～850℃下热处理 4h 来控制（见图 4.23）。晶粒从 750℃的 7.2nm 长大到 825℃时的 33.3nm。令人奇怪是，750℃下晶化的微晶玻璃的吸光系数低于母相玻璃的吸光系数，这时尽管看起来非常透明，可能已经发生了相分离。

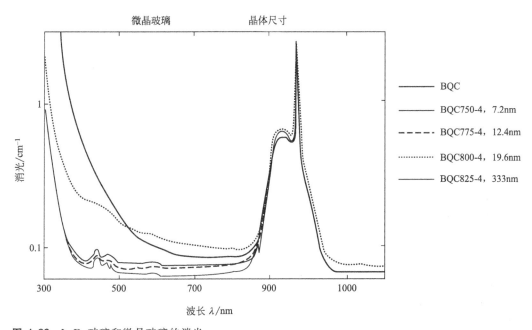

图 4.23 LaF_3 玻璃和微晶玻璃的消光

未经处理的 BQC 基础玻璃和经过不同温度（750～825℃）下 4h 热处理的基础玻璃。图中给出了每次热处理的平均晶体尺寸（nm）。由于掺杂了 Pr^{3+} 和 Yb^{3+}，吸收带在 460nm、590nm 和 950nm

LaF_3 微晶玻璃可以展望的一个应用是远程通讯信号放大方面，在 1300nm 的 Pr 掺杂和 1550nm 处的 Er 掺杂都有可能得到应用。Er^{3+} 和 La^{3+} 离子尺寸的差别引起了晶体场很大的变形，从而在 1550nm 处产生一个宽的发射光谱。与传统铝掺杂的硅光纤相比，LaF_3 微晶玻璃具有更强的增益谱，并且主要填充在 1450nm 处硅光纤的低增益区域（见图 4.24）。

LaF_3 微晶玻璃另一个可能的用处是掺杂 Pr^{3+} 后在上转换中的应用。半导体激光二极管相对价廉，是非常有效的高能红光和红外光源。然而，在显示、光谱学和传感时，它无法提供紫外光、蓝光、绿光和黄光。

Pr-掺杂的 ZBLAN® 玻璃主体在上转换中的新应用是三维显示领域（Dejneka，1998），见图 4.25 中所示。两束不同波长的红外激光在交叉点处生成可见的上转换荧光。第一束 1014nm 激光激发它路径中所有的活化离子到第一激发态，$Pr^{3+} {}^1G_4$。1014nm 的激光只能激发到第一激发态而不能更进一步，因为 1014nm 不能把 Pr^{3+} 亚稳态的 ${}^1G_4$ 激发到更高能级。第二束 850nm 的激光，能激发已经在 ${}^1G_4$ 态的 Pr^{3+} 到 ${}^3P_2$ 能级（激发态吸收），随后发射出红光。由于 Pr^{3+} 没有 850nm 的吸收，上转换仅在两个光束交叉时发生。红光、绿光和蓝光上转换已经在稀土掺杂的 LaF_3 微晶玻璃中实现，密度比 ZBLAN® 低 1.5 倍，化

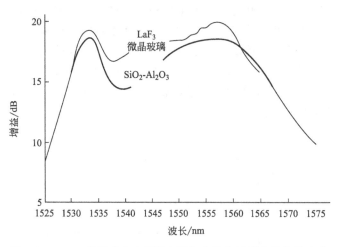

图 4.24 LaF₃ 微晶玻璃光纤放大器与传统光纤放大器的增益谱比较 (Dejneka, 1998)

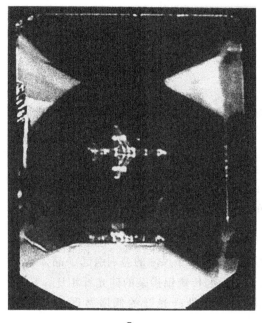

图 4.25 ZBLAN® 3D 上转换照片 (Dejneka, 1998b)

学稳定性比 ZBLAN® 更好, 其配方成本比 ZBLAN® 便宜 100 倍。

最近, 人们开始对稀土元素 Pr^{3+} 和 Yb^{3+} 掺杂 β-YF₃ 的微晶玻璃系列进行研究 (Chen 等, 2008)。前驱体玻璃源自 SiO_2-Al_2O_3-NaF-YF₃ 系统, 加入的组合掺杂剂为 PrF₃ 和 YbF₃。Pr^{3+} 的浓度固定为 0.1% (摩尔分数), 而 Yb^{3+} 的浓度从 0.1% 变化到 1.5% (摩尔分数)。把玻璃加热到 670℃, 保温 2h 可以制备成微晶玻璃, 检测到 β-YF₃ 纳米晶体颗粒的尺寸为 18~25nm。

量子切割 (QC) 下转换, 基于量子切割磷光剂能把吸收的一个高能光子变成两个低能光子, 因其在等离子显示器、无汞荧光灯和太阳能电池等方面的潜在应用而引起人们极大的研究兴趣。在这些 Pr:Yb 掺杂的 YF₃ 微晶玻璃中, 有效进入 β-YF₃ 相的 Pr^{3+} 的激发, 生成了波长为 482nm 的可见光量子。每个蓝色光量子使同一相中的 Yb^{3+} 发射两个波长为 976nm 的近红外光量子, 在此过程中, 实现了从 Pr^{3+} 到 Yb^{3+} 的有效能量转换, 伴随着较低的交叉弛豫和接近 200％的量子效应。在提高硅太阳能电池的效率中，需把蓝色光量子转化成近红外光量子，而对近红外量子切割透明微晶玻璃的进一步研究将会对这一过程起到关键作用。

4.3.3.4　铬（Cr^{4+}）掺杂镁橄榄石、β-硅锌矿和其他用于宽波放大的正硅酸盐

铬（Cr^{4+}）掺杂镁橄榄石微晶玻璃引起了很大的研究兴趣是因为已经制成铬（Cr^{4+}）掺杂镁橄榄石单晶，其在很宽的近红外范围内可产生光增益（Petricevic 等，1988；Verdun 等，1988；Moncorge 等，1991）。可调激光和飞秒激光已很好地展示了这种现象。

镁橄榄石是一种正硅酸镁盐（Mg$_2$SiO$_4$），Mg^{2+}占据两个八面体位点，Si^{4+}占据一个四面体位点。这三种阳离子点都是高度变形的（Jia 等，1991）。四面体位点是金字塔形变形，而八面体位点则有镜像和反对称。已经表明，铬离子能以 Cr^{4+}进入四面体位点取代Si^{4+}，而进入到八面体位点上的则为 Cr^{3+}，生成一些八面体空位。已经证实 Cr^{4+}作为关键激光离子，是波峰为 1175nm，波长从 900nm 延伸到 1400nm 荧光峰的主要贡献者。为了生成铬掺杂镁橄榄石微晶玻璃，将 SiO$_2$-Al$_2$O$_3$-MgO-K$_2$O 系统的玻璃熔融，使高 MgO硅酸盐微滴相在钾铝硅酸盐基体中形成相分离（见 2.2.7）。加入氧化钛作为一种有效的成核剂，经过热处理，富镁微滴相发展成为镁橄榄石的纳米晶体。

铬以 Cr$_2$O$_3$的形式加入这些微晶玻璃中，加入量为质量分数的 0.05％～0.5％。得到的近红外发光光谱非常类似于图 4.26 中的单晶 Cr^{4+}：镁橄榄石。不过，在微晶玻璃的光谱曲线上，在 1000nm 处有个肩峰，这归于镁橄榄石八面体点上附着的 Cr^{3+}的短波发射。微晶玻璃的吸收曲线也已给出，在 900～1400nm 范围内，微晶玻璃的发射光谱曲线有所下降。

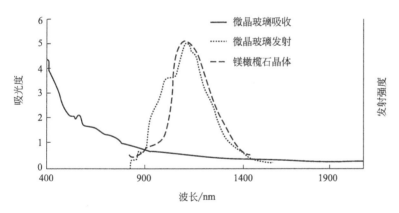

图 4.26　Cr 掺杂镁橄榄石微晶玻璃的吸收和发射光谱（810nm 激发）（Beall，2000）

已经测量出块状镁橄榄石微晶玻璃试样在泵浦波长为 1064nm 时荧光持续时间与温度的关系，如图 4.27 所示。它们大体上与 Carrig 和 Pollock（1993）关于单晶 Cr-镁橄榄石的报道相似。正如图 4.27 所示，表征微晶玻璃荧光效果最好的是双指数衰减，而单晶玻璃最好用单指数衰减表征。

块状镁橄榄石微晶玻璃在低温下的荧光强度，以及与母相玻璃相比较的结果，见图4.28 所示。尽管没有极化敏感度，单晶 Cr-镁橄榄石的模拟低温光谱仍然具有尖锐的峰。母相玻璃低而宽的荧光持续时间与图 4.27 中所示的残留玻璃相短的持续时间类似。

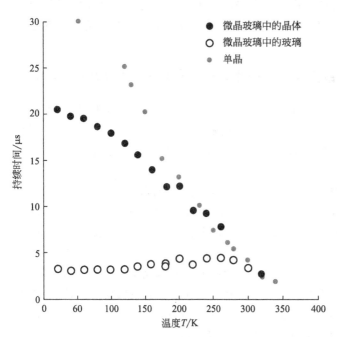

图 4.27 Cr 掺杂镁橄榄石微晶玻璃的持续时间与温度的关系（Downey 等，2001）
与单晶镁橄榄石的数据相比，呈双指数衰减

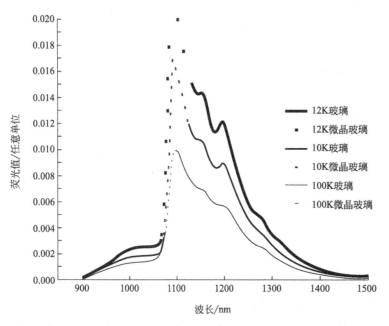

图 4.28 前驱体玻璃和 Cr 掺杂镁橄榄石微晶玻璃在低温下的荧光效应（Downey 等，2001）

对于激光器或者放大器应用，损耗是影响波导光纤的主要因素（Downey 等，2001）。特别是当晶体尺寸达到100nm、晶相和残留玻璃相之间的折射率差别明显时，微晶玻璃会有很高的散射损耗。然而，在这个系统中，损耗实际上随着纤维的晶化度而显著降低，如图4.29(a) 所示。这里对微晶玻璃和母相玻璃中晶核的吸收进行了比较。抵制热处理过程中

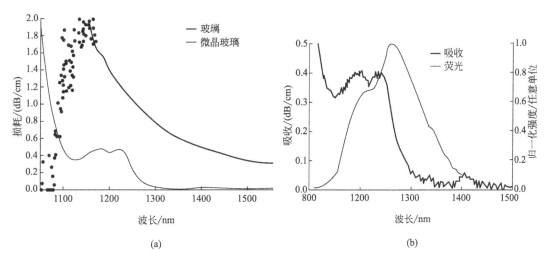

图 4.29 （a）未包裹 Cr-镁橄榄石纤维、微晶玻璃和前驱体玻璃中观察到的损耗；
（b）室温下，核/包裹纤维在 800nm 泵浦处的吸收和荧光光谱（Downey 等，2001）

晶核晶化的脱玻化方法有镀层或者对玻璃进行表面设计，它们的折射率都比玻璃或者微晶玻璃晶核的小。

不管是晶化过程中的氧化（可能为 $2Cr^{3+} + Cr^{6+} \longrightarrow 3Cr^{4+}$）或者是 Cr^{3+} 在残留玻璃相中的损耗（因为 Cr^{3+} 进入镁橄榄石八面体位点中，有比玻璃更低的近红外吸收），玻璃晶化后透明度反而大幅增加。

可以用图 4.29(b) 中延伸的曲线来表示这种掺 Cr 镁橄榄石纤维的吸收，并与室温下 800nm 激发的标准荧光曲线进行比较。显然，吸收会严重影响短波部分的发射。

尽管现有的光纤是直径约 $50\mu m$ 的多模光纤，单模光纤维能用标准制备技术拉成。

Pinckney（2000）研究了 Cr^{4+} 掺杂 $SiO_2\text{-}Al_2O_3\text{-}ZnO\text{-}K_2O\text{-}Na_2O$ 系统中的透明 β-硅锌矿微晶玻璃。由于 β-硅锌矿（Zn_2SiO_4）结构中只有四面体位点，铬在这个结构中必须是四面体配位的，这样 Cr^{4+} 会优于 Cr^{3+}，因为后者更易形成八面体配位。Pinckney 和 Beall（2001）进一步描述了 Cr^{4+} 在其他透明正硅酸盐微晶玻璃 [包括含有 Li_2MgSiO_4（γ_{II} 多形体）、Li_2ZnSiO_4（γ_{II}）和 Li_2ZnSiO_4（β-型之一）这些晶相的微晶玻璃] 中荧光的变化。Li_2ZnSiO_4 微晶玻璃的最强荧光约在 1200nm 处，室温下荧光持续时间为 $100\mu s$。

图 4.30 展示了 Cr 掺杂镁橄榄石和 Cr 掺杂 β-硅锌矿微晶玻璃的荧光曲线。Cr 掺杂 α-硅锌矿没有晶化成透明微晶玻璃的数据，只有粉末试样得来的数据。这两种微晶玻璃结合起来，将覆盖很宽的从 950nm 到 1700nm 的红外光谱范围。

4.3.3.5　Ni^{2+} 掺杂镓酸盐尖晶石用于放大和宽波红外光源

透明尖晶石微晶玻璃在 2.2.7 中已经讲过了。这种尖晶石微晶玻璃，组成主要基于 Li(Ga，Al)$_5O_8$ 和 γ-(Ga，Al)$_2O_3$，用镍掺杂时，表现出了很宽的红外发光效果。从透明度和熔融形成不同形状如光纤等方面来看的话，最好的微晶玻璃来自组成为 $SiO_2\text{-}Ga_2O_3\text{-}Al_2O_3\text{-}K_2O\text{-}Na_2O\text{-}Li_2O$ 的系统（见 2.2.11）。

研究发现，在块体微晶玻璃中掺杂 0.05％（质量分数）的 NiO，可以得到最好的荧光

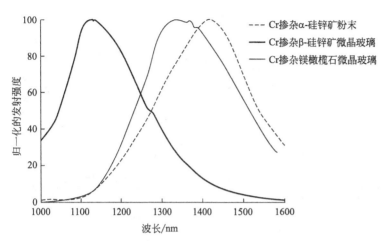

图 4.30 三种掺杂 Cr^{4+} 的镁橄榄石、α-硅锌矿和 β-硅锌矿透明微晶玻璃的
归一化发射光谱比较（Pinckney 和 Beall，2001）

效果。Ni^{2+} 在晶体中的浓度很高；NiO 含量可能接近 0.3%（质量分数），但这是因为微晶玻璃中晶体含量仅有 15%（质量分数）。

图 4.31 为 Ni 掺杂的块体前驱体玻璃，块体微晶玻璃和微晶玻璃纤维的红外吸收光谱。在 850℃ 热处理 2h 完成纤维的晶化。在玻璃包层中没有脱玻现象发生。微晶玻璃纤维损耗最低，而块体玻璃则损耗最高。晶化过程使整个吸收光谱移向短波处，使最低能量 $^3A_2 \rightarrow {}^3T_2$ 跃迁吸收峰从 1750nm 移至 1000nm。同时，用纤维微晶玻璃重做了一遍在块体试样中观察到的特征峰，发现 1000nm 的主吸收约对应 3.5dB/cm，此时的掺杂水平为 0.5%（质量分数）的 NiO。

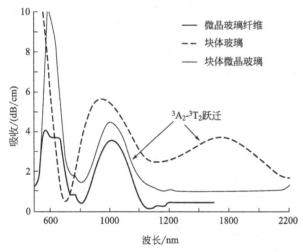

图 4.31 Ni 掺杂的块体前驱体玻璃、块体微晶玻璃和微晶玻璃纤维的吸收光谱
（基于 $Li(Ga，Al)_5O_8$ 尖晶石的微晶玻璃）

0.5%（质量分数）的 NiO 掺杂镓酸盐尖晶石微晶玻璃纤维经过上面讲到的两次晶化热处理之后的荧光光谱见图 4.32。从图中可看出，750℃ 下晶化 2h 后与 850℃ 晶化 2h 后，

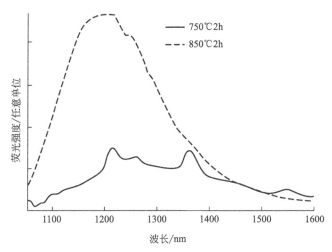

图 4.32　Ni 掺杂锂铝镓酸盐尖晶石微晶玻璃纤维经过不同热处理后的荧光光谱（Samson 等，2002）

荧光光谱由一系列单峰明显变为强得多的高斯形状的峰。约 1200nm 处的高强宽光谱峰有与 Cr 镁橄榄石微晶玻璃纤维类似的光谱，但是它延伸到了更长的波长。

跟微晶玻璃纤维相比，母相玻璃纤维无荧光，且其吸收光谱类似于块体形状的非晶态玻璃（见图 4.31）。

在最佳热处理条件时，活化 Ni^{2+} 的荧光效率和寿命戏剧性增加，如下所示：

热处理温度（保温 2h）/℃	单指数衰减荧光寿命	双指数衰减荧光寿命	峰波长/nm
700	210μs	400μs	1350
800	780μs	1.2ms	1250
850	1.1ms	1.3ms	1200

不同热处理温度下荧光的室温寿命和对应的荧光峰波长都列在上表中。与吸收光谱类似，随着晶化进行，荧光也向高能方向移动。Ni^{2+} 光谱的系统性改性是因为当 Ni^{2+} 离开它们的原始玻璃位置进入尖晶石晶体中时，伴随有 Ni^{2+} 的电子-光子耦合。

同样有趣的是，两种不同温度下泵浦功率对微晶玻璃纤维的荧光寿命也有影响。在 980nm 低泵浦功率，室温下测得的荧光寿命是 1.4ms，呈单指数衰减，而在 77K 时仅轻微增加到 1.9ms，表明这种纤维的这个跃迁有很高的辐射量子效应。另一方面，980nm 的泵浦功率对寿命小于 1ms 的荧光有很大的影响，在室温下高泵浦功率会让荧光变为明显的非指数衰减。这表明，甚至在低 NiO 浓度时，一些激发态镍离子之间发生了交叉弛豫。

0.05％NiO 掺杂微晶玻璃纤维中的 Ni^{2+} 在 1000nm 的荧光峰值吸收约为 0.35dB/cm，1310nm 处的背景损耗约为 0.15dB/cm。这些数据是令人鼓舞的，通过优化光纤质量和 Ni 离子光谱，数据还可以进一步提高。

Samson 等（2002）从短光纤中获得了近 100μW 的输出功率，这已可与单晶波导获得的功率相提并论。Ni 离子的辐射量子效率估计为 70％。遗憾的是，尽管可以优化纤维数值孔径，但这些纤维并没有制成单模光纤。

Samson 等（2002）同时还设想利用 Cr-镁橄榄石和 Ni-镓酸盐尖晶石透明微晶玻璃纤维固有的宽波荧光来生成宽波红外光源。Ni 掺杂镓酸盐尖晶石透明微晶玻璃纤维可以叠加到商业铒掺杂的玻璃纤维上来实现更宽的荧光范围，如图 4.33 所示。然而，因为 Ni 掺杂纤维的高数值孔径，在单模光纤下功率不能有效形成，输出功率峰小于 500nW 或 $-33dB/10nm$。光谱学和常规纤维参数的进一步优化将产生更高的输出功率。

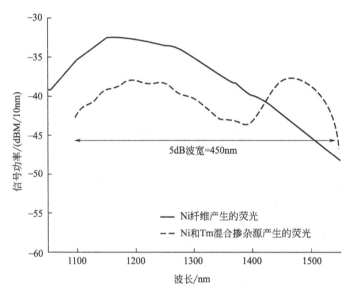

图 4.33　Ni 掺杂锂铝镓酸盐尖晶石微晶玻璃纤维和 Tm 掺杂玻璃在 1060nm 泵浦的组合发射信号（Samson 等，2002）

除了扩大荧光波宽，过渡金属掺杂纤维固有的宽吸收光谱（见图 4.29 和图 4.30）大大提高了泵浦波长的选择空间。图 4.33 中，从 Yb 激光泵浦到 Ni 和 Tm 混合掺杂的泵浦，输出波长延长至 1060nm。跟现有商业 Er 掺杂铝硅酸盐玻璃纤维仅约 100nm 的输出波长相比，这种可以延伸到约 450nm 的光谱输出（甚至可以达到一个极限为 5dB 的波宽）覆盖了目前所有纤维设备的输出。通过控制传递到每一个活性纤维泵浦功率比例，可获得最优化的输出光谱。

这些纤维基宽波源在纤维光学测试和测量设备、光学相干断层扫描、城域波分复用系统的光谱叠接光源等中有大量潜在应用。为了用于商业的光学相干域反射仪和光学相干断层扫描系统，大多数从 Ni 掺杂微晶玻璃纤维源的高斯输出光谱都会需要小光谱滤波器。

4.3.3.6　用于白色 LED 的 YAG 微晶玻璃磷光粉

Fujita 等（2008）在 Ce^{3+} 掺杂 SiO_2-Al_2O_3-Y_2O_3-Gd_2O_3 系统中得到了半透明的 YAG［钇-（钆）-铝酸盐石榴石］微晶玻璃。这种材料作为耐热磷光粉可用于白色 LED，它完全由无机材料组成，由于它出色的热学性能（低热胀系数、高使用温度等），期待它能用于高功率 LED 中。

尽管晶体含量低于 50%（体积分数），微晶玻璃中的 Ce^{3+} 还是很好地分散进入了

YAG 相，表现出与铈掺杂 YAG 单晶类似的荧光特性。残留玻璃相是富硅质的，包裹着尺寸约为 $40\mu m$ 的微晶。这种微晶玻璃复合材料有着商业铈掺杂 YAG 聚合复合材料无可比拟的热稳定性，使用温度可达 1200℃。

当用 465nm 蓝色 LED 激发时，YAG 晶体中的 Ce^{3+} 产生波峰在 550nm 处的宽波发射，覆盖范围为 420～700nm，类似于现有的商业白光 LED。而且，当 Gd_2O_3 部分取代镓酸盐结构中的 Y_2O_3［约 40%（摩尔分数）］时，这种移动约 20nm 到更长波长处的发射，生成一种温暖白光。晶化温度从 1380℃ 增加到 1500℃ 时，0.6mm 晶片的荧光量子效率从 30% 增加到 40%。Fujita 和 Tanabe（2010）用 Er^{3+} 掺杂更小晶粒尺寸（约 $5\mu m$）的半透明微晶玻璃。在 970nm 激发时获得了 1450～1670nm 范围内的宽波荧光。

4.3.4 光学元件

4.3.4.1 用于光纤布拉格光栅无热化微晶玻璃

Hummel（1951）在 SiO_2-Al_2O_3-Li_2O 系统中研究出一种很大负热胀系数的陶瓷材料。这种材料基于 Winkler（1948）最早开始研究的矿物相 β-锂霞石。β-锂霞石由 1∶1∶2 的 Li_2O-Al_2O_3-SiO_2 组成简单化学式 $LiAlSiO_4$。这种相具有跟 β-石英相关的六方结构，有着非常大的各向异相热胀特性。Gillery 和 Bush（1959）最初用 X 射线衍射测量了晶体的热膨胀特性，发现平行于 c 轴方向的热胀系数为 $-17.6\times10^{-6}/K$，垂直于 c 轴方向的为 $+8.21\times10^{-6}/K$。Murthy（1962）和 Petzoldt（1967）用烧结锂霞石组成的粉末玻璃来获得块体，测得其热胀系数接近 $-9.0\times10^{-6}/K$。用成核剂（例如氧化钛）内部成核的 β-锂霞石微晶玻璃不能制成块体，是因为这些玻璃在冷却过程中具有很强的、不可控制的结晶倾向。事实上，一般来说负热胀系数的微晶玻璃不会有人研究，因为没有明显的应用性。

Beall 和 Weidman（2007）发现了一种负膨胀 β-锂霞石基体独特的应用，即在光学纤维反射光栅设备中应用该材料并使之绝热。紫外线可导致折射率改变这一现象在制造复杂窄波光学元件（例如滤波器和频道加/降设备）时非常有用。这些设备能成为多波长无线通信系统的重要部件。典型的光敏设备是一个发射光栅（或者布拉格光栅），能通过一个非常窄的波段反射光。而且，测试发现这些设备具有纳米尺度的频道空间。但这些光栅实际使用时有困难，它们会随着温度发生变化。因为通过光栅反射的光的频率随着光栅区域的温度变化而变化，这种滤波器不能应用在频率不随温度变化的反射光领域。使之绝热的一个方法就是为光栅创造一个负的热膨胀基质，以补偿 dn/dT。通常，布拉格光纤（例如，氧化锗氧化硅光纤）就是沿着纤维长度方向以两点附着在负热膨胀的基质上。温度漂移会导致光纤折射率变大，然后通过负膨胀机理来补偿。

首次对基于氧化硅和 $AlPO_4$ 固溶体的 β-锂霞石及相关微晶玻璃块体研究，是由康宁玻璃制品公司和 Murthy 安大略研究基金会于 1962 年进行的。在锂霞石-氧化硅-磷铝矿（$LiAlSiO_4$-SiO_2-$AlPO_4$）系统中，没有成核剂的玻璃可以在一个很宽的组成范围内铸造成型。从锂霞石到二元锂霞石-氧化硅中 SiO_2 高达 58.1%（质量分数）的组成范围内都能晶化。研究发现，磷酸铝的添加非常有助于提高玻璃的稳定性，但是降低了玻璃受压、烧结和晶化时的热胀系数。

Petzoldt (1967) 成功地对 $LiAlSiO_4$-SiO_2 玻璃进行淬火，使得其负热胀系数更高，其值低于 -5.0×10^{-6}/K 且其中氧化硅含量低于 48% （质量分数）。在这些实例中，由于缺少成核剂，这些材料中会出现相对粗糙的晶粒和凹点、空洞以及微裂纹。

随后，Rittler (1980) 描述了一种增强光学纤维的方法，即让它们穿过一个熔融的玻璃，该玻璃的组成为化学计量比 1∶1∶2 的 β-锂霞石，外加足够的氧化钛促进内部成核。由于是在纤维基体上包裹一层很薄的这种玻璃，快速淬火能再次结晶成为微晶玻璃。他测得这种微晶玻璃的负热胀系数为 -1.0×10^{-6}/K。但是，他并没有把这些材料加热到很高的（例如 1300℃）温度，而是比 β-锂霞石熔点低 100℃ 或 150℃。

① β-锂霞石的结构和相关的固溶体　很久就知道，β-锂霞石是一种填充的 β-石英衍生物 (Winkler, 1948；Roy 和 Osborn, 1949 和 Buerger, 1954)。这意味着，为了从 β-石英衍生到 β-锂霞石，石英中一半的 Si^{4+} 必须被 Al^{3+} 取代，内部空位由 Li^+ 填充（见附录图 A5）。晶胞单元沿着 c 轴双重发展，成为对映异构体，空间群为 $P6_222$ 或者 $P6_422$。在真实的 β-锂霞石中，铝四面体跟硅氧四面体的角相连，由此来满足 Lowenstein 规则，即四面体不能通过一个单氧和另一个四面体相连。根据 Roy 和 Osborn 的相平衡数据，β-锂霞石有一个稳定的组成范围，即把硅从 1∶1∶2 化学计量比升至 1∶1∶3，或大约为 58%（质量分数）。同样的相图给出的大致热稳定范围为 900~1400℃。

α-锂霞石的结构与硅铍石或者氮化硅的结构相似，且能在 900℃ 下保持稳定。然而，这种相并没有在玻璃加热到 900℃ 以下或者其他温度下的陶瓷材料中出现。显然，β-锂霞石在从 900℃ 到室温的温度范围内一直处于亚稳态。其他的固溶体成分可能在 β-锂霞石中非常丰富。这些成分包括 $AlPO_4$ 取代 $2SiO_2$，Mg^{2+} 取代 $2Li^+$ 及最高 40% 的 B^{3+} 取代 Al^{3+} (Mazza 和 Lucca-Borlero, 1994)，而且可能出现过量的铝。在前两个例子中，沿着 c 轴方向很大的负热胀系数受到了相反的影响。Palmer (1994) 解释，随着温度的增加，β-锂霞石在 (001) 面上膨胀，相对地沿着 c 轴收缩，以致总的晶胞体积减小。这种异常可以用含有 Li-(Al、Si) 四面体的共边来解释。常温条件下，Li-(Al、Si) 距离非常小（0.263~0.265nm）。共边的四个原子（例如，Li、Al/Si 和两个氧原子）都是共面的。由于 xy 平面的热膨胀，阳离子 Li 和 Al/Si 之间的排斥力减小，为了保持 Li—O 和 (Al、Si) 之间的连接间距，就必须减小共有的四面体边长 (O—O)。这也证明 Al/Si-四面体的双螺旋扭转压缩平行于 c 轴进行。这就导致了如 1.3.1 中所介绍的晶胞 c 边长度缩短。

Pillars 和 Peacor (1973) 关于 β-锂霞石结构的研究表明，铝四面体和硅氧四面体根据 Lowenstein 规则排序。然而，并不确定的是，从锂霞石组成的玻璃中晶化得到的首个 β-石英结构是否会变得如此有序。必须考虑产生一些无序的铝和硅氧四面体的可能性。实际上，Xu 等 (1999) 进行了 β-锂霞石的结构研究，他们对在 1300℃ 下长时间烧结过程生成的有序 β-锂霞石和对退火玻璃再次进行 800℃ 下保温 1h 热处理生成高度无序的 β-锂霞石的结构和热膨胀行为进行了比较。结果发现，有序形态下的各向异性热膨胀（25~600℃ 的热胀系数：沿着 a 轴为 $+7.26 \times 10^{-6}$/K，而沿着 c 轴则为 -16.35×10^{-6}/K）比无序的（25~600℃ 的热胀系数：沿着 a 轴为 $+5.98 \times 10^{-6}$/K，而沿着 c 轴则为 -3.82×10^{-6}/K）更加明显。他们把 β-锂霞石的这种反常热膨胀行为归因于几种相互关联的过程，如四面体倾斜和压扁、Si(Al)—O 键缩短。无序和有序形态之间热胀系数 (CTE) 的差别归因于只有有序形态的四面体框架会发生刚性旋转倾斜。

锂离子在 β-锂霞石中的位置已经研究了很多年。Pillars 和 Peacor 发现，在晶胞单元中有四种六角通道，每一个都含有 Li$^+$。仅有一个通道的 Li 保留在 Al 原子层中，称为 Li (1) 点。剩下的三个通道对称等价，含有 Li (2) 和 Li (3) 点，Li (2) 和 Li (3) 保留在 SiO$_4$ 四面体层（见 1.3.1）。低温时，可以观察到 Li 离子位于这三个特定的点；当温度高于 482℃时，锂离子在 Li (1) 和 Li (2) 点处变得无序，但并没有观察到这种有序-无序转变对热膨胀行为的影响。

Xu 等（1999）也发现当冷却到室温以下时，β-锂霞石晶体在 c 轴方向的热收缩行为受到抑制且 c 持续增加直到在 20℃时达到饱和。此时，生成的有序晶体在 20～298K 之间的平均热胀系数沿着 a 轴方向为 +1.81×10^{-6}/K，而沿着 c 轴方向则为 +10.95×10^{-6}/K。令人奇怪的是，在同样的温度范围内，无序晶体在 a、c 两轴上的热胀系数都是负值，其沿着 a 轴方向为 −1.04×10^{-6}/K，而沿着 c 轴方向则为 −8.53×10^{-6}/K。Xu 等（1999）把这种冷却到室温下时 a 轴的收缩受到抑制归因于锂离子的原位强化作用。

② β-锂霞石微晶玻璃　为了使微晶玻璃获得稳定的性能，必须要从研究玻璃组成开始，因为该组成至少要能合理抵制玻璃的失透作用。这在很多系统中都不是问题，但是当玻璃组成接近锂霞石（LiAlSiO$_4$）（Li$_2$O∶Al$_2$O$_3$∶SiO$_2$＝1∶1∶2）化学计量组成时，这就成了一个主要的问题。因为这个原因，选择了含有过量 SiO$_2$ 的固溶体组成，即 Li$_2$O∶Al$_2$O$_3$∶SiO$_2$＝1∶1∶2.5。这种组成有足够的各向异性热胀系数，通过控制微裂纹（见下面，③微裂纹和它对热胀系数的偏差影响）来实现总的热胀系数为负值。而且它能形成稳定的玻璃，控制外加的 TiO$_2$ 和过量 Al$_2$O$_3$ 几乎等摩尔比，可在玻璃内部获得适当的成核。一个典型的例子，当 TiO$_2$ 的质量分数为 4％时，足以导致内部成核，次生相钛酸铝（Al$_2$TiO$_5$）在晶化过程中随着主晶相 β-锂霞石一起生长。

为了确保生成足够大的晶体来获得较大的负热胀数值，典型的晶化周期为：在 720～770℃之间控制成核，随后在 1300℃或更高温度下晶体长大。图 4.34 说明了 1300℃下保温 0.5h 和保温 4h 的巨大差别，热膨胀系数从接近于 0 到 −5.0×10^{-6}/K，形成显明的对比。显然，近零热膨胀更接近 X 射线衍射计算出来的 β-锂霞石（六角形）平均热膨胀值 (2a＋c)/3 或者 −0.4×10^{-6}/K。而且，这两个样品的测试表明，加热保温 4h 的试样颗粒粗大，有大量的微裂纹。而保温 0.5h 的试样颗粒细小，少有微裂纹。这种微晶玻璃在较低温度（800～1200℃）下保温 24h 晶化也能得到近零的热胀系数。

③ 微裂纹和它对热胀系数的偏差影响　Buessm 等（1952）首次从 Al$_2$TiO$_5$ 陶瓷中发现，微裂纹会导致陶瓷材料热胀系数的偏差，后来 Gillery 和 Bush（1959）在 β-锂霞石陶瓷中也发现了这个问题。在高温（如 1300℃）但低于其开始熔融温度 100℃时，β-锂霞石微观晶体会发生二次晶粒生长，使得晶体尺寸增加，达到临界尺寸。通过下面的逻辑分析，发现这种增加的负膨胀偏差沿着晶体的 c 轴，即位于它们热膨胀测量的方向。而 a 轴和 c 轴临近的晶粒是近乎平行的，如果晶体尺寸足够大（如 5～10μm，尤其是大于 10μm）的话，沿着晶界会产生很强的应力，导致应变产生。当足够大的晶粒随机分布时，各向异性应变失配 $(\alpha_a - \alpha_b)Td$（其中 α 是热胀系数，d 是晶体尺寸），生成弹性应变能耗散，导致裂纹在沿着界面的方向开始扩展。通常，正热胀系数导致冷却过程中 a 轴收缩，这跟裂纹开口方向相适应。而换句话说，这种 c 轴方向的膨胀不能调节，由此成为影响体积热胀系数的主导因素，允许其沿着 c 轴方向的负热胀系数有很大的偏差。这一现象可以用图 4.35 中简单的二维图说明，冷却周期中两个独立 a 轴的热胀产生微裂纹，立方晶体被微裂纹分开。

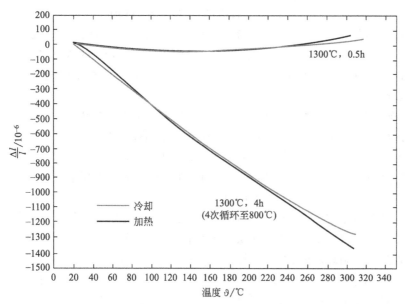

图 4.34 β-锂霞石固溶体微晶玻璃加热到 1300℃后保温不同时间得到的不同晶粒尺寸（冷却 4h 后观察微裂纹）下的热膨胀/收缩行为

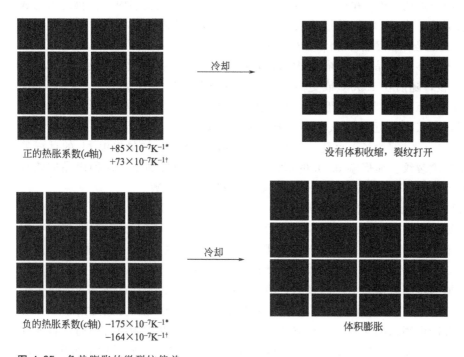

图 4.35 负热膨胀的微裂纹偏差

* Gillery 和 Bush（1959）；†Xu 等人（1999）

在这种微裂纹材料的热处理周期中，经常可以看到热胀系数滞后的现象（Gillery 和 Bush，1959），在 β-锂霞石微晶玻璃中也有同样现象。开始冷却时，形成随机的微裂纹网络，这些近乎垂直于相邻晶粒的 a 轴方向的裂纹明显张开，以适应压缩，而那些垂直于相

邻晶粒的 c 轴方向的裂纹则保持闭合，造成膨胀。有各种微裂纹，一些不同程度地开口，一些则闭合，图 4.36 为典型的、有 -7.0×10^{-6}/K 负热胀系数的 β-锂霞石微晶玻璃的 SEM 照片。微晶玻璃再次热处理，材料随着 c 轴方向收缩而压缩，裂纹闭合甚至愈合。在 0～800℃ 的高温周期下，因为裂纹在不同温度下发生扩展和愈合，导致不同的热膨胀滞后（Gillery 和 Bush，1959）。实际上，通过对材料进行三次或更多次的高温循环，几乎能消除掉材料热膨胀的低温滞后（$-50～+150$℃）。

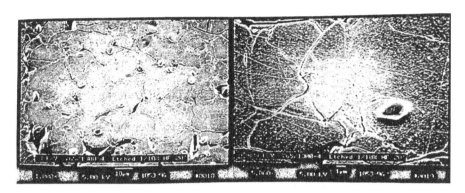

图 4.36　β-锂霞石固溶体微晶玻璃中的微裂纹

微裂纹网络能用声速模数测量进行研究（Beall 等，1998）。微裂纹降低了杨氏模量，能观察到热循环导致的滞后效应。图 4.37 为一种典型组成在低温下弹性模量的改变及最后的稳定。这种室温下的微裂纹微晶玻璃的弯曲强度和杨氏模量分别为 40MPa 和 50GPa（7.98Mpsi），可满足某些实际应用。

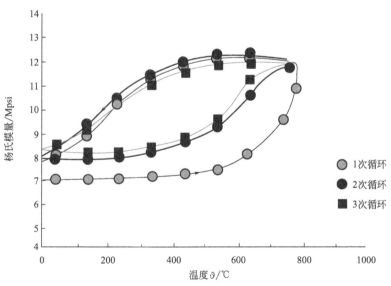

图 4.37　β-锂霞石微晶玻璃（1:1:2.5）经第一次三循环到 800℃ 时的声速模数磁滞回线（7.98Mpsi=55GPa）

④ 光纤布拉格光栅放大　光纤布拉格光栅是一种能反射特定的窄带波长而其他波长不被干扰可顺利透过的光学设备。实际上，在这种方式下，紫外线通过波导纤维时，可得

到一种有规则间隔的正弦干涉图案。光起着改变纤芯（GeO_2 掺杂 SiO_2）折射率产生持久光栅的作用。锗掺杂二氧化硅对这种光折射效应特别敏感，折射率可被改变 1×10^{-4} 量级。布拉格波长 λ 与光栅间距的关系如下：

$$\lambda = 2N_{eff}\Lambda \tag{4.3}$$

式中，N_{eff} 是纤芯的有效折射率；Λ 是光栅间距。布拉格波长主要受温度影响。随着温度增加，玻璃纤维的折射率显著增加。因此，虽然有点消极，也必须要引入无热化技术。布拉格波长与温度的关系如下：

$$d\lambda_B/dT = 2\Lambda[dn/dT + n\alpha] \tag{4.4}$$

式中，n 是纤芯的平均折射率，对于 $Ge:SiO_2$ 而言，约为 1.461；λ_B 是布拉格波长；α 是平均热胀系数，约为 $5.2 \times 10^{-7}/K$；dn/dT 是折射率随温度的变化，约为 1.1×10^{-5}。为使设备完全无热化，从式(4.4)中可以看到，热胀系数必须等于 dn/ndT，或约为 $-75 \times 10^{-7}/K$。这与图 4.36 中 β-锂霞石微晶玻璃非常相似。

实践中，为了实现这种无热化，光纤布拉格光栅必须牢牢附着在 β-锂霞石基体上。可用无机玻璃熔块，如锡-锌焦磷酸盐作粘接剂（Morena 和 Francis，1998）。将熔块用合适的低温相变矿物例如 Co-Mg 焦磷酸盐填充，在临界温度范围内获得合适的热膨胀行为。封装技术说明见图 4.38。由此生成的无热化光栅性能见图 4.39。

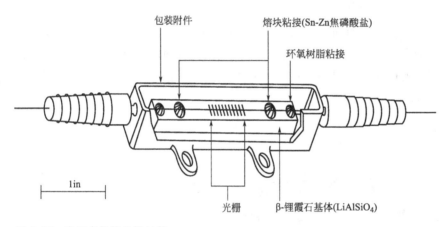

图 4.38　光纤布拉格光栅封装

微晶玻璃无热化光纤布拉格光栅的应用有波长频道降波滤波器（1550nm 处 0.4nm 的波宽已经实现）、激光稳定器、接收滤波器、光学放大器的增益整流滤波器、离散补偿、多路技术或者多路分用元件等。

4.3.4.2　光学光栅和波导的激光诱导晶化

Komatsu 等（2007）通过对稀土元素（Sm^{3+} 和 Dy^{3+}）和过渡金属元素（Ni^{2+}、Fe^{2+} 和 V^{4+}）掺杂的玻璃进行局部加热，用 Nd:YAG 激光器（$\lambda = 1064nm$）来刻出晶体线。激光速度为 4～10$\mu m/s$，功率为 0.6～0.9W。选择了能生成像 β-$BaBO_3$、$Sm_xBi_{1-x}BO_3$ 和 $Ba_2TiGe_2O_8$ 等晶体的玻璃组成，因为这些晶体可进行二次谐波（SHG）。在光学设备微制造领域中，在玻璃设计中选择空间非线性光学晶体/铁电晶体非常重要。光栅、波导、电光开关和波长转换都是潜在的应用。

能生成理想晶体的玻璃组成（摩尔分数%）分别为：对 β-$BaBO_3$，为 $10Sm_2O_3$-

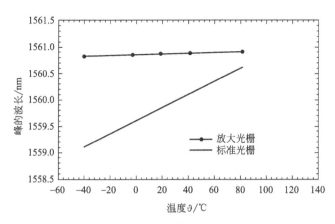

图 4.39 无热化布拉格光栅的性能

40BaO-50B$_2$O$_3$；对 Sm$_x$Bi$_{1-x}$BO$_3$，为 10Sm$_2$O$_3$-35Bi$_2$O$_3$-55B$_2$O$_3$；对 Ba$_2$TiGe$_2$O$_8$，为 33.3BaO-16.7TiO$_2$-50GeO$_2$。跟在常用电炉加热结果不同的是，在激光晶体中观察到两种特别典型的特征：①激光照射区域体积膨胀；②沿着激光扫描方向高度定向生长。这些现象可以用快速加热导致激光照射区域的玻璃在低温区熔融引起体积膨胀来解释。因此，过冷或者超冷状态下，临界晶体形成，由于缺少均匀成核，其他晶核一个接一个地在热梯度层内沿着定向线生长。

观察到 850μm 长、5μm 宽、两个弯折角为 30°的 Sm$_x$Bi$_{1-x}$BO$_3$ 晶体的定向线上有有效的光（λ=632.8nm）透光。在折点上没有观察到明显的光散射损耗。直线、弯折线和卷曲线都有出现。在 BaBO$_3$ 的晶体线上，有一个 15 条晶体线的平行阵列，其中每条晶体线长 10mm，线间距为 50μm。

Honma 等（1998）同样得到了激光诱导定向三方晶系和光学活化相 LiNbO$_3$ 的晶体线。他们用的是 Cu^{2+} 掺杂 Li$_2$O-Nb$_2$O$_5$-SiO$_2$ 三元系统玻璃和波长为 1080nm 连续激光器。

4.3.4.3 光学连接器的微晶玻璃套圈

光学连接器对于光纤把数据分传到各处来说是非常必要的。用于制造这种连接器的材料必须符合几个重要的要求。它们必须在微米尺度内具有很高的精密度；光学损耗必须保持在最小值。而且，连接器要表现出极好的防划能力。这些要求通常能用 ZrO$_2$ 陶瓷来满足。不过，Sakamoto 和 Wada（1998）研究的 β-锂辉石微晶玻璃，具有该应用最理想的性能。而且，这种材料的制备技术比 ZrO$_2$ 陶瓷更方便。

为了研发这种材料，Sakamoto 和 Wada（1998）拉制了一个 β-锂辉石微晶玻璃空圆柱体，在 1150℃晶化，从中间钻了一个孔，形成薄的微细管。这个微细管的尺寸为 2.5mm 或 1.25mm（外径）和 0.125mm（内径）。

这种方法避免了在微细管表面或者在拉制工序中不希望发生的晶化过程。当微晶玻璃含有 50％的晶相时，它表现出的性能为 80GPa 的杨氏模量和 3.0×10^{-6}/K 的热胀系数。特别值得一提的是其突出的抗划痕能力和弯曲强度（Nagase 等，1997；Takeuchi 等，1997）。

4.3.4.4　可控红外线吸收和微波敏感性透明 ZnO 微晶玻璃的应用

Pinckney（2006）制得了一系列以六方氧化锌作为单一晶相的非常透明的微晶玻璃。根据热处理工序的不同，这些纳米晶体的直径在 5～20nm 之间。它们分散在碱金属铝硅酸盐玻璃中（见 2.2.7.1），晶化度估计为 15%。

氧化锌薄膜掺杂铝（Al^{3+}-N 型）可作为半导体应用；掺杂锡或者锑时可以用作高导电性的透明薄膜。块体 ZnO 掺杂 Sb^{3+} 时可以生成压敏电阻，其特点是电阻随着电流增大降低。

当掺杂 Sb^{3+} 时，这些透明 ZnO 微晶玻璃具有罕见的、有用的光学和介电性能。图 4.40 比较了掺杂 Sb_2O_3 0～5%（质量分数）的微晶玻璃的吸收曲线。Sb：ZnO 微晶玻璃的颜色从很浅的橄榄绿色变化到深橄榄绿色。同时，对掺杂的母相玻璃也进行了比较。掺杂微晶玻璃在红外线附近表现出非常高的吸收特性，而其前驱体玻璃则表现为很低的吸收特性。甚至 ZnO 微晶玻璃的红外吸收也比掺杂玻璃的红外吸收高。吸收曲线可以通过调节材料中掺杂物的含量来调节。这种特性使得这种微晶玻璃能用激光进行红外透过而进行选择性晶化，生产可能有用的设备，如光栅。

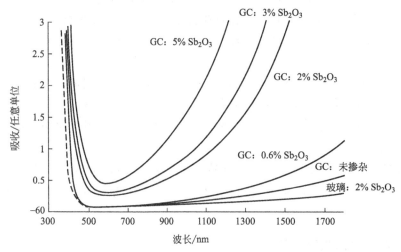

图 4.40　掺杂 0～5%（质量分数）Sb_2O_3 的 ZnO 微晶玻璃的吸收曲线
作为比较，图中含有未掺杂的前驱体玻璃，所有的试样厚度为 2mm

高微波敏感性是这些微晶玻璃的另一个特性。测量 2.45GHz 下未掺杂和掺杂 Sb 的微晶玻璃的损耗因子，结果表明，Sb：ZnO 有着非常高的能量吸收，其损耗因子超过 6%。介电性能测试结果也表明，ZnO 纳米晶体在温度低至 200℃时为导电体。

4.4　医用和牙科用微晶玻璃

在医用生物相容性和生物活性微晶玻璃的发展中，必须要提到两种不同类型的材料，它们的不同在于其应用环境和特性方面：植入材料（医学假肢）和牙科修复材料（假牙）。为了清晰地表明两者的区别，本节对这两种不同材料系统进行比较。第一种材料用于制造假牙或者替代人类骨骼植入。这类产品主要用于人类医学的矫形术，如头颈部外科手术。植牙和牙根填充也属于这一类，因为它们植入了人体中。然而，更大的第二类是牙科修复用生物材料。这些材料不能植入体内（如人的下巴）。而且，它们还可用于修复自然牙齿。这些材料用于生产例如牙齿嵌体、牙冠、固定桥和瓷贴面。

这两种不同类型的微晶玻璃材料（医用和牙科修复用）的要求是完全不相同同。植入材料要求生物相容性，在大多数情况下还要有生物活性。生物活性微晶玻璃能形成一个活性的羟基磷灰石碳酸盐层，可连接骨骼和其他软组织。根据微晶玻璃材料应用领域的不同，可能要受力或不受力，可能需要满足某些特殊要求如弯曲强度、韧性和杨氏模量等。而某些光学性能，例如半透性和颜色，在这类生物材料的研究中则显得不那么重要。

考虑到微晶玻璃作为牙科修复用的条件各不相同，这些材料必须同时满足生物材料使用的要求，例如在口腔环境里的生物相容性。然而，牙科修复材料的表面不需要有生物活性。更重要的是，这种微晶玻璃的表面性能，如颜色深浅、半透性、韧性和耐磨损等，都必须与自然牙齿相当。由于在新的微晶玻璃中不许有空洞产生，牙科修复材料甚至有比自然牙齿更高的化学稳定性要求。

这些材料科学需求形成了微晶玻璃作为牙科修复材料的基础。另一个重要的方面，根据以病人为本的原则，生物材料使用时必须满足相应的技术标准。高精度的匹配、有效制造工序和高质量的结果都是需要确保的。因此，需要用不同的技术得到这些生物材料，如烧结、模具成型或者用 CAD/CAM 技术加工等。另一个重要的里程碑是微晶玻璃和氧化物陶瓷的特殊融合技术（Höland 等，2011）。

这些不同的要求促使人们使用了不同的化学系统，生成具有不同主晶相的微晶玻璃材料（见 1.3、2.1.1、2.2.10、2.3.1、2.4 和 2.6.6），因此获得了不同的性能。

4.4.1 医用微晶玻璃

已经用于人类医学植入的生物活性微晶玻璃有：CERABONE® （磷灰石-钙硅石微晶玻璃）、CERAVITAL® （磷灰石衍生微晶玻璃）和 BIOVERIT® I （云母-磷灰石微晶玻璃）。

生物活性玻璃，例如 BIOGLASS®，以中耳设备的形式用于头部和咽喉外科手术，植入眼眶底。在口腔科，以骨内脊维持设备（ERMI）和注入颗粒的形式使用（Wilson 等，1993）。在 2009 年，BIOGLASS® 的研发 40 周年时，卖出了第一百万个移植骨（Nova-Bone）和第一百万管含有 BIOGLASS® 的牙膏（Hench 等，2010）。另一种研发品是钇铝硅酸盐型的微晶玻璃，它能摧毁人体的肿瘤细胞（Hench 等，2010）。

Steinborn 等报道了另一种含有磷灰石的微晶玻璃（例如 IImaplant® 和 Ap40）。基于这些基础研究，Kasuga 和 Nogami（2004）成功研制出了生物活性二磷酸钙微晶玻璃，其植入人体 20 天后发现有类骨磷灰石形成。

4.4.1.1 CERABONE®

CERABONE® 是临床医学骨替代中应用最广和最成功的生物活性微晶玻璃。日本电子玻璃公司已经生产了磷灰石-钙硅石（A-W）微晶玻璃，商标为 CERABONE® A-W。它被 Lederle（日本）公司归类为生物材料。

这种微晶玻璃表现出特别高的生物活性。它和活体骨之间没有连接组织，直接发生反应生成骨骼，这在 2.4.2 中已经作过介绍。在这部分，Ca^{2+} 的释放和微晶玻璃表面 $\equiv$Si—OH 官能团的反应特别重要。体液提供了磷酸盐成分，允许磷灰石以固态反应的形式在植入体表面形成。Kokubo（1993）表明，植入体能非常迅速形成磷灰石薄层。因此，$6\mu m$ 厚的磷灰石薄层可能在 24h 内形成。而且，许多临床试验都观察到微晶玻璃和人骨之间的共生。例如，Yamamuro（1993）已经把微晶玻璃用于脊柱修复、髂骨修复、骨缺陷填充等矫形术。

微晶玻璃由于具有生物活性和特殊力学性能，例如抗压强度和断裂韧性（见表 4.13），为其成功用于人造脊椎提供了方便（见图 4.41）。CERABONE[®] A-W 宣传册（1992）上有使用这种材料的成功的实例。用一种 CERABONE[®] A-W 微晶玻璃植入体取代一位 57 岁患者断裂的 2 节腰椎椎骨。植入体用 Kaneda 设备植入。术后 3 年和 6 年的 X 射线检查表明，植入体没有移动，新形成的骨结构非常完美。这种类型的磷灰石-钙硅石微晶玻璃于 1991～2000 年间生产，已经成功应用在超过 60000 名患者身上（Kokubo，2009）。

表 4.13　医用微晶玻璃的性能

性能	CERABONE[®] A-W	BIOVERIT[®] I	BIOVERIT[®] II
力学性能			
密度/(g/cm³)	3.07	2.8	2.5
弯曲强度/MPa	215	140～180	90～140
抗压强度/MPa	1080	500	450
杨氏模量/GPa	118	70～88	70
维氏硬度/MPa	680(HV)	5000(HV10)	8000(HV10)
断裂韧性/MPa·m^{0.5}	2.0	1.2～2.1	1.2～1.8
慢速裂纹增长(n)	33		
粗糙度(抛光后)/μm			0.1
热学性能			
热胀系数(20～400℃)/(×10⁻⁶/K)		8～10	7.5～12
化学性能			
水解等级（DIN 12111）		2～3	1～2

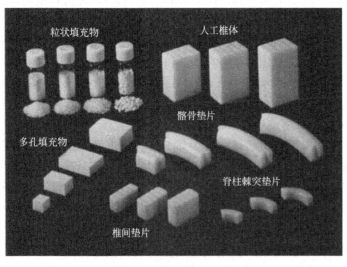

图 4.41　CERABONE[®] A-W 的人工椎体、骨垫片和填充物

4.4.1.2　CERAVITAL®

无数磷灰石型微晶玻璃的体外和体内研究（见 2.4.3）已经证实了这些材料具有生物相容性和生物活性。用扫描电镜和透射电镜可对微晶玻璃表面不同的反应活性进行组织学评估。Gross 等（1993）已经报道了很多重要的结论。在他们的出版物中，他们报道通过特殊表面处理可促进表面活性，并给出了辉光放电的例子。

在人类医学研究中，已经证实 CERAVITAL® 微晶玻璃特别适合于中耳设备（Reck，1984）。因为这类植入体质量非常轻，而且材料的力学性能也合适。

4.4.1.3　BIOVERIT®

德国 Vitron 特种材料公司已经生产出诸如云母-磷灰石和云母微晶玻璃的生物材料并以商标名 BIOVERIT® I 和 BIOVERIT® II 进入市场销售。BIOVERIT® I 和 BIOVERIT® II 是可加工微晶玻璃。换句话说，它们都是生物材料，而且能用常规金属工具和设备进行加工。它们在外科手术中也能容易加工成需要的部件，例如 BIOVERIT® II 中耳植入体（Beleites 等，1988）。生物材料的可加工性取决于微晶玻璃中云母晶体的含量及其形态结构，例如，云母含量高的微晶玻璃表现出非常好的可加工性能。因此，BIOVERIT® II 的可加工性比 BIOVERIT® I 的好。BIOVERIT® I 和 BIOVERIT® II 的主要性能如表 4.13 所示。

BIOVERIT® I 的体外试验结果解释了这种生物材料的反应行为。手术后一年，骨头（荷兰猪的胫骨）和微晶玻璃之间的反应界面小于 $15\mu m$ 并表现出非常好的共生现象。而且，光学显微镜研究（组织学）和骨连接计算结果表明 BIOVERIT® I 微晶玻璃与刚玉的生物活性行为相当。因为选择的植入模式相同，便于这些 BIOVERIT® I 与骨连接的结果能直接与刚玉进行比较。植入骨边界处的剪切强度通过测量拔出 BIOVERIT® I 植入体所需要的机械力来测定。微晶玻璃植入体的剪切强度约为 2.3MPa，与烧结刚玉植入体相比，是其平均值的八倍（Höland 和 Vogel，1993）。

BIOVERIT® II 是一种生物相容性微晶玻璃，其生物活性比 BIOVERIT® I 低。动物实验已经证明这种生物相容性植入体上覆盖有上皮组织，植入体成为身体的一部分就会发生共生现象，且共生时并没有导致任何不利的反应。

BIOVERIT® I 和 BIOVERIT® II 成功的测试结果允许这类微晶玻璃作为人类医学中的骨取代生物材料使用。在外科矫形术中，特别是在不同类型的垫片（Schubert 等，1988）和头颈部手术中，尤其是中耳植入中（见图 4.42）（Beleites 和 Rechenbach，

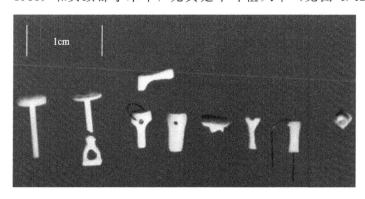

图 4.42　BIOVERIT® II 的中耳植入体

1992），已经成功植入 850 多个（截至 1992 年）。除了这些应用之外，还测试了这种材料作为牙根替代物的应用（Pinkert，1990）。

4.4.2　牙科修复用微晶玻璃

用于牙科修复的微晶玻璃生物材料必须能满足人类牙齿的所有功能。而且，这些修复材料的一些性能甚至要超过那些天然的牙齿。牙科修复材料用于制造嵌体、高嵌体、全牙冠、部分牙冠、牙桥和瓷贴面。它们同样适合生成修复材料，用于死髓牙的牙齿植入和核桩重建。这种生物材料的示例见图 4.43。这些生物材料在修复咀嚼功能和人类牙齿外观上有着非常重要的作用，让人们可以毫无压力地再次微笑。

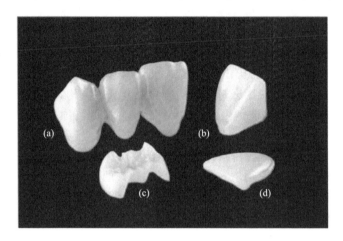

图 4.43　非金属微晶玻璃牙科修复材料

（a）IPS　e. max®型牙桥（两种类型的微晶玻璃：二硅酸锂和氟磷灰石）和 IPS Empress®型白榴石微晶玻璃；（b）牙冠；（c）嵌体；（d）瓷贴面（Ivoclar Vivadent 公司产品）

用生物材料修复牙齿时不需要满足所有生物活性功能，但是，它们必须具有的性能为：

①　在口腔中有非常好的化学稳定性；

②　非常好的力学性能；

③　光学特性跟天然牙齿非常接近。

针对牙科材料，已经建立特殊的标准（ISO 6872），它们必须满足或甚至超过上述性能。例如，生物材料的化学稳定性要比天然牙齿的更好，以防止龋齿的发生。在牙科材料中，需要考虑到力学性能、抗弯强度、断裂韧性（K_{IC} 值）等，这些都是特别重要的。牙桥实际上并不是人类口腔中的结构。但是，在替代脱落了的牙齿时它们提供了一个有效的解决方法。因为它们特殊的作用，牙桥必须使用生物材料，甚至比对单个牙齿镶嵌或加牙冠时用到的材料的要求还高。至于光学性能，这些材料必须具有与天然牙齿相同的半透性（光线部分穿透，介于透明和不透明之间）、颜色、乳光和荧光。

早在 20 世纪 90 年代初期，就开始研究微晶玻璃在牙科上的大范围应用。从现在的宣传资料可看出，这些生物材料可以分为以下几类：

①　不含金属的可模塑微晶玻璃（见 4.4.2.1）；

② 不含金属的可加工微晶玻璃（见 4.4.2.2）；

③ 金属框架上的微晶玻璃（见 4.4.2.3）；

④ 高韧性多晶陶瓷上的微晶玻璃饰面材料（见 4.4.2.4）。

牙科材料的发展史表明（MCLean，1972；Gehre，2005；Höland 等，2008b），早在 20 世纪初期，陶瓷就已经用作牙科修复材料。不过，这些修复材料的强度和美学性能都不能满足临床应用的需要。20 世纪 60 年代长石质烧结陶瓷的出现是发展更强和更美观材料中重要的一步。这些材料使得制造金属烤瓷（PFM）修复材料成为可能。然而，随着微晶玻璃的发展，发现微晶玻璃还具备很多目前还不知道的新性能。因此，这些新材料能赶上或者甚至超过天然牙齿结构的性能。还开发了许多不同的工艺技术，例如，离子交换方法（Fisher 和 Marx，2001；Sheu 和 Green，2007）。为了使之能在工业和临床上应用，研究出来了很多现代和经济的工艺。这些工艺技术中最重要的是模具成型、CAD/CAM、烧结和压制。在接下来的部分，我们将根据它们特殊的制造技术来讨论不同的微晶玻璃。这些讨论表明，这些满足牙科生物材料需求和患者要求的大量产品在今天是很有成效的。

除了上面提到的这两个因素，即材料的特殊性能和不同的制备技术之外，患者的需求也都要满足。因此，今天面临的巨大挑战是研究可用的不需金属强化的生物材料。

4.4.2.1 无金属修复剂用可模塑微晶玻璃

① 云母基微晶玻璃 DICOR®（康宁公司/Dentsply International）是第一种用于牙科修复材料的微晶玻璃。DICOR® 是云母微晶玻璃，已在 2.3.1 讨论过了其化学组成和微观结构。Adair 和 Grossman（1984）发现能通过控制基础玻璃的晶化来控制这种材料的性能。DICOR® 微晶玻璃的特征是半透明、可加工性好和 153MPa 的抗弯强度。这一强度比天然的没有牙本质支撑的牙釉质的抗弯强度 10.3MPa 已经好多了。这个强度值通过弯曲或抗弯测试获得。抗压强度为 828MPa，也比传统牙科修复用陶瓷的 172MPa 高得多。这种微晶玻璃的线胀系数为 $7.2 \times 10^{-6}/K$，杨氏模量为 70.3GPa。临床研究表现出了好的耐磨损性能。控制云母晶体嵌入玻璃基质中的微观结构可获得半透明的光学性能。玻璃铸造和热处理后，测得其晶体长度约为 $1\mu m$。颜色深浅通过添加色料预混合釉料来调节。DICOR® 微晶玻璃的主要性能见表 4.14。

表 4.14 DICOR® 微晶玻璃的特性

性能	参数	性能	参数
力学性能			70.3GPa
密度/(g/cm³)	2.7	努氏硬度	362MPa
断裂模量/×10⁶	22000psi	热学性能	
	152MPa	热胀系数	$7.2 \times 10^{-6}/K$
抗压强度	120000psi	光学性能	
	828MPa	折射率	1.52
杨氏模量	10.2×10^6 psi	透明度	0.56

牙科修复材料例如牙冠或嵌体的制造用的是失蜡技术。用失蜡也可以铸造金属牙冠。将模具注入特殊材料中。蜡在 900℃ 时可以燃尽，生成 DICOR® 微晶玻璃的材料为玻璃锭置于专门为铸造设计的马弗炉中。玻璃铸块在热处理中成为液态，随后在 1370℃ 保温

6min，材料用离心铸造工艺注入到模具中并保持 4min。铸造工艺需有高度精确。模具冷却至室温时，生成成型的玻璃牙科修复材料。因这种玻璃是透明的，质量控制有保证（可以发现其中的缺陷）。

将玻璃的牙科修复材料嵌入到浸入式材料中，然后放在炉子中控制晶化。在热处理过程中，玻璃转变成为 DICOR® 微晶玻璃。晶化需要热处理到 1075℃ 下保温 6h（Abendroth，1985）。在完成热处理冷却至室温后，喷砂和清洁。随后，牙科技术人员对修复材料的表面用一种色釉进行装饰。

DICOR® 微晶玻璃在牙科修复材料中首选的应用有：贴面、嵌体、高嵌体和牙冠。Richter 和 Hertel（1987）进行了早期的临床研究。他们报道了微晶玻璃突出的美学特性。Malament 和 Grossman（1987）进行了长期的临床效果研究。铸造 DICOR® 微晶玻璃主要用于制造全牙冠。并不推荐用微晶玻璃来固定局部假牙、基牙或者牙桥。体内研究表明微晶玻璃上牙菌斑附着力很低，而且，细菌牙菌斑的生长速率比天然牙齿上的生长速率低七倍。在一个长达 14 年的临床研究中，Malament 和 Socransjky（1998）报道了失败率估计为每年 2.45%。他们也认为，如果修复材料在粘接之前用酸蚀处理，能显著提高其存活期。在这个长期研究中，DICOR® 微晶玻璃用在侧门牙修复中从没失败过。

② 白榴石基的微晶玻璃　IPS Empress®（Ivoclar Vivadent 公司，列支敦士登）微晶玻璃是一种白榴石型材料，属于 SiO_2-Al_2O_3-K_2O 玻璃系统。它的组成、表面晶化控制（见 1.5 节）和白榴石 $KAlSi_2O_6$ 主晶相的特征微观结构，在 2.2.10 中已经讲过了。微晶玻璃是由 Ivoclar Vivadent 公司以玻璃铸块（见图 4.44）的形式生成的，牙科技术人员用这些微晶玻璃铸块在牙科实验室用模塑技术制成最终的牙科修复材料（嵌体、高嵌体、贴面和牙冠）。这一过程包括下面的步骤。首先，用牙科医生提供的临床数据压制出蜡模。将蜡模浸入相应的材料。将材料放入一个圆柱体中，干燥，烧蜡（失蜡技术），生成一个中空的牙科修复材料模具。随后，把此圆柱体放在特定的电炉中（如设备 EP500、或 EP600、或 EP3000、或 EP5000，Ivoclar Vivadent 公司；流程见图 4.45）。接下来就是模塑技术中最重要的步骤了。一旦微晶玻璃铸块在 1000~1200℃ 的温度范围内（温度取决于微晶玻璃的类型）变成黏性状态，其黏度为 10^{11} Pa·s 时，就可以在模具的中空部分用相对低的压力（约为 200~300N）成型。圆柱体冷却后，破坏微晶玻璃修复材料周围的包裹材料。

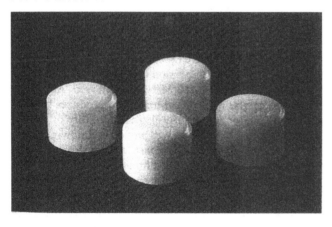

图 4.44　微晶玻璃模塑技术：IPS Empress® 和 IPS Empress® Esthetics 白榴石微晶玻璃铸块

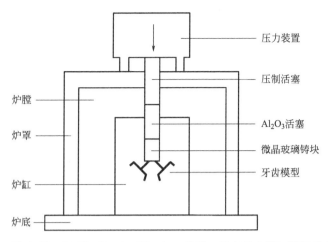

图 4.45　EP 型 (Ivoclar Vivadent 公司，列支敦士登) 模塑技术压制炉的示意图

压力装置
压制活塞
炉膛
炉罩
Al_2O_3活塞
微晶玻璃铸块
炉缸
牙齿模型
炉底

　　随后，用两种方法对微晶玻璃进行有效的表面处理。釉和颜料用于嵌体表面或烧结微晶玻璃牙冠的外面一层。微晶玻璃最重要的要求是半透明和乳白色。可添加一层乳白微晶玻璃来获得乳白色，使其透射光呈棕黄色；而反射光呈白蓝色。将材料加入到烧结微晶玻璃牙齿的切面区域 (见图 4.46)。这种技术成功模拟了天然牙齿的光学特性。为了黏结到天然牙齿上，修复材料的接触面需要腐蚀得到预设的模具。Wohlwend 和 Scharer (1990)、Haller 和 Bischoff (1993) 对这种工序进行了详细的描述。

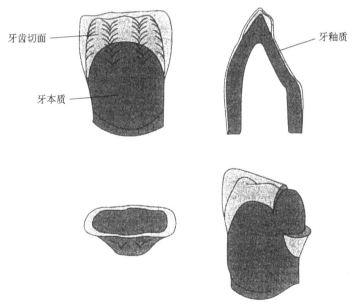

牙齿切面
牙釉质
牙本质

图 4.46　IPS Empress® 白榴石微晶玻璃牙冠的示意图
微晶玻璃 (牙本质) 模塑成型，烧结成乳白色微晶玻璃 (切面) 和牙釉质

　　应用这种模塑技术，IPS Empress® 微晶玻璃使最终的牙科产品具有白榴石增强的微观结构 (见 2.2.10、图 2.34)。白榴石晶体使微晶玻璃弥散增强。由此，材料的弯曲强度为 100～160MPa。其他的表面后处理，例如上釉和热处理，使弯曲强度变为 200MPa (Dong 等，1992)。Ludwig (1994) 证实这种 IPS Empress® 微晶玻璃材料适合用来制备

牙冠。他发现，他研究的牙冠能承受500N的载荷，比其需要承受的力量高出了两倍多。白榴石晶体还是其较高的线胀系数的主要原因，在100~500℃之间，其热胀系数为（15~18.25）×10^{-6}/K（Höland 和 Frank，1993）。微晶玻璃在酸性环境下的化学稳定性特别重要。这种材料的化学稳定性满足 ISO6872 的特殊标准（见表 4.15）。与天然牙齿的性能相适应，这种生物材料同时还表现出特殊的耐磨损能力（Heinzmann 等，1990；Krejci 等，1993）。

表 4.15　牙科修复用微晶玻璃的临床应用推荐（Höland 等，2008b）

临床应用	陶瓷和微晶玻璃熔融在金属框架上	白榴石微晶玻璃	二硅酸锂微晶玻璃	氧化物陶瓷
基底冠	－	－	＋	＋
嵌体	－	＋*	＋*	－
高嵌体（部分覆盖）	－	＋*	＋*	－
贴面	－	＋*	＋*	－
前牙冠	＋	＋*	＋	＋
后牙冠	＋	＋*	＋	＋
三个单位前牙固定桥（至第二个前磨牙）	＋	－	＋	＋
三个单位后牙固定桥	＋	－	－	＋
桥＞三个单位	＋	－	－	＋
含桥嵌体	－	－	－	＋*

注：＋，推荐（最佳的）；－，没有提及的；*，需要额外胶接的。

需重点提及的是，IPS Empress® 微晶玻璃修复材料需用黏接剂连接而不是传统的黏接方法。为了这个目的，微晶玻璃的连接表面用氢氟酸腐蚀，获得一个预设的模具（Salz，1994）。

1991~2007 年，用白榴石微晶玻璃制备了超过 3300 万种牙科修复单元（一个单元代表一个嵌体、高嵌体或牙冠）（修复见表 4.15；应用见表 4.16）。6~11 年的临床研究结果表明成功率非常高：11 年中用于前牙牙冠的成功率为 95.2%，后牙牙冠的成功率为 84.4%（Fradeani 和 Redemagni，2002）；6 年中用于嵌体和高嵌体的成功率为 92%（Brodbeck，1996）。这种美学表现良好的嵌体见图 4.47(a)、(b)。因为 IPS Empress® 是一种生物材料，也是一种很好的银汞合金替代品。从图中很容易看出半透明微晶玻璃产生的"变色效应"。跟银汞合金相比，银汞合金会把它的深色传到相邻的天然牙齿，而微晶玻璃则能根据天然牙齿的结构来调整自身的颜色。

表 4.16　全球范围内应用的牙科修复用特殊微晶玻璃（Ivoclar Vivadent AG）

微晶玻璃产品	微晶玻璃类型/晶化机理	单位数（一个单位代表一个牙冠或嵌体，等等）
IPS Empress® 系统（1991~2010）	白榴石/表面晶化，粉末压制法	4300 万
IPS Empress® CAD(和 ProCAD®)（1998~2010）	白榴石/表面晶化，粉末压制法	700 万
IPS e. max® 系统（2005~2010）	二硅酸锂/内部晶化	3600 万
IPS d. SIGN®（1999~2010）	白榴石-氟磷灰石/双重晶化；内部和表面	8950 万

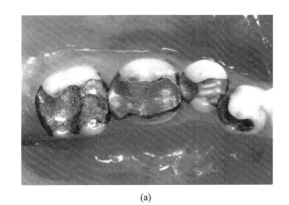
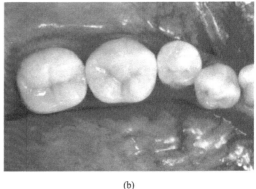

(a) (b)

图 4.47 IPS Empress® 微晶玻璃

(a) 四个银汞合金填充的术前情况；(b) IPS Empress® 四个微晶玻璃嵌体/高嵌体（承蒙牙科医生 Brod-beck、牙科技术人员 Sisera、Arteco Dentaltechnik、Zürich、CH 提供）

2005 年内，人们研究出了一种更重要的微晶玻璃材料——半透明 IPS Empress® 微晶玻璃。这种产品称为美学 IPS Empress®，表现出了更强的半透性。它提升了产品的光学性能，材料更具有天然牙齿的颜色和半透性。

③ 二硅酸锂微晶玻璃 二硅酸锂微晶玻璃（见 2.1.1）的抗弯强度达 350MPa（远远高于那些白榴石基微晶玻璃），同时还具有 2.9MPa·m$^{0.5}$ 的断裂韧性（用参数 K_{IC} 来表征）（Guazzato 等，2004）。不过，为使这种类似于白榴石微晶玻璃的材料更适合模塑，对其特殊的多组分系统进行了研究，在 SiO$_2$-Li$_2$O-K$_2$O-ZnO-P$_2$O$_5$-Al$_2$O$_3$-La$_2$O$_3$ 系统中析出二硅酸锂（Li$_2$Si$_2$O$_5$）晶体来产生互锁的微观结构。这种新产品称为第二代 IPS Empress®，当它在 920℃下达到黏性状态时进行模塑成型，最终产品的热胀系数为 (10.6±0.5)×10^{-6}/K（Schweiger 等，1999；Cramer von Clausbruch 等，2000；Höland 等，2006b）。

如图 4.48 所示，基于三单位桥的有限元模拟计算（Wintermantel，1998）和 Sorensen（1999）、Edelhoff 等（1999）、Pospiech 等（2000）进行的体外、体内研究结果表明，微晶玻璃能用模塑技术来生产牙桥。这一设计最重要的一点是连接基牙和三单位桥桥体的连接体的厚度。而且连接体的尺寸由至少 16mm^2 的高强二硅酸锂微晶玻璃组成。这一尺寸确保了牙科修复的成功。这种第二代 IPS Empress® 型偏硅酸锂微晶玻璃可以用一层氟磷灰石微晶玻璃进行表面装饰。如图 4.49 所示，装饰后有非常好的美学效果。将偏硅酸锂微晶玻璃用黏结技术黏结起来。在进行黏结之前，需要先把一个预设模具蚀刻到微晶玻璃中。

Pentron Ceramic 公司研究了二硅酸锂微晶玻璃在牙科中进一步的应用。这种产品称为 3G™ OPC®，也是一种生物材料（Daskalon 等，2003），它属于 SiO$_2$-Li$_2$O-BaO-CaO 系统，适合用作牙冠。

二硅酸锂微晶玻璃性能的重要突破是 IPS e.max® Press 集团（Ivoclar Vivadent AG 公司，列支敦士登）（Rheinberger，2005；Bürke，2006；Kappert 等，2006）取得的。这些研究工作的基础是已经在 2.1.1 中介绍过的 SiO$_2$-Li$_2$O-K$_2$O-P$_2$O$_5$-Al$_2$O$_3$-ZrO$_2$ 系统（Höland 等，2006b；Apel 等，2007）。根据 ISO6872 牙科标准，测得这些微晶玻璃的双轴抗弯强度高达 440MPa。用单边梁切口法（SEVNB）来测定其断裂韧性，根据临界应力

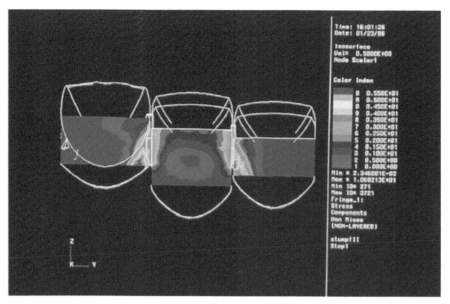

图 4.48 负载三单位桥（PATRAN/P3）的有限元计算

当桥负载达到 600N 时，连接区域最大的拉伸应力约为 110MPa（Wintermantel，1998）

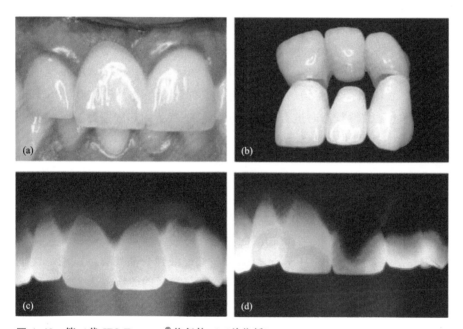

图 4.49 第二代 IPS Empress® 修复体（三单位桥）

（a）临床状态（承蒙 Sorensen 提供）；（b）镜子上的三单位桥（承蒙 Edelhoff 提供）；（c 和 d）第二代 IPS Empress® 牙桥（c）和金属框架牙桥（d）的比较（承蒙 Edelhoff 提供）

强度因子 K_{IC} 计算，断裂韧性数值范围在 $2.3 \sim 2.9 MPa \cdot m^{0.5}$ 之间。因此，这些 IPS e. max® Press 生物材料表现出了比白榴石基材料高得多的强度和断裂韧性。而且，它们也比第二代 IPS Empress® 材料的性能有了相当大的提高（见表 4.17）。这种高强度和高韧性是二硅酸锂微晶玻璃中晶体含量高［超过 60％（体积分数）］和互锁微观结构的结果。这种微观结构的结果是，诱导裂纹不得不走一条费力的路线来绕过晶体，释放能量。在裂纹尖端，作为 K_{tip} 参数的 K 值，小于测定的 K_{IC} 值。二硅酸锂微晶玻璃的 K_{tip} 值为 1.3MPa·$m^{0.5}$，显然它已经比白榴石微晶玻璃的 0.6MPa·$m^{0.5}$ 高了许多（Apel 等，2008）。

表 4.17 牙科标准 ISO 6872 和 BS 5612 中牙科微晶玻璃的性能（Ivoclar Vivadent AG 公司）

性能	白榴石微晶玻璃(IPS Empress®)	二硅酸锂微晶玻璃(IPS e. max®)
弯曲强度([X])	110～180MPa	400～610MPa
K_{IC}([XX])	1.3MPa·$m^{0.5}$	2.3～2.9MPa·$m^{0.5}$
透明度([XY])	0.5～0.6	0.55～0.8
CTE	(15～18)×10^{-6}/K（25～500℃）	(10.6±0.25)×10^{-6}/K（100～400℃）
化学稳定性([XZ])	<100$\mu g/cm^2$	<50$\mu g/cm^2$

注：([X]) 由双轴弯曲强度决定；([XX]) 用单边梁切口法（SEVNB）测得；([XY]) 通过与黑色对比测得，其中 1.0 代表 100% 不透明，没有透过白色光，BS 5612；([XZ]) 表明在酸性环境中处理后质量的损失。

这些微晶玻璃能用模塑方法成型的特点使得它们能用作牙科实验室（见表 4.15）的嵌体、高嵌体、牙冠和小的三单位桥（图 4.50），牙冠和牙桥随后用氟磷灰石微晶玻璃进行装饰。在 2.4.6 中讨论过的氟磷灰石材料，因为其中含有针状氟磷灰石晶体而表现出像牙齿一样的光学性能。同时，这种产品的力学承受能力跟天然牙齿类似（Schweiger，2006a）。这种微晶玻璃的商品名为 IPS e. max® Ceram。除了前面提到的光学性能和承压能力之外，IPS e. max® Ceram 还具有（90±10）MPa 的抗弯强度，以及好的化学稳定性（根据 ISO 6872 标准测定的）、热胀系数为 9.5×10^{-6}/K（Schweiger，2006a、b）。热胀系数和低的热处理温度（750℃烧结）使这种材料能用在二硅酸锂微晶玻璃和 ZrO_2 陶瓷上，将在 4.4.2.4 "高韧性多晶陶瓷中的微晶玻璃装饰材料"中介绍。8 年的临床研究证明其在用黏接剂或者传统黏接方法连接中有高达 93% 的成功率（Wolfart 等，2009）。

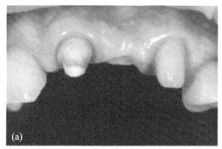
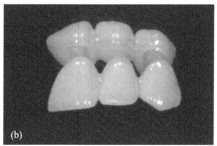
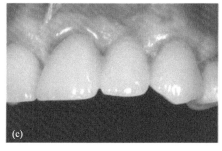

图 4.50 用 IPS e. max® Ceram（磷灰石微晶玻璃）贴面模塑成型的 IPS e. max® 三单位牙桥（二硅酸锂微晶玻璃）（承蒙牙医 Watzke 和牙科技术人员 Perkon 提供）
(a) 待手术牙齿；(b) 镜面上的牙桥；(c) 封接后的牙桥

4.4.2.2　无金属修复剂可加工微晶玻璃

随着 CAD/CAM（Mörmann 和 Krejci，1992；Pfeiffer，1996；Mörmann 和 Bindl，2000；Christensen，2006）在牙科材料加工上的应用（例如 Vitablocs® Mark Ⅰ 和 Ⅱ，Datzmann 等，1996），人们开始应用这种现代处理技术，这一技术使牙科技术人员的工作更加便利，并且使牙科医生能在诊疗椅边完成这种技术性工作。对于患者而言，他们常常要求一次性解决他们的牙齿问题，这一技术也方便了患者。因为可以一次性完成所有工作，患者避免了之前需要去看几次牙科医生的缺点，节约了大量的时间。最初该技术的困难在于跟牙齿的匹配度不好和材料的表面质量不过关，随着上述技术的逐渐成熟，这些问题都已经解决了。不过，生物材料的指标仍是单个单元有各自严格的要求，换句话说，嵌体、装饰和牙冠各有自己的指标。

① 云母基微晶玻璃　第一个能进行机械加工的微晶玻璃是 DICOR® MGC 云母微晶玻璃（康宁公司/Dentsply International），在 4.4.2.1 "云母基微晶玻璃"中已经讨论过。

这种材料能用 CERECR1 系统（当时是德国 Siemens 公司，后来是德国 Sirona 公司）加工。Mörmann 等（1987）报道了加工过程的细节。Grossman（1991）报道了 DICOR® MGC 微晶玻璃的微观结构和物理性能。DICOR® MGC（康宁代号 9670）的微观结构特征是微晶玻璃高度晶化。云母片的平均直径为 $1\sim2\mu m$，厚度为 $0.5\mu m$。DICOR® MGC 有两种颜色：浅色和深色。在加工过程中，微裂纹沿着玻璃-云母界面扩展，解理了云母平面。诱导裂纹反复偏斜，使切割不能蔓延至局部切割区域外部。金刚砂和硬质合金钻头的切割效果都很好。Gegauff 等（1989）证明 DICOR® MGC 与天然牙釉质的力学行为特别类似（见图 4.51）。而且，Grossman（1991）认为 DICOR® MGC 的强度取决于晶体尺寸。他发现，小于 $4.5\mu m$ 的云母晶体的强度比平均直径云母片增加 20%（见图 4.52）。抗弯强度为 $127\sim147MPa$（双轴测试），断裂韧性为 $1.4\sim1.5MPa\cdot m^{0.5}$。DICOR® MGC 微晶玻璃是牙科修复中首选的镶嵌体。

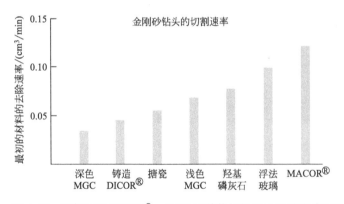

图 4.51　可加工的 DICOR®、MGC 跟其他材料和天然牙釉质的比较

② 白榴石基微晶玻璃　对云母微晶玻璃的加工机理研究表明，当材料中含有易于解理的晶体时，微晶玻璃特别容易加工。由此，裂纹在晶体内蔓延。白榴石晶体不容易解理，但是它们尤其在 [110] 和 [101] 面上有大量、多层双晶结构（Palmer 等，1988；Antony 等，1995）。这种综合双晶现象是冷却到 605℃ 时相变生成的，因此晶体结构从立方变为四方对称 [见 2.2.10，图 2.34(a)]。这种小平行双晶可以看作是云母的解理，也

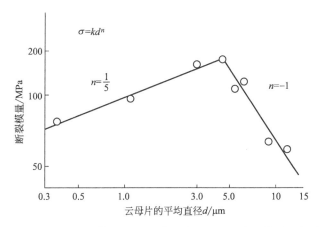

图 4.52 DICOR® MGC 中晶体尺寸跟强度（断裂模量）的关系

能增加其可加工性能。随后，如果发现用金刚石钻头也能很容易加工白榴石微晶玻璃也不足为奇了。这种白榴石微晶玻璃 IPS Empress® CAD（最初称为 IPS ProCAD®）与模塑 IPS Empress® 微晶玻璃有着相似的组成和微观结构。其 CAD/CAM 产品有多种可选颜色（Bühler 和 Völkel，2006；Schweiger 2006b）（见图 4.53）。与简单的微晶玻璃相比，这些生物材料具有特殊的着色层和半透明性。因此，它们能够精确地再现天然牙齿的外观。

图 4.53　用 CAD/CAM 技术加工的微晶玻璃：IPS e. max® CAD 蓝色块体（前驱体产品为偏硅酸锂微晶玻璃）和 IPS Empress® CAD 白榴石微晶玻璃（加工的产品和块体）
材料从左到右排列

为了加工这种微晶玻璃，牙科医生首先需要制备好牙体，然后扫描口内情况。从口内扫描仪收集到的数据传输给 CEREC® 系统（德国 Sirona 公司），通过该系统完成牙科修复。这能在牙科实验室或者牙科办公室里完成。随后，进行修复试戴并进行必要的调节。接下来，把修复材料黏附到天然牙齿上。这些工序都能在一次会诊中完成。图 4.54 展示了牙体制备、调整后的试戴、在天然牙齿上黏贴修复材料等各个步骤。IPS Empress® CAD 可展示这些工序。临床研究证明，这种材料的成功率高达 89%（Reiss，2006）（应用见表 4.16）。

③ 二硅酸锂微晶玻璃　强韧的二硅酸锂微晶玻璃不能用 CEREC® 系统（德国 Sirona 公司）加工成牙科修复材料。为了解决这个问题，人们研究了一种中间过渡产品，使之能

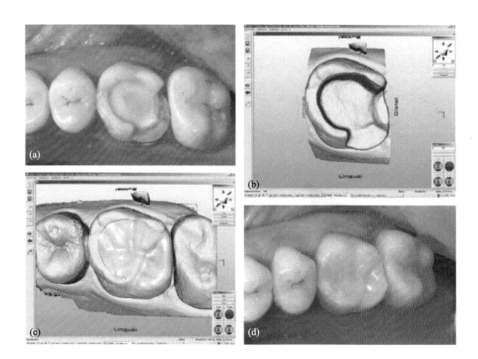

图 4.54 可加工白榴石微晶玻璃在临床上的应用

(a) 准备接受 CEREC® 系统 IPS Empress® CAD 修复的左上第一磨牙的大面积缺损；(b) 扫描得到的牙齿的 3D 数字模型；(c) 虚拟的嵌体；(d) 粘接和抛光后的 IPS Empress® CAD 嵌体（承蒙牙医 Peschke 提供）

易于加工。这种市场化的偏硅酸锂微晶玻璃的商品名为 IPS e. max® CAD。它具有独特的蓝色，这使得其可以很容易从终端产品或其他产品中分辨出来。但是在这个中间过渡状态，微晶玻璃的化学稳定性很差。因此，在加工完成后，需要热处理到 850℃来完成晶化。在热处理过程中，偏硅酸锂微晶玻璃转化成为二硅酸锂微晶玻璃，其化学稳定性和外观看起来很像天然的牙齿。热处理前，也可上釉和着色。在 3.4.2 中正提到，材料完全转化成二硅酸锂微晶玻璃而没有中间相残留。最终产品的双轴抗弯强度从 360MPa 提高到 617MPa（Schweiger 等，2006b），测得的断裂韧性（K_{IC}）值为 2.3MPa·$m^{0.5}$，并且化学稳定性很好（根据 ISO 6872，酸处理后质量损失小于 $100\mu g/cm^2$）。

图 4.55 说明了这种微晶玻璃是怎样用于制造牙冠的，产品的中间过渡态为蓝色偏硅酸锂，最终态为二硅酸锂。临床研究证实这种材料具有优良的耐磨损性能，并有着很高的成功率（Schweiger 等，2010）。

4.4.2.3 金属框架微晶玻璃

Donald（2007）报道了玻璃-金属的封装。这种熔融微晶玻璃或复合材料封装到金属框架上的技术已经成功在牙科应用多年。这种技术之所以能大量普及是因为其技术经济可行且能制造出大跨度牙桥（四个或者更多单位）。

从科学的观点来看，生成这些修复材料最重要的因素就是在金属框架［例如金或者银或其他金属合金，热胀系数为 $(13.8\sim16.2)\times10^{-6}/K$（25～500℃）］和装饰陶瓷之间创造一个理想的连接。为了这个目的，放置了一个可以遮光的中间层。这个中间层由无机-无机材料如玻璃、陶瓷或者微晶玻璃复合而成。用于这种遮光层的装饰微晶玻璃可以用两

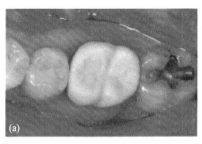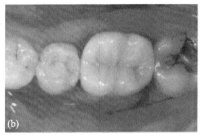

图 4.55 诊疗椅模式中用 CAD/CAM 技术（CEREC®）在临床上应用二硅酸锂微晶玻璃（IPS e. max® CAD）

(a) 试戴前驱体蓝色微晶玻璃（偏硅酸锂微晶玻璃）牙冠；(b) 同样形状的牙冠，但经过了最终的热处理（着色和上釉），粘接上了和牙齿颜色相同的二硅酸锂微晶玻璃最终产品（牙医 Peschke 捐赠）

种不同的方法来制备：烧结（已经证实可行）或者压制（模塑），包括烧结陶瓷和微晶玻璃的复合。

（1）烧结 根据双重成核和晶化工艺，IPS d. SIGN® 微晶玻璃形成了两种晶相，即白榴石（主晶相）和氟磷灰石（第二相）（见 2.4.7）。

根据它们修复的牙齿部位不同，IPS d. SIGN® 微晶玻璃可以分成三种不同的材料：

① 模仿牙本质的烧结微晶玻璃；

② 模仿牙齿切面的材料；

③ 具有特殊光学效果（如乳白色）的特殊材料。

牙本质和切面材料最重要的性能如表 4.18 所示。在连接不同类型的白榴石-磷灰石微晶玻璃和富含 ZrO_2 的不同金属的遮光层时，线性热胀系数起着重要的作用。因此，完工的牙科产品需具有表面张力和可控的强度增加，以确保亚结构不变。这种微晶玻璃的体外磨损试验表明，它跟天然牙齿磨损结果类似（Sorensen 等，1999）。

表 4.18　IPS d. SIGN® 的物理性能（Ivoclar Vivadent AG）

性能	切面和牙本质材料	遮光剂材料
力学性能		
弯曲强度	80MPa	
光学性能		
透明度	见表 4.19	
热学性能		
线胀系数(25～500℃)		
两次热处理后	$(12.0\pm0.5)\times10^{-6}/K$	$(13.6\pm0.5)\times10^{-6}/K$
四次热处理后	$(12.6\pm0.5)\times10^{-6}/K$	$(13.8\pm0.5)\times10^{-6}/K$
化学性能		
耐酸度(在酸中的溶解度)	$<50\mu g/cm^2$	$<100\mu g/cm^2$

模具制造和金属合金铸造完成之后，牙科实验室中的第一步是调节这个金属框架。这一步必须根据合金制造商的说明书进行。通常情况下，氧化烧成的表面会覆盖

一层遮光剂。金含量高的合金必须用酸调节。随后，用很薄的初始层（10～30μm厚）进行遮光。这一步，技术上称为洗火，确保为进一步的烧结提供理想封装金属氧化物表面的最好条件。在接下来的步骤中，遮光层需要进行900℃下并保温1min的热处理。

这种金属-遮光层-IPS d. SIGN® 微晶玻璃产品的微观结构如图4.56～图4.58。图4.56给出了遮光层部分。牙本质和切面微晶玻璃材料在860℃下烧结，图4.57和图4.58为微晶玻璃的微观结构。这种牙本质和切面微晶玻璃的微观结构的特点是有两种不同类型的晶体：白榴石和磷灰石。图4.57为含有白榴石和针状磷灰石的牙本质微晶玻璃的微观结构。针状磷灰石有两种清晰可辨的形态：大的和小的针状磷灰石。切面材料（图4.58）仅含有小的针状磷灰石，能使其亮度增加。

图4.56 IPS d. SIGN® 遮光层 SEM 照片中的微观结构
样品经 3‰HF 腐蚀 10s

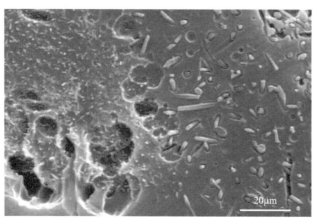

图4.57 磷灰石-白榴石微晶玻璃（牙本质）SEM 照片中的微观结构
样品经 3‰HF 腐蚀 10s

另外一种混合材料给牙科技术人员创造了一种特殊的乳白色效果。图4.59为在牙科修复材料的切面区域具有乳白色外观的微晶玻璃（见3.2.3）。牙科技术人员可以从五种（E1～E5）乳白色微晶玻璃中进行选择。着色材料使这些修复材料各有特点。空白材料用于掩饰齿龈部位的金属框架。釉质材料是高度透明的。最终，牙科技术人员在830℃下将

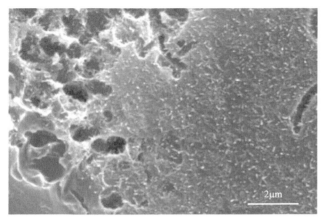

图 4.58 磷灰石-白榴石微晶玻璃（切面）SEM 照片中的微观结构

样品经 3%HF 腐蚀 10s

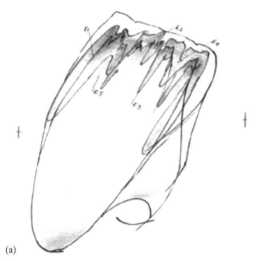

(a)

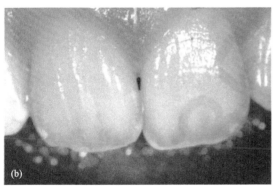

(b)

图 4.59 乳白玻璃和乳白微晶玻璃（E1-E5）在
牙科修复中（牙冠）的应用

（a）示意图；（b）临床应用

其烧结到修复材料上，釉层烧结生成一个光滑、有光泽的表面。除了强化微晶玻璃的外观之外，釉层表面还使得牙菌斑聚集最小化。表 4.19 为 IPS d. SIGN® 系列不同类型微晶玻璃中光吸收率和透过率之间的比率。图 4.60 为一个由这种金属框架组成的、已经用白榴石-磷灰石 IPS d. SIGN® 微晶玻璃贴面装饰过的六单位的牙桥。

表 4.19　IPS d. SIGN® 产品对光线的吸收率和透过率

产品	吸收率/%	透过率/%	产品	吸收率/%	透过率/%
透明层	10	90	底缘	45	55
切端	20	80	深层牙本质	60	40
牙本质	40	60	牙釉层牙本质	90	10

注：样品厚度 1.0mm。

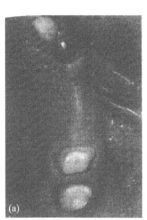 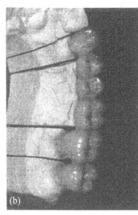 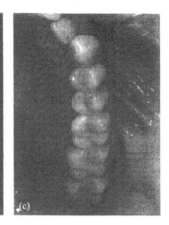

图 4.60　大跨度的六单位白榴石-磷灰石微晶玻璃（IPS d. SIGN®）熔融在金属桥上的临床实例
(a) 待处理牙齿；(b) 石膏模型上的六单位牙桥；(c) 临床中黏接好的六单位修复体（承蒙瑞士牙医 Stiefenhofer、牙科技师 Sisera Arteco 提供）

　　H. Kerschbaumer 和 H. P. Foser（Ivoclar Vivadent 公司，列支敦士登）、R. Winter（美国）研究了不同颜色的微晶玻璃。R. Winter（美国）、B. Reitemeier 和 R. Walter（德国）成功进行了临床试验。

　　(2) 模塑　在牙科实验室中，烧结技术已成为陶瓷制备工艺中一种选择方案。不过，把微晶玻璃熔融到金属上来说，模塑技术也是一种非常有用的方法。现在许多大型牙科实验室都开始采用这种方法。最常见的适合使用模塑技术的材料有 Ceramco® Press（Dentsply International）、EX-3PRESS（Noritake，日本）和 IPS InLine® 压制金属陶瓷（Ivoclar Vivadent AG）。后者是由白榴石微晶玻璃和烧结陶瓷组成的复合材料，它适合用在热胀系数为 $(13.8 \sim 14.5) \times 10^{-6}/K$ 的金属合金（Bolle，2006）。临床测试表明，模塑技术适合装饰牙冠和多单位桥。

　　1999～2010 年间，利用白榴石-磷灰石微晶玻璃已经制备了超过 8950 万个牙科器件（见表 4.16）。

4.4.2.4　高韧性多晶陶瓷上的微晶玻璃装饰材料

　　将微晶玻璃和高强高韧 ZrO_2 连接起来用于牙科临床上因牙髓坏死而重建新牙是连接两种陶瓷工艺的第一个成果（见下面"ZrO_2 圆柱上的微晶玻璃"）。然而，ZrO_2 牙冠和框架的装饰比特殊的牙桩（见下面"微晶玻璃在牙冠和牙桥上的应用"部分）。

　　ZrO_2 陶瓷 [ZrO_2-TZP 陶瓷，含 3%（摩尔分数）的 Y_2O_3] 因为其杰出的力学性能而独树一帜（Kosmac 等，1985；Swain 和 Rose，1986；Rieger，1993；Kelly 和 Denry，2008；Schweiger，2004；Filser 等，2001）。它有记录的四点弯曲强度为 900MPa。断裂韧性 K_{IC} 为 $4 \sim 5.0 MPa \cdot m^{0.5}$（根据单边梁法切口，SEVNB 法测得），这些数值对于块体

陶瓷来说已经非常高了。通过相变增韧可实现高强和高韧，且这一机理为材料增强增韧提供了一种方法。四方 ZrO_2 晶体在压力下能转变为单斜变体。在这个转变反应中，晶体体积增加。体积增加反过来降低了转变区的压应力。这一反应由此抑制了裂纹尖端的拉应力，甚至阻止了裂纹的继续扩展（Evans 和 Heuer，1980；Chevalier 等，2004；Deville 等，2004）。此外，陶瓷的微观结构是烧结的、平均直径为 $0.4\mu m$ 的晶粒。测得其弹性模量为 210GPa，大多数牙科合金的弹性模量值都在这个范围内。在 100～500℃ 之间，线性热胀系数为 $100.7×10^{-6}/K$。

（1）ZrO_2 圆柱上的微晶玻璃　牙科产品的核心由含有 ZrO_2 的烧结陶瓷（CosmoPost®，Ivoclar Vivadent AG，列支敦士登）和含有 ZrO_2 的微晶玻璃（IPS Empress® Cosmo Post，Ivoclar Vivadent AG，列支敦士登）组成。结果，两种完全不同的材料在特殊的工艺中结合起来形成了一种产品。含有 ZrO_2 微晶玻璃的组成和微观结构在 2.6.6 中已详细讨论过。

Schweiger 等（1996、1998）和 Kakehashi 等（1998）详细报道了这两种材料的性能。ZrO_2 柱是一个有着圆锥形顶点的圆柱形棒状体。圆锥角为 6°。柱子有两种尺寸，直径为 1.4mm 或 1.7mm。为了使 ZrO_2 和微晶玻璃牙核之间、ZrO_2 和底部之间的结合强度最优化，圆柱表面需要打磨成粗糙面，其表面粗糙度 Ra 为 0.5～1.2μm。制造过程通过高温等静压可以消除圆柱中的气孔率。

IPS Empress® Cosmo 微晶玻璃的性能同样受到模塑工序中晶相生长和形成的影响。无 ZrO_2 陶瓷增韧的微晶玻璃三点弯曲强度为（164±26）MPa。这个强度比玻璃高出了很多，高强度可能是因 $Li_2ZrSi_6O_{15}$ 晶体析出导致的（见 2.6.6.1）。ZrO_2 圆柱进一步增强了微晶玻璃的高稳定性。当采用压痕法测硬度时，施加 9.8N 的力，测得微晶玻璃的维氏硬度为 5340MPa，弹性模量为 55GPa。在 100～500℃ 的温度范围内，微晶玻璃的线性热胀系数为 $9.4×10^{-6}/K$，玻璃化转变点为 545℃。微晶玻璃需要比 ZrO_2 陶瓷的热胀系数 $10.7×10^{-6}/K$（100～500℃ 之间）更低，以便在两种材料中间形成无压无裂纹的连接，如图 4.61 所示，没有看见明显的裂纹和孔隙。结合强度用顶出实验来测量（Kakehashi 等，1998）。ZrO_2 圆柱打磨粗糙后结合强度更好，打磨后的表面粗糙度 Ra 为 0.4～0.9μm，结合强度为（35±9）MPa。在水中老化 333h 和外加在 5℃ 和 55℃ 之间热循环 10000 次后，结合强度为（44±10）MPa，没有观察到结合的弱化。结合强度高于 30MPa 就可以认为其在牙科黏附技术中的性能已经非常好了。

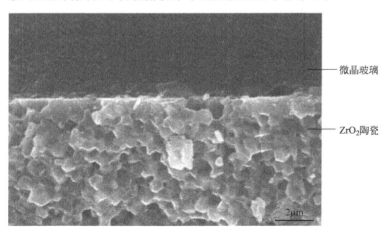

微晶玻璃

ZrO_2陶瓷

2μm

图 4.61　无缺陷 ZrO_2 微晶玻璃和 ZrO_2 陶瓷连接的电镜照片

1.10mm 厚的试样对比度测量值为 0.72（0～100％为透明度；1 对应 100％的不透明）（Schweiger 等，1998）。半透性数据是牙科修复材料美学效果优劣的指标。这些修复材料主要用于前牙修复。

另一种 ZrO_2 含量为 20％（质量分数）（见 2.6.6.2）的微晶玻璃也同样来自 SiO_2-ZrO_2-Li_2O-P_2O_5 系统。在这种情况下，析出了相当多的 ZrO_2 晶体。这种微晶玻璃的强度为 280MPa，因为其中 ZrO_2 含量很高，外观上看起来为白色不透明，因此半透性低。

这一工艺的目的是用微晶玻璃和烧结 ZrO_2 陶瓷圆柱构建内核需要两步，第一步是制备基础微晶玻璃的铸块；第二步，制备出 ZrO_2 圆柱和含 ZrO_2 的微晶玻璃的最终产品。微晶玻璃铸块、ZrO_2 圆柱和最终产品如图 4.62 所示。这些产品的工艺特征如下：微晶玻璃（作为中间产品）根据 4.4.2.1 中"白榴石基微晶玻璃"的工序成型，烧结温度为 900℃；在成型过程和冷却相中，形成微晶玻璃最终的微观结构；随后进行冷却和脱模。

图 4.62 含有 ZrO_2 的微晶玻璃铸件（IPS Empress® Cosmo）、ZrO_2 圆柱（CosmoPost®）和含有微晶玻璃和 ZrO_2 圆柱的两个产品（Ivoclar Vivadent AG）

无金属牙根材料也是可能的（Meyenbert 等，1995）。基于此，开始了 ZrO_2 圆柱结合微晶玻璃的研究。连接 ZrO_2 圆柱和含有 ZrO_2 的微晶玻璃的临床结果见图 4.63(a)。修饰好的科微晶玻璃牙冠如图 4.63(b)。Sorensen 和 Mito（1998）讨论了这种材料的特殊性能和它们在临床上的成功应用。由此，他们得出结论，CosmoPost® 和 IPS Empress® CosmoPost 用于牙齿修复时具有下面的特性：

① 更好的美学特性；

② 均匀的牙核和牙桩；

③ 惰性材料可以避免产品腐蚀带来的变色；

④ 稳定的内核材料，与树脂基复合材料不同的内核材料；

⑤ 高刚度以抵抗来自功能疲劳载荷的弯曲应力；

⑥ 制备方法简单。

（2）牙冠和牙桥用微晶玻璃 因为 $3Y_2O_3$-ZrO_2 材料特殊的力学性能，使其可以用于牙科修复和牙科植入。在人类医学（例如矫形术）中，ZrO_2 陶瓷已经成为一种常用的材料。

Anusavice 和 Esquivel-Upshaw（2008）、Chevalier 和 Gremimllard（2009）、Höland

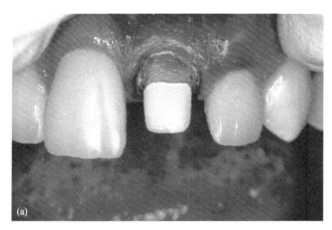

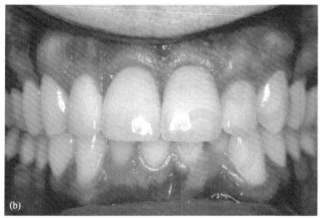

图 4.63 CosmoPost® 和 IPS Empress® 牙桩在临床上的最终应用

（a）建立牙核；（b）最终结果（Sorensen 和 Mito，1998）。

和 Rheinberger（2008）、Höland 等（2008b 和 2009a）的很多综述性文章中总结了大量多晶 ZrO_2 烧结材料在牙科中的应用。已经证实它在绿色状态（粉末压制法）、白色状态（开孔烧结陶瓷工艺）或在致密烧结状态下都可以进行非常有效的加工。而且，还可以用其他工序，例如电泳法。

图 4.64 的流程图说明了由白色 ZrO_2 加工生成牙科修复材料（特别是牙冠和牙桥）的过程。IPS e. max® ZirCAD（Ivoclar Vivadent AG）就是采用这种工艺制备的产品（Rothbrust，2006）。该流程图展示了有色和多色 ZrO_2 产品的制备。因此，框架材料有牙齿一样的颜色，类似于牙科微晶玻璃材料的颜色。镶饰材料 IPS e. max® Ceram（Schweiger，2006）具备牙科修复材料最终的形貌。这种微晶玻璃与二硅酸锂微晶玻璃修饰材料（见 4.4.2.1）相同。因此，这种氟磷灰石微晶玻璃的热胀系数需要调节到与 ZrO_2 和二硅酸锂微晶玻璃的相同。因此，牙科技术人员可以使用一种微晶玻璃来装饰两种不同类型的框架材料。对氟磷灰石微晶玻璃和 ZrO_2 的界面特征的研究表明，这两种材料之间形成了理想的结合（Höland 等，2009a、b）。从图 4.65 可看出这两种材料的结合界面和紧密的连接点。而且，针状氟磷灰石晶体清晰可见。烧结和模塑同样适用于这种微晶玻璃的装饰。一种新的高强微晶玻璃（Ritzberger 等，2011）特别适合装饰 ZrO_2 烧结陶瓷。

对 ZrO_2 和微晶玻璃组成的材料系统进行了很多临床测试。由于这种材料的特殊性能，

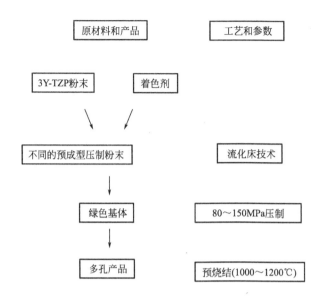

| 原材料和产品 | 工艺和参数 |

3Y-TZP粉末　　着色剂

不同的预成型压制粉末　　流化床技术

绿色基体　　80～150MPa压制

多孔产品　　预烧结(1000～1200℃)

牙科实验室

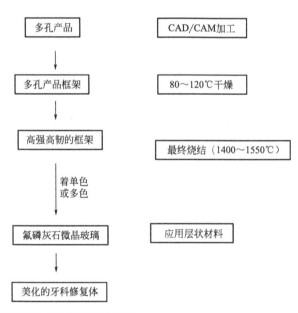

多孔产品　　CAD/CAM加工

多孔产品框架　　80～120℃干燥

高强高韧的框架　　最终烧结（1400～1550℃）

着单色
或多色

氟磷灰石微晶玻璃　　应用层状材料

美化的牙科修复体

图 4.64　着色 ZrO_2 陶瓷可能的生产工艺示意图

除了传统的牙冠和牙桥之外，也能用 ZrO_2 制成最小化的微创修复材料。微创修复材料的术前牙齿和构建见图4.66。这种技术避免了拔下健康牙齿，因为这个牙齿并不需要全部做牙冠。因此，这一技术将来在其他方面的应用潜能很大。将二硅酸锂微晶玻璃和氧化锆熔融的技术（用釉）的发展，得到了高强度和美观的 IPS e. max® CAD-On 牙桥（Höland 等，2011）产品。

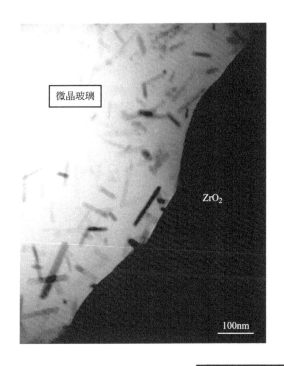

图 4.65 氟磷灰石微晶玻璃和非常强韧
ZrO₂ 陶瓷的界面（TEM 照片）

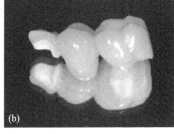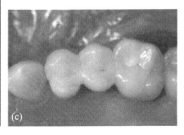

图 4.66 用氟磷灰石微晶玻璃装饰的 ZrO₂ 牙桥（微创准备）

（a）术前牙齿（牙位：24，26），混合（牙冠和嵌体）陶瓷/微晶玻璃三单位桥（IPS e. max® ZirCAD 和
IPS e. max® ZirPress），前磨牙的微创手术；（b）镜面上的混合陶瓷/微晶玻璃桥：白色框架是高韧性的
IPS e. max® ZirCAD 陶瓷；边缘用微晶玻璃压制，以通过胶粘复合实现与牙齿的最好黏附；（c）粘接后的
混合陶瓷/微晶玻璃桥（IPS e. max® ZirCAD 和 ZirPress）在临床中的使用情况（承蒙牙医 Watzke 和牙科技
术人员 Perkon 提供）

4.5 电子和电学应用

4.5.1 绝缘体

云母型微晶玻璃是很好的绝缘体。MACOR®（康宁公司的）是首选的绝缘微晶玻璃。
它的性能和微观结构在 2.3.1 和 3.2.6 中介绍过。

在电子工业中，需要向微晶玻璃中加入其他材料以制成复合材料，日本电子玻璃有限公司进行了这方面的研究。这些微晶玻璃为薄片状，适合用于低温烧结多层基体。而且，它们的介电常数很高。这些微晶玻璃复合材料的产品名为 MLS-1000，源自 SiO_2-Al_2O_3-PbO 系统的微晶玻璃。如 2.7.1 所述，这个玻璃系统中生成了高介电常数的微晶玻璃。除了这种微晶玻璃之外，复合材料中也含有烧结 Al_2O_3 陶瓷。这种复合材料的部分性能见表 4.20（Electric Glass Materials，1996）。

另一种比 MLS-1000 介电常数更高的微晶玻璃复合材料产品为 MLS-40。这种复合材料含有属于 SiO_2-TiO_2-Nd_2O_5 系统的微晶玻璃和烧结陶瓷。这种产品的性能也在表 4.20 中。

表 4.20　用作多层基体的微晶玻璃复合材料的性能（日本电子玻璃公司）

性能	微晶玻璃	
	MLS-1000	MLS-40
力学性能		
密度/(g/cm^3)	3.39	4.33
弯曲强度/MPa	280	230
热学性能		
热胀系数(30~380℃)/$(\times 10^{-6}/K)$	6.0	9.9
热导率 λ/$[W/(m \cdot K)]$	3.1	1.7
烧成温度/℃	900	900
玻璃化转变温度/℃	565	685
电学性能		
介电常数　　25℃，1MHz	7.8	28.0
25℃，2.4GHz	8.0	30.0
介电损耗/$\times 10^{-4}$ 25℃，1MHz	16	30
25℃，2.4GHz	20	30
体积电阻率（150℃）lg $(\rho/\Omega \cdot cm)$	13.5	—
特性		
颗粒尺寸/μm D_{50}	1.8	2.2
D_{max}	15	15

微晶玻璃作为电子导体的基体时适合采用如下工序：绿色片状的材料含有黏结剂树脂（甲基丙烯酸丁酯）、溶剂（甲苯）和塑化剂（邻苯二甲酸二丁酯）。利用刮片工序生成 0.1~0.3mm 厚的微晶玻璃复合片。在电子工业，这些片材能切割到期望的尺寸，再在上面用丝网印刷技术覆上电路图。随后，将产品在 400℃下进行热处理以烧掉有机成分，再在 900℃下进一步烧结致密化。最终产品是用作电子导体的微晶玻璃复合材料基体。

4.5.2　电子封装

4.5.2.1　发展需求

一直到 20 世纪 70 年代，Al_2O_3 烧结陶瓷都是带状导体封装最流行的陶瓷基体。Al_2O_3 当作基体应用时需要烧结到 1500℃来实现共烧。为此，导体金属只能优先选择金属钼。然而，电子工业的迅猛发展需要新的基体材料。

在 20 世纪 70 年代早期，需要更低的共烧温度和导电性更好的金属来满足需求。高性能是高容量计算机的终极目标。在这些需求的基础上，人们发现了微晶玻璃的新应用。

4.5.2.2　性能和工艺

Beall（1993）、MacDowell 和 Beall（1990）证明微晶玻璃基体最重要的优点是它们 $4 \sim 6$ 的低介电常数（K），而氧化铝的介电常数为 9。微晶玻璃能在 $1000℃$ 以下与铜、银或者金等金属进行共烧处理。而氧化铝必须用钼或者钨共烧到 $1500℃$ 以上。堇青石微晶玻璃满足这些要求（MacDowell 和 Beall，1990）。调节基体组成生成第二相极容易控制堇青石微晶玻璃的热膨胀性能。往化学计量的堇青石中添加添加剂可以把玻璃粉末在堇青石晶化之前压制烧结到更高的密度。仅用 P_2O_5 或 B_2O_3 或者与铅-锌组合或与碱土金属氧化物组合都可以实现这个目的。

Tummala（1991）和 Knickerbocker（1992）报道了这种堇青石微晶玻璃可取代 Al_2O_3 作为基体使用。Tummala（1991）介绍了堇青石微晶玻璃的制备，其组成范围（质量分数%）为：$50 \sim 55$ SiO_2、$18 \sim 23$ Al_2O_3、$18 \sim 25$ MgO、$0 \sim 3$ P_2O_5 和 $0 \sim 3$ B_2O_3。根据他的发现，在超过 $800℃$ 的初始反应中发生成核和黏结剂挥发。随后，在 $900℃$ 时发生烧结和完全致密化，在温度高于 $900℃$ 时出现 α-堇青石的晶化。有趣的是，添加 P_2O_5 和 B_2O_3 可以实现理想的工艺性能（烧结），并获得期望的线性热胀系数。表 4.21 为根据这种常规工艺烧结的微晶玻璃/铜基体的性能。

表 4.21　IBM390/ES9000 系统中堇青石微晶玻璃/铜基体复合材料
（Tummala，1991）跟 IBM3090 铝-钼复合材料性能的比较

性能	IBM390/ES9000 系统中堇青石微晶玻璃/铜基体复合材料	IBM3090 系统中铝-钼复合材料
力学性能		
控制收缩率/%	±0.1	±0.15
热学性能		
热胀系数(室温～200℃)/($\times 10^{-6}$/K)	3.0	6.0
电学性能		
介电常数	5.0	9.4
体积电阻率/$\mu\Omega \cdot cm$	3.5	11
基体特性		
尺寸/mm	127.5×127.5	110.5×117.5
层数	63	45
通道数量（总计）	2×10^6	4.7×10^5
布线密度/（cm/cm^2）	844	450
线宽/mm	75	100
通道直径/mm	90 和 100	125

类似地，Pannhorst（1995）介绍了一个特殊的材料组成，可替换 Al_2O_3 基体。这种材料可通过控制近乎化学计量组成的堇青石玻璃的表面晶化而生成。在烧结过程中，在基

础玻璃中加入 ZrO_2 粉末生成微晶玻璃和 ZrO_2 烧结陶瓷的复合材料。堇青石玻璃的表面晶化控制见 2.2.5。

这种复合材料能在 950℃ 左右低温共烧说明了一种非常好的特性。因此，与钼相比，高导电性金属（例如铜和银）都能用于提高其导电性。

这种复合材料同时还具有另外一个优良的性能，即它的介电常数降低到了 5，比 Al_2O_3 的 9.4 已经低了很多。

基于 Budd（1993）和 Patridge 等（1989）的研究，已经制备出堇青石微晶玻璃作为先进的微波基体使用。块体或粉末材料压制的堇青石微晶玻璃的性能见表 4.22。

表 4.22　堇青石微晶玻璃的性能（GEC Alsthom，英国）

性能	块体材料 Mexim™ (3404、3447、3449)	粉末材料 Mexim™ (4041、4060、4070)
力学性能		
弯曲强度/MPa	200～348	148～174
热学性能		
热胀系数(20～500℃)/($\times10^{-6}$/K)	2.6～5.2	3.9～4.6
电学性能		
介电常数(9.4GHz,20℃)	5.49～5.72	4.32～4.60
(9.4GHz,400℃)	5.47～5.81	
介电损耗/$\times10^{-4}$(9.4GHz,20℃)	2～4	1～3
(9.4GHz,400℃)	17～29	

4.5.2.3　应用

根据 Pannhorst（1995）的研究，德国 Schott 公司生产了微晶玻璃和 ZrO_2 的复合材料。1991 年以来，它已经用作 IBM 公司 390 种大型计算机的多层芯片载体。MEMIX® 堇青石微晶玻璃是由英国 GEC Alsthom 公司生产的，这一材料可用于微波和毫米波集成电路（MICs）、放大器、远程测定和通信设备。

除了堇青石基微晶玻璃之外，GEC Alsthom 公司还生产了具有稳定介电常数和低介电损耗的微晶玻璃。除了 SiO_2-Al_2O_3-MgO 微晶玻璃之外，SiO_2-Al_2O_3-ZnO 微晶玻璃也同样适用于这个目的。Donald（1993）报道这种微晶玻璃的主晶相可能含有钙硅石 $2ZnO\cdot SiO_2$、β-石英固溶体（$n\ SiO_2\cdot ZnAl_2O_4$），或者在较高热胀系数的微晶玻璃中的主晶相为 α-石英、鳞石英和 Li_2ZnSiO_4。这种热胀系数的微晶玻璃适合把材料熔解到钼、铜和其他一些铁基和镍基合金上，已经商品化。这些材料都是 GEC Alsthom 公司生产的。除了堇青石微晶玻璃之外，还制备了 SiO_2-Al_2O_3-MgO 系统中含有 BPO_4 主晶相的微晶玻璃，用于微电子封装。这些微晶玻璃的介电常数在 3.8～4.5 之间，热胀系数为 4.0×10^{-6}/K。与堇青石微晶玻璃相比，BPO_4 微晶玻璃具有更低的断裂模量。因此，它可能用流延成型法来生成致密的多层基体（Beall，1993）。

人们还研究了 P_2O_5-B_2O_3-SiO_2 系统中用于微电子封装的微晶玻璃。在 2.6.4 中讲过的反应生成了一种特殊的微晶玻璃，称为"气敏陶瓷"。这种特殊的微晶玻璃与其他材料相比，具有特别低的密度等其他可喜的性能。它的性能见表 4.23。

表 4.23　康宁公司 P_2O_5-B_2O_3-SiO_2 系统微晶玻璃形成的"气敏陶瓷"（氢微泡沫）的性能

性能	数值
力学性能	
低密度	低至 $0.5g/cm^3$
高强度/质量比	$2\sim5kpsi$（磨损）（$<1g\cdot cm^3$ 泡沫）
	$136\sim345MPa$
小气孔尺寸	$1\sim100\mu m$
光滑、耐受度好的玻璃层	$10\mu m\sim1mm$ 厚
可加工性（工作区域）	锯、刻、钻孔
热学性能	
低中热胀系数	$(0\sim7)\times10^{-6}/K$
低热导率	因密闭气孔而保温或绝缘
电学性能	
低介电常数	低至 2，可能更低
高 D.C. 电阻率（250℃）	$10^{16}\Omega\cdot cm$
低介电损耗	在非碱金属组成中 <0.001

4.6　建筑应用

　　最重要的建筑用微晶玻璃是由日本电子玻璃公司生产的，其商标名为 Neopariés[TM]（Neopariés[TM]，1995）。这种微晶玻璃已经大规模生产，特别适合用作室内和室外墙砖。这种大的扁平或卷曲片状微晶玻璃材料可以用于外墙装饰（见图 4.67）。例如，Neopariés[TM] 微晶玻璃，尺寸为 $900mm\times1200mm$，最小厚度为 $50mm$。而且，微晶玻璃还可以生成不同颜色和纹理的室外砖。日本电子玻璃公司产品目录中（Neopariés[TM]，1995）有 24 种不同的颜色和纹理的材料样品。

　　这种微晶玻璃用下面的方式生产：将基础玻璃（见 2.2.6）制成粒状的玻璃颗粒；在一个完全自动的过程中，颗粒状玻璃颗粒在隧道窑里 1100℃ 的高温下制成扁平或卷曲的面板；在热处理过程中，颗粒状玻璃开始烧结的温度为 850℃，在 950℃ 以上开始晶化成钙硅石。

　　Neopariés[TM] 对建筑而言特别重要的性能，已在 2.2.6 中介绍过了。这些主要的性能总结如下：

① 高耐候性；

② 零吸水率；

③ 比天然石头更硬；

④ 比天然建筑用石头轻 30%；

⑤ 卷曲面板容易再成型；

⑥ 具有微晶玻璃的特殊纹理。

图 4.67 用作建筑材料的 Neopariés™ 微晶玻璃

而且，这种微晶玻璃易于成型。这种材料制成的面板在烧结过程中可直接形成卷曲状。由此，它们不需要像天然石头面板那样进行后期机械加工。

日本 Asahi 玻璃公司生产了另一种钙硅石微晶玻璃（Cryston®）用作建筑行业的保护层材料（Hatta 和 Kamei, 1987），其中钙硅石晶体尺寸为 0.5～2mm。Cryston® 微晶玻璃的热学和力学性能见表 4.24。

表 4.24　Cryston® 微晶玻璃的性能

性能	数值	性能	数值
力学性能		热学性能	
密度/(g/cm³)	2.76	热胀系数（30～380℃)/(×10^{-6}/K)	8
杨氏模量/GPa	97	20℃时的热导率/[W/(m·K)]	0.9
弯曲强度/MPa	50		
抗压强度/MPa	450		
断裂韧性/MPa·m^{0.5}	1.8	50℃时比热容/[J/(g·K)]	0.8
维氏硬度/MPa	6000		

Cryston 微晶玻璃的化学稳定性也很好。因此，它能广泛用作建筑行业的保护层。日本 Asahi 玻璃公司同样还生产了乳白玻璃/乳白微晶玻璃作为建筑行业的墙体材料。这种材料中的晶相为 NaF 和 CaF_2 晶化玻璃的组成（质量分数%）为：71～77 SiO_2、1.9～4.9 Al_2O_3、3～5.4 CaO、0.1 MgO、4.0 F、0～0.2 Sb_2O_3、11.8～15.2 Na_2O、0.7～3.8K_2O。其化学性能与那些浮法玻璃几乎一样。因此，在建筑上能用作无纹不透明材料（Hatta 等，1986）。

Eurokera（美国康宁公司和法国圣戈班公司）的透明 Eclair® 微晶玻璃也可以用于建筑行业。Eclair® 微晶玻璃类似于 Keraglas®（见 4.2 节），但是 FeO 含量更低（远远小于 200mg/kg）。

除了 Neopariés™、Cryston® 和 Eclair® 微晶玻璃之外，在 20 世纪 70～80 年代，在乌克兰和匈牙利也有建筑装饰用炉渣微晶玻璃。大型建筑外观用的幕墙也可以用这种微晶玻璃生产（见 2.2.8）。

在日本，透明 β-石英微晶玻璃用来进行建筑装饰。透明微晶玻璃如 Firelite™ 就用作防火窗户，用这种材料可制造高科技建筑的大型窗户、仓库的窗户和其他公共建筑的窗户、银行的窗口和门、甚至是幼儿园的类似设施。安全玻璃具有近零的热胀系数，能承受近 800℃ 的高温。这种窗户在建筑上的应用见图 4.68。该微晶玻璃的生产方法和性能已经在 4.2 节中讨论过。这种微晶玻璃是由日本电子玻璃公司生产和销售的。

图 4.68 Firelite 防火微晶玻璃

4.7 涂层和焊接

在今天的微电子工业中，在特殊的基体材料上生成薄膜或者厚膜的技术逐渐变得重要起来。薄膜产品的特性已经在 2.7.1 和 2.7.3 中讨论过。本节将讨论高介电常数薄膜的生产。而且，可使用溶胶-凝胶法获得更经济的制品。

到目前为止，磷酸硼材料是微晶玻璃中介电性能最好的。这种微晶玻璃能制成多层微晶玻璃片。在 2.6.5 中已经讨论了这种类型的微晶玻璃。从 P_2O_5-B_2O_3-SiO_2 系统中（900℃/2h）生成的 BPO_4 微晶玻璃的特性为：250℃ 时，体积电阻率为 10^{16} Ω·cm。这个参数高于 99.9% Al_2O_3 烧结的陶瓷。1kHz 下、200℃ 时，介电损耗通常低于 10^{-3}（MacDowell 和 Beall，1990）。这种微晶玻璃的介电常数取决于其中 SiO_2 的含量，介电常数值在 3.8～4.5 之间。BPO_4 微晶玻璃的生产工艺包括块体玻璃的内部成核或者粉末玻璃压制样品的表面晶化。通过流延法成型可把粉末生成多层微晶玻璃片。这种在微电子工业已经广泛应用的工艺方法，结合前面提到的性能和可喜的热胀系数（4.0×10^{-6}/K），使得这种材料可以用于微电子领域。这些性能使得其可很好地与硅相匹配，用金、银或者铜金属化也是可行的，但是断裂模量超过 15000psi（103.5MPa），比 Al_2O_3 的小。这种微晶玻璃是由康宁公司研发的。

云母微晶玻璃薄膜能用溶胶-凝胶法制成氟锂蒙脱石——$LiMg_2LiSi_4O_{10}F_2$（Beall 等，1980、1981；Beall，1985）。同样，氟锂蒙脱石微晶玻璃接触到水就自发形成胶状，分散成好的溶胶-凝胶。它本身能干燥成为薄膜，但是这种薄膜可被再次形成凝胶时的水破坏。为了得到稳定的薄膜，氟锂蒙脱石凝胶通过一个小槽抽送到 KCl 溶液中，中间层的 K^+ 交换其中的 Li^+，生成稳定的 $KLiMg_2Si_4O_{10}F_2$（氟带云母）薄膜。这种薄膜能直接形成纸片状产品或者打成纸浆用长网造纸的方法形成纸片状产品。这种纸片状产品能与环氧树脂一起使用，得到优良的介电电路板（MacDowell 和 Beall，1990）。

Donald 对用于能源和生物学的微晶玻璃-金属封装进行了综述，他讨论了玻璃-金属封装可行性需要的基本原则（2007）（见 4.8.2）。这种用在微电子行业的封装材料主要由 P_2O_5-Na_2O-BaO 系统（见 2.6.2）和 SiO_2-Li_2O 系统生成（见 2.1.1）。磷酸盐基的微晶玻璃跟铝或铜结合首选用于气密性封装方面。高强度封装则选用二硅酸锂微晶玻璃。这种特殊微晶玻璃被 Sandia 国家实验室用于生成"S-玻璃"，其组成范围（摩尔分数%）为：67.1 SiO_2、2.6 B_2O_3、1.0 P_2O_5、23.7Li_2O、2.8 K_2O 和 2.8 Al_2O_3（Brow 等，1995）。这种微晶玻璃能抗高达 90000psi（621MPa）的压力，其基础玻璃经过热处理后热胀系数为（11～13）$\times 10^{-6}$/K。它能使用特殊的热处理来晶化析出额外的方石英，生成热胀系数在（14～15）$\times 10^{-6}$/K 之间的微晶玻璃（Headley 和 Loehman，1984）来匹配镍基超级合金（Inconel）。这种封装生成的微晶玻璃和 Inconel 之间的 $20\mu m$ 厚的界面中有磷化物 $C_{17}P_7$。"S-玻璃"适于工业应用，例如高压连接器、高压制动器和雷管、具有复杂几何形状的元件。

4.8 新能源应用

微晶玻璃在提高生产效率和能源控制方面起着重要的作用。尽管面临巨大的挑战，在 4.3.3.1 中已对高效微晶玻璃太阳能收集器的生产进行了介绍。微晶玻璃可作为锂电池中一种有效的阴极或固体电解质材料。固体氧化物燃料电池需要在钇稳定氧化锆电解质和不同的连接合金之间进行密闭的和有效的连接。

4.8.1 锂电池组成

4.8.1.1 负极

一种有望用作锂电池负极的微晶玻璃是在化合物 $LiFePO_4$ 的基础上生成的，它具有能使 Li^+ 有效嵌入的橄榄石型结构，同时它不含稀土或者有毒元素。生成晶相的前驱体玻璃为 Li_2O-Fe_2O_3-P_2O_5-Nb_2O_5 系统（Hirose 等，2007；Sakamoto 和 Yamamoto，2010）。玻璃在还原气氛中熔融，然后晶化热处理，生成 $LiFePO_4$ 连续相。这种嵌入晶体在充电-放电周期中化学稳定性好，在微晶玻璃状态时，表现出比固相反应合成时更高的热导率。因此，微晶玻璃电池比传统 $LiFePO_4$ 陶瓷电池有更低的内阻和更高效的放电性能。

4.8.1.2 电解质

Nakajima 等（2010）介绍了在 NASICON 固溶体晶相化合物 $Li_{1+x}Al_xGe_yTi_{2-x-y}P_3O_{12}$ 基础上获得的锂离子导电微晶玻璃。这种相形成连续的、晶粒尺寸为 50nm 的纳米晶体微观结构，出现包括玻璃在内的岛状次生相。

根据其工艺方法，离子电导率范围（1～3）$\times10^{-4}$S/cm，在此范围内得到了最好的陶瓷 Li 离子导体。这些微晶玻璃可通过玻璃熔融、冷却和再次热处理等标准技术形成块体材料；也可用粉末玻璃流延成型，然后烧结晶化。生成的微晶玻璃呈半透明白色。

这些材料的另一个重要性能是湿气抵抗力强、低磁导率和 600℃下热稳定。抗弯强度为 140MPa，努氏硬度为 590，相对密度 3.05，从室温到 350℃ 时的热胀系数为 9.4×10^{-6}/℃。

这些微晶玻璃可用于 Li/空气电池中的固体电解质，其阳极采用锂，阴极采用铂催化剂多孔炭材料。

4.8.2 固体氧化物燃料电池的连接材料

固体氧化物燃料电池（SOFCs）有着很广泛的应用，包括发电机、航空器、便携式电子设备甚至汽车推进器等。就能量密度和效率来说，平面固体氧化物燃料电池（SOFC）结构比其他形式如管状或射线状的要好。在平面固体氧化物燃料电池研究中关键的问题是，必须在固体电解质和/或者金属化连接的陶瓷电极之间形成气密性封装，以防止燃料氧化物混合并形成电绝缘。

Donald 等（2011）对微晶玻璃-金属封装中的关键问题，尤其是固体氧化物燃料电池封装中的关键问题进行了综述。微晶玻璃比玻璃更宽的热胀特性和热稳定性在封装中是非常重要的。为了延长使用寿命，金属和玻璃之间的界面反应和扩散必须最小化。而合金比纯金属问题更多。

已经证实从熔块表面晶化生成的微晶玻璃是一种很好的连接材料（Pascual 等，2007；Reis 等，2010）。可能有用的熔块组成具有不同的化学系统，包括：SiO_2-B_2O_3-MgO-BaO-ZnO 和 SiO_2-CaO-SrO-ZnO-B_2O_3-TiO_2。在前一系统中，微晶玻璃的热学性能和化学相容性介于钇稳定氧化锆电解质和关键的连接合金如 FeCr 和钢 Crofer22 之间。Pascual 等（2007）对其关键晶相，如硅酸钡、镁硅酸钡和硅酸镁进行了测定。硼氧化物的增加延迟了熔块的晶化，使之能在熔块和金属之间产生一个好的连接，而且有助于抑制氧化铬和硅酸钡反应生成不期望出现的 $BaCrO_4$。热胀系数为 10.5×10^{-6}/K，氧化锆和金属两种成分的首选熔块组成（摩尔分数%）为：40SiO_2、27BaO、10MgO、15B_2O_3 和 8ZnO。

Reis 等（2010）研究了更复杂的系统，熔块晶化的封装条件为 850～870℃下保温 2h，主晶相是黄长石 $CaSrAl_2SiO_7$、$Ca_2ZnSi_2O_7$、$Sr_2Al_2SiO_7$ 和正硅酸盐 $CaSrSiO_4$。封装后的热胀系数为（10～12）$\times10^{-6}$/K，再次氧化锆电解质和金属成分相匹配。人们认为，重要的是控制熔块初始颗粒的粒度大于 $45\mu m$。随着颗粒尺寸的减小，表面区域扩大且开始的晶化速度太快，没有充足的缓冲时间进行密实化，导致有气孔被封在其中。

后记　未来发展方向

自从 20 世纪 50 年代发现微晶玻璃以来，其应用主要集中在热力学性能（强度、低热胀系数和热稳定性）为关键指标的一些领域，导弹鼻锥（天线罩）是其首次应用，然后是炊具、餐具、炉面和电子封装。这些应用都涉及其他的性能要求。例如，天线罩必须是对微波完全透过的、厨具必须是化学稳定的、炉面在近红外区必须是无吸收的、电子封装材料必须有低介电常数和低介电损耗等。

近年来，对微晶玻璃应用的研究兴趣大增，在这些应用中，光学性能是关键指标。平行但并无关系的领域是微晶玻璃在牙科和外科矫形术中的应用。在光学领域，最重要的性能是在近红外范围内的发光与非常好的透明度。晶体高效的宽范围发光是这种应用的基础，例如可调激光器和光学放大器，两者都能用微晶玻璃块体和光纤来实现。

牙科生物材料和外科植入体需要不同的性能：美学外观、好的化学稳定性和室温下好的力学性能是前者的标准；而生物相容性和抗弯强度是后者的基础。牙科生物材料要进一步发展以满足患者、牙科医生和牙科技术人员的需求。

我们可以预见在未来的几十年中，微晶玻璃在光学和生物学领域中的技术和应用需求将迅速增长。尽管在传统领域的增长比较小，但微晶玻璃在传统领域仍将持续应用。因此，总有不曾想过的应用即将浮出水面，它会将材料性质全新结合起来。总之，潜在性质的广泛应用，结合玻璃具有灵活的成型特点，如粉末的高速成型和挤出工艺，将确保微晶玻璃技术的可持续发展。

附录 23种晶体结构的21张图

图 A1～图 A20 是在 Windows 中用 Atoms V4.0 计算出来的（Dowty, 1997）。

图 A21 的三种结构图是用 Diamond 晶体结构可视化软件（Crystal）做出来的，承蒙 Wörle 提供（2009）。

晶体结构：

名称和化学式	结构类型	参考文献
1. α-石英（SiO_2）	网状硅酸盐	Levien 等（1980）
2. β-石英（SiO_2）	网状硅酸盐	Wright 和 Lehmann（1981）
3. 方石英（SiO_2）	网状硅酸盐	Dowty（1999a）
4. 鳞石英（SiO_2）	网状硅酸盐	Kihara（1977）
5. β-锂霞石（$LiAlSiO_4$）	网状硅酸盐	Guth 和 Heger（1979）
6. β-锂辉石（$LiAlSi_2O_6$）	网状硅酸盐	Li 和 Peacor（1968）
7. 顽辉石（$MgSiO_3$）	链状硅酸盐	Ghose 等（1986）
8. 硅灰石（$CaSiO_3$）	链状硅酸盐	Ohashiy 和 Finger（1978）
9. 透辉石（$CaMgSi_2O_6$）	链状硅酸盐	Clark 等（1969）
10. 氟钠透闪石（$KNaCaMg_5Si_8O_{22}F_2$）	链状硅酸盐	Cameron 等（1983）
11. 堇青石（$Mg_2Al_4Si_5O_{18}$）	环状硅酸盐	Predecki 等（1987）
12. 二硅酸锂（$Li_2Si_2O_5$）	层状硅酸盐	De Jong 等（1998）
13. 氟金云母（$KMg_3AlSi_3O_{10}F$）	层状硅酸盐	Mc Cauley 等（1973）
14. 白榴石（$KAlSi_2O_6$）	网状硅酸盐	Mazzi 等（1976）
15. 霞石（$KNa_3[AlSiO_4]_4$）	网状硅酸盐	Simmons 和 Peacor（1972）
16. 莫来石（$3Al_2O_3 \cdot 2SiO_2$）	链状铝硅酸盐	Sadanaga 等（1972）
17. 尖晶石（$MgAl_2O_4$）	氧化物	Dowty（1999b）
18. 金红石（TiO_2）	氧化物	Dowty（1999c）
19. 氟磷灰石（$Ca_{10}(PO_4)_6F_2$）	磷酸盐	Sanger 和 Kuhs（1992）
20. 独居石（$CePO_4$）或（$LaPO_4$）	磷酸盐	Ueda（1953）
21. ZrO_2 晶体		
a. 单斜晶系	氧化物	Howard 等（1988）
b. 四方晶系	氧化物	Howard 等（1990）
c. 立方晶系	氧化物	Wang 等（1999）

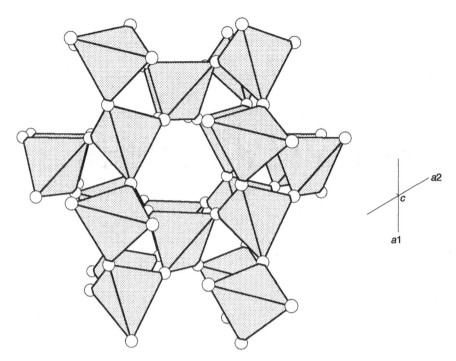

图 A1 α-石英（SiO₂）

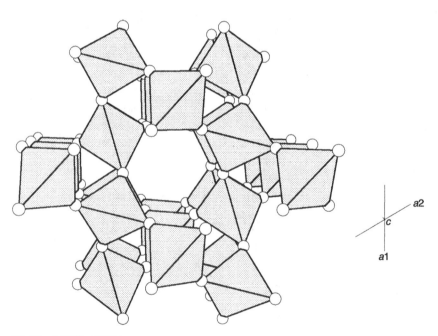

图 A2 β-石英（SiO₂）

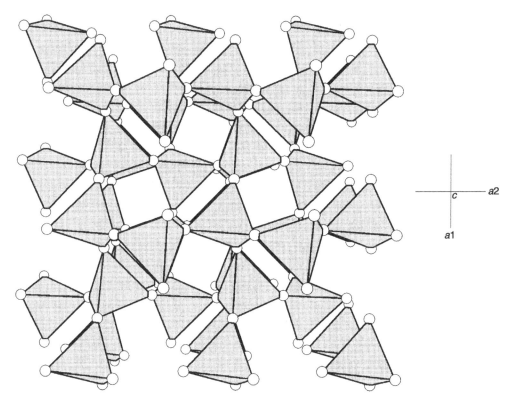

图 A3 方石英（SiO$_2$）

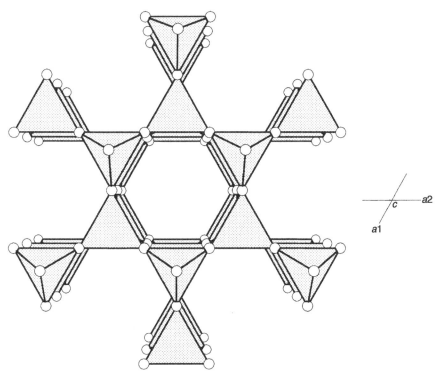

图 A4 鳞石英（SiO$_2$）

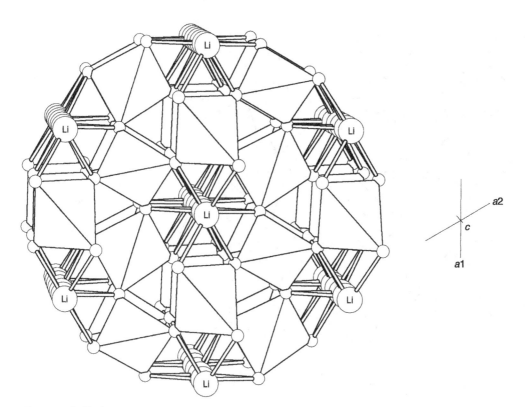

图 A5 β-锂霞石（LiAlSiO₄）

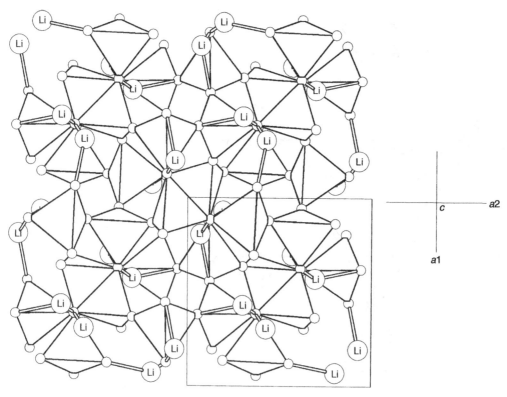

图 A6 β-锂辉石（LiAlSi₂O₆）

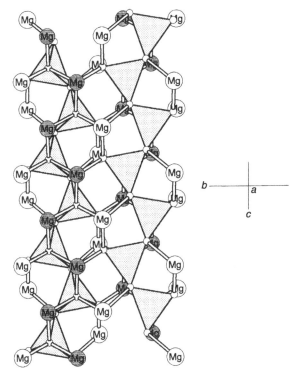

图 A7 顽辉石（MgSiO₃）

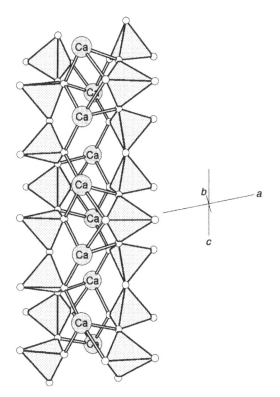

图 A8 硅灰石（CaSiO₃）

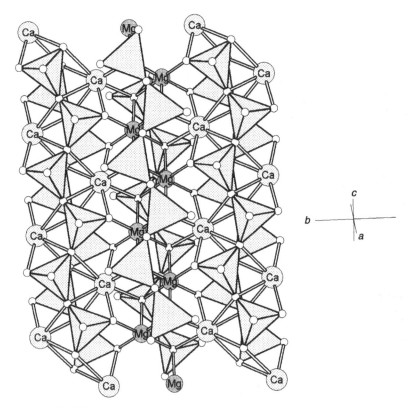

图 A9　透辉石（$CaMgSi_2O_6$）

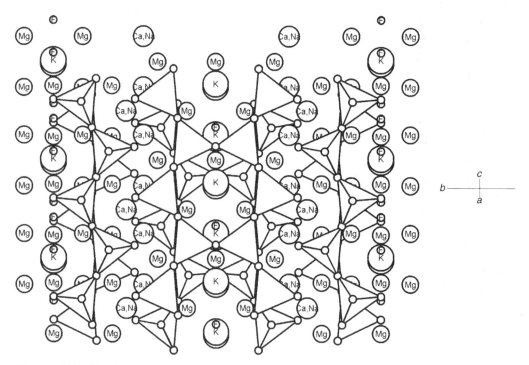

图 A10　氟钠透闪石（$KNaCaMg_5Si_8O_{22}F_2$）

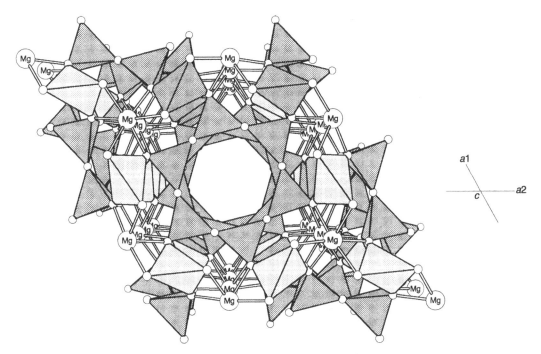

图 A11 董青石（$Mg_2 Al_4 Si_5 O_{18}$）

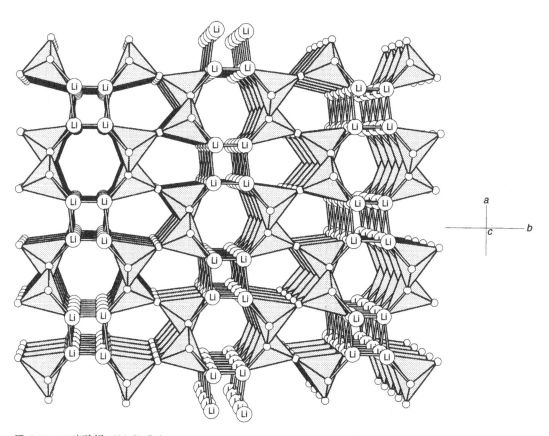

图 A12 二硅酸锂（$Li_2 Si_2 O_5$）

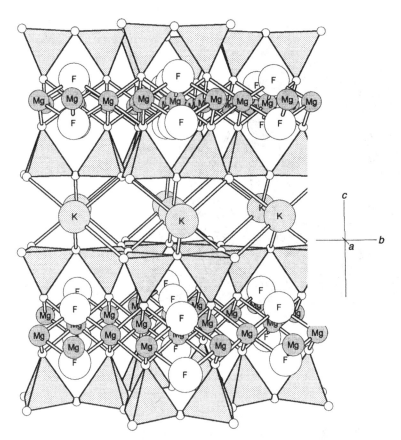

图 A13　氟金云母（$KMg_3AlSi_3O_{10}F$）

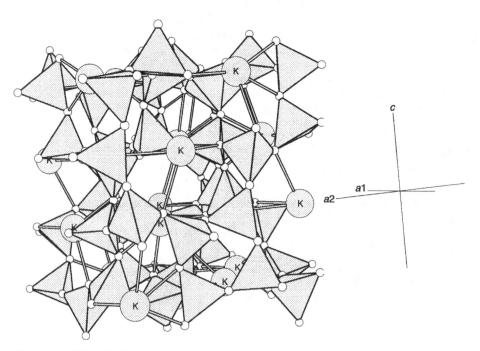

图 A14　白榴石（$KAlSi_2O_6$）

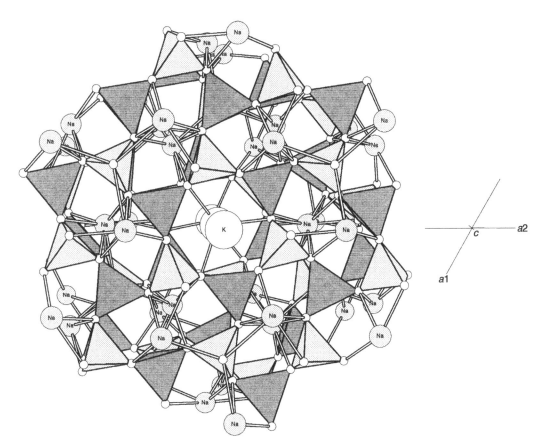

图 A15 霞石（KNa_3[AlSiO_4]_4）

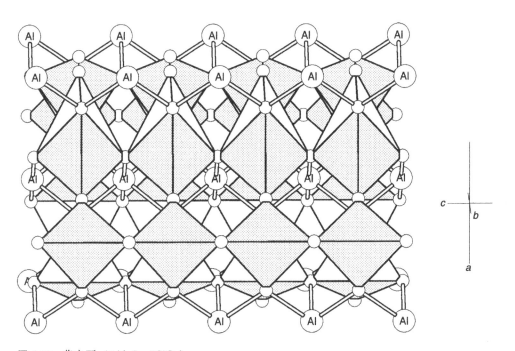

图 A16 莫来石（3Al_2O_3·2SiO_2）

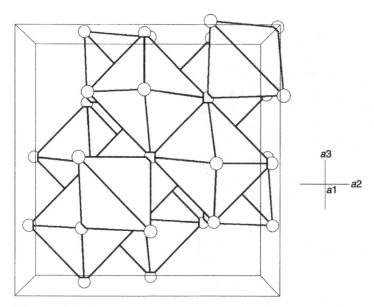

图 A17 尖晶石（MgAl$_2$O$_4$）

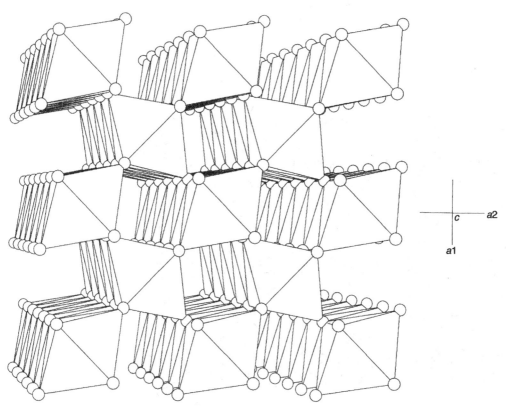

图 A18 金红石（TiO$_2$）

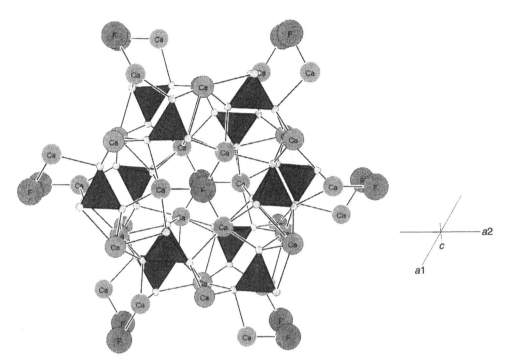

图 A19 氟磷灰石 $[Ca_{10}(PO_4)_6F_2]$

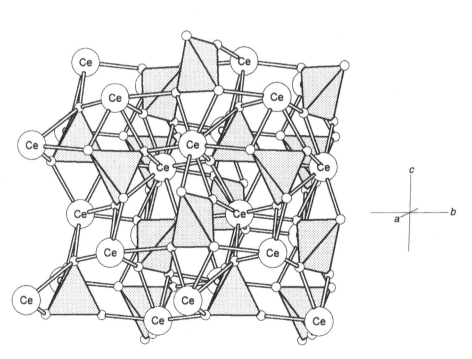

图 A20 独居石（$CePO_4$）或（$LaPO_4$）

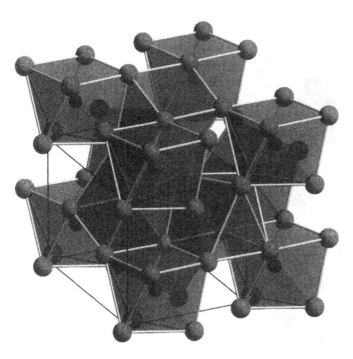

图 A21 (a)　ZrO_2 晶体——单斜晶系

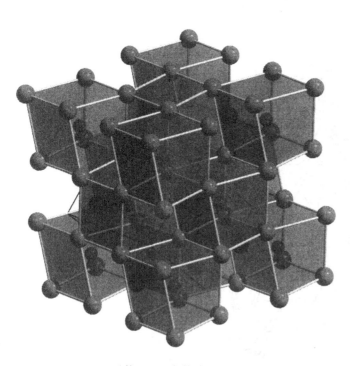

图 A21 (b)　ZrO_2 晶体——四方晶系

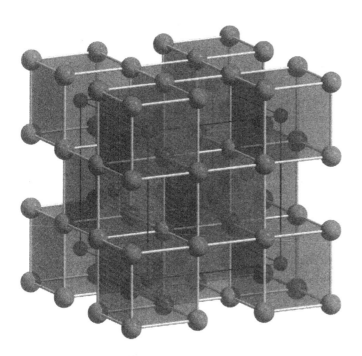

图 A21 (c)　ZrO_2 晶体——立方晶系

参考文献

Abe Y (1979) Abnormal characteristics in crystallization of Ca(PO₃)₂ glass. *Nature* London **282**: 55-56.

Abe Y, Hosoe M, Kasuga T, Ishikawa H, Shinkai N, Suzuki N, and Nakayama J (1982) Highstrength Ca(PO₃)₂ glass-ceramic prepared by unidirectional crystallization. *J. Am. Ceram. Soc.* **65**: C 189-C 190.

Abe Y, Kasuga T, Hosono H, and de Groot K (1984) Preparation of high-strength calcium phosphate glass-ceramic by unidirectional crystallization. *J. Am. Ceram. Soc.* **67**: C 142-C144.

Abe Y, Hosono H, Hosoe M, Iwase J, and Kub Y (1988) Superconducting glass-ceramics rods in BiCaSrCu₂Oₓ prepared by crystallization under a temperature gradient. *Appl. Phys. Lett.* **53**: 1341-1342.

Abe Y, Hosono H, Nogami M, Kasuga T, and Nagase M (1995) Development of porous glass-ceramics in Ag-Titanium phosphates and its antibacterial effect. *Bioceramics* **8**: 247-251.

Abe Y, Kasuga T, Nakamura K, Masuda, Nogami M, and Inukai E (1996) Superconducting Bi₂Sr₂Ca₁Cu₂Oₓ phase formed by penetration throughout metallic copper pipe. *Supercond. Sci. Technol.* **9**: 488-492.

Abendroth U (1985) Die herstellung von kronen aus giessbarer dicor-glaskeramik. *Dentallabor* **33**: 1281-1286.

Adair PJ and Grossman D (1984) The castable ceramic crown. *Int. J. Periodontics Restorative Dent.* **4**: 33-45.

Aitken BC (1992) Perovskite glass-ceramics. *Bol. Soc. Esp. Ceram. VID 31-C* **5**: 33-38.

Alkemper J, Paulus H, and Fuess H (1994) Crystal structure of aluminium pentasodium tetrakis (phosphate), Na₅Ca₂Al(PO₄)₄. *Z. Krist.* **209**: 76.

Alkemper J, Paulus H, and Fuess H (1995) Crystal structure of aluminum calcium sodium diphosphate, Na₂₇Ca₃Al₅(P₂O₇)₁₂. *Z. Krist.* **210**: 298-299.

Allen RE and Herczog A (1962) Transparent high dielectric constant material, method and electroluminescent device. U. S. Patent 3114066.

Ando J and Matsuno S (1968) Ca₃(PO₄)₂-CaNaPO₄ system. *Bull. Chem. Soc. Jpn.* **41**: 342-347.

Andrews LJ, Beall GH, and Lempicki A (1986) Luminescence of Cr³⁺ in mullite transparent glass-ceramics. *J. Luminesc.* **36**: 65-74.

Anthony JW, Bideaux RA, Bladh KW, and Nichols MC (1995) *Handbook of Mineralogy*, Vol. 2, Pt. 2. Mineral Data Publ., Tucson, AZ.

Anusavice KJ and Esquivel-Upshaw JF (2008) Principles for selection of metal-ceramic and all-ceramic prostheses. In *Statements*, Roulet J-F and Kappert HF (eds.), Quintessenz GmbH, Berlin, 177-194.

Apel E, van 't Hoen C, Rheinberger VM, and Höland W (2007) Influence of ZrO₂ in the crystallization and properties of lithium disilicate glass-ceramics derived from a multicomponent system. *J. Europ. Ceram. Soc.* **27**: 1571-1577.

Apel E, Deubener J, Bernard A, Höland M, Müller R, Kappert H, Rheinberger V, and Höland W (2008) Phenomena and mechanisms of crack propagation in glass-ceramics. *J. Mech. Behav. Biomed. Mater.* **1**: 313-325.

Apel E, Ritzberger C, Rheinberger VM, Chevalier J, Courtois N, Reveron H, and Höland W (2012) Evaluation of microstructure and mechanical properties of a Ce-TZP based ceramic matrix composite, CMC. *J. Europ. Ceram. Soc.* 10. 1016/j. jeurceramsoc. 2012. 02. 002.

Argyriou DN and Howard CJ (1995) Re-investigation of Yttria-tetragonal Zirconia Polycrystal (Y-TZP) by neutron powder diffraction- a cautionary tale. *J. Appl. Cryst.* **28**: 206-208.

Bahat D (1970) Kinetic study on the hexacelsian-celsian phase transformation. *J. Mater. Sci.* **5**: 805-810.

Bahat, D (1972) Several metastable alkaline earth feldspar modifications. *J. Mater. Sci.* **7**: 198-201.

Bapna MS and Mueller HJ (1996) Study of devitrification of Dicor® glass. *Biomaterials* **17** (21): 2045-2052.

Barrett JM, Clark DE, and Hench LL (1980) Glass-ceramic dental restoration. U. S. Patent 4189325.

Barry TI (1970) The crystalliation of glasses based on the eutectic compositions in the system $Li_2O-Al_2O_3-SiO_2$. *J. Mater. Sci.* **5**: 117-126.

Baur W, and Khan AA (1971) Rutile-type compounds. IV. SiO_2, GeO_2, and a comparison with other rutile-type structures. *Acta Cryst.* **B27**: 2133-2139.

Beall GH (1971a) Structure, properties, and nucleation of glass-ceramics. In: *Advances in Nucleation and Crystallization in Glasses*, Hench LL and Freiman SW (eds.), Special Publ. No. 5, The Am Ceram Soc, Columbus, OH, 251-261.

Beall GH (1971b) Ta_2O_5-nucleated glass-ceramic articles. US Patent 3573939.

Beall GH (1983) Alkali metal, calcium fluorosilicate glass-ceramic article. U. S. Patent 4386162.

Beall GH (1985) Property and process development in glass-ceramic materials. In *Glass... Current Issues*, Wright AK and Dupuy J (eds.), pp. 40-42. Martinus Nijhoff, Dordrecht.

Beall GH (1986) Glass-ceramics. In *Advances in Ceramics*, Vol. 18, Boyd DC and MacDowell JF (eds.), The Am Ceram Soc, Columbus, OH, 157-172.

Beall GH (1987) Refractory glass-ceramic containing enstatite. U. S. Patent 4687749.

Beall GH (1989) Design of glass-ceramics. *Rev. Solid. State Sci.* **3**: 333-354.

Beall GH (1991) Chain silicate glass-ceramics. *J. Non-Cryst. Solids* **129**: 163-173.

Beall GH (1992) Design and properties of glass-ceramics. *Annu. Rev. Mater. Sci.* **22**: 91-119.

Beall GH (1993) Glass-ceramics: Recent development and application. In: *Nucleation and Crystallization in Glasses and Liquids. Ceramic Transactions*, Vol. 30, Weinberg MC (ed.), The Am Ceram Soc, Westerville, OH, 241-266.

Beall GH (1998) Magnetic memory storage device and disk having a glass-ceramic substrate. U. S. Patent 5744208.

Beall GH (2000) Glass-ceramics for photonic applications. In *Proceedings of the International Symposium on Crystallization in Glasses and Liquids*, Höland W, Schweiger M, and Rheinberger V (eds.), *Glastech. Ber. Glass Sci. Technol.* **73** (C1), 3-11.

Beall GH (2004) Anhedral crystallization in phase separated glasses. *Glass Technol.* **45**: 2.

Beall GH (2009) Refractory glass-ceramics based on alkaline earth aluminosilicates. *J. Europ Ceram. Soc.* **29**: 1211-1200.

Beall GH and Doman RC (1987) *Glass-Ceramics, in Encyclopedia of Physical Science and Technology*, Vol. 6, Academic Press.

Beall GH and Duke DA (1969) Transparent glass-ceramics. *J. Mater. Sci.* **4**: 340-352.

Beall GH and Duke DA (1983) Glass-ceramic technology. In *Glass Science and Technology*, Vol. 1, Uhlmann DR and Kreidl NJ (eds.), Academic Press, Orlando, FL, 404-445.

Beall GH and Pinckney LR (1992) Variably translucent glass-ceramic article and method for making. Patent EP 0536478 02. 07. 92.

Beall GH and Pinckney LR (1995) High modulus glass-ceramics containing fine grained spinel-type crystals. Europ Patent EP 0710: 627.

Beall GH and Pinckney LR (1999) Nanophase glass-ceramics. *J. Am. Ceram. Soc.* **82**: 5-16.

Beall GH and Reade RF (1979) Glass and glass-ceramics suitable for induction heating, U. S. Patent 4140645.

Beall GH and Rittler HL (1976) Basalt glass ceramics. *Am. Ceram. Soc. Bull.* **55** (6): 579-582.

Beall GH and Rittler HL (1982) Glass-ceramics based on pollucite. In: *Nucleation and Crystallization in Glasses*, Adv Ceram, Vol. 4, Simmons JH, Uhlmann DR and Beall GH, The Am Ceram Soc, Inc. , Columbus, OH, 301-312.

Beall GH and Weidman DL (2007) Athermal optical devices employing negative expansion substrates. U. S. Patent 7254297.

Beall GH, Karstetter BR, and Rittler HL (1967) Crystallization and chemical strength of stuffed β-quartz glass-ceramic. *J. Am. Ceram. Soc.* **50**: 67-74.

Beall GH, Montierth MR, and Smith GP (1971) Bearbeitbare Glaskeramik. *Glas-Email-Keramo-Techn* **11**: 409-415.

Beall GH, Grossman DG, Hoda SN, and Kubinski KR (1980) Inorganic gels and ceramic papers, films, boards and coatings made therefrom. U. S. Patent 4239519.

Beall GH, Grossman, DG, Hoda SN, and Kubinski KR (1981) Inorganic gels and ceramic papers, films, boards and coatings made therefrom. U. S. Patent 4297139.

Beall GH, Chirino AM, Chuyung K, Martin FW, and Taylor MP (1984) Glass-ceramic articles containing osumilite. U. S. Patent 4464474.

Beall GH, Chyung K, Stewart RL, Donaldson KY, Lee HL, Baskaran S, and Hasselman DPH (1986) Effect of test method and crack size on the fracture toughness of chain-silicate glass-ceramics. *J. Mat. Sci.* **21**: 2365-2372.

Beall GH, Cole DR, Hall DW, Holland HJ, Schreurs JWH, Edwards M, Gilles R, and Lempicki A (1987) Physical and optical properties of chromium-doped glass-ceramics. U. S. Dept. of Energy Final Report DE-FG02-84ER45103.

Beall GH, MacDowell JF, and Low K (1989) Glass-ceramics for microelectronic packaging, ceramic transactions. In *Materials and Processes for Microelectronic Systems*, Vol. 15, Nair KM (ed.), Am. Ceram. Soc., 259-277.

Beall GH, Chyung K, and Pierson JE (1998) Negative CTE β-eucryptite glass-ceramics for fiber Bragg gratings, *Proc. Int. Cong. On Glass XVIII (CD-ROM), San Francisco.*

Beevers CA and McIntyre DB (1956) The atomic structure of fluorapatite and its relation to that of tooth and bone mineral. *Mineral. Mag.* **27**: 254-259.

Beleites E and Rechenbach G (1992) Implantologie in der Kopf-Hals-Chirurgie gegenwärtiger Stand. *HNO Prax.* **12**: 170-199.

Beleites E, Gudziol H, and Höland W (1988) Maschinell bearbeitbare Glaskeramik für die Kopf-Hals-Chirurgie. *HNO Prax.* **13**: 121-125.

Ben Amara M, Vlasse M, Le Flem G, and Hagenmuller P (1983) Structure of the Low-Temperature Variety of Calcium Sodium Orthophosphate, $NaCaPO_4$., *Acta Cryst.* **C39**: 1483-1485.

Bengisu M, Brow RK, and White JE (2004) Interfacial reactions between lithium silicate glass-ceramics and ni-based superalloys and the effect of the heat treatment at elevated temperatures. *J. Mater Sci.* **39**: 605-618.

Benzaid R, Chevalier J, Saâdaoui M, Fantozzi G, Nawa M, Diaz LA, and Torrecilla R (2008) Fracture toughness, strength and slow crack growth in a ceria stabilized zirconia-alumina nanocomposite for medical application. *Biomaterials* **29**: 3636-3641.

Best SM, Porter AE, Thian ES, and Huang J (2008a) Bioceramics: Past, present and for the future. *Eur. Ceram. Soc.* **28**: 1319-1327.

Best SM, Duer MJ, Reid DG, Wise ER, and Zou S (2008b) Towards a model of the mineral-organic interface in bone: NMR of the structure of synthetic glycosaminoglycan-and polyaspartate-calcium phosphate composites. *Magn. Reson. Chem.* **46**: 323-329.

Bhattacharyya S, Hoche T, Jinschek JR, Avramov I, Wurth R, Muller M, and Russel C (2010) Direct evidence of al-rich layers around nanosized $ZrTiO_4$ in glass: Putting the role of nucleating agents in perspective. *Cryst. Growth Des.* **10** (1): 379-385.

Bischoff C, Eckert H, Apel E, Rheinberger VM, and Höland W (2011) Phase evolution in lithium disilicate glass-ceramics based on non-stoichiometric compositions of a multicomponent system: Structural studies by [29]Si single and double resonance solid state NMR. *Phys. Chem. Chem. Phys.* **13**: 4540-4551.

Blume RD and Drummond CH III (2000) Crystallization in synthetic basaltic glass-ceramics. *Glastech. Ber. Glass Sci. Technol.* **73 C1**: 43-50.

Boccaccini AR, Petitmermet M, and Wintermantel E (1997) Glass-ceramic from municipal incinerator fly ash. *Am. Ceram. Soc. Bull.* **76**: 75-78.

Bocker C and Rüssel C (2009) Self-organized nano-crystallization of BaF_2 from $Na_2O/K_2O/BaF_2/Al_2O_3/SiO_2$ glasses. *J. Europ. Ceram. Soc.* **29**: 1221-1225.

Bolle U (2006) IPS InLine press-on-metal-ceramic. Internal report, Ivoclar Vivadent AG.

Borom MP, Turkalo AM, and Doremus RH (1975) Strength and microstructure in lithium disilicate glass-ceramics. *J. Am. Ceram. Soc.* **58**: 385-391.

Borrelli NF, Herczog A, and Maurer RD (1965) Electro optic effect of ferroelectronic microcrystals in a glass matrix. *Appl. Phys. Lett.* **7**: 117-118.

Borrelli NF, Morse FB, Bellman RH, and Morgan WL (1985) Photolytic technique for producing microlenses in photo-sensitive glass. *Appl. Opt.* **24** (16): 250-252.

Bradt RC, Newnham RE, and Biggens JV (1973) The toughness of jade. *Am. Mineral.* **58**: 727-732.

Bragg L, Claringbull GF, and Taylor WH (1965) Crystal structures of minerals. In *The Crystalline State*, Vol. 4, Bragg L (ed.), Cornell University Press, Ithaca, NY, 218.

Brdička R (1970) *Grundlagen der Physikalischen Chemie*. Dt. Verlag der Wissenschaften, Berlin, Germany.

Bretcanu O, Samaille C, and Boccaccini AR (2008) Simple method to fabricate bioglassderived glass-ceramic scaffolds exhibiting porosity gradient. *J. Mater Sci.* **43**: 4127-4134.

Brodbeck U (1996) Six years of clinical experience with an all-ceramic system. Signature Int: 8-14.

Brömer H, Pfeil E, and Käs H (1973) German Patent 2326100.

Brömer H, Deutscher K, Blencke B, Pfeil E, and Strunz V (1977) Properties of the bioactive implant material "CER-AVITAL." *Sci. Ceram.* **9**: 219-225.

Brow RK (1989) Ion beam effects on the composition and structure of glass surfaces. *J. Vac. Sci. Technol. A* **7**: 1673-1676.

Brow RK, Tallant DR, Sharon TM, and Phifer CC (1995) The short range structure of zinc polyphosphate glass. *J. Non-Cryst. Solids* **1991**: 45-55.

Brown ID and Altermatt D (1985) Bond-valence parameters obtained from a systematic analysis of the inorganic crystals structure database. *Acta Cryst.* **B41** (4): 244-247.

Budd MI (1993) Sintering and crystallization of a glass powder in the $MgO-Al_2O_3-SiO_2-ZrO_2$ system. *J. Mater. Sci.* **28**: 1007-1014.

Buerger MJ (1954) The stuffed derivatives of silica structures. *Am. Mineral.* **39**: 600-614.

Buessem WR, Thielke NR, and Sarakauskas RV (1952) Thermal expansion hysteresis of aluminum titanate. *Ceram. Age* **60** (5): 38-40. Ceram. Abstr., 1954, p. 185.

Bühler P and Völkel T (2006) Scientific documentation of IPS Empress CAD. Ivoclar Vivadent AG.

Bürke H (2004) TEM-Grundlagenuntersuchungen zur Gefügeentwicklung in aushärtbaren Glimmerglaskeramiken. Dissertation, Würzburg, Germany.

Bürke H (2006) Zwei Glaskeramiken auf dem neuesten Stand. *Quintessenz Zahntech.* **32**: 1316-1325.

Bürke H, Durschang B, Meinhardt J, and Müller G (2000) Nucleation and crystal growth kinetics in the ZrO_2-strengthened mica glass-caremic for dental application. *Glastech. Ber. Glass Sci. Technol.* **73 C1**: 270-277.

Burnett DG and Douglas RW (1971) Nucleation and crystallization in the soda baria-silica system. *Phys. Chem. Glasses* **12**: 117-124.

Cahn JW (1969) The metastable liquidus and its effect on the crystallization of glass. *J. Am. Ceram. Soc.* **52**: 118-121.

Cai H, Stevens Kalceff MA, Hooks B, and Lawn BR (1994) Cyclic fatigue of a micacontaining glass-ceramic at Hertzi-an contacts. *J. Mater. Res.* **9** (10): 762-769.

Cameron M, Sueno S, Papike JJ, and Prewitt CT (1983) High temperature crystal chemistry of K and Na fluorrichter-ites. *Am. Mineral.* **68**: 924-943.

Cao W and Hench LL (1996) Bioactive materials. *Ceram. Int.* **22**: 493-507.

Caroli B, Caroli C, Roulet B, and Faivre G (1989) Viscosity-induced stabilization of the spherical mode of growth from an undercooled liquid. *J. Cryst. Growth* **94**: 253-260.

Carr SM and Subramanian KN (1982) Spherulitic crystal growth in P_2O_5-nucleated lead silicate glasses. *J. Cryst. Growth* **60**: 307-312.

Carrig TJ and Pollock CR (1993) Performance of a continuous-wave forsterite laser with krypton ion, ti: sapphire and Nd: YAG pump lasers. *IEEE J. Quantum Electron.* **29** (11): 2835-2844.

Cassius, Andreas (1685) *De Auro*.

Ceran® (1996) Technical specification TL1001-01 for CERAN®-cooking surface, SCHOTT Glas.

Cerabone® A-W catalog (1992) Lederele (Japan), Ltd. , Nippon Electric Glass Co. , Ltd.

Chan JCC, Ohnsorge R, Meise-Gresch K, Eckert H, Höland W, and Rheinberger V (2001) Apatite crystallization in an aluminosilicate glass matrix: mechanistic studies by X-ray powder diffraction, thermal analysis, and multinuclear solid-state NMR spectroscopy. *Chem. Mater* **13**: 4198-4206.

Charles RJ (1973) Immiscibility and its role in glass processing. *Am. Ceram. Soc. Bull.* **52**: 673-680.

Chen D, Wang Y, Yu Y, Huang P, and Weng F (2008) Near-infrared quantum cutting in transparent nanostructured glass-ceramics. *Opt. Lett.* **33** (16): 1884-1886.

Chen FPH (1963) Kinetic studies of crystallization of synthetic mica glass. *J. Am. Ceram. Soc.* **46**: 476-485.

Chen X, Hench LL, Greenspan D, Zhong J, and Zhang X (1998) Investigation on phase separation, nucleation and crystallization in bioactive glass-ceramics containing fiuorophlogopite and fiuorapatite. *Ceram. Int.* **24**: 401-410.

Chevalier J and Gremillard L (2009) Ceramics for medical applications: A picture for the next 20 years. *J. Europ. Ceram. Soc.* **29**: 1245-1255.

Chevalier J, Deville S, Münch E, Jullian R, and Lair F (2004) Critical effect of cubic phase on aging in 3 mol% Yttria stabilize zirconia ceramics for hip replacement prosthesis. *Biomaterials* **25**: 5539-5545.

Chiari G, Calleri M, and Bruno E (1975) The structure of partially disordered, synthetic strontium feldspar. *Am. Mineral.* **60**: 111-119.

Christensen GJ (2006) The future significance of CAD/CAM for dentistry. In *State of the Art of CAD/CAM Restorations 20 Year of Cerec*, Mörmann WH (ed.), Quintessence Pub. Co. , 19-28.

Chuai XH, Zhang HJ, Li FS, Lu SZ, Wang SB, and Chi-Chou K (2002) Synthesis and luminescence properties of oxyapatit $NaY_9Si_6O_{26}$ doped with Eu^{3+}, Tb^{3+}, Dy^{3+} and Pb^{2+}. *J. Alloys Compd.* **334**: 211-218.

Chyung CK (1969) Secondary grain growth of $Li_2O-Al_2O_3-SiO_2-TiO_2$ glass-ceramics. *J. Am. Ceram. Soc.* **52**: 61-64.

Chyung K, Beall GH, and Grossman DG (1974) Fluorophlogopite mica glass-ceramic. In *Proceedings Tenth Int Cong on Glass*. Kunugi M, Tashiro M, and Saga N (eds.), The Ceram Soc of Japan, Kyoto, Japan, Part II: 122-129.

Clark JR, Appleman DE, and Papike JJ (1969) Chrystal-chemical characterization of clinopyroxenes based on eight new structure refinements. *Mineral. Soc. Am. Spec. Pap.* **2**: 31-50.

Clifford A and Hill R (1996) Apatite-mullite glass-ceramic. *J. Non-Cryst. Solids* **196**: 346-351.

Conrad MA (1972) Phase transitions in a zirconia-nucleated $MgO \cdot Al_2O_3-3SiO_2$ glass-ceramic. *J. Mater Sci.* **7**: 527-530.

Cramer von Clausbruch S, Schweiger M, Höland W, and Rheinberger V (2000) The effect of P_2O_5 on the crystallization and microstructure of glass-ceramics in the $SiO_2-Li_2O-K_2O-ZnO- P_2O_5$ system. *J. Non-Cryst. Solids* **263**&**264**: 388-394.

Crobu M, Rossi A, Mangolini F, and Spencer ND (2010) Tribochemistry of bulk zinc metaphosphate glasses. *Tribol. Lett.* **39**: 121-134.

Daskalon G, Brodkin D, Karmakar A, Zammarieh E, Schulman PA, Panzera C, and Panzera P (2003) High strength dental restoration. US Patent application, 2003/0183964.

Datzmann G (1996) Cerec vitablocs mark II machinable ceramic. In *CAD/CIM in Aesthetic Dentistry*, Mörmann WH (ed.), Quintessence Pub. Co. , 205-215.

Davis MJ and Mira I (2003) Crystallization measurements using DTA methods: application to Zerodur®. *J. Am. Ceram. Soc.* **86**: 1540-1546.

Davis M J, Phillip DI, and Lasaga AC (1997) Influence of water on nucleation kinetics in silicate melt. *J. Mater Sci.* **219**: 62-69.

Dejneka MJ (1998a) The luminescence and structure of novel transparent oxyfluoride glass-ceramics. *J. Non-Cryst. Solids* **239**: 149-155.

Dejneka MJ (1998b) Transparent oxyfluoride glass-ceramics. *Mater Res. Bull.* **23** (11): 57-62.

De Jong BHW, Supér HTJ, Spek AL, Veldam N, Nachtegaal G, and Fischer JC (1998) Mixed alkali syntheses: Structure an ^{29}Si MAS-NMR of $Li_2Si_2O_5$ and $K_2Si_2O_5$. *Acta Cryst.* **B54**: 568-577.

Deubener J (2000) Compositional onset of homogeneous nucleation in (Li, NA) disilicate glasses. *J. Non-Cryst. Solids* **274**: 195-201.

Deubener J (2004) Configurational entropy and crystal nucleation of silicate glasses. *Phys. Chem. Glass.* **45**: 61-63.

Deubener J (2005) Structural aspects of volume nucleation in silicate glasses. *J. Non-Cryst. Solids* **351**: 1500-1511.

Deubener J, Brückner R, and Sternitzke M (1993) Induction time analysis of nucleation and crystal growth in di- and metasilicate glasses. *J. Non-Cryst. Solids* **163**: 1-12.

Deville S, Guénin G, and Chevalier J (2004) Martensitic transformation in zirconia, part II. Martensite growth. *Acta Mater* **52**: 5709-5721.

Dickinson JE Jr, Jong BHWS, and Schramm M (1988) Hydrogen gas and gas-ceramic microfoams: Raman, XPS, and MASNMR results on the structure of precursor SiO_2-B_2O_3-$P_{23}O_5$ glasses. *J. Non-Cryst. Solids* **102**: 196-204.

Dietrich TR, Ehrtfeld W, Lacher M, Krämer M, and Speit B (1996) Fabrication technologies for microsystems utilizing photoetchable glass. *Microel. Eng.* **30**: 497-504.

Doherty PE, Lee DW, and Davis RS (1965) Volume crystallization of lithia-alumina-silica based glasses. Arthur D. Little, Inc., prepared for Corning Glass Works, under contract #65058, December 1965.

Doherty PE, Lee DW, and Davis RS (1967) Direct observation of the crystallization of Li_2O-Al_2O_3-SiO_2 glasses containing TiO_2. *J. Am. Ceram. Soc.* **50** (2): 77-81.

Donald IW (1993) Glass-ceramics: An update. In *Encyclopedia of Materials Science and Engineering*, Cahn RW (ed.), Pergamon, New York, 1689-1695.

Donald IW (1995) The crystallization kinetics of a glass based on the cordierite composition studied by DTA and DSC. *J. Mater Sci.* **30**: 904-915.

Donald IW (1998) Crystallization of iron containing glass. Presentation at the TC 7 meeting of ICG, San Francisco.

Donald IW (2007) *Glass-to-Metal Seals*. Society of Glass Technology, Sheffield, UK.

Dong JK, Lüthy H, Wohlwend A, and Schärer P (1992) Heat-pressed ceramics-technology and strength. *Quintessenz* **43**: 1373-1385.

Downey KE, Samson BM, Beall GH, Mozdy EJ, Pinckney LR, Borrelli NF, Mayolet A, Kerdoncuff A, and Pierron C (2001) Cr^{4+}: forsterite nanocrystalline glass-ceramic fiber. In *Conference on Lasers and Electro-Optics*, Vol. 56, OSA Trends in Optics and Photonics Series, Optical Society of America, Washington, DC, 211-212.

Dowry E (1997) Atoms V4.0. Computer program for windows. Shape Software USA.

Duan RG, Liang KM, and Gu SR (1998) A study on the mechanism of crystal growth in the process of crystallization of glasses. *Mater Res. Bull.* **38**: 1143-1149.

Duke DA, MacDowell JF, and Karstetter BR (1967) Crystallization and chemical strengthening of nepheline glass-ceramic. *J. Am. Ceram. Soc.* **50**: 67-74.

Duke DA, Megles JE, MacDowell JF, and Bropp HF (1968) Strengthening glass-ceramics by application of compressive glazes. *J. Am. Ceram. Soc.* **52**: 98-102.

Ebisawa Y, Sugimato Y, Hayashi T, Kokubo T, Ohura K, and Yamamuro T (1991) Crystallization of (FeO, Fe_2O_3)-CaO-SiO_2 glasses and magnetic properties of their crystallized products. *Nippon Seramikkusu Kyokai Gakujutsu Ronbunshi* **99**: 7-13.

Echeverría LM (1992) New lithium disilicate glass-ceramic. *Bol. Soc. Esp. Ceram. VID* **5**: 183-188.

Echeverría LM and Beall GH (1991) Enstatite ceramics: Glass and gel routes. *Ceram. Trans.* **20**: 235-244.

Edelhoff D, Spiekermann H, Rübben A, and Yildirim M (1999) Kronen- und Brückengerüste aus hochfester Presskeramik. *Quintessenz* **50**: 177-189.

Electric Glass Materials (1996) Nippon Electric Glass Co. Ltd. Sales division, thirteenth edition.

Elliott JC (1994) *Structure and Chemistry of the Apatites and Other Calcium Orthophosphates. Studies in Inorganic Chemistry 18*. Elsevier, Amsterdam.

Elsen J, King GSD, Höland W, Vogel W, and Carl G (1989) Crystal structure of a fluorophlogopite synthesized in a glass-ceramic. *J. Chem. Res.* **M**: 1253-1263.

El-Shennawi AWA, Mandour MA, Morsi MM, and Abdel-Hameed SAM (1999) Monopyroxenic basalt-based glass-ceramics. *J. Am. Ceram. Soc.* **82**: 1181-1186.

Ermrich M, Kunzmann K, and Assmann S (2001) Röntgenographische Untersuchungen im System leucithaltiger Dental Keramiken, Tagung Dt. Gesell. f. Kristallography, Bayreuth, Poster.

Ernst R (1992) Nuclear magnetic resonance fourier transform spectroscopy (Nobel lecture). *Angew. Chem. Int. Ed. Engl.* **31**: 805-823.

Eurokera (1995) Keraglas® product information.

Evans AG and Heuer AH (1980) Review-Transformation toughening in ceramics: Martensitic transformation in crack-tip stress fields. *J. Am. Ceram. Soc.* **63**: 241-248.

Evans DL, Fischer GR, Geiger JE, and Martin FW (1980) Thermal expansions and chemical modifications of cordierite. *Am. Ceram. Soc. Bull.* **63**: 629-634.

Fenner CN (1913) The stability relations of the silica minerals. *Am. J. Sci.* **36**: 331-384.

Ferry JM and Blencoe JG (1978) Subsolidus phase relations in the nepheline-kalsilite system at 0.5, 2.0, and 5.0 k-bar. *Am. Mineralogist* **63**: 1225-1240.

Fett T, Kounga Njiwa AB, and Rödel J (2005) Crack opening displacements of vickers indentation cracks. *Eng. Fract. Mech.* **72**: 647-659.

Filser F, Kocher P, Weibel F, Luthy H, Scharer P, and Gauckler LJ (2001) Reliability and strength of all-ceramic dental restorations fabricated by direct ceramic machining (DCM). *Int. J. Comput. Dent.* **4**: 89-106.

Fischer H and Marx R (2001) Improvement of strength parameters of a leucite-reinforced glass-ceramic by dual ion exchange. *J. Dent. Res.* **80**: 336-339.

Fokin VM, Yuritsyn NS, and Zanotto ED (2005) *Nucleation and Crystallization Kinetics in Silicate Glasses: Theory and Experiment*, Schmelzer JWP (ed.), WILEY-VCH Verlag GmbH & Co. KGaA, 104-106.

Foschini CR, Treu Filho O, Juiz SA, Souza AG, Oliveira JBL, Long L, Leite ER, Paskocimas CA, and Varela JA (2004) On the stabilizing behavior of zirconia: A combined experimental and theoretical study. *J. Mater. Sci.* **29**: 1935-1941.

Fradeani M and Redemagni M (2002) An 11-year clinical evaluation of leucite-reinforced glass-ceramic crown: A retrospective study. *Quintessence Int.* **33**: 503-510.

Frank M, Schweiger M, Rheinberger V, and Höland W (1998) High-strength translucent sintered glass-ceramic for dental application. *Glastech. Ber. Glass Sci. Technol.* **71C**: 345-348.

Freiman SW and Hench LL (1972) Effect of crystallization on the mechanical properties of Li_2O-SiO_2 glass-ceramics. *J. Am. Ceram. Soc.* **55**: 86-90.

French BM, Jezek PA, and Appleman DE (1978) Virgilite: a new lithium silicate mineral from the Macusani glass, Peru. *Am. Mineralogist* **63**: 461-465.

Fujita S and Tanabe S (2010) Fabrication, microstructure and optical properties of Er^{3+}: YAG glass-ceramics. *Opt. Mater.* **32** (9): 886-890.

Fujita S, Sakamoto A, and Tanabe S (2008) Luminescence characteristics of YAG glass-ceramic phosphor for white LED. *IEEE J. Sel. Topics Quantum Mech.* **13** (5): 1387.

Gaber M, Harder U, Hähnert M, and Geissler H (1995) Water release behavior of soda-lime-silica glass melts. *Glastech. Ber. Glass Sci. Technol.* **68**: 339-345.

Gaber M, Müller R, and Höland W (1998) Degasing phenomena during sintering and crystallization of glass powders. *Glastech. Ber. Glass Sci. Technol.* **71C**: 353-356.

Gee B and Eckert H (1996) Cation distribution in mixed-alkali silicate glasses: NMR studies by ^{23}Na-(^{7}Li) and ^{23}Na-(^{6}Li) spin echo double resonance. *J. Phys. Chem.* **100**: 3705-3712.

Gegauff AG, Rosenstiel SF, Bleiholder RF, and McCafferty A (1989) Substrates in rotary instruments testing. Abstr. No. 1745, *J. Dent. Res.* **68**: 400.

Gehre G (2005) Keramische werkstoffe. In *Zahnärztliche Werkstoffe und ihre Verarbeitung. Bd 1: Grundlagen und Verarbeitung*, Eichner K and Kappert H (eds.), Georg Thieme Verlag, Stuttgart, NY, 262-264.

Gerth K, Rüssel C, Keding R, Schleevoigt P, and Dunken H (1999) Oriented crystallization of lithium niobate in an electric field and determination of the crystallographic orientation by infrared spectroscopy. *J. Glass Sci. Technol.* **3**: 135-139.

Ghose S, Schomaker V, and Mc Mullan RK (1986) Enstatite, $Mg_2Si_2O_6$: A neutron diffraction refinement of the crystal structure and a rigid-body analysis of the thermal vibration. *Z. Krist.* **176**: 159-175.

Gillery FH and Bush EA (1959) Thermal contraction of β-eucryptite ($Li_2O. Al_2O_3. 2SiO_2$) by x-ray and dilatometer methods. *J. Am. Ceram. Soc.* **42**: 175-177.

Gong W, Abdelouas A, and Lutze W (2001) Porous bioactive glass and glass-ceramics made by reactive sintering under pressure. *J. Biomed. Mater. Res.* **54**: 320-327.

Goto N (1995) Glass-ceramic for magnetic disks. *New Glass* **10**: 56-60.

Goto N and Yamaguchi K (1997) Magnetic disk substrate and method for manufacturing the same. U. S. Patent 5626935.

Graeser S (2005) Untersuchungen an Lithiumdisilikat, special report for Ivoclar Vivadent AG.

Grew ES, Graetsch HA, Poter B, Yates MG, Buick I, Bernhardt H, Schreyer W, Werding G, Carson CJ, and Clarke GL (2008) Boralsite, $Al_{10}B_6Si_2O_{37}$, and "boron mullite:" Compositional variations and associated phases in experiment and nature. *Am. Mineral.* **93**: 283-299.

Griffin DT and Ribbe PH (1976) Refinement of the crystal structure of celsian. *Am. Mineral.* **61**: 414-418.

Griffith EJ (1995) *Phosphate Fibers*. Plenum Publ Corp, New York.

Gross UM and Strunz V (1981) The anchoring of glass-ceramics of different solubility in the femur of the rat. *J. Biomed. Mater Res.* **14**: 607-618.

Gross UM, Müller-Mai C, and Voigt C (1993) In *An introduction to Bioceramics*, Hench LL and Wilson J (eds.), World Scientific, Singapore, 105-123.

Grossman DG (1972) Machinable glass-ceramics based on tetrasilicic mica. *J. Am. Ceram. Soc.* **55**: 446-449.

Grossman DG (1982) Glass-ceramic application. In *Nucleation and Crystallization in Glasses*, *Advances in Ceramics 4*, Simmons JH, Uhlmann DR, and Beall GH (eds.), The Amer Ceram Soc Inc., Columbus, OH, 249-260.

Grossman DG (1989) Der werkstoff gussglaskeramik. In *Perspektiven der Dentalkeramik*, Preston JD (ed.), Quintessenz Verlags GmbH, Berlin, 117-134.

Grossman DG (1991) Structure and physical properties of Dicor/MGC glass-ceramic. In *International Symposium on Computer Restorations*, Mörmann WH (ed.), Quintessence Pub Co, Inc, Chicago, IL, 103-115.

Guazzato M, Albakry M, Ringer SP, and Swain MV (2004) Strength, fracture toughness and microstructure of a selection of all-ceramic materials. Part I. Pressable and alumina glass-infiltrated ceramics. *Dent. Mater* **20**: 441-448.

Gunawardane RP, Howie RA, and Glasser FP (1982) Structure of the oxyapatite NaY_9 $(SiO_4)_6O_2$. *Acta Cryst.* **B38**: 1564-1566.

Gust C, Evens ND, Momoda LA, and Mecartney ML (1997) In-situ transmission electron microscopy crystallization studies of sol-gel-derived barium titanate thin films. *J. Am. Ceram. Soc.* **80** (11): 2828-2836.

Guth H and Heger G (1979) Temperature dependence of the crystal structure of the one dimensional Li^+ conductor β-eucryptite, $LiAlSiO_4$. In *Fast Ion Transport in Solids*, Vashishta P, Mundy JN, and Shenoy GK (eds.), Elsevier, 499-502.

Gutzow I (1980) Induced crystallization of glass-forming systems: A case of transient hetero-geneous nucleation, part 1. *Contemp. Phys.* **21**: 121-137.

Gutzow I and Penkov I (1987) Nucleation catalysis in glass-forming melts: Principal methods, their possibilities and limitations. *Wiss. Z. Friedr-Schiller-Univ. Jena*, *Nat. R.* **36**: 907-919.

Gutzow I and Schmelzer J (1995) *The Vitreous State*. Springer, Berlin.

Gutzow I, Zlateva K, Alyakov S, and Kovatscheva T (1977) The kinetics and mechanism of crystallization in enstatite-type glass-ceramic materials. *J. Mater Sci.* **12**: 1190-1202.

Hahn T and Buerger MJ (1955) The detailed structure of nepheline, $KNa_3Al_4Si_4O_{16}$. *Zeits. Krist.* **106**: 308-388.

Haller B and Bischoff H (1993) *Metallfreie Restaurationen aus Presskeramik*. Quintessenz Verlags-GmbH, Berlin.

Halliyal A, Bhalla AS, Newnham RE, and Cross LE (1989) In *Glasses and Glass-Ceramics*, Lewis MH (ed.), Chapman and Hall, 272-315.

Hasdemir I, Brückner R, and Deubener J (1998) Crystallisation of lithium di- and metasilicate solid solutions from Li_2O—SiO_2 glasses. *Phys. Chem. Glasses* **29**: 253-257.

Hase H, Nasu H, Mito A, Hashimoto T, Matsuoka J, and Kamiya K (1996) Second harmonic generation from surface crystallized Li_2O-Ta_2O_5-SiO_2 glass. *Jpn. J. Appl. Phys.* **30**: 5355-5366.

Hatta G and Kamei F (1987) Properties of glass-ceramic "CRYSTON" for walling materials. *Rep. Res. Lab. Asahi Glass* Co., Ltd. **37**: 149-156.

Hatta G, Isakai K, Manabe C, Sakai K, and Ichikura E (1986) Crystallization of fluorides in opal glass. *Rep. Res. Lab. Asahi Glass* Co., Ltd. **36**: 181-192.

Headley TJ and Loehman RE (1984) Crystallization of a glass-ceramic by epitaxial growth. *J. Am. Ceram. Soc.* **67**: 620-

625.

Heany, PJ (1994) Structure and chemistry of the low pressure silica polymorphs. *Rev. Mineral.* **29**: 1-40.

Heide K, Völksch G, and Hanay C (1992) Characterisation of crystallization in cordierite glasses by means of optical and electron microscopy. *Bol. Soc. Ceram. VID 31-C* **5**: 111-116.

Heinzmann JL, Krejci I, and Lutz F (1990) Wear and marginal adaptation of glass-ceramic inlays, amalgams and enamel. *J. Dent. Res.* **69**: 161-16A.

Hench LL (1991) Bioceramics: From concept to clinic. *J. Am. Ceram Soc.* **74**: 1487-1510.

Hench LL (1993) Summary and future directions. In *An Introduction to Bioceramics*, Hench LL and Wilson J (eds.), World Scientific, Singapore, 365-374.

Hench LL and Andersson Ö (1993) Bioactive glass coatings. In *An Introduction to Bioceramics*, Hench LL and Wilson J (eds.), World Scientific, Singapore, 239-259.

Hench LL, and Polak JM (2008) A genetic Basis for design of biomaterials for in situ tissue regeneration. *Key Eng. Mater.* **377**: 151-166.

Hench LL, Splinter RJ, Allen WC, and Greenlee TK Jr (1972) Bonding mechanism at the interface of ceramic prosthetic materials. *J. Biomed. Mater Res. Symp.* **2**: 117-141.

Hench LL, Day DE, Höland W, and Rheinberger VM (2010) Glass and medicine. *Int. J. Appl. Glass. Sci.* **1**: 104-117.

Herczog A (1964) Microcrystalline $BaTiO_3$ by crystallization from glasses. *J. Am. Ceram. Soc.* **47**: 107-155.

Herczog A and Stookey SD (1960) U. S. Patent Serial No. 30, 413.

Heslin MR and Shelby JE (1993) The effect of hydroxyl content on the nucleation and crystallization of $Li_2O \cdot 2SiO_2$ glass. In *Nucleation and Crystallization in Liquids and Glasses*, Ceram Trans Vol. 30, Weinberg MC, (ed.), American Ceramic Society, Westerville, OH, 189-196.

Hill VG and Roy R (1958) Silica structure studies VI. On tridymite. *Trans. Brit. Ceram. Soc.* **57**: 496-510.

Hing P and McMillan PW (1973) The strength and fracture properties of glass-ceramics. *J. Mater Sci.* **8**: 1041-1048.

Hinz W (1970) *Silikate*, Vol. 2, Verlag für Bauwesen, Berlin.

Hirose K, Honma T, Benino Y, and Komatsu T (2007) Glass-ceramics with $LiFePO_4$ crystals and oriented crystal line pattering un glass by YAG laser irradiation. *Solid State Ionics* **178**: 801-807.

Hobo S and Takoe I (1985) Castable apatite ceramic as a new biocompatible restorative material, I. theoretical consideration. *Quintessence Int.* **2/1985**: 135-141.

Höche T (2010) Crystallization I glass: Elucidating a realm of diversity by transmission electron microscopy. *J. Mater. Sci.* **45**: 3683-3696.

Hoda SN and Beall GH (1982) Alkaline earth mica glass-ceramics. In *Advances in Ceramics*, Vol. 4, Simmons JH, Uhlmann DR, and Beall GH (eds.), The Am. Ceram Soc, Columbus, OH, 287-300.

Höland M, Dommann A, Höland W, Apel E, and Rheinberger V (2005) Microstructure formation and surface properties of a rhenanite-type glass-ceramic containing 6. 0 wt% P_2O_5. *Glass Sci. Technol.* **78**: 153-158.

Höland W (1996) Phase formation and properties of dental glass-ceramics in the SiO_2-Al_2O_3-K_2O-CaO-P_2O_5 and SiO_2-Li_2O-ZrO_2-P_2O_5 systems. *J. Inorg. Phosphors Chem.* **6**: 111-114.

Höland W (1997) Biocompatible and bioactive glass-ceramic-state of the art and new directions. *J. Non-Cryst. Solids* **219**: 192-197.

Höland W (2006) *Glaskeramik*, *vdf Hochschulverlag AG an der ETH*, *Zürich*, *Switzerland*. UTB Universitätstaschenbuch Verlag, Stuttgart, Germany.

Höland W and Frank M (1993) IPS-Empress Glaskeramik. In *Metallfreie Restaurationen aus Presskeramik*, Vol. 147, Haller B and Bischoff H (eds.), Quintessenz Verlags-GmbH, Berlin, 160-120.

Höland W and Rheinberger V (2008) Dental Glass-Ceramics. In *Bioceramics and Their Clinical Application*, Kokubo T (ed.), Woodhead Publ, Cambridge, England, 548-568.

Höland W and Vogel W (1992) Fundamentals of controlled formation of glass-ceramic. Intermeeting on New Glass Technol, New Glass Forum, Tokyo: 116-153.

Höland W and Vogel W (1993) Machinable and phosphate glass-ceramics. In *An Introduction to Bioceramics*, Hench LL and Wilson J (eds.), World Scientific, Singapore, 125-137.

Höland W, Naumann K, Seifert HG, and Vogel W (1981) Neuartige Erscheinungsform von Phlogopitkristallen in maschinell bearbeitbaren Glaskeramiken. *Z. Chem.* **21**: 108-109.

Höland W, Zlateva K, Vogel W, and Gutzow I (1982a) Kinetik der Phasenbildung in Phlogopitglaskermaiken. *Z. Chem.* **22**: 197-202.

Höland W, Nguyen AD, Heidenreich E, Tkalcec E, and Vogel W (1982b) Einfluss von Eisenoxiden auf Kristallisa-tionskinetik und Eigenschaften glimmerhaltiger maschinellbearbeitbarer Glaskeramiken, Tell 1 Phasentrennung, Keimbildung und Kristallisation. *Glastechn. Ber.* **55**: 41-49. Teil 2 Ferrimagnetische Eigenschaften. Glastechn Ber 55: 70-74.

Höland W, Vogel W, Mortier WJ, Duvigneaud PH, Naessens G, and Plumat E (1983a) A new type of phlogopite crystal in machinable glass ceramics. *Glass Technol.* **24**: 318-322.

Höland W, Naumann K, Vogel W, and Gummel J (1983b) Maschinell bearbeitbare bioaktive Glaskeramik. *Wiss. Z. Uni. Jena, Mat. -Nat. Wiss. Reihe.* **32**: 571-580.

Höland W, Vogel W, Naumann K, and Gummel J (1985) Interface reactions between machinable bioactive glass-ceramics and bone. *J. Biomed. Mater Res.* **9**: 303-312.

Höland W, Wange P, Naumann K, Vogel J, Carl G, Jana C, and Götz W (1991a) Control of phase formation in glass-ceramics for medicine and technology. *J. Non-Cryst. Solids* **129**: 152-162.

Höland W, Wange P, Carl G, Jana C, Götz W, and Vogel W (1991b) *Fundamentals of Controlled Formation of Glass-Ceramics. Fundamentals of the Glass Manufacturing Process 1991.* Soc. Glass Tech Sheffield, 57-63.

Höland W, Götz W, Carl G, and Vogel W (1992) Microstructure of mica glass-ceramics and interface reactions between mica glass-ceramics and bone. *Cells Mater.* **2**: 105-112.

Höland W, Frank M, and Rheinberger V (1993) Realstruktur und Gefüge der Empress Glaskeramik nach Aetzung. *Quintessenz* **44**: 761-773.

Höland W, Frank M, Schweiger M, and Rheinberger V (1994) Development of translucent glass-ceramics for dental application. *Glastech. Ber. Glass Sci. Technol.* **67** C: 117-122.

Höland W, Frank M, and Rheinberger V (1995a) Surface crystallization of leucite in glass. *J. Non-Cryst. Solids* **180**: 292-307.

Höland W, Rheinberger V, Frank M, and Schweiger M (1995b) Glass-ceramics for dental restoration. *Bioceramics* **8**: 299-301.

Höland W, Rheinberger V, Frank M, and Wegner S (1996) Glass-ceramic containing needlelike apatite for dental restorations. Bioceramics 9 Otsu. Japan, Pergamon, 445-448.

Höland W, Frank M, Schweiger M, Wegner S, and Rheinberger V (1996a) Glass development and controlled crystallization in the SiO_2-Li_2O-ZrO_2-P_2O_5 system. *Glastechn. Ber. Glass Sci. Technol.* **69**: 25-33.

Höland W, Frank M, and Rheinberger V (1996b) Opalescence in dental products. *Thermochim. Acta* **280/281**: 491-499.

Höland W, Rheinberger V, and Frank M (1999) Mechanism of nucleation and controlled crystallization of needle-like apatite in glass-ceramics of the SiO_2-Al_2O_3-K_2O-CaO-P_2O_5 systems. *J. Non-Cryst. Solids* **253**: 170-177.

Höland W, Schweiger M, Cramer Von Clausbruch S, and Rheinberger V (2000a) Complex nucleation and crystal growth mechanisms in applied multi-component dlass-ceramics. *Glastech. Ber. Glass Sci. Technol.* **73 C1**: 12-19.

Höland W, Schweiger M, Frank M, and Rheinberger V (2000b) A comparison of the microstructure and properties of the IPS Empress® 2 and the IPS Empress® glass-ceramic. *J. Biomed. Mater. Res. Appl. Biomater.* **53**: 297-303.

Höland W, Rheinberger V, Wegner S, and Frank M (2000c) Needle-like apatite-leucite glass-ceramic as a base material for the veneering of metal restorations in dentistry. *J. Mater Sci. Mater Med.* **11**: 1-7.

Höland W, Rheinberger V, and Schweiger M (2003) Control of nucleation in glass ceramics. *Phil. Trans. R. Soc. Lond. A* **361**: 575-589.

Höland W, Rheinberger V, Apel E, van't Hoen C, Höland M, Dommann A, Obrecht M, Mauth C, and Graf-Hausner U (2006a) Clinical applications of glass-ceramics in dentistry. *J. Mater. Sci. Mater Med.* **17**: 1037-1042.

Höland W, Apel E, van't Hoen C, and Rheinberger V (2006b) Studies of crystal phase formation in high-strength lithium disilicate glass-ceramics. *J. Non-Cryst. Solids* **352**: 4041-4050.

Höland W, Rheinberger V, Apel E, and van't Hoen C (2007a) Principles and phenomena of bioengineering with glass-ceramics for dental restoration. *J. Europ. Ceram. Soc.* **27**: 1521-1526.

Höland W, Rheinberger V, Apel E, Ritzberger C, Eckert H, and Mönster C (2007b) Mechanisms of nucleation and Crystallization on High Strength Glass-Ceramics. *Phys. Chem. Glasses*: *Eur. J. Glass Sci. Technol. B* **48**: 97-102.

Höland W, Ritzberger C, Apel E, Rheinberger V, Nesper R, Krumeich F, Mönster C, and Eckert H (2008a) Formation and crystal growth of needle-like fluoroapatite in functional glass-ceramics. *J. Mater. Chem.* **18**: 1318-1332.

Höland W, Schweiger M, Watzke R, Peschke A, and Kappert H (2008b) Ceramics as biomaterials for dental restoration. *Expert Rev. Med. Devices* **5**: 729-745.

Höland W, Rheinberger V, Apel E, Ritzberger C, Rothbrust F, Kappert H, Krumeich F, and Nesper R (2009a) Future perspectives of biomaterials for dental restoration. *J. Europ. Ceram. Soc.* **29**: 1291-1297.

Höland W, Schweiger M, Rheinberger VM, and Kappert H (2009b) Bioceramics and their application for dental restoration. *Adv. Appl. Ceram.* **108**: 373-380.

Höland W, Schweiger M, and Rheinberger V (2011) Dental glass-ceramics and ZrO₂-ceramics. In *An Introduction to Bioceramics*, Hench LL (ed.) 2nd edition, World Scientific, Singapore.

Holland D (2004) Internal NMR report for Ivoclar Vivadent.

Höness H, Jacobson A, Knapp K, Marx T, Morian H, Müller R, Reisert N, and Thomas A (1995) Production of ZERODUR® in special shapes. In *Low Thermal Expansion Glass-Ceramics*, Bach H (ed.), Springer, Berlin, Heidelberg, 143-183.

Honma T, Koshiba K, Benino Y, and Komatsu T (2008) Writing of crystal lines and its optical properties of rare-earth Ion (Er³⁺ and Sm³⁺) doped lithium niobate crystal on glass surface formed by laser irradiation. *Opt. Mater.* **31** (2): 315-319.

Hopper RW (1985) Stochastic theory of scattering from idealized spinodal structures: II Scattering in general and for the basic late stage model. *J. Non-Cryst. Solids* **70**: 111-142.

Hosono H, Kazunari K, and Abe Y (1993) Integrated microporous glass-ceramics with skeleton of LiTi₂(PO₄)₃ with three-dimensional network structure and of Ti(HPO₄)₂ · 2H₂O with two-dimensional layered structure. *J. Non-Cryst. Solids* **162**: 287-293.

Hosono H, Tsuchitani F, Kazunari K, and Abe Y (1994) Porous glass-ceramic cation exchangers: Cation exchange properties of porous glass-ceramics with skeleton of fast Li ion-conducting LiTi₂(PO₄)₃ crystals. *J. Mater. Res.* **9**: 755-761.

Howard CJ, Hill RJ, and Reichert BE (1988) Structure of the ZrO₂ at room temperature by high-resolution neutron powder diffraction. *Acta Cryst.* **B44**: 116-120.

Howard CJ, Kisi EH, Roberts RB, and Hill RJ (1990) Neutron diffraction studies of phase transformations between tetragonal and orthorhombic zirconia in magnesium-partially stabilized zirconia. *J. Am. Ceram. Soc.* **73**: 2828-2833.

Hsu SM, Zhang J, and Yin Z (2002) The nature and origin of tribochemistry. *Tribol. Lett.* **13**: 131-139.

Hummel FA (1951) Thermal expansion properties of some synthetic lithium minerals. *J. Am. Ceram. Soc.* **34**: 235-239.

Iqbal Y, Lee WE, Holland D, and James PF (1999) Crystal nucleation in P₂O₅-doped lithium disilicate glasses. *J. Mater Sci.* **34** (18): 4399-4411.

Ito J (1968) Silicate apatites and oxyapatites. *Am. Mineralogist* **53**: 890-907.

Ito S, Kokubo T, and Tashiro M (1978) Transparency of LiTaO₃-SiO₂-TiO₂-Al₂O₃ glass-ceramics in relation to their microstructure. *J. Mater Sci.* **13**: 930-938. J. Am. Ceram Soc. **55** (9): 446-449.

Ito T, Yoshiasa A, and Yamanaka T (2000) Site preference of cations and structural variation in MgAl₂₋ₓGaₓO₄ (0 < x < 2) spinel solid solution. *Z. Anorg. Allg. Chem.* **626**: 42-49.

Jacquin JR and Tomozawa M (1995) Crystallization of lithium metasilicate from lithium disilicate glass. *J Non-Cryst. Solids* **190**: 233-237.

Jaha LJ, Best SM, Knowles JC, Rehman I, Santos JD, and Bonfield W (1997) Preparation and characterization of fluoride-substituted apatites. *J. Mater. Sci. Matere. Med.* **8**: 185-191.

Jalota S, Bhaduri SB, and Tas AC (2007) A new rhenanite (β-NaCaPO₄) and hydroxyapatite biphasic biomaterial for skeletal repair. *J. Biomed. Mater. Res. B Appl. Biomater.* **80**: 304-316.

James PF (1982) Nucleation in glass forming systems a review. In *Advances in Ceramics*, Vol. 4, Simmons JH, Uhlmann DR, and Beall GH (eds.), The Am Ceram Soc Inc, Columbus, OH, 1-48.

James PF (1985) Kinetics of crystal nucleation in silicate glasses. *J. Non-Cryst. Solids* **73**: 517-540.

James PF and McMillan PW (1971) Transmission electron microscopy of partially crystal-lized glasses. *J. Mater. Sci.* **6**: 1345-1349.

Jana C, Wange P, Grimm G, and Götz W (1995) Bioactive coatings of glass-ceramics on metals. *Glastech. Ber. Glass Sci. Technol.* **68**: 117-122.

Jebsen-Marwedel H and Brueckner R (1980) *Glastechnische Fabrikationsfehler.* Springer-Verlag, Berlin.

Jia W, Liu H, Jaffe S, and Yen WM (1991) Spectroscopy of Cr^{3+} and Cr^{4+} ions in forsterite. *Phys. Rev. B* **43** (7): 5234-5242.

Jones JR (2009) New trends in bioactive scaffolds: The importance of nanostructure. *J. Europ. Ceram. Soc.* **29**: 1275-1281.

Jones JR, Ehrenfried LM, Saravanapavan P, and Hench LL (2006) Controlling ion release from bioactive glass foam scaffolds with antibacterial properties. *J. Mater. Sci. Mater Med.* **17**: 989-996.

Jones JR, Gentleman E, and Polak J (2007) Bioactive glass scaffolds for bone regeneration. *GeoScienceWorld* **3**: 393-399.

Kakehashi Y, Lüthy H, Naef R, Wohlwend A, and Schärer P (1998) A new all ceramic post and core system: Clinical, technical and in vitro results. *Int. J. Periodontics Restorative Dent.* **18**: 587-593.

Kanchanarat N, Miller CA, Hatton PV, James PF, and Reaney IM (2005) Early stages of crystallization in canasite-based glass-ceramics. *J. Am. Ceram. Soc.* **88** (11): 3198-3204.

Kappert HF, Schweiger M, and Rheinberger V (2006) Das IPS e. max-system, werkstoffkundliche vielfalt. *Dental-Labor* **54**: 613-624.

Kasten C, Carl G, and Rüssel C (1997) The behaviour of polyvalent ions in the glass melt and their influence on the crystallization of mica glass-ceramic BIOVERIT II. Fundamen-tals of Glass Sci and Tech, Glato, Sweden: 298-304.

Kasuga T and Nogami M (2004) Surface Modification of bioactive calcium pyrophosphate glass-ceramic. *Trans. Mater. Res. Soc. Jpn.* **29**: 2933-2938.

Kasuga T, Ichino A, and Abe Y (1992) Preparation of calcium phosphate fibers for applications to biomedical fields. *J. Ceram Soc. Jpn.* **100**: 1089-1089.

Kasuga T, Hosono H, and Abe Y (1993) Bioceramics composed of calcium polyphosphate fibers. *Phosphorus Sulfur Silicon* **76**: 247-250.

Kasuga T, Ora Y, Tsuji K, and Abe Y (1996a) Preparation of high-strength calcium phosphate ceramics with low modulus of elasticity containing β-Ca $(PO_3)_2$ fibres. *J. Am. Ceram. Soc.* **79**: 1821-1824.

Kasuga T, Nakamura K, Inukai E, and Abe Y (1996b) Direct joining of BSCCO super-conducting glass-ceramics using a flame-melting method. *J. Am. Ceram. Soc.* **79**: 885-888

Kawamura S, Yamanaka T, Toya F, Nakamura S, and Ninomiya M (1974) β-wollastonite glass-ceramic. Tenth Int Cong on Glass, Kyoto, Japan. *Ceram. Soc. Jpn.* **14**: 68-74.

Kay JF (1992) Calcium phosphate coatings for dental implants. *Dent. Clin. North Am.* **36**: 1-18.

Keat, PP (1954) A new crystalline silica. *Science* **120**: 328-330.

Keding R and Rüssel C (1997) The influence of electric fields on the crystallization of glass. *Fund of Glass Sci and Technol, proceedings, Sweden,* 313-319.

Keding R and Rüssel C (2000) Oriented glass-ceramic containing fresnoite prepared by electrochemical nucleation of a BaO-TiO_2-SiO_2-B_2O_3 melt. *J. Non-Cryst. Solids* **278**: 7-12.

Keffer C, Mighell A, Mauer F, Swanson H, and Block S (1967) The crystal structure of twinned low-temperature lithium phosphate. *Inorg. Chem.* **6**: 119-125.

Keith HD and Padden FJ (1963) A phenomenological theory of spherulitic crystallization. *J. Appl. Phys.* **34**: 2409-2421.

Kelly JR and Denry I (2008) Stabilized zirconia as structural ceramic: An overview. *Dental Mater.* **24**: 289-298.

Kelton KF and Greer AL (2010) *Nucleation in Condensed Matter.* Pergamon Materials Series, Elsevier.

Kerker M (1969) *The Scattering of Light.* Academy press, New York.

Kihara K (1977) An orthorhombic superstructure of tridymite existing between about 105 and 180℃. *Z. Krist.* **146**:

185-203.

Kihara K (1978) Thermal change in unit-cell dimensions, and a hexagonal structure of tridy-mite. *Zeits. Krist.* **148**: 237-253.

Kingery WD, Bowen HK, and Uhlmann DR (1976) *Introduction to Ceramics.* John Wiley & Sons, New York.

Kioka K, Honma T, and Komatsu T (2011) Formation and laser patterning of perovskite-type KN_bO_3 crystals in aluminoborate glasses. *Opt. Mater* **33**: 267-274.

Kirkpatrick RJ and Brow RK (1995) Nuclear magnetic resonance investigation of the structures of phosphate-containing glass: A review. *Solid State Nucl. Magn. Reson.* **5**: 9-21.

Kiselev A, Reisfeld R, Greenberg E, Buch AN, and Ish-Shalom M (1984) Spectroscopy of Cr (Ⅲ) in β-quartz and petalite-like transparent glass-ceramics: Ligand field strength of chromium (Ⅲ). *Chem. Phys. Lett.* **105**: 405-408.

Kleiber W (1969) *Einführung in Die Kristallographie.* Verlag Technik, Berlin.

Knabe C, Berger G, Gildenhaar R, Howlett CR, Markovic B, and Zreiqat H (2004) The functional expression of human-derived cells grown on rapidly resorbable calcium phosphate ceramics. *Biomaterials* **25**: 335-244.

Knickerbocker JU (1992) Overview of glass-ceramic/copper substrate—A high performance multilayer package for the 1990' s. *Am. Ceram. Soc. Bull.* **71**: 1393-1401.

Kniep R and Busch S (1996) Biomimetisches wachstum und selbstorganisation von fluorapatitaggregaten durch diffusion in denaturierten kollagen-matrices. *Angew. Chem.* **108**: 2787-2791.

Koepke C, Wizniewski K, Grinberg M, and Beall GH (1998) Excited state absorption in the gahnite glass-ceramics and its parent glass doped with chromium. *Spectrochim. Acta A* **54**: 1725-1734.

Kokubo T (1969) Crystallization of BaO-TiO_2-SiO_2-Al_2O_3 glasses and dielectric properties of their crystallized products. *Bull. Inst. Chem. Res. Kyoto Univ.* **47**: 572-583.

Kokubo T (1991) Bioactive glass-ceramics properties and application. *Biomaterials* **12**: 155-163.

Kokubo T (1993) A/W glass-ceramic: Processing and properties. In *An Introduction to Bioceramics*, Hench LL and Wilson J (eds.), World Scientific, Singapore, 75-88.

Kokubo T (1996) Personal communication.

Kokubo T (2009) Personal communication.

Kokubo T and Tashiro M (1973) Dielectric properties of fine—Grained $PbTiO_3$ crystals precipitated in a glass. *J. Non-Cryst. Solids* **13**: 328-340.

Kokubo T and Tashiro M (1976) Fabrication of transparent $PbTiO_3$ glass-ceramics. *Bull. Inst. Chem. Res. Kyoto Univ.* **54**: 301-306.

Kokubo T, Ch K, and Tashiro M (1968) Preparation of thin films of $BaTiO_3$ glass-ceramics and their dielectric properties. *J. Ceram. Assoc. Jpn.* **76**: 89-94.

Kokubo T, Yamashita K, and Tashiro M (1972) Effect of Al_2O_3 addition on glassy phase sepa-ration and crystallization of a PbO-TiO_2-SiO_2 glass. *Bull. Inst. Chem. Res. Kyoto Univ.* **50**: 608-620.

Kokubo T, Setsuro I, and Tashiro M (1973) Formation of metastable pyrochlore-type crystals in glasses. *Bull. Inst. Chem. Res. Kyoto Univ.* **51**: 315-328.

Kokubo T, Arioka M, and Tashiro M (1979) Preparation of $Li_2O \cdot 2SiO_2$ ceramics with oriented microstructure by uni-directional solidification of their melts. *Bull. Inst. Chem. Res. Kyoto Univ.* **57**: 355-375.

Kokubo T, Shigamatsu M, Nagashima Y, Tashiro M, Nakamura T, Yamamuro Y, and Higashi S (1982) Apatite and wollastonite-containing glass-ceramics for prosthetic application. *Bull. Inst. Chem. Res. Kyoto Univ.* **60**: 260-268.

Kokubo T, Sakka S, Sako W, and Ikejiri S (1989) Preparation of glass-ceramic containing crystalline apatite and magnesium titanate for dental crown. *J. Ceram. Soc. Jpn. Ed.* **97**: 236-240.

Kolitsch U, Seifert HJ, and Aldinger F (1995) The identity of monoclinic La_2O_3 and mono-clinic Pr_2O_3 with $La_{9.33}$ $(SiO_4)_6O_2$ and $Pr_{9.33}$ $(SiO_4)_6O_2$ respectively. *J. Solid State Chem.* **120**: 38-42.

Komatsu T, Ihara R, Honma T, Benino Y, Sato R, Kim HG, and Fujiwara T (2007) Patterning of non-linear optical crystals in glass by laser-induced crystallization. *J. Am. Ceram. Soc.* **90** (3): 699-705.

Kosmac T, Swain M, and Claussen N (1985) The role of tetragonal and Monoclinic ZrO_2 Particles in the fracture toughness of Al_2O_3-ZrO_2 composites. *Mater Sci. Eng.* **71**: 57-64.

Kreidl N (1983) Inorganic glass-forming systems. In *Glass Sci and Tech*, Vol. 1, Glass-Forming Systems, Uhlmann

DR and Kreidl NJ (eds.), Academic Press, Inc, Orlando, FL, 107-299.

Krejci F, Lutz F, Reimer M, and Heinzmann JL (1993) Wear of ceramic inlays, their enamel antagonists and luting cements. *J. Prosthet. Dent.* **69**: 425-430.

Lacy ED (1963) Aluminium in glasses and in melts. *Phys. Chem. Glasses* **4**: 234-238.

Larson AC and Von Dreele RB (2004) General Structure Analysis System (GSAS), Los Alamos National Laboratory Report LAUR 86-748.

Le Bras E (1976) Vitrokeramische Erzeugnisse mit hohem Eisenoxid-Gehalt und Verfahren zu ihrer Herstellung, DE OS 26 33 744.

Lee WE, Arshad SE, and James PF (2007) Importance of crystallization hierarchies in micro-structural evolution of silicate glass-ceramics. *J. Am. Ceram. Soc.* **90** (3): 727-737.

LeGeros RZ and LeGeros JP (1993) Dense hydroxyapatite. In *An Introduction to Bioceramics*, Hench LL and Wilson J (eds.), World Scientific, Singapore, 139-180.

Levien L and Prewitt CT, and Weidner DJ (1980) Strucutre and elastic properties of quartz at pressure. *Am. Mineral.* **65**: 920-930.

Levin EM, Robbins CR, and McMurdie HF (1964) *Phase Diagrams for Ceramists.* The Am Ceram Soc, Columbus, OH.

Levin EM, Robbins CR, and McMurdie HF (1969) *Phase Diagrams for Ceramists.* The Am Ceram Soc, Columbus, OH.

Levin EM, Robbins CR, and McMurdie HF (1975) *Phase Diagrams for Ceramists.* The Am Ceram Soc, Columbus, OH.

Lewis DL III (1982) Observations on the strength of a commercial glass-ceramic. *Bull. Am. Ceram. Soc.* **61** (11): 1208-1214.

Lewis MH and Smith G (1976) Sperulitic growth and recrystallization in barium silicate glasses. *J. Mater Sci.* **11**: 2015-2026.

Li C-T (1968) The crystal structure of $LiAlSi_2O_6$ III (high quartz solis solution). *Zeits. Krist.* **127**: 327-348.

Li CT and Peacor DRC (1968) The crystal structure of $LiAlSi_2O_6$-II ("β-spodumene"). *Z. Krist.* **126**: 46-65.

Liebau F (1961) Untersuchungen an Schichtsilikaten des Formeltyps A_m $(Si_2O_5)_n$, I. Die Kristalistruktur der Zimmertemperaturform des $Li_2Si_2O_5$. *Acta Cryst.* **14**: 389-395.

Liebau F (1985) *Structural Chemistry of Silicates.* Springer-Verlag, Berlin, 224.

Likivanichkul S and Lacourse WC (1995) Effect of fluorine content on crystallization of canasite glass-ceramic. *J. Mater. Sci.* **30**: 6151-6155.

Lindemann W (1985) Kristalline Phasen in keramischen Verblendungen. *Dental-Labor.* **33**: 993-994.

Ludwig K (1994) Untersuchnugen zur Bruchfestigkeit von IPS Empress—Kronen in Abhän-gigkeit von den Zementiermodalitäten. *Quintessenz Zahntech.* **20**: 247-256.

Lynch SM and Shelby JE (1984) Crystal clamping in lead titanate glass-ceramics. *J. Am. Ceram. Soc.* **67**: 424-427.

MacDowell JF (1965) Composition, microstructure versus heat treatment and properties given. In *Proceedings of the Brit Ceram Soc* No. 3, 229-240.

MacDowell JF (1989) Boron phosphate glass-ceramic. *Proc Iht Cong Glass*, Vol. 3a, Mazurin OV (ed.), 90-95.

MacDowell JF and Beall GH (1969) Immiscibility and crystallization in Al_2O_3-SiO_2 glasses. *J. Am. Ceram. Soc.* **52**: 17-25.

MacDowell JF and Beall GH (1990) Low K glass-ceramics for microelectronic packaging. *Ceram. Trans.* **15**: 259-277.

MACOR® catalog (1992). Machinable glass-ceramic, Corning Glass Works.

Maeda K, Ichikura E, Nakao Y, and Ito S (1992) Nucleation of β-wollastonite crystal by noble metal particles. *Bol. Soc. Esp. Ceram. Vidrio 31-C* **5**: 15-20.

Mahmoud M, Folz D, Suchicital C, Clark D, and Fathi Z (2006) Variable Frequency Micro-wave (VFM) processing: A new tool to crystallize lithium disilicate glass. *Ceramic Engineering and Science Proceedings: Advances in Bioceramics and Biocomposites* II, M. Mizuno (ed.), **27**: 143-153.

Maier V and Müller G (1989) Mechanism of oxide nucleation in lithium aluminosilicate glass-ceramics. *J. Am. Ceram. Soc.* **70 C**: 176-178.

Malament KA and Grossman D (1987) The cast glass-ceramic restoration. *J. Prosthet. Dent.* **57**: 674-683.

Malament KA and Socransjky SS (1998) Survival of Dicor glass-ceramic dental restoration over fourteen years. Presentation at the Academy of Prosthodontics annual meeting, Newport Beach, CA, USA: 1-23.

Marotta A, Buri A, and Branda F (1981) Nucleation in glass and thermal analysis. *J. Mater. Sci.* **16**: 341-344.

Mazza D and Lucca-Borlero M (1994) Effect of substitution of boron for aluminum in the β-eucryptite LiAlSiO$_4$ structure. *J. Europ. Ceram. Soc.* **13**: 61-65.

Mazzi F, Galli E, and Gottardi G (1976) The crystal structure of tetragonal leucite. *Am. Mineral.* **61**: 108-115.

McCauley D, Newnham RE, and Randall CA (1998) Intrinsic size affects in a barium titanate glass-ceramic. *J. Am. Ceram. Soc.* **81**: 979-987.

McCauley JW, Newnham RE, and Gibbs GV (1973) Crystal structure analysis of synthetic fluorophlogopite. *Am. Mineral.* **58**: 249-254.

McCracken WJ, Clark DE, and Hench LL (1982) Aqueous durability of lithium disilicate glass-ceramics. *Ceram. Bull.* **61**: 1218-1229.

McLean JW (1972) Dental porcelains. In *Dental Materials Research NBS Publ.*, Vol. 354 Dickson G, Cassels JM (eds.), US Dept of Cemmerce, Nat Bureau of Standards, Washington, DC, 77-83.

McMillan PW (1979) *Glass-Ceramics*, 2nd Edn., Academic Press, New York.

Mecholsky JJ (1982) Fracture mechanics analysis of glass-ceramics. In *Adv. in Ceram*, Vol. 4, Simmons JH, Uhlmann DR, and Beall GH (eds.), American Ceramic Society, Columbus, OH, 261-276.

Metoxit (1998) Product information. Metoxit AG, Switzerland.

Meyenberg KH, Lüthy H, and Schärer P (1995) A new all-ceramic concept for nonvital abutment teeth. *J. Esther. Dent.* **7**: 73-80.

Meyer K (1968) *Physikalisch-Chemische Kristallographie*. Dt Verlag für Grundstoffindustrie, Leipzig.

Michel K, Pantano CG, Ritzberger C, Rheinberger VM, and Höland W (2011) Coatings on glass-ceramic granules for dental restorative biomaterials. *Int. J. Appl. Glass Sci.* **2**: 30-38.

Miller CA, Reaney IM, Hatton PV, and James PF (2004) Crystallization of canasite/frankamenite-based glass-ceramics. *Chem. Mater* **16** (26): 5736-5743.

Moisescu C, Carl G, and Rüssel C (1999) Glass-ceramics with different morphology of fluorapatite crystals. *Phosphorus Res. Bul.* **10**: 515-520.

Moncorge R, Cormier DJ, Simkin DJ, and Capobianco JA (1991) Fluorescence Analysis of Chromium-Doped Forsterite. *IEEE J. Quantum Electron.* **27** (1): 114-120.

Mora ND, Ziemeth EC, and Zanotto ED (1992) Heterogeneous crystallization in cordierite glasses. *Bol. Soc. Esp. Ceram. VID 31-C* **5**: 117-118.

Morena R and Francis GL (1998) Bonding frits for near-zero and negative expansion substrates. In *Proc. Inc. Cong. On Glass* XVIII (CD-ROM), San Francisco.

Morita K, Hiraga K, Kim BN, Joshida H, and Sakka Y (2005) Synthesis of dense nanocrystalline ZrO$_2$-MgAl$_2$O$_4$ spinel composite. *Scr. Mater.* **53**: 1007-1012.

Mörmann WH and Bindl A (2000) The cerec 3—A quantum leap for computer-aided restorations. *Quintessence Int.* **31**: 699-712.

Mörmann WH and Krejci I (1992) Computer-designed inlays alter 5 years in situ: Clinical performance and scanning electron microscopic evaluation. *Quintessence Int.* **23**: 109-115.

Mörmann WH, Brandestini M, and Lutz F (1987) Das Cerec®-System: Computergestützte herstellung direkter keramikinlays in einer sitzung. *Konservierende Zahnheilkd.* **3**: 1-14.

Müller G (1972) Zur Wirkungsweise von Gemischen oxidischer Keimbildner in Glas-keramiken des Hochquarz-Mischkristalltyps. *Glastech. Bet.* **45**: 189-194.

Müller G (1995) Structure, composition, stability, and thermal expansion of high-quartz and keatite-type alumino-silicate. In *Low Thermal Expansion Glass-Ceramics*, Bach H (ed.), Springer, 17-24.

Müller R (1997) Surface nucleation in cordierite glass. *J. Non-Cryst. Solids* **219**: 110-118.

Müller R, Thamm D, and Pannhorst W (1992) On the nature of nucleation sites at cordierite glass surfaces. *Bol. Soc. Ceram. VID 31-C* **5**: 105-110.

Müller R, Reinsch S, Sojref R, Gemeinert M, and Wihsmann FG (1995) Nucleation at cordierite glass powder sur faces. In *Proceedings of XVII International Congress on Glass*, *Chinese Ceramic Society*, *Beijing*, Vol. **5**, 564-569.

Müller R, Reinsch S, and Pannhorst W (1996) Nucleation at cordierite glass surfaces: Kinetic aspects. *Glastechn. Bet. Glass Sci. Technol.* **69**: 12-20.

Müller R, Abu-Hilal LA, Reinisch S, and Höland W (1999) Coarsening of needle-shaped apatite crystals in $SiO_2 \cdot Al_2O_3 \cdot Na_2O \cdot K_2O \cdot CaO \cdot P_2O_5 \cdot F$ glass. *J. Mater Sci.* **34**: 65-69.

Müller R, Zanotto ED, and Fokin VM (2000) Surface crystallization of silicate glasses: Nucleation sites and kintetics. *J. Non-Cryst. Solids* **274**: 208-231.

Murthy MK (1962) Glass and glass-ceramic materials in the system eucryptite-SiO_2-$AlPO_4$. Ontario Research Foundation Report ORF-62-2, May 1-Sept. 3.

Nagase R, Takeuchi Y, and Mitachi S (1997) Optical connector with glass-ceramic ferrule. *Electron. Lett.* **33**: 1243-1244.

Nakagawa K and Izumitani (1972) Metastable phase separation and crystallization of Li_2O-Al_2O_3-SiO_2 glasses: determination of miscibility gap from the lattice parameters of precipitated β-quartz solid solution. *J. Non-Cryst. Solids* **7**: 168-180.

Nass P, Rodeck EW, Schildt H, and Weinberg W (1995) Development and production of transparent colourless and tinted glass-ceramic. In *Low Thermal Expansion Glass-Ceramics*, Bach H (ed.), Springer, 60-79.

Nawa M, Nakamoto S, Sekino T, and Niihara K (1998) Tough and strong Ce-TZP/alumina nanocomposites doped with titania. *Ceram. Int.* **24**: 497-506.

Neoceram catalog (1992) Zero-expansion glass-ceramics for innovative application. Nippon Electric Glass Co. Ltd. : 11.

Neoceram catalog (1995) Low-expansion glass-ceramic. Nippon Electric Glass Co. Ltd. : 12. Neopariés™ catalog (1995) Crystallized glass Neopariés™, building material for interior and exterior walls. Nippon Electric Glass Co. Ltd. : 9.

Newesely H (1972) Mechanism and action of trace elements in the mineralisation of dental hard tissue, Zyma SA.

Nogami M and Tomozawa M (1986) ZrO_2-transformation-toughened glass-ceramic prepared by the sol-gel process from metal alkoxides. *J. Am. Ceram. Soc.* **69**: 99-102.

Norton catalog (1998) Product information, Norton Desmarquest, France.

O'Brien WJ (1978) Dental porcelains. In *An Outline of Dental Materials and Their Selection*, O'Brien WJ and Ryge G (eds.), WB Saunders Comp, Philadelphia, 180-194.

Oci Y, Meguro T, and Kakegawa K (2004) Oriented crystallization of fresnoite glass-ceramics by using a thermal gradient. *J. Europ. Ceram. Soc.* **26**: 627-630.

Ohashi Y and Finger LW (1978) The role of octahedral cations in pyroxenoid crystal chemistry. I. Bustamite, wollastonite, and the pectolite-schizolite-serandite series. *Am. Mineral.* **63**: 274-288.

Okumiya M and Yamaguchi G (1971) The Crystal Structure of κ-Al_2O_3, the new intermediate phase. *Bull. Chem. Soc. Jpn.* **44**: 1567-1570.

Onyiriuka EC (1993) AM 2001 lubricant film on canasite glass-ceramic magnetic memory disk. *Chem. Mater.* **5**: 798-801.

Ostertag W, Fischer GR, and Williams JP (1968) Thermal expansion of synthetic β-spodumene and β-spodumene silica solid solutions. *J. Am. Ceram. Soc.* **51**: 651-654.

Ota R, Mashima N, Wakasugi T, and Fukunaga J (1997) Nucleation of Li_2O-SiO_2 glasses and is interpretation based on a new liquid model. *J. Non-Cryst. Solids* **219**: 70-74.

Palmer DC (1994) Stuffed derivatives of the polymorphs. In *Silica*, *Physical Behavior*, *Geochemistry and Materials Applications*, Heaney PJ, Prewitt CT, and Gibbs GV (eds.), Mineral Soc. of Amer, Washington DC, 83-122.

Palmer DC, Putnis A, and Salje EKH (1988) Twinning in tetragonal leucite. *Phys. Chem. Miner.* **16**: 298-303.

Pannhorst W (1993) Low-expansion glass-ceramics—Review of the glass-ceramic ceran and zerodur and their application. In *Nucleation and Crystallization in Liquids and Glasses*, Vol. 30, Weinberg MC (ed.), Ceram Trans. The Am Ceram Soc, Westerville, OH, 267-276.

Pannhorst W (1995) Overview. In *Low Thermal Expansion Glass-Ceramic*, Bach H (ed.), Springer, Berlin, Heidelberg, 9.

Pannhorst W (2000) Surface Nucleation of Glasses. International Commission on Glass, ICG, Special Issue.

Pantano CG, Clark AE, and Hench LL (1974) Multilayer corrosion films on bioglass surfaces. *J. Am. Ceram. Soc.* **57**: 412-413.

Partridge G and Budd MI (1986) Toughened glass-ceramic, U. K. Patent Appl GB 2172282.

Partridge G, Elyard CA, and Budd MI (1989) Glass-ceramics in substrate applications. In *Glasses and Glass-Ceramics*, Lewis MH (ed.), Chapman and Hall, London, 226-271.

Pascual MJ, Guillet A, and Durin A (2007) Optimization of glass-ceramic sealant compositions in the system MgO-BaO-SiO$_2$ for solid oxide fuel Cells (SOFC). *J. Power Sources* **169**: 40-47.

Pavluskin NM (1986) *Vitrokeramik. Grundlagen der Technologie*. Deutscher Verlag für Grundstoffindustrie, Leipzig.

Pelino M, Cantalini C, Veglio F, and Plescia PP (1994) Crystallization of glasses obtained by recycling goethite industrial wastes to produce glass-ceramic materials. *J. Mater Sci.* **29**: 2087-2094.

Pereira MM, Jones JR, and Hench LL (2005) Bioactive glass and hybrid scaffolds prepared by sol-gel method for bone tissue engineering. *Adv. Appl. Ceram.* **104**: 35-42.

Pernot F and Rogier R (1992) Phosphate glass-ceramic-cobalt-chromium composite matewrials. *J. Mater. Sci.* **27**: 2914-2921.

Pernot F and Rogier R (1993) Mechanical properties of phosphate glass-ceramic—316 L stainless steel composites. *J. Mater Sci.* **28**: 6676-6682.

Perrotta AJ and Savage RO (1967) Beta-eucryptite crysytalline solutions involving P^{5+}. *J. Am. Ceram. Soc.* **50**: 112.

Perrotta AJ and Smith JV (1965) The crystal structure of kalsilite: KAlSiO$_4$. *Min. Mag.* **35**: 588-595.

Petricevic VS, Gayen SK, and Alfano RR (1988) Laser action in chromium-activated forsterite for near-infrared excitation: Is Cr^{4+} the lasing ion? *Appl. Phys. Lett.* **53** (26): 2595-2595.

Petzoldt J (1967) Metastabile mischkristalle mit quarzstruktur im oxidsystem Li$_2$O-MgO-ZnO-Al$_2$O$_3$-SiO$_2$. *Glastech. Ber.* **40**: 385-396.

Petzoldt J and Pannhorst W (1991) Chemistry and structure of glass-ceramic materials for high precision optical application. *J. Non-Cryst. Solids* **129**: 191-198.

Pfeiffer J (1996) The character of CEREC 2. In *CAD/CIM in Aesthetic Dentistry*, Mörmann WH (ed.), Quintessence, Berlin, 255-267.

Photoveel catalog, Sumikin Photon Ceramics Co., Ltd., Japan (1998).

Pillars WW and Peacor DR (1973) The crystal structure of β-eucryptite as a function of temperature. *Am. Mineral.* **58**: 681-690.

Pinckney L (1998) Microstructure of leucite-apatite Glass-ceramic. In *Presentation at the TC 7 meeting of ICG Congress*, San Francisco.

Pinckney LR (1987) Transparent glass-ceramics containing gahnite. U. S. Patent 4687750.

Pinckney LR (1993) Phase separated glass and glass-ceramics. In *Engineered Mat Hand Book*, Vol. 4, Schneider SJ Jr. (chairman), Lampman SR, Woods MS, and Zorc TB (eds.), Am Soc for Metals, Columbus, OH, 433-438.

Pinckney LR (1999) Transparent, high strain point spinel glass-ceramic. *J. Non-Cryst. Solids* **255**: 171-177.

Pinckney LR (2000) Transparent β-Willemite glass-ceramics. In *Proceedings of the International Symposium on Crystallization in Glasses and Liquids*, Höland W, Schweiger M, and Rheinberger V (eds.), Glastech. Ber. Glass Sci. Technol., **73** C1: 329-332.

Pinckney LR (2006) "Transparent glass-ceramics based on ZnO crystals," Physics and chemistry of glasses. *Eur. J. Glass Sci. Technol. Part B* **47** (2): 127-130.

Pinckney LR and Beall GH (1997) Nanocrystalline non-alkali glass-ceramics. *J. Non-Cryst. Solids* **219**: 219-228.

Pinckney LR and Beall GH (1999) Strong sintered miserite glass-ceramics. *J. Am. Ceram. Soc.* **82**: 2523-2528.

Pinckney LR and Beall GH (2001) Transition element-doped crystals in glass, in Inorganic Optical Materials III, Marker, AJ, and Davis, MJ (eds.). *Proceedings of SPIE*, **4452**, 93-99.

Pincus AG (1971) Application of glass-ceramics. In: Advances in nucleation and crystallization in glasses. Amer Ceram Soc Spec Publ No. 5: 210-223.

Pinkert E (1990) Individuell hergestellte enossale offene Zahnimplantate aus Glaskeramik BIOVERIT. *Zahn-Mund-Kieferheilk* **78**: 411-416.

Pirooz PP (1973) Glass-ceramic and method for making same. U. S. Patent 3779856.

Polezhaev YM and Chukklantsev VG (1965) Subsolidus structure of the system Li_2O-ZrO_2-SiO_2. *J. Inorg. Mater* **1**: 718-721.

Pospiech P, Kistler S, and Frasch C (2000) Clinical success of Empress 2 glass-ceramic as a bridge material. *Glastech. Bet. Glass Sci. Technol.* **73** C1: 310-317.

Predecki P, Haas J, Faber J, and Hittermann RL (1987) Structural aspects of the lattice thermal expansion of hexagonal cordierite. *Acta Cryst.* **70**: 175-182.

Prewo KM (1989) Fibre reinforced glass-ceramics. In *Glasses and Glass-Ceramics*, Lewis MH (ed.), Chapman and Hall, Cambridge, 336-368.

Quinn GD and Bradt RC (2007) On the vickers indentation fracture toughness test. *J. Am. Ceram. Soc.* **90**: 673-680.

Rädlein E and Frischat GH (1997) Atomic force microscopy as a tool to correlate nanostructure to properties of glasses. *J. Non-Cryst. Solids* **222**: 69-82.

Raj R and Chyung CK (1981) Solution-precipitation creep in glass-ceramics. *Acta Metall.* **29**: 159-166.

Ramselaar MMA, Van Mullen PJ, Kalk W, Driessens FCM, Dewijn JR, and Stols ALH (1993) In vivo reactions to particulate Rhenanite and Particulate Hydroxylapatite after Implantation in tooth sockets. *J. Mater Sci. Mater. Med.* **4**: 311-317.

Rastsvetaeva RK, Rozenberg KA, Khomyakov AP, and Rozhdestvenskaya IV (2003) Crystal structure of F-canasite. *Dokl. Chem.* **391** (1-3): 177-180.

Ray CS and Day DE (1997) An analysis of nucleation rate type of curves in glass as determined by differential thermal. *Analysis* **80**: 3100-3108.

Ray CS and Day E (1990) Determining the nucleation rate curve for lithium disilicate glass by differential thermal analysis. *J. Am. Ceram. Soc.* **73**: 439-442.

Ray S and Muchow GM (1968) High quartz solid solution phases from thermally crystallized glasses of compositions $(Li_2O, MgO) \cdot Al_2O_3 \cdot nSiO_2$. *J. Am. Ceram. Soc.* **51**: 678-682.

Ray CS, Yang Q, Huang W, and Day D (1996) Surface and internal crystallization in glasses as determined by differential thermal analysis. *J. Am. Ceram. Soc.* **79**: 3155-3160.

Ray CS, Ranasinghe KS, and Day DE (2001) Determining crystal growth TRAte-type of curves in glasses by differential thermal analysis. *Solid State Sci.* **3**: 727-732.

Ray CS, Reis S, Brow RK, Höland W, and Rheinberger V (2005) A new DTA method for measuring critical cooling rate for glass formation. *J. Non-Cryst. Solids* **351**: 1350-1358.

Reade RF (1977) Method for making glass-ceramics with ferrimagnetic surfaces, U. S. Patent 4083709.

Reamur M (1739) *The Art of Matching a New Grid of Porcelain.* Memories de l' Academe des Sciences, Paris.

Reck R (1984) Bioactive glass-ceramics in ear surgery: Animal studies and clinical results. *Laryngoscope* **94**: 1-9.

Reece M J, Worrell CA, Hill G J, and Morrell R (1996) Microstructure and dieclectric properties of ferroelectric glass-ceramics. *J. Am. Ceram. Soc.* **79**: 17-26.

Reinsch S, Müller R, and Pannhorst W (1994) Active nucleation sites at cordierite glass surfaces. *Glastech. Ber. Glass Sci. and Technol.* **67**C: 432-435.

Reis ST, Brow RK, Zhang T, and Jasinski P (2006) Properties of glass-ceramic for solid oxide fuel cells. In *Advances in Solid Oxide Fuel Cells II*, *Ceramic Engineering and Science Proceedings*, **27** (4), 297-304.

Reis S, Pascual MJ, Brow RK, Ray CS, and Zhang T (2010) Crystallization and processing of SOFC sealing glasses. *J. Non-Cryst. Sol.* **356**: 3099-3012.

Reisfeld R, Kiselev A, Greenberg E, Buch A, and Ish-Shalom M (1984) Spectroscopy of Cr (III) in transparent glass-ceramics containing spinel and gahnite. *Chem. Phys. Lett.* **104**: 153-156.

Reiss B (2006) Eighteen-year clinical study in a dental practice. In *State of the Art of CAD/CAM Restorations* 20 *Year of Cerec*, Mörmann WH (ed.), Quintessence Pub. Co., 57-64.

Rheinberger V (2005) Vom Experiment zur Erfolgsgeschichte- Materialforschung eröffnet heute breites Indikationsspektrum. *Die Zahnarzt Woche*, *DZW* **37**: 14-15.

Ribbe PH (1983) Chemistry, structure and nomenclature of the feldspars. In *Feldspar Mineralogy*, 2nd Edn., Ribbe PH (ed.), Mineralogical Soc. Am., vol. **2**, pp. 1-19.

Richerson DW and Hummel FA (1972) Synthesis and thermal examination of polycrystalline cesium minerals. *J. Am. Ceram. Soc.* **55**: 269.

Richter E-J, Hertel RC, and Spiekermann H (1987) Erste Klinische Erfahrungen mit der DICOR® Glaskeramik krone. *Quintessenz* **38**: 1661-1669.

Rieger W (1993) Aluminium-und Zirkonoxidkeramiken in der Medizin. *Ind. Diamanten Rundsch.* **2**: 2-6.

Rittler HL (1980) Glass-ceramic coated optical waveguides, US Patent 4209229.

Ritzberger C, Dellagiacomo R, Schweiger M, Bürke H, Höland W, and Rheinberger V (2011) Lithium silicate glass-ceramic and glass with ZrO_2 content. US Patent Pub. No. US 2011/0256409.

Robax® (1998) Product Information ROBAX® S for use as room heater window, SCHOTT Glas.

Rogier R and Pernot F (1991) Phosphate glass-ceramic-titanium composite materials. *J. Mater. Sci.* **26**: 5664-5670.

Rösler HJ (1991) *Lehrbuch der Mineralogie.* Deutscher Verlag für Grundstoffindustrie, Leipzig.

Rothammel W, Burzlaff H, and Specht R (1989) Structure of calcium metaphosate Ca $(PO_3)_2$. *Acta Cryst.* **C45**: 551-553.

Rothbrust F (2006) IPS e. max ZirCAD. Report Ivoclar Vivadent, 17-25.

Roy R (1959) Silica O, a new common form of silica. *Zeits. Krist.* **111**: 185-189.

Roy R and Osborn EF (1949) The system lithium metasilicate-spodumene-silica. *J. Am. Ceram. Soc.* **71**: 2086-2095.

Rühle M and Evens AG (1989) High toughness ceramics and ceramic composites. *Prog. Mater Sci.* **33**: 85-167.

Rukmani SJ, Brow RK, Reis ST, Apel E, Rheinberger V, and Höland W (2007) Effect of V and Mn colorants on the crystallization behavior and optical properties of Ce-doped Li-disilicate glass-ceramics. *J. Am. Ceram. Soc.* **90**: 706-711.

Rüssel C (1997) Oriented crystallization in glasses. *J. Non-Cryst.*, *Solids* **219**: 212-218.

Rüssel C (2005) Nano-Crystallization of CaF_2 from $Na_2O/K_2O/CaO/CaF_2/Al_2O_3/SiO_2$. *Chem. Mater.* **17**: 5843-5857.

Rüssel C and Keding R (2003) A new explanation of the induction period observed during nucleation of lithium disilicate glass. *J. Non-Cryst. Solids* **328**: 174-182.

Russell CK and Bergeron CG (1965) Structural changes preceding growth of a crystalline phase in an lead silicate glass. *J. Am. Ceram. Soc.* **48**: 162-163.

Sack W (1965) Glas, Glaskeramik und Sinterglaskeramik. *Chemie-Ing.-Tech.* **37**: 1154-1165.

Sack W and Scheidler H (1966) Einfluss der Keimbildner TiO_2 und ZrO_2 auf die sich ausscheidenden Kristallphasen bei der Bildung von Glaskeramik. *Glastech. Ber.* **39**: 126-130.

Sack W and Scheidler H (1974) Durchsichtige, in der Aufsicht schwarze, in der Durchsicht dunkelrote Glaskeramik des Systems SiO_2-Al_2O_3-Li_2O mit hohem Wärmespannungsfaktor R grösser als 1000, insbesondere zur Herstellung von beheizbaren Platten, sowie Verfahren zur Herstellung der Glaskeramik. DE Patent 2429563.

Sadanaga R, Tokonami M, and Takéuchi Y (1962) The structure of mullite, $2Al_2O_3 \cdot SiO_2$, and relationship with the structure of sillimanite and andalusit. *Acta Cryst.* **15**: 65-68.

Saegusa K (1996) $PbTiO_3$-PbO-B_2O_3 glass-ceramics by a sol-gel process. *J. Am. Ceram. Soc.* **79**: 3282-3288.

Saegusa K (1997) $PbTiO_3$-PbO-SiO_2 glass-ceramic thin film by a sol-gel process. *J. Am. Ceram. Soc.* **80**: 2510-2516.

Sakamoto A and Wada M (1998) Glass-ceramic for optical connector fabricated by redrawing the cerammed preform. In *ICG congress*, San Francisco.

Sakamoto A and Yamamoto S (2010) Glass-ceramics: Engineering principles and applications. *Int. J. Appl. Glass Sci.* **1** (3): 237-247.

Salz U (1994) Adhesive cementation of full ceramic restorations. Ivoclar-Vivadent Report 10: 9.

Samson BM, Pinckney LR, Wang J, Beall GH, and Borrelli NF (2002) Nickel-doped nanocrystalline glass-ceramic fiber. *Opt. Lett.* **27** (15): 1309-1311.

Sänger AT and Kuhs WFZ (1992) Structural disorder in hydroxyapatite. *Z. Krist.* **199**: 123-148.

Sarno RD and Tomozawa M (1995) Toughening mechanisms for zirconia-lithium alumino-silicate glass-ceramic. *J. Mater Sci.* **30**: 4380-4388.

Scherer GW and Uhlmann DR (1977) Diffusion-controlled crystal growth in K_2O-SiO_2 compositions. *J. Non-Cryst. Solids* **23**: 59-80.

Schmahl WW, Swainson IP, Dove MT, and Graeme-Barber A (1992) Landau free energy and order parameter behaviour of the α/β phase transition in cristobalite. *Zeits. Krist* **201**: 125-145.

Schmedt auf der Günne J, Meise-Gresch K, Eckert H, Höland W, and Rheinberger V (2000) Multinuclear solid state NMR investigations of crystallization processes in glass-ceramics of the SiO_2-Al_2O_3-K_2O-Na_2O-CaO-P_2O_5-F system. *Glastech. Bet. Glass Sci. Technol.* **73 C1**: 98-103.

Schmelzer J, Möller J, Gutzow I, Pascova R, Müller R, and Pannhorst W (1995) Surface energy and structure effects on surface crystallization. *J. Non-Cryst. Solids* **183**: 215-233.

Schmid M, Fischer J, Salk M, and Strub J (1992) Microgefüge leucit-verstärkter Glaskeramiken. *Schweiz. Monatsschr. Zahnmed.* **102**: 1046-1053.

Schmidt A and Frischat GH (1997) Atomic force microscopy of early stage crystallization in $Li_2O \cdot SiO_2$ glasses. *Phys. Chem. Glasses* **38**: 161-166.

Schott/Mikroglas (1999) FOTURAN: 1-4.

SCHOTT-Product Information (1988) Leichtgewichts-Strukturen aus Zerodur-Glaskeramik. Schott: 1-4.

Schreyer W and Schairer JF (1961) Metastable solid solution with quartz-type structure on the join SiO_2-$MgAl_2O_4$. *Z. Krist.* **116**: 60-82.

Schreyer W and Schairer JF (1962) Metastable osumilite-and petalite-type phases in the system MgO—Al_2O_3—SiO_2. *Am. Mineral.* **47**: 90-104.

Schubert T, Purath W, Liebscher P, and Schulze KJ (1988) Klinische indikation für die anwendung der jenaer bioaktiven glaskeramik in orthopädie und traumatologie. *Beitr. Orthop. Traumatol.* **35**: 7-16.

Schulz C, Miehe G, Fuess H Wange P, and Götz W (1994) X-ray powder diffraction of crystalline phases in phosphate bioglass ceramics. *Z. Krist.* **209**: 249-255.

Schwarzenbach D (1966) Verfeinerung der Struktur der Tiefquarz-Modifikation von $AlPO_4$. *Z. Krist.* **123**: 161-185.

Schweiger M (2004) Zirkoniumoxid—Hochfeste und bruchzähe Strukturkeramik. *Ästhetische Zahnmedizin* **5**: 248-257.

Schweiger M (2006a) IPS e. max Ceram. Report Ivoclar Vivadent 17: 25-36.

Schweiger M (2006b) Materials properties of IPS Empress. Oral presentation, Scientific Meeting, Hohenems, Austria.

Schweiger M, Frank M, Rheinberger V, and Höland W (1996) New sintered glass-ceramic based on apatite and zirconia. In *Proceedings International Symposium on Glass Problems*, Vol. 2, Istanbul, Turkey, ICG, 229-235.

Schweiger M, Frank M, Cramer von Clausbruch S, Hoeland W, and Rheinberger V (1998) Microstructure and properties of pressed glass-ceramic core to zirconia post. *Quintessence Dent. Technol.* **21**: 73-79.

Schweiger M, Höland W, Frank M, Drescher H, and Rheinberger V (1999) IPS Empress®2: A new pressable high strength glass-ceramic for esthetic all ceramic restoration. *Quintessence Dent. Technol.* **22**: 143-152.

Schweiger M, Cramer Von Clausbruch S, Höland W, and Rheinberger V (2000) Microstructure and mechanical properties of a lithium disilicate glass-ceramic in the SiO_2-Li_2O-K_2O-ZnO-P_2O_5 system. *Glastech. Ber. Glass Sci. Technol.* **73 C1**: 43-50.

Schweiger M, Tauch D, Bürke H, Kappert H, and Rheinberger VM (2010) Strong and translucent colored lithium disilicate glass-ceramic for CAD/CAM use. AADR Annual meeting, Washington, DC, USA, Poster number 420.

Seifert F and Schreyer W (1965) Synthesis of a new mica, $KMg_{2.5}(Si_4O_{10})(OH)_2$. *Am. Mineral.* **50**: 1114-1118.

Semar W and Pannhorst W (1991) Dispersion-strengthened cordierite. *Silic. Ind.* **56**: 71-75.

Semar W, Pannhorst W, Hare MT, and Pulmour H III (1989) Sintering of a crystalline cordierite/ZrO_2 composite. *Glastech. Ber.* **62**: 74-78.

Sestak J (1996) Use of phenomenological kinetics and the enthalpy versus temperature diagram (and its derivative—DTA) for a better understanding of transition processes in glasses. *Thermochim. Acta* **280/281**: 175-190.

Seward TP III, Uhlmann DR, and Turnbull D (1968) Phase separation in the system BaO-SiO_2. *J. Am. Ceram. Soc.* **51**: 278-285.

Sheu T-S and Green DJ (2007) Fracture strength of ion-exchange silicate-containing dental glass-ceramics. *J. Mater. Sci.* **42**: 2064-2069.

Shirk BT and Buessem WR (1970) Magnetic properties of barium ferrite formed by crystallization of a glass. *J. Am. Ceram. Soc.* **53**: 192-196.

Simmons WB and Peacor DR (1972) Refinement of the crystal structure of a volcanic nepheline. *Am. Mineralogist* **57**: 1711-1719.

Skinner BJ and Evans HT (1960) Beta-spodumene solid solutions on the join $Li_2O-Al_2O_3-SiO_2$. *Am. J. Sci.* **258A**: 312-324.

Smith DE and Newkirk HW (1965) The crystal structure of baddeleyite (monoclinic ZrO_2) and its relation to the polymorphism of ZrO_2. *Acta Cryst.* **18**: 983-991.

Smith GP (1984) Some recent research and development at Corning Glass Works, 100 Jahre JenaerGlas, Tagungsband, Jena. 285-304.

Soares PC Jr., Zanotto ED, Fokin VM, and Jain H (2003) TEM and XRD study of early crystallization of lithium disilicate glasses. *J. Non-Cryst. Solids* **331**: 217-227.

Sokolova GV, Kashaev AA, Duts VA, and Ilyukhin VV (1983) The crystal structure of fedorite. *Soy. Phys. Crystallogr.* **28**: 95-96.

Sorensen JA (1999) The IPS Empress®2 system: Defining the possibilities. *Quintessence Dent. Technol.* **22**: 153-163.

Sorensen JA and Mito WT (1998) Rational and clinical technique for esthetic restoration of endodentically treated teeth with the CosmoPost and IPS Empress Post system. *Quintessence Dent. Technol.* **21**: 81-90.

Sorensen JA, Sultan E, and Condon JR (1999) Three-body in-vitro wear of enamel antagonist dental ceramic. *J. Dent. Res.* **78**: 219.

Speit B (1993) Formätzteile aus Glas und Glaskeramik. *F & M* **101**: 339-341.

Steinborn G, Berger G, and Büchting H (1993) In-vitro-Untersuchungen zur Löslichkeit:on Implantatmaterialien. *Sprechsaal* **126**: 606-611.

Stewart DR (1971) TiO_2 and ZrO_2 as nucleants in a lithia aluminosilicate glass-ceramic. In *Advances in Nucleation and Crystallization in Glasses*, Hench LL and Freiman SW (eds.), Special Publ. No. 5, The Am Ceram Soc, Columbus, OH, 83-92.

Stewart DR (1972) Verfahren zur Herstellung eines Glaskeramikgegenstandes hohen Bruchmoduls. Patent DE 2203675.

Stookey SD (1953) Chemical machining of photosensitive glass. *Ind. Eng. Chem.* **45**: 115-118.

Stookey SD (1954) Photosensitively opacifiable glass. U. S. Patent 2684911.

Stookey SD (1959) Catalyzed crystallizationof glass in theory and practice. *Ind. Eng. Chem.* **51**: 805-808.

Strnad Z (1986) *Glass-Ceramic Materials*. Elsevier, Amsterdam.

Suchanek W, Yashima M, Kakihana M, and Yoshimura M (1998) β-Rhenanite (β-NaCaPO$_4$) as week interphase for hydroxyapatite ceramics. *J. Europ. Ceram. Soc.* **18**: 1923-1929.

Sudarsanan K, Mackie PE, and Young RA (1972) Comparison of synthetic and mineral fluorapatit, Ca_5 (PO$_4$) 3F, in crystallographic detail. *Mater Res. Bull.* **7**: 1331-1338.

Sumikin Photon Ceramic Co (1998) Machinable glass-ceramic products, Brochure.

Suzuki S, Tanaka M, and Kaneko T (1997) Glass-ceramics from sewage sludge ash. *J. Mater. Sci.* **32**: 1775-1779.

Swain MV and Rose LRF (1986) Strength limitations of transformation-toughened zirconia alloys. *J. Am. Ceram., Soc.* **69**: 511-518.

Szabo I, Pannhorst W, and Rappensberger M (1992) Investigation on the effect of surface treatment and annealing on the surface crystallization of the $MgO-Al_2O_3-SiO_2$ glass. *Bol. Soc. Esp. Ceram. VID 31-C* **5**: 119-124.

Szabo I, Barnab S, Völksch G, and Höland W (2000) Crystallization and color of apatiteleucite glass-ceramic. *Glastech. Ber. Glass Sci. Technol.* **73 C1**: 354-357.

Takeuchi Y, Mitachi S, and Nagase R (1997) High-strength glass-ceramic ferrule for SC-type single-mode optical fiber connector. *IEEE Photonics Technol. Lett.* **9**: 1502-1504.

Tammann G (1933) *Der Glaszustand*. Leonard Voss, Leipzig.

Tashiro M (1985) Crystallization of glasses: Science and Technology. *J. Non-Cryst. Solids* **73**: 575-584.

Tashiro T and Wada M (1963) Glass-ceramics crystallized with zirconia. In *Advances in Glass Technology*. Plenum Press, New York, pt. 2, pp. 18-19.

Taubert J, Hergt R, Müller R, Ulbrich C, Schlüppel W, Schmidt HG, and Görnert P (1996) Phase separation in Ba-ferrite glass-ceramics investigated by Faraday microscopy. *J. Magn. Magn. Mater* **168**: 187-195.

Taylor D and Henderson CMB (1968) Thermal expansion of the leucite group of minerals. *Am. Mineral.* **53**: 1476.

Teufer G (1962) The crystal structure of tetragonal ZrO_2. *Acta Cryst.* **15**: 1187.

Thompson JJB (1959) Metasomatism and the phase rule. In *Researches in Geochemistry*, Abelson PH (ed.), Wiley and Sons. vol. 2, pp. 30-38

Tick PA, Borrelli NF, Cornelius LK, and Newhouse MA (1995) Transparent glass-ceramics for 1300nm amplifier applications. *J. Appl. Phys.* **78**: 93-100.

Tick PA, Borrelli NF, and Reaney IM (2000) The relationship between structure and transparency in glass-ceramic materials. *Opt. Mater.* **15**: 81-91.

Tindwa RM, Perrotta AJ, Jerus P, and Clearfield A (1982) Ionic conductivities of phosphorous-substituted β-eucryptite ceramics. *Mater Res. Bull.* **17**: 175-198.

Toby BH (2001) EXPGUI, a graphical user interface for GSAS. *J. Appl. Cryst.* **34**: 210-221.

Tummala RR (1991) Ceramic and glass-ceramic packaging in the 1990's. *J. Am. Ceram. Soc.* **74**: 895-908.

Ueda T (1953) The crystal structure of monazite Ce PO$_4$. *Mem. Coll. Sci. Univ. Kyoto B*, *MCKBA* **20**: 227-246.

Uhlmann DR (1971) Crystal growth in glass-forming systems-a review. In *Advances in Nucleation and Crystallization in Glasses*, Vol. 5, Hench LL and Frieman FW (eds.), Am Ceram Soc Sp Pub, 91-115.

Uhlmann DR (1977) Glass formation. *J. Non-Cryst. Solids* **25**: 43-85.

Uhlmann DR (1980) On the internal nucleation of melting. *J. Non-Cryst. Solids* **41**: 347-357.

Uhlmann DR (1982) Crystal growth in glass-forming systems: A ten-year perspective. In *Advances in Ceramics*, Vol. 4, Simmons JH, Uhlmann DR, and Beall GH (eds.), The Am Ceram Soc Inc, Columbus, OH, 80-124.

Uhlmann DR and Kolbeck AG (1976) Phase separation and the revolution in concepts of glass structure. *Phys. Chem. Glasses* **17**: 146-158.

Uhlmann DR, Suratwala T, Davidson K, and Boulton JM (1997) Sol-gel-derived coatings on glass. *J. Non-Cryst. Solids* **218**: 113-122.

Uno T, Kasuga T, and Nakajima K (1991) High-strength mica-containing glass-ceramics. *J. Am. Ceram. Soc.* **74**: 3139-3141.

Uno T, Kasuga T, Nakayama S, and Ikushima AJ (1993) Microstructure of mica-based nanocomposite glass-ceramics. *J. Am. Ceram. Soc.* **76**: 539-541.

Van Gestel D, Gordon I, Camel L, Pinckney LR, Mayolet A, D'Haen J, Beaucarne G, and Poortmans J (2007) Thin-film polycrystalline solar cells on high-temperature glass based on aluminum-induced crystallization of amorphous silicon. In *Amorphous and Polycrystalline Thin-Film Silicon Science and Technology*, Wagner S, Chu V, Atwater H Jr, Yamamoto K, and Zan H-W (eds.), Materials Research Society Symposium Proceedings, Vol. 910, 0910-A26-04, Warrendale, PA.

van't Hoen C, Rheinberger V, Höland W, and Apel E (2007) Crystallization of oxyapatite in glass-ceramics. *J. Europ. Ceram. Soc.* **27**: 1579-1584.

Verdun HR, Thomas LM, Andreuskas DM, McCollum T, and Pinto A (1988) Chromiumdoped forsterite laser pumped with 1.06 nm radiation. *Appl. Phys. Lett.* **53** (26): 2593-2595.

Vogel J, Carl G, and Völksch G (1995) Knochenersatz aus Glas und Keramik. *Zeiss. Inf. Mit. Jenaer. Rundsch.* **4**: 17-20.

Vogel W (1963) *Struktur und Kristallisation der Gläser*. Dt Verlag ruer Grundstoffindustrie, Leipzig.

Vogel W (1978) *Glaschemie*. Verlag für Grundstoffindustrie, Leipzig.

Vogel W (1985) *Chemistry of Glasses*. American Ceramic Society.

Vogel W (1992) *Glasfehler*. Springer-Verlag, Berlin.

Vogel W and Höland W (1982) Nucleation and crystallization kinetics of an MgO-Al$_2$O$_3$-SiO$_2$ base glass with various dopants. In *Advances in Ceramics*, Vol. 4, Simmons JH, Uhlmann DR, and Beall GH (eds.), The Am Ceram Soc Inc, Coumbus, OH, 125-145.

Vogel W and Höland W (1987) The development of bioglass ceramics for medical application. *Angew. Chem. Int. Engl.* **26**: 527-544.

Vogel W, Vogel J, Höland W, and Wange P (1987) Zur Entwicklung bioaktiver Kieselsäure-freier Phosphatglaskeramiken für die Medizin. *Wiss. Z. Friedrich Schiller Univ. Jena Nat. Wiss. R* **36**: 841-854.

Völksch G, Höche T, Szabo I, and Höland W (1998) Phase content in a glass-ceramic from the system SiO$_2$-Al$_2$O$_3$-K$_2$O-CaO-P$_2$O$_5$-F$^-$. *Glastech. Bet. Glass Sci. Technol.* **71C**: 500-503.

Völksch G, Szabo I, Höche T, and Höland W (2000) Microstructure of apatite glass-ceramic. *Glastech. Ber. Glass Sci. Technol.* **73 C1**: 358-361.

Volmer M (1939) *Kinetik der Phasenbildung*. Th Steinkopf Verlag.

Wada M and Ninomiya M (1995) Glass-ceramic architectural cladding materials. *Sci. Tech. Compost. Mater.* **30**: 846-850.

Wakasa K, Yamaki M, and Matsui A (1992) An experimental study of dental ceramic material: Differential thermal analysis. *J. Mater. Sci. Lett.* **11**: 339-340.

Wang D-N, Guo YQ, Liang K-M, and Tao K (1999) Crystal structure of zirconia by rietveld refinement. *Sci. China* **42**: 80-86.

Wang Y and Ohwaki J (1993) New transparent vitroceramics co-doped with Er^{3+} and Yb^{3+} for efficient frequency upconversion. *Appl. Phys. Lett.* **63** (24): 3268-3270.

Wange P, Vogel J, Horn L, Höland W, and Vogel W (1990) The morphology of phase formations in phosphate glass ceramics. *Silic. Ind.* **55**: 231-236.

Weinberg MC (1992a) Transformation kinetics of particles with surface and bulk nucleation. *J. Non-Cryst. Solids* **142**: 126-232.

Weinberg MC (1992b) Non-isothermal surface nucleation transformation kinetics. *J. Non-Cryst. Solids* **151**: 81-87.

Weinberg MC and Bernie DP III (2000) Kinetics of Crystallization of highly anisotropic particles. *Glastech. Ber. Glass Sci. Technol.* **72 C**: 129-137.

Weinberg MC, Bernie DP III, and Shneidman VA (1997) Crystallization kinetics and the J MAK equation. *J. Non-Cryst. Solids* **219**: 89-99.

West AR and Glasser FP (1971) Crystallization of Li_2O—SiO_2 glasses. In *Advances in Nucleation and Crystallization in Glasses*, Hench L-L and Freiman SW (eds.), Special Publication No. 5, American Ceramic Society, Columbus, OH, 151-165.

Weyl WA (1959) *Coloured Glasses*. Dawson's of Pall Mall, London, 374-384.

Wilder JA, Healey JT, and Bunker BC (1982) Phosphate glass-ceramics: Formation, properties, and application. In *Nucleation and Crystallization in Glasses*, Vol. 4, Simmons JH, Uhlmann DR, and Beall GH (eds.), *The Am Ceram Soc.*, Advances in Ceramics, 313-326.

Will G, Bellotto M, Parrish W, and Hart M (1988) Crystal structures of quartz and magnesium germinate by profile analysis of synchrotron-radiation high-resolution powder diffraction data. *J. Appl. Cryst.* **21**: 182-191.

Wilson J, Yli-Urpo A, and Risto-Pekka H (1993) Bioactive glasses: Clinical applications. In *An Introduction to Bioceramics*, Hench LL and Wilson J (eds.), World Scientific, Singapore, 63-74.

Winand JM, Rulmont A, and Tarte P (1990) Ionic conductivity of the $Na_{1+x}M_x^{III}Zr_{2-x}(PO_4)_3$ system (M=Al, Ga, Cr, Fe, Sc, In, Y, Yb). *J. Mater Sci.* **25**: 4008-4013.

Winkler HGF (1948) Synthese und Kristallstruktur des Eucryptite $LiAlSiO_4$. *Acta Crystallogr.* **1**: 27-34.

Winter W, Berger A, and Müller G (1995) TEM investigation of cordierite crystallization from a glass powder with composition $Mg_2Al_4Si_{11}O_{30}$. *J. Europ. Ceram. Soc.* **15**: 65-70.

Wintermantel E (1998) Report for Ivoclar Vivadent AG.

Wohlwend A and Schärer P (1990) Die Empress-Technik—Ein neues Verfahren zur Herstellung von vollkeramischen Kronen, Inlays und Facetten. *Quintessenz Zahntech.* **16**: 966-978.

Wolcott CC (1994) Cansite-apatite glass-ceramic. Patent EP 0641556.

Wolfart S, Eschbach S, Scherrer S, and Kern M (2009) Clinical outcome of three-unit lithium disilicate glass-ceramic fixed dental prostheses: up to 8 years results. *Dent. Mat.* **25** (9): 63-71.

Wörle M (2009) Research Report from ETH Zürich to Ivoclar Vivadent AG.

Wright AF and Lehmann MS (1981) The structure of quartz at 25 and 590℃ determined by neutron diffraction. *J. Solid State Chem.* **36**: 371-380.

Wu JM, Cannon WR, and Panzera C (1985) Castable glass-ceramic composition useful as dental restorative. U. S. Patent 4515634.

Xu H, Heaney PJ, Yates DM, Von Dreele RB, and Bourke MA (1999) Structural mechanism underlying near-zero thermal expansion in β-eucryptite: A combined synchrotron x-ray and neutron Rietveld analysis. *J. Mater Res.* **14** (7):

3138-3151.

Yakubovich OV and Urosova VS (1997) Electron density distribution in lithiophosphatite Li_3PO_4: crystallochemical features of orthophosphates with hexagonal close packing. *Crystallography Reports* **42**: 261-268.

Yamamuro T (1993) A/W glass-ceramic: Clinical applications. In *An Introduction to Bioceramics*, Hench LL and Wilson J (eds.), World Scientific, Singapore, 89-104.

Yashima M, Hirose T, Katano S, and Suzuki Y (1995) Structural changes of ZrO_2-CeO_2 solid solutions around the monoclinic-tetragonal phase boundary. *Phys. Rev.* **B 51**: 8018-8025.

Young RA and Elliot JC (1966) Scale bases for several properties of apatites. *Arch. Oral Biol.* **11**: 699-707.

Yue Y, Keding R, and Rüssel C (1999) Oriented calcium metaphosphate glass-ceramic. *J. Mater Res.* **14**: 3983-3987.

Yuritsyn NS, Fokin VM, Kalinina AM, and Filipovich VN (1994) Surface crystal nucleation in cordierite glass: kinetics and a theoretical model. *Glass Physics Chem.* **20**: 125-132.

Zanotto ED (1994) Crystallization of glass a ten year perspective "1993 Vittorio Gottardi Prize Lecture" Chimica Chronica. *Newseries* **23**: 3-17.

Zanotto ED (1997) Metastable phases in lithium disilicate glasses. *J. Non-Cryst. Solids* **219**: 42-48.

Zanotto ED and Galhardi A (1988) Experimental est of the general theory of transformation kinetics: Homogeneous nucleation in a $Na_2O \cdot 2\ CaO \cdot 3\ SiO_2$ glass. *J. Non-Cryst. Solids* **104**: 73-80.

Zanotto ED and James PF (1988) Experimental test of the general theory of transformatin kinetics: Homogeneous nucleation in a $BaO \cdot 2\ SiO_2$ glass. *J. Non-Cryst. Solids* **104**: 70-72.

Zanotto ED and Weinberg MC (1988) Trends in homogeneous crystal nucleation in oxide glasses. *Phys. Chem. Glasses* **30**: 186-192.

Zeman J (1960) Die Kristallstruktur von Lithiumphosphat, Li_3PO_4. *Acta Crystallogr.* **13**: 863-867.

Zerodur® Information (1991) Zerodur-Präzision aus Glaskeramik. Information SCHOTT. 1-31.

Zhang J, Lee BI, Schwartz RW, and Ding Z (1999) Grain oriented crystallization, piezoelectric, and pyroelectric properties of $(Ba_xSr_{2-x})_TiSi_2O_8$ Glass-ceramics. *J. Appl. Phys.* **85**: 8343-8348.